개정판

역사가 있는 해석학

• 이정근 지음 •

KM 경문사

개정판을 내면서

수학의 역사적 발달과정과 해석학의 내용을 결합하려고 시도한 《역사가 있는 해석학》을 집필한지 1년이 지났다. 수학적인 내용의 엄밀한 전개와 주요 개념이 표준적인 정의나 정리로 정립되는 역사적 여정을 조화롭게 서술하는 것은 쉽지 않았다. 서로 다른 두 분야의 내용을 통합하여 서술하는 과정에서 매끄럽지 못한 내용 전개나 문맥의 오류가 발견되기도 하였다.

책이 출간된 후 강의하면서 저자가 느낀 미흡한 점이나 이 책을 교재로 사용하신 교수님의 고견을 수용하여 조금 더 충실한 해석학 입문서를 만들 필요를 느끼게 되었다. 이러한 필요성은 저자가 강의 과정에서 발견하거나 여러 경로로 지적된 오타나 수식의 오류를 시급하게 교정해야 하는 현실로부터 비롯되었다고 볼 수 있다.

개정판에서는 다음 사항에 많은 주의를 기울였다.

(i) 매끄럽지 못한 내용 전개를 바로 잡으려고 노력하였다.
(ii) 문장 상의 오타를 수정하고 의미가 분명하게 전달되도록 노력하였다.
(iii) 충분한 설명과 논의가 부족했던 부분을 채우려고 노력하였다.
(iv) 교재의 내용을 충분히 익힐 수 있도록 많은 연습문제를 추가하려고 노력하였다.

개정판을 준비하는 과정에서 수많은 오타와 연습문제에서의 오류를 지적해주신 안동대학교 수학교육과 유병훈 교수님을 비롯한 많은 분께 깊은 감사를 드린다.

저자의 게으름과 시간부족으로 개정판에 포함시키지 못한 아쉬운 부분은 다음 기회로 넘기면서 독자의 양해를 부탁드린다. 아무쪼록 이 책이 수학에 입문한 수학과 학생이나 수학에 관심을 가진 분들의 사랑을 받기를 바란다.

마지막으로 개정판을 낼 수 있도록 많은 격려와 도움을 주신 경문사에 감사드린다.

2013년 1월

저자

머리말

엄밀한 수학을 처음 접하는 학생들에게 해석학은 어려운 분야이다. 미적분학을 배우고 수학을 전공하는 학생들에게 해석학은 도전적인 과제를 던져주는 과목인데 일류 수학자들에 의해 수백년에 걸쳐 고도로 추상화되고 체계화된 내용을 다룰 뿐만 아니라 공부하는 과정에서 엄밀한 증명을 요구하기 때문이라고 생각된다.

17세기에 미적분학의 연구 및 응용은 곡선의 접선이나 넓이 등과 같은 주제를 다루었지만 함수 개념이 형성되면서 미적분학 및 해석학은 함수에 대한 연구로 바뀌었다. 해석적인 식으로 정의되던 함수 개념이 현대적 정의로 바뀌면서 함수열이나 함수항 급수의 수렴 또는 적분과 같은 극한과정에 의해 정의된 함수를 만날 수 있다. 이런 함수에 대한 극한, 연속, 미분 및 적분은 상식적인 기대를 벗어나기도 하는데 극한과정의 순서교환과 관련이 있다. 수많은 반례와 개념의 수정을 통해 현대적인 해석학이 확립되는 과정은 장엄하기도 하고 인간적이기도 하다.

대부분의 해석학에 관한 책은 정의와 엄격한 논리를 바탕으로 해석학의 내용을 전개시키는 데 초점을 맞추고 있다. 이런 방식의 서술에서는 수학적 개념이 형성되는 역사적 과정에 대한 설명이 생략되므로 동기 부여나 흥미 유발이 쉽지 않다.

역사적으로 볼 때 해석학에서 배우는 내용은 적분, 미분, 극한, 실수계의 순서로 발전되었지만 고등학교 및 대학에서 배우는 해석학 관련 주제는 실수계, 극한, 연속, 미분, 적분이라는 역순서로 소개된다. 해석학의 내용은 수많은 수학자의 노력을 거쳐 확립된 결과를 바탕으로 재구성되었기 때문에 매우 중립적이고 포괄적인 정의를 바탕으로 전개된다. 따라서 이런 정의에 대한 역사적 변천 과정이나 개념 형성의 동기를 아는 것이 내용의 이해에 도움이 될 것이라고 생각된다.

수학사의 내용이 방대하고 역사적으로 의미있는 문헌에 대한 접근이 제한되어 있으므로 자세한 부분까지 추적하는 것이 쉽지 않다. 또한 수학이 분야별로 시간적 순서를 따라 발전하지 않았기 때문에 함수 개념의 형성, 함수의 극한과 연속, 미분, 적분, 급수의 수렴 등과 관련된 역사를 따로 분리하는 것이 쉽지도 않다. 이 책에서는 우리가 공부할 주제별로 역사적 발전과정을 서술하고 내용을 소개하였다. 관심있는 독자는 참고문헌을 살펴보기 바란다.

이 책의 특징을 간략히 소개하면 다음과 같다.

(i) 각 주제와 관련된 수학사의 내용을 서술하였다.

(ii) 한정사를 포함한 명제함수를 예제와 함께 자세히 다루었다.

(iii) 학생들이 애로사항을 느끼는 명제의 증명 방법을 소개하였다.

(iv) 위상적 개념을 사용하지 않고 해석적인 방법으로 주요 내용을 소개하였다.

(v) 연속함수의 성질을 위상적 개념을 이용하여 따로 정리하였다.

(vi) 측도론과 르베그 적분의 형성에 대해 간략히 소개하였다.

이 책에 등장하는 수학자들은 수학을 공부하는 과정에서 자주 보게 될 것이다. 이런 수학자의 이름을 들을 때 수학의 발전과 완성에 공헌한 점을 기억하고 공부하는 데 모델이 되길 기원한다.

여러 번의 강의를 통해 내용과 오타를 점검하고 수정했지만 많은 오류가 있을거라고 생각한다. 이 책을 공부하는 학생이나 강의하시는 교수님께서 오류를 지적해 주실 것을 간절히 부탁드린다.

끝으로 출판할 기회를 주신 도서출판 경문사에 깊은 감사를 드린다.

2011년 11월

저자

차례

CHAPTER 1

명제와 증명

현대수학은 공리와 정의로부터 논리적으로 유도된 가치있는 명제의 집합체라고 볼 수 있다. 공리와 정의는 수학의 각 분야마다 서로 다르지만 논리적으로 참이고 여러 분야에 응용가능한 수학적 명제를 유도한다는 면에서 모두 공통점을 갖는다.

공리계에 속한 공리(axiom)는 항상 참인 명제로 간주되고, **공리계의 공리와 논리적 추론을 이용**하여 논리적으로 참인 명제를 이끌어낸다. 이러한 유도과정을 증명(proof)이라고 하고 증명된 명제를 정리(theorem)라고 한다. 수학의 관심은 정리의 유도와 증명 및 응용에 있다. 논리적 추론에 의해 명제를 유도하고 증명할 때 추론방법이 옳지 않거나 명확한 정의를 사용하지 않으면 모순된 명제를 만나는 경우가 있으므로 정확한 설명과 추론규칙을 적용해야 한다. 따라서 명제에 대한 이해와 증명방법을 습득하는 것은 수학을 본격적으로 공부하는 과정에서 매우 중요하다고 하겠다.

이 장에서는 논리적으로 참과 거짓을 구별할 수 있는 수학명제를 증명하는 몇 가지 유형에 대해 살펴본다.

1.1 명제와 증명

논리적으로 참(true)인지 거짓(false)인지 알 수 있는 선언문(declarative sentence)을 명제(statement, proposition)라고 부른다. 명제의 참, 거짓을 명제의 진리값(truth value)이라고 하는데 두 명제 p, q의 진리값이 같으면 두 명제가 (논리적으로) 동치(logically equivalent)라고 하고 $p \equiv q$로 나타낸다.

주어진 명제를 결합하여 만들어진 명제를 합성명제라고 한다. 명제를 결합할 때는 논리부정, 논리합, 논리곱, 조건문, 양조건문을 이용한다. 이렇게 만들어진 합성명제에 대한 진리값의 정의와 참인지 거짓인지 조사하는 요령을 간단히 살펴보자.

p와 q가 각각 주어진 명제라고 하자.

논리부정(negation)

p의 부정은 'p가 아니다'이고 $\sim p$로 나타낸다. $\sim p$는 p가 참일 때 거짓이고, p가 거짓일 때 참이다.

논리합(disjunction)

p, q의 논리합은 'p 또는 q'이고 $p \vee q$로 나타낸다. $p \vee q$는 p, q가 동시에 거짓일 때만 거짓이고, 그렇지 않으면 참이다. $p \vee q$의 진리값은 다음과 같이 정의된다.

p	q	$p \vee q$
T	T	T
T	F	T
F	T	T
F	F	F

위 진리표에 의해 $p \vee q$가 참임을 증명하려면 p, q 중의 하나가 참임을 증명한다.

논리곱(conjunction)

p와 q의 논리곱은 'p이고 q'이고 $p \wedge q$로 나타낸다. $p \wedge q$는 p, q가 동시에 참일 때만 참이고, 그렇지 않으면 거짓이다. $p \wedge q$의 진리값은 다음과 같이 정의된다.

p	q	$p \wedge q$
T	T	T
T	F	F
F	T	F
F	F	F

$p \wedge q$가 참임을 증명하려면 p와 q가 모두 참임을 보이면 된다.

정리 1.1 (드 모르간의 법칙)

명제 p와 q에 대해 다음이 성립한다.

(i) $\sim(p \wedge q) \equiv \sim p \vee \sim q$

(ii) $\sim(p \vee q) \equiv \sim p \wedge \sim q$

조건문(conditional)

'p이면 q'를 조건문이고 하고 $p \to q$로 나타낸다. 이때 p는 조건(condition) 또는 가정(assumption)이라고 하고, q는 결론(conclusion)이라고 부른다.

$p \to q$는 p가 참이고 q가 거짓일 때만 거짓이고, 그렇지 않으면 참이다. $p \to q$의 진리값은 다음과 같이 정의된다.

p	q	$p \to q$
T	T	T
T	F	F
F	T	T
F	F	T

조건문의 진리표로부터 조건이 거짓이면 조건문은 항상 참이다. 따라서 조건문이 참임을 보이려면 조건이 참일 때 결론이 참이라는 것을 보이면 충분하다.

참고 1.1 $p \to q$가 주어진 조건문이라고 하자.

(a) 조건문 $p \to q$가 참이면 $p \Rightarrow q$로 쓴다. $p \Rightarrow q$에서 p는 q이기 위한 충분조건, q는 p이기 위한 필요조건이라고 부른다.

(b) 명제 $\sim q \to \sim p$, $q \to p$와 $\sim p \to \sim q$를 각각 역(converse), 대우(contrapositive), 이(inverse)라고 한다.

참고 1.2 조건문 $p \to q$과 관련하여 다음을 기억하기 바란다.

(a) p가 참일 때 $p \to q$이 거짓이면 q를 수정하여 조건문이 참이 되게 만들어본다.

(b) 조건문이 참일 때 역은 성립하지 않는 경우가 많다. 역이 성립하지 않는 대표적인 반례(counter example)를 찾아본다. 또한 $q \to p$이 참이 되도록 q를 수정하는 훈련을 하는 것이 바람직하다.

많은 수학적 사실이 (참인) 조건문으로 서술되고 증명을 요구한다. 다음 정리는 조건문의 증명에 자주 사용된다.

정리 1.2 (조건문의 대우와 부정)

p, q가 명제일 때 다음이 성립한다.

(i) $p \wedge \sim q \equiv \sim (p \to q)$

(ii) $\sim q \to \sim p \equiv p \to q$

조건문 $p \to q$을 증명할 때는 주로 다음과 같은 방법이 사용된다.

- 직접증명 : p가 거짓이면 q의 참, 거짓에 관계없이 $p \to q$는 p가 참이므로 p가 참이라고 생각하고 논리적 추론을 통해 q가 참임을 유도한다.
- 간접증명 : 정리 1.2 (ii)를 이용하여 대우 명제 $\sim q \to \sim p$를 직접 증명한다.
- 귀류법(proof by contradiction): 결론 q가 거짓이라고 할 때 (많은 경우 가정 p와) 상충되는 추론이 발생하면 정리 1.2 (i)에 모순임을 이용한 증명 방법이다.

양조건문(biconditional)

p, q의 양조건문은 논리곱 '$(p \to q) \wedge (q \to p)$'이고 기호 $p \leftrightarrow q$로 나타낸다. 양조건문 $p \leftrightarrow q$은 p, q의 진리값이 같을 경우에만 참이고 그렇지않으면 거짓이다. 양조건문의 진리값을 표로 나타내면 다음과 같다.

p	q	$p \longleftrightarrow q$
T	T	T
T	F	F
F	T	F
F	F	T

양조건문이 참임을 증명하려면 조건문 $p \to q$과 $q \to p$를 모두 증명해야 한다. 양조건문이 참이면 $p \iff q$로 나타낸다. 이때 p는 q일 필요충분(necessary and sufficient) 조건이라고 부른다.

1.2 명제함수

어떤 집합 D에서 정의된 함수 $P : D \to \{T, F\}$, 즉, $x \in D$에 대하여 $P(x)$가 논리적으로 참이거나 거짓인 선언문을 **명제함수**(propositional function)라고 한다. 정해지지 않은 대상을 나타내는 문자 x를 **변수**(variable)라고 부르는데 진리값에 영향을 주는 것들은 모두 변수라고 볼 수 있다.

예제 1.1 다음 선언문에서 변수를 찾아보아라.

(a) $x^2 - 1 = 0$. 단, x는 실수이다.

(b) f가 $\mathbb{R}$에서 $\mathbb{R}$로의 함수일 때 $f(2) = 1$ 이다.

(c) $f : \mathbb{R} \to \mathbb{R}$가 미분가능한 함수이면 f는 연속함수이다.

(d) 모든 실수 x에 대하여 $x^2 - 2x + 1 \geq 0$이다.

[풀이] (a) 변수는 x이고 $D = \mathbb{R}$이다.

(b) 변수는 f이고 $D = \{f | f : \mathbb{R} \to \mathbb{R}\}$이다.

(c) 변수는 f이고 $D = \{f | f : \mathbb{R} \to \mathbb{R}\}$이다.

(d) 변수는 x이고 $D = \mathbb{R}$이다. □

명제함수 $P(x)$가 주어지면 $P(x)$가 참이 되는 x의 집합을 찾아보는 것이 중요하다. 이 집합을 $P(x)$의 **진리집합**(truth set)이라고 부른다. 예제 1.1(a)의 진리집합은 $\{1, -1\}$이다.

진리집합의 포함관계를 이용하여 합성 명제함수의 참과 거짓을 알 수 있다.

정리 1.3 (진리집합과 명제함수)

명제함수 $P(x), Q(x)$의 진리집합을 각각 A, B라고 하자.

(i) (논리 부정) $\sim P(x)$의 진리집합은 A^c이다.

(ii) (조건문) $P(x) \implies Q(x)$일 필요충분 조건은 $A \subset B$이다.

(iii) (양조건문) $P(x) \iff Q(x)$일 필요충분 조건은 $A = B$이다.

1.2.1 한정사를 포함한 명제함수

수학에서 다루는 대상은 공통적 성질을 갖고 있고 이런 공통적인 성질은 집합과 밀접한 관련이 있다. 어떤 면에서 수학은 공통적인 성질, 즉 패턴을 찾는 학문이라고 볼 수도 있다. 특히 어떤 집합의 모든 원소에 대해 성립하는 성질을 찾거나 의미있는 서술을 만족시키는 대상이 존재하는지 조사하는 것은 중요한다.

이러한 서술은 '모든 $x \in D$ 에 대하여 $P(x)$' 또는 '$x \in D$가 존재하여 $P(x)$'와 같은 형태로 쓸 수 있다. 이런 문장을 각각 전칭문과 존재문이라고 하는데 전칭기호 ∀과 존재기호 ∃와 같은 한정사(quantifier)를 써서 다음과 같이 나타낸다.

- **전칭 명제함수 (전칭문)** ${}^{\forall}x \in D,\ P(x)$ 또는 $P(x)\ {}^{\forall}x \in D$
- **존재 명제함수 (존재문)** $\exists x \in D \ni: P(x)$, 또는 $\exists x \in D$ s.t $P(x)$

이런 표현은 다양한 방식으로 나타나므로 명제함수를 부정하거나 증명해야되는 경우 일상적 표현으로 주어진 선언문을 ∀ 와 ∃ 을 이용하여 바꿀 수 있어야 한다. 또한 ∀ 와 ∃ 이 포함된 선언문을 일상적 표현으로 읽을 수 있어야 된다.

- ${}^{\forall}x \in D$: 모든 $x \in D$에 대하여, 각각의 $x \in D$에 대하여, 임의의 $x \in D$에 대하여[1]
- $\exists x \in D$: $x \in D$가 존재하여, 적어도 하나의 $x \in D$에 대하여, 어떤 $x \in D$가 존재하여, 어떤 $x \in D$에 대하여[2]

참고 1.3 해석학에서 수열 및 함수의 극한을 엄밀하게 정의하는 과정에서 양수 전체의 집합이나 어떤 자연수 N보다 큰 집합과 관련된 표현이 자주 등장한다. 이런 경우 다음 사실을 기억하면 도움이 된다.

- '임의의 양수 ε에 대하여' 또는 '임의의 (또는 모든) $\varepsilon > 0$에 대해' $\Longleftrightarrow$ $\forall\varepsilon \in \{y \in \mathbb{R} | y > 0\}$
- '양수 ε이 존재하여' 또는 '어떤 양수 ε에 대해' $\Longleftrightarrow$ $\exists\varepsilon \in \{y \in \mathbb{R} | y > 0\}$
- '$n \geq N$이면 (또는 일 때)' 또는 '모든 자연수 $n \geq N$에 대해' $\Longleftrightarrow$ $\forall n \in \{k \in \mathbb{N} | k \geq N\}$
- '어떤 자연수 $n \geq N$에 대해' 또는 'N보다 크거나 같은 자연수 n이 존재하여' $\Longleftrightarrow$ $\exists n \in \{k \in \mathbb{N} | k \geq N\}$

예제 1.2 다음 선언문을 전칭기호 ∀과 존재기호 ∃를 써서 나타내어라.

(a) 모든 실수 x에 대하여 $e^x > 0$이다.
(b) 실수 x가 존재하여 $x^2 - x - 2 = 0$이다.
(c) 모든 인간은 죽는다.

[풀이] (a) $\forall x \in \mathbb{R},\ e^x > 0$.
(b) $\exists x \in \mathbb{R} \ni: x^2 - x - 2 = 0$.
(c) $\forall x \in D$, x는 죽는다. 단, D는 사람의 집합이다. □

이제 ∀과 ∃를 포함하는 명제함수의 참과 거짓에 대해 살펴보자.

---

[1] for all $x \in D$, for each $x \in D$, for every $x \in D$, for any $x \in D$

[2] There is (or there exist or there is some) $x \in D$ such that $P(x)$, or $P(x)$ for some $x \in D$

정의 1.1 (전칭문과 존재문의 참과 거짓)

$P(x)$가 D에서 정의된 명제함수라고 하자.

(i) 모든 $x \in D$에 대해 $P(x)$가 참이면 전칭문 '$^\forall x \in D\ P(x)$'가 참이다. 어떤 $x_0 \in D$에 대해 $P(x_0)$가 거짓인 경우 전칭문은 거짓이다. 이러한 $x_0 \in D$를 전칭 명제함수에 대한 반례(counterexample)라고 한다.

(ii) $P(x)$가 참이 되는 $x \in D$가 적어도 하나 존재하면 존재문 '$\exists x \in D \ni: P(x)$'가 참이다. 모든 $x \in D$에 대해 $P(x)$가 거짓이면 존재문은 거짓이다.

예제 1.3

(a) 전칭문 $\forall x \in \mathbb{R}, x^2 \geq x$의 경우 $x = \frac{1}{2}$일 때 부등식 $x^2 \geq x$이 성립하지 않으므로 거짓이다.

(b) 존재문 $\exists x \in \mathbb{R}$ s.t $x^2 \geq x$는 참이다. $x = 3$일 때 부등식 $x^2 \geq x$이 성립하기 때문이다.

지금까지는 한정사가 하나만 있는 경우를 생각하였다. 어떤 경우에는 여러개의 한정사를 포함한 명제함수를 생각할 필요가 있다.

$P(x, y)$가 명제함수라고 하자. 같은 종류의 한정사가 여러 개 나올 경우에는 순서에 관계없이 다음이 성립한다.

- $^\forall x\, ^\forall y P(x, y) \equiv\, ^\forall y\, ^\forall x P(x, y)$
- $\exists x\, \exists y P(x, y) \equiv \exists y\, \exists x P(x, y)$

$\forall$와 $\exists$가 동시에 나오는 다음과 같은 형태의 명제함수에서는 순서에 주의해야 한다. 이런 형태의 서술은 수열이나 함수의 극한 또는 연속을 엄밀하게 정의할 때 나타난다.

$^\forall x\, \exists y\ P(x, y) \implies$ y는 x에 의존하여 결정되는 경우가 많음

$\exists x\, ^\forall y\ P(x, y) \implies$ x는 y에 관계없이 결정됨

예제 1.4 실수 x, y에 대하여 $x \oplus y := 2x + y$이라고 하자.

(a) $^\forall x\, \exists y\, x \oplus y = 0$는 각각의 x에 대해 y가 존재하여 $2x + y = 0$이 된다는 의미이다. $y = -2x$로 택할 수 있으므로 이 명제는 참이다.

(b) $\exists x\, ^\forall y\ x \oplus y = 0$는 어떤 x가 존재하여 모든 y에 대해 $2x + y = 0$이 성립한다는 의미인데 이런 x는 존재하지 않는다. 따라서 이 명제는 거짓이다.

(c) $\exists x\, ^\forall y\ x \oplus y = y$는 어떤 x가 존재하여 모든 y에 대해 $2x + y = y$임을 의미한다. $x = 0$이라고 두면 모든 y에 대해 성립하므로 이 명제는 참이다.

예제 1.5 (수열의 극한에 대한 정의) $\{x_n\}_{n=1}^{\infty}$이 수열이고 x가 실수라고 하자. 다음 명제함수를 $\forall$과 $\exists$를 써서 나타내어라.

"임의의 양수 ε에 대하여 (또는 임의의 양수 ε이 주어질 때) 자연수 N이 존재하여 모든 자연수 $n \geq N$에 대하여 $|x_n - x| < \varepsilon$이다"

[풀이] $P := \{y \in \mathbb{R} | y > 0\}$, $E := \{m \in \mathbb{N} | m \geq N\}$라고 두자. '임의의 양수 ε에 대하여'를 $\forall \varepsilon \in P$로 이해해야 되는데 보통 $\forall \varepsilon > 0$으로 쓴다. 비슷하게, '모든 자연수 $n \geq N$에 대하여'도 $\forall n \in E$로 이해해야 되고 $\forall n \geq N$으로 나타낸다.

따라서 전칭기호 $\forall$과 존재기호 $\exists$를 써서 나타내면 $\forall \varepsilon \in P, \exists N \in \mathbb{N}$ s.t $\forall n \in E, |x_n - x| < \varepsilon$ 또는 $\forall \varepsilon > 0, \exists N \in \mathbb{N}$ s.t $\forall n \geq N, |x_n - x| < \varepsilon$이다. □

전칭 조건문

수학적 서술을 분석하면 다음과 같은 형태의 전칭 한정사를 포함한 조건문이 되는 경우가 많다.

$$\forall x \in D,\ P(x)\text{이면 } Q(x)$$

전칭 조건문은 다음 전칭문과 논리적으로 동치이다.

$$\forall x \in A, Q(x). \quad (\text{단, } A\text{는 } P(x)\text{의 진리집합이다.})$$

다음 예제의 수학적 서술은 전칭 조건문으로 볼 수도 있고 전칭문으로 해석될 수도 있다.

예제 1.6 다음 서술을 전칭 한정사를 써서 나타내어라.

(a) $x > 2$이면 $x^3 > 2^3$이다.

(b) 짝수의 제곱은 짝수이다.

[풀이] (a) $D = \mathbb{R}$, $P(x) := x > 2$, $Q(x) := x^3 > 2^3$라고 두자. 전칭조건문으로 보면 $\forall x \in \mathbb{R}, P(x) \to Q(x)$이므로 $\forall x \in \mathbb{R}, x > 2 \to x^3 > 2^3$으로 쓸 수 있다. 또는 전칭문으로 간주하여 $\forall x > 2, x^3 > 2^3$으로 쓸 수 있다.

(b) 짝수의 집합을 E라고 쓰자. 전칭 조건문으로 보면 $\forall n \in \mathbb{Z}, n \in E \to n^2 \in E$이다. 한편, 전칭문으로 보면 $\forall n \in E, n^2 \in E$로 쓸 수 있다. □

암묵적 전칭문과 존재문

'모든'이나 '임의의'와 같은 표현이 분명하게 나타나지 않지만 전칭문으로 해석해야 되는 수학적 명제도 볼 수 있다. 마찬가지로, '___이 존재한다'는 표현이 없지만 존재문으로 해석해야 되는 경우도 보게 된다. 한정사가 숨겨진 수학적 문장을 옳게 분석하는 훈련은 수학공부에서 매우 중요하다. 명제함수에서 변수가 특정한 값을 나타내면 존재문으로 보고 그렇지 않으면 전칭문으로 보는 것이 타당한 경우가 많다.

예제 1.7 다음 문장을 전칭기호나 존재기호를 써서 나타내어라.

(a) 0 아닌 실수의 제곱은 양수이다.

(b) 방정식 $2x+1=3$이 해를 갖는다.

(c) 정삼각형은 이등변삼각형이다.

[풀이] (a) 0 아닌 실수의 집합은 $\mathbb{R}\backslash\{0\}$이다. 따라서 $\forall x \in \mathbb{R}\backslash\{0\}, x^2 > 0$ 또는 $\forall x \neq 0, x^2 > 0$이다.

(b) '실수 x가 존재하여 $2x+1=3$'로 해석할 수 있다. 따라서 $\exists x \in \mathbb{R}$ s.t $2x+1=3$이다.

(c) '임의의 $x \in D$에 대해 x는 이등변 삼각형이다'로 해석할 수 있다. 여기서 D는 정삼각형의 집합이다. □

1.2.2 전칭기호와 존재기호를 포함한 명제함수의 부정

이 절에서는 ∀와 ∃을 포함한 명제의 부정에 대해 알아보자. 이러한 형태의 부정을 정리의 증명과정이나 따름정리에서 자주 볼 수 있다.

정리 1.4 (전칭문과 존재문의 부정)

$P(x)$가 D에서 정의된 명제함수일 때 다음이 성립한다.

(i) $\sim[{}^{\forall}x \in D, P(x)] \iff \exists x \in D \ni: \sim P(x)$

(ii) $\sim[\exists x \in D, P(x)] \iff {}^{\forall}x \in D \ni: \sim P(x)$

(iii) $\sim[\forall x \in D, P(x) \to Q(x)] \iff \exists x \in D \ni: P(x)$이고 $\sim Q(x)$

예제 1.8 $\forall x \in \mathbb{R}, |x| = x$의 부정을 구하여라.

[풀이] $\sim[{}^{\forall}x \in \mathbb{R}, |x| = x] \equiv \exists x \in \mathbb{R} \ni: \sim!(|x| = x) \equiv \exists x \in \mathbb{R} \ni: |x| \neq x$ □

예제 1.9 '$x > 2$이면 $x^3 > 2^3$'의 부정을 구하여라.

[풀이] $D = (2, \infty)$라고 하면 전칭문으로 볼 수 있고 부정은 $\exists x \in D$ s.t $x^3 \leq 2^3$이다.

한편, 전칭조건문으로 볼 수도 있다. 이 경우 $D = \mathbb{R}$, $P(x) := x > 2$, $Q(x) := x^3 > 2^3$이다. 따라서 부정은 2보다 큰 실수 x가 존재하여 $x^3 \leq 2^3$이다. □

예제 1.10 f가 연속함수이고 a는 실수라고 하자. 명제 '실수 a로 수렴하는 모든 수열 $\{x_n\}_{n=1}^{\infty}$에 대하여 $\lim_{n\to\infty} f(x_n) = f(a)$이다'의 부정을 구하여라.

[풀이] $D = \{X = \{x_n\}_{n=1}^{\infty} | \lim_{n\to\infty} x_n = a\}$, $P(X)$: $\lim_{n\to\infty} f(x_n) = f(a)$라고 하자. 그러면 주어진 명제함수를 '$^{\forall}X \in D$, $P(X)$' 꼴로 이해할 수 있다. 따라서 부정 $\exists X \in D \ni: \sim P(X)$을 풀어 쓰면 '$a$로 수렴하는 수열 $\{x_n\}_{n=1}^{\infty}$이 존재하여 $\lim_{n\to\infty} f(x_n) \neq f(a)$이다'로 바꿀 수 있다. □

예제 1.11 A가 2×2 행렬이라고 하자. 명제 '$\det A \neq 0$이면 A는 역행렬을 갖는다'를 부정하여라.

[풀이] A가 임의의 행렬이므로 암묵적 전칭문이다. 2×2 행렬의 집합을 D, $P(A)$: $\det A \neq 0$, 'A는 역행렬을 갖는다'를 $Q(A)$로 두면 전칭 조건문 $\forall A \in D$, $P(A) \to Q(A)$으로 볼 수 있다. 전칭 조건문의 부정 '$\exists A \in D \ni: P(A) \wedge \sim Q(A)$'을 다음과 같이 옮길 수 있다.

"2×2 행렬 A가 존재하여 $\det A \neq 0$이고 A는 역행렬을 갖지 않는다." □

수열이나 함수의 극한을 정의하는 과정에서는 전칭기호와 존재기호가 동시에 나타나고 이런 명제함수의 부정을 고려하는 경우가 생긴다. 이제 여러 개의 한정사를 포함한 서술의 부정에 대해 알아보자.

정리 1.5 (한정사를 포함한 명제함수의 부정)

$x \in X, y \in Y$일 때 $P(x, y)$가 명제함수라고 하자.

(i) $\sim[\forall x \in X, \exists y \in Y \ni: P(x, y)] \iff \exists x \in X \ni: \forall y \in Y, \sim P(x, y)$

(ii) $\sim[\exists x \in X \ni: \forall y \in Y, P(x, y)] \iff \forall x \in X, \exists y \in Y \ni: \sim P(x, y)$

예제 1.12 (수열의 극한) $\{x_n\}_{n=1}^{\infty}$이 수열이고 x가 실수라고 하자. 다음에 대한 부정을 구하여라.

$$^{\forall}\varepsilon > 0, \exists N \in \mathbb{N} \ni: {}^{\forall}n \geq N, |x_n - x| < \varepsilon \iff \lim_{n\to\infty} x_n = x$$

[풀이] $\varepsilon > 0$을 집합 $\{\varepsilon \in \mathbb{R} | \varepsilon > 0\}$으로 이해해야 한다. 비슷하게, $n \geq N$은 집합 $\{n \in \mathbb{N} | n \geq N\}$으로 이해한다. 그러면 부정은 다음과 같다.

$$\begin{aligned}
&\sim[{}^{\forall}\varepsilon > 0, \exists N \in \mathbb{N} \ni: {}^{\forall}n \geq N, |x_n - x| < \varepsilon] \\
&\qquad \iff \exists \varepsilon > 0 \ni: \sim[\exists N \in \mathbb{N} \ni: {}^{\forall}n \geq N, |x_n - x| < \varepsilon] \\
&\qquad \iff \exists \varepsilon > 0 \ni: [{}^{\forall}N \in \mathbb{N}, \exists n \geq N \ni: \sim(|x_n - x| < \varepsilon)] \\
&\qquad \iff \exists \varepsilon > 0 \ni: {}^{\forall}N \in \mathbb{N}, \exists n \geq N \ni: |x_n - x| \geq \varepsilon
\end{aligned}$$

이 명제함수를 풀어쓰면 '양수 ε이 존재하여 모든 자연수 N에 대해 자연수 $n \geq N$이 존재하여 $|x_n - x| \geq \varepsilon$'이다. □

참고 1.4 위 예제의 풀이를 살펴보자.

(a) 인용부호 안에 '존재하여'라는 어구가 두 번 나타나는데 의미 파악이 쉽지않다. 이런 경우 다음과 서술하기도 한다.

> 양수 ε이 존재하여 다음을 만족시킨다:
> 모든 자연수 N에 대해 자연수 $n \geq N$이 존재하여 $|x_n - x| \geq \varepsilon$이다.

(b) (a)에서 ε은 상수로 볼 수 있으므로 ε_0로 쓰는 것이 좋다. 한편 n도 N에 의존하는 자연수이므로 n_N으로 쓰는 것이 좋다.

연습문제 1.2

1. 다음 명제를 $\forall$과 $\exists$를 써서 나타내고 명제의 부정을 구하여라.
   (a) 임의의 양수 ε에 대해 $x < y + \varepsilon$이면 $x \leq y$이다.
   (b) 임의의 양수 ε에 대해 $|x - a| < \varepsilon$이면 $x = a$이다.
2. x가 실수일 때 다음 명제의 부정을 구하여라.
   (a) $x > 1$
   (b) $x^2 - x - 2 = 0$
   (c) $-1 < x \leq 2$
   (d) $x \in A$. 단, A는 주어진 집합이다.
   (e) 모든 실수 x에 대해 $x^2 > 0$이다.
   (f) 어떤 실수 x에 대해 $x^2 + 1 = 0$이다.
3. 다음 명제를 $\forall$과 $\exists$를 써서 나타내고 명제의 부정을 구하여라.
   (a) 임의의 양수 ε에 대해 $|a| < \varepsilon$이다.
   (b) 실수 x에 대해 실수 y가 존재하여 $x < y$이다.
   (c) a, b가 양수일 때 자연수 N이 존재하여 $Na > b$이다.

(d) M이 주어진 양수라고 하자. 모든 $x > 0$에 대해 $\frac{1}{x} < M$이다.
(e) 임의의 양수 M에 대해 $x \in [a, b]$가 존재하여 $|f(x)| > M$이다.
단, $f : [a, b] \to \mathbb{R}$는 주어진 함수이다.
(f) 양수 M이 존재하여 모든 자연수 n에 대해 $|x_n| \leq M$이다.

4. 다음 명제의 부정을 구하여라.
   (a) 모든 정사각형은 직사각형이다.
   (b) 평면에 있는 삼각형의 내각의 합은 $180°$이다.

1.3 수학적 명제 : 정리

현대수학은 무정의 용어, 공리 및 정의로부터 증명을 통해 참인 명제를 구성해가는 체계라고 볼 수 있다. 아래에 설명하는 예비정리, 준정리, 정리, 따름정리는 이런 명제의 대표적인 예이고 증명할 필요가 있다. 이러한 용어에 대하여 간략하게 알아보기로 한다.

공리 (axiom) 증명없이 자명하게 참이라고 받아들이는 수학적 서술로 이를 토대로 수학적 명제가 도출되는데 현대 수학의 출발점이라고 볼 수 있다. 집합론의 선택공리 (axiom of choice)와 실수에서의 완비성 공리는 대표적인 예이다.

정의 (definition) 새로운 수학적 개념이나 용어, 기호에 정확한 의미를 부여하는 설명문이다.

준정리 (proposition) 정의로부터 쉽게 유도될 수 있는 참인 내용이나 잘 알려진 내용을 서술하는 형식이다.

예비정리 (lemma): 어떤 정리를 증명하고자 할 때 이용할 서술이다. 단독으로 의미를 갖는 경우도 있지만 증명의 예비단계에서만 사용되는 경우도 있다.

정리 (theorem) 학술적 논문의 경우에는 연구자가 발견한 새롭고 중요한 내용인 경우가 많다. 책에서는 중요한 수학적 내용을 서술할 때 이 형식을 쓴다.

따름정리 (corollary) 더 일반적인 수학적 사실을 서술한 정리가 주어졌을 때 특수한 경우에 이 정리를 언급할 필요가 있거나 증명된 정리에서 쉽게 증명된 경우를 독립적으로 서술한 것을 따름정리라고 한다.

증명 (proof) 수학의 주요 결과는 예비정리, 정리, 따름정리로 기술되는데 서술된 내용이 타당함을 논리의 비약없이 설명해야 한다. 이 과정을 증명이라고 하는데 수학이론의 전개에서 빠트릴 수 없는 매우 중요한 요소이다.

추측 (conjecture) 또는 미해결 문제 (open problem) 증명이나 반증이 주어지지 않은 수학적 서술이다. 좋은 추측과 미해결문제가 수학 발전의 계기가 되기도 한다.

수학적으로 중요한 내용을 서술한 정리는 '어떤 대상이 어떤 조건하에서 어떤 사실을 암시한다'는 조건문 형태로 서술되거나 몇 개의 수학적 명제가 서로 동치라고 주장하는 형태로 서술된다. 정리의 내용을 분석하면 크게 세 부분으로 나누어지는 경우가 많다.

(i) 서술에 포함된 대상에 대한 설명
(ii) 대상이 만족시키는 조건 (가정)
(iii) 가정으로부터 파생되는 주장 (결론)

몇 개의 예를 통해 정리의 구조에 대해 살펴보자.

예제 1.13 $\{x_n\}_{n=1}^{\infty}$과 $\{y_n\}_{n=1}^{\infty}$이 수렴하는 실수열이라고 하자. 모든 자연수 n에 대해 $x_n < y_n$이면 $\lim_{n\to\infty} x_n \le \lim_{n\to\infty} y_n$이다.

위 예제에서 '$\{x_n\}_{n=1}^{\infty}$과 $\{y_n\}_{n=1}^{\infty}$이 수렴하는 실수열이라고 하자'는 설명부분, '모든 자연수 n에 대해 $x_n < y_n$'는 가정, '$\lim_{n\to\infty} x_n \le \lim_{n\to\infty} y_n$'는 결론이다.

예제 1.14 a, b가 실수라고 하자. $a < b$이면 임의의 실수 c에 대해 $a+c < b+c$이다.

이 예제에서 'a, b가 실수라고 하자'는 설명이고, 가정은 '$a < b$', 결론은 '임의의 실수 c에 대해 $a+c < b+c$'이다.

예제 1.15 정삼각형은 이등변삼각형이다.

얼핏보면 이 예제의 명제는 조건문이 아닌 것처럼 보인다. 이 서술은 조건문 '$\triangle ABC$가 정삼각형이면 $\triangle ABC$는 이등변삼각형이다'의 일상적 표현이다.

어떤 정리는 몇개의 명제가 논리적으로 동치(equivalent)임을 주장하는 형태로 서술되기도 한다.

예제 1.16 (행렬식과 역행렬) 행렬 $A = \begin{pmatrix} a & b \\ c & d \end{pmatrix}$에 대하여 다음 명제는 동치이다.

(a) A가 역행렬을 갖는다.

(b) $ad - bc \neq 0$.

(a)와 (b)가 동치라는 것은 '$[(a) \to (b)] \wedge [(b) \to (a)]$'를 나타내므로 대부분의 정리가 조건문의 형태로 서술되고 있다고 생각해도 과언이 아니다. 그렇다고 모든 정리가 조건문의 형태로 서술된다고 생각해서는 안된다.

예제 1.17

(a) 소수는 무한히 많이 있다.

(b) $\sqrt{2}$는 무리수이다.

1.4 수학명제의 증명

명제(혹은 정리)의 증명은 수학에서 매우 중요하다. 정의와 증명된 사실을 이용하여 엄밀한 논리적 절차를 통해 증명하는 것은 수학 내용과 맞먹을 정도로 수학 교육 및 연구에서 필수적이다. 명제를 증명하는 방법은 유일하지 않다. 300 개 이상의 방법으로 피타고라스 정리를 증명할 수 있다고 알려져 있다.

어떤 명제는 특정한 방법으로는 쉽게 증명되지만 다른 방법으로는 증명이 매우 어려울 수 있다. 실제로, 어떤 정리를 증명하는 방법은 정리 자체의 수학적 내용에 따라 달라지기 마련이다. 어떤 정리를 증명하려면 정리 자체에 포함된 수학 내용을 충분히 알고 있어야 한다. 수학적 내용에 따라 특별히 고안된 방법을 이용해야 되는 경우도 있고, 귀류법이나 수학적 귀납법만 적용해야되는 경우도 있다.

정리는 여러 가지 방법으로 증명할 수 있다. 증명 방법 중에는 이 정리의 증명에만 사용될 수 있는 방법도 있고 더 일반적인 상황에도 적용될 수 있는 방법이 있을 수 있다. 후자의 방법은 수학적 내용을 풍부하게 만들고 또다른 수학적 창조의 원천이 될 수도 있다.

따라서 주어진 정리를 증명하거나 문제를 푸는 것에 만족할 것이 아니라 내가 사용한 방법을 다른 방법과 비교하거나 다른 증명을 찾아보려고 시도하는 것이 바람직하다. 이러한 태도는 문제를 분석하고 추론하는 능력을 기르는 데 매우 중요하다.

어떤 것을 증명하고자 할 때 다음 사항을 기억하면 도움이 될 것이다.

(a) 조건문을 증명할 때 '결론이 참이라고 가정하거나' 혹은 '가정이 거짓'이라고 생각하고 증명을 시작하면 안 된다. 따라서 올바른 과정은 다음 중의 하나가 되는 경우가 많다.
  - 가정으로부터 결론을 직접 증명한다.(직접증명)
  - 가정이 참이고 결론이 거짓이라고 가정하여 모순을 유도한다.(간접증명)
  - 대우를 증명한다.

(b) 몇 가지 경우로 나누어 증명한다.

(c) 자연수 n을 포함한 명제함수의 경우 수학적 귀납법을 고려한다.

(d) 존재성 및 유일성을 증명하는 경우에는 특화된 증명방법이 있을 수 있음을 염두에 둔다. 존재성을 증명할 때는 직접 구성하거나(constructive proof) 귀류법을 사용하는 경우가 많다. 유일성의 증명은 두 개 이상이 있다고 가정하고 결국은 같을 수 밖에 없음을 증명하거나 존재성을 부인하여 모순을 유도한다.

(e) 양조건문의 경우 양방향의 조건문을 모두 증명한다.

(f) 증명을 끝낸 후 가정에 포함된 사실이 증명과정에 반영되는지 조사해 본다. 사용된 부분이 없다면 조건문에서 조건이 중복된 것이거나 증명에 오류가 있다고 의심해 볼 수 있다.

위 과정을 통하여 어떤 명제가 증명되었다고 생각되면 증명과정을 논리적으로 서술해야 한다. 증명과정을 서술할 때 문제의 가정과 결론을 간략하게 서술한다. 서술 과정에서 모든 문장은 완전하게 쓰고, 중요한 수식이나 표현은 독립된 줄에 나타낸다. 서술이 끝나면 '증명 끝', □, ■ 등을 써서 증명이 끝난 것을 표시한다.

이제 수학적 명제를 증명하는 몇 가지 형태의 방법에 대해 알아보기로 하자. 직접증명과 간접증명으로 나눌 수 있고 명제의 성격에 따라서 수학적 귀납법과 같은 특별한 방법이 사용될 수 있다.

1.4.1 직접증명

명제에 포함된 내용과 알려졌거나 이미 증명된 내용만을 이용하여 논리적 추론에 의해 명제가 참임을 보이는 과정이다.

단일 명제의 직접증명

명제에 포함된 수학적 사실과 알려진 사실을 이용하여 증명한다.

예제 1.18 모든 $x \geq 0$에 대해 $e^x \geq 1 + x$임을 보여라.

[풀이] $f(x) = e^x - 1 - x$라고 두면 f는 미분가능한 함수이다. 또한 $f'(x) = e^x - 1 \geq 0$이므로 f는 단조증가함수이다. 그런데 $f(0) = 0$이므로 $x \geq 0$일 때 $f(x) \geq f(0) = 0$이 성립한다. 따라서 모든 $x \geq 0$에 대해 $e^x \geq 1 + x$이다. □

조건문의 직접증명

가정 P가 참이라는 사실과 알려진(또는 증명된) 사실만을 이용하여 때 결론 Q가 참임을 증명해야 된다.

문제는 어디서부터 출발해야 결론 Q에 다다를 수 있는가하는 것이다. 증명전략은 가정 P에서 순차적으로 유도한 것과 결론 Q에서 역순으로 유도해온 것이 만나게 하는 것이다.

직접증명의 단계

(a) 가정을 빠짐없이 써보고 가정과 관계있거나 가정으로부터 곧바로 유도할 수 있는 사항을 찾아서 써본다.

(b) 가정 P로부터 순차적으로 $P_1, P_2, \ldots, P_m$을 유도한다..

(c) 결론 Q가 참이기 위한 조건 Q_1을 찾고, 비슷하게 Q_1이 참이 될 조건 Q_2를 찾는다. 이런 과정을 반복하여 $Q_n, Q_{n-1}, \ldots, Q_2, Q_1, Q$를 얻는다.

(d) $P_m \to Q_n$이 참이 되는지 확인한다.

(e) 이 과정을 순차적으로 정리한다.

$$P \to P_1 \to P_2 \to \cdots \to P_m \to Q_n \to Q_{n-1} \to \cdots \to Q_1 \to Q$$

예제 1.19 (미분가능성과 연속성) f가 $x = c$에서 미분가능하면 f는 $x = c$에서 연속이다.

[풀이] 가정에 의해 극한 $\lim_{x \to c} \frac{f(x)-f(c)}{x-c}$가 존재하고 극한값은 $f'(c)$이다. 한편, 결론을 증명하려면 $\lim_{x \to c}(f(x) - f(c)) = 0$임을 보이면 된다.

가정과 결론에서 추측한 사실을 연결하여 다음을 유도한다.

$$\begin{aligned}\lim_{x \to c}[f(x) - f(c)] &= \lim_{x \to c} \frac{f(x) - f(c)}{x - c}(x - c) \\ &= \lim_{x \to c} \frac{f(x) - f(c)}{x - c} \lim_{x \to c}(x - c) \\ &= f'(c) \cdot 0 = 0\end{aligned}$$

그러므로 f는 $x = c$에서 연속이다. □

대우를 이용한 조건문의 직접증명

명제 $P \to Q$와 대우명제 $\sim Q \to \sim P$의 진리값이 같음을 이용하여 대우명제를 직접증명한다.

예제 1.20 n^2이 3의 배수이면 n은 3의 배수이다.

[풀이] 대우 "n이 3의 배수가 아니면 n^2은 3의 배수가 아니다"를 증명해 보자. n이 3의 배수가 아니므로 3으로 나눌 때 나머지가 1인 경우와 2인 경우를 생각해야 한다.

3으로 나눌 때 나머지가 1이면 $n = 3k + 1$ 꼴이다. $n^2 = 3(3k^2 + 2k) + 1$이므로 n^2은 3의 배수가 아니다. 3으로 나눌 때 나머지가 2이면 $n = 3\ell + 2$

꼴이고 $n^2 = 3(3\ell^2 + 4\ell + 1) + 1$ 이므로 n^2 은 3 의 배수가 될 수 없다.

그러므로 n^2 이 3 의 배수이면 n 은 3 의 배수이다. □

1.4.2 간접증명

직접증명이나 대우명제를 이용하여 증명하는 것이 어려운 경우에 또다른 증명 방법이 있다. 명제 자체를 부정하여 증명하거나 결론을 부정하여 모순을 유도하는 방법 (proof by contradicton) 인데 **귀류법**(reduction ad absurdum) 으로 알려져 있다.

단일 명제의 간접증명

예제 1.21 $\sqrt{2}$가 무리수임을 증명하여라.

[풀이] $\sqrt{2}$가 유리수라고 가정하면 서로소인 자연수 m, n을 이용하여 $\sqrt{2} = \frac{n}{m}$ 이라고 쓸 수 있다. 양변을 제곱하면 $n^2 = 2m^2$ 이므로 n 이 짝수이다. 따라서 $n = 2\ell$ 라고 쓸 수 있고 대입하면 $m^2 = 2\ell^2$ 이다. 같은 이유로 m 이 짝수이다. 이것은 m, n 이 서로소라는 것에 모순이다.

그러므로 $\sqrt{2}$는 무리수이다. □

조건문의 간접증명

조건문 $P \to Q$을 증명하고자 할 때 결론 Q를 부정하면 모순이 발생함을 보이게 된다. 실제 이 방법은 다음 사실에 기반을 두고 있다.

$$\sim(P \to Q) \iff P \wedge \sim Q.$$

증명단계

(a) 정리의 내용에서 가정 P 및 가정과 관련된 결과를 찾아 써본다.

(b) 결론을 부정한 명제 $\sim Q$ 및 관련 내용을 써본다.

(c) (a) 의 내용과 (b) 의 내용에서 연관성을 찾아 모순이 발생하도록 유도한다.

(d) 위 과정을 논리적으로 정리한다.

예제 1.22 $x > 0$ 이면 $x + \frac{1}{x} \geq 2$ 임을 증명하여라.

[풀이] 결론을 부정하여 $x + \frac{1}{x} < 2$ 라고 하자. 이제 $x > 0$ 이고 $x + \frac{1}{x} < 2$ 이면 모순이 생긴다는 것을 설명하겠다.

부등식의 성질에 의해 다음이 성립한다.

$$x + \frac{1}{x} < 2 \Rightarrow x^2 - 2x + 1 < 0 \Rightarrow (x-1)^2 < 0$$

그런데 모든 실수 x에 대해 $(x-1)^2 \geq 0$임을 알고 있으므로 위 사실은 모순이다. 결론을 부정했기 때문에 모순이 생겼으므로 결론은 참이다.

따라서 증명이 끝난다. □

1.4.3 경우를 나누어 증명하기

증명할 명제함수에서 변수의 영역을 빠진 곳이 없도록 분할하여 각 경우를 검토한다.

예제 1.23 n이 3의 배수가 아니면 n^2은 3의 배수가 아니다.

[풀이] 3의 배수가 아니므로 3으로 나눌 때 나머지가 각각 1과 2인 자연수만 고려한다. 따라서 $n = 3k+1$, $n = 3k+2$인 경우로 나누어 생각하는 것이 자연스럽다.

$n = 3k+1$이면 $n^2 = 3(3k^2+2k)+1$이므로 3의 배수가 아니다. 마찬가지로 $n = 3k+2$이면 $n^2 = 3(3k^2+4k+1)+1$이므로 역시 3의 배수가 아니다. 따라서 n이 3의 배수가 아니면 n^2은 3의 배수가 아니다. □

경우를 나누었을 때 증명이 거의 비슷하다면 증명을 통합하여 간단히 서술할 수 있는 경우가 있다. 이 때 "일반성을 잃지않고(without the loss of generality)"라는 표현을 사용하는데 왜 일반성을 잃지 않는지 반드시 설명해야한다.

예제 1.24 모든 실수 x, y에 대해 $|xy| = |x||y|$임을 증명하여라.

[풀이] 절대값의 정의를 고려하여 변수의 영역을 0이상인 영역과 0보다 작은 영역으로 나눈다.

(i) $x \geq 0, y \geq 0$일 때

$x \geq 0, y \geq 0$이므로 $|x| = x$, $|y| = y$이다. 또한 $xy \geq 0$이므로 $|xy| = xy = |x||y|$임을 알 수 있다.

(ii) x, y의 부호가 다르다면 x, y의 역할을 바꾸면 된다. 따라서 일반성을 잃지 않고 $x \geq 0, y < 0$일 때만 증명해도 된다. $|x| = x$, $|y| = -y$임은 확실하다. 그런데 $xy < 0$이므로 $|xy| = -xy$임을 알 수 있다. 따라서 $|xy| = -xy = x(-y) = |x||y|$이다.

(iii) $x < 0, y < 0$일 때

$x < 0, y < 0$이므로 $|x| = -x$, $|y| = -y$이고 $|x||y| = xy$이다. 한편 $xy \geq 0$이므로 $|xy| = xy$이다. 따라서 $|xy| = |x||y|$임을 알 수 있다.

그러므로 모든 실수 x, y에 대하여 $|xy| = |x||y|$이다. □

1.4.4 존재성과 유일성의 증명

어떤 대상의 존재성이나 그 대상의 유일성에 관한 질문은 수학에서 매우 중요하다. 존재성을 다룬 정리는 내용뿐만 아니라 증명과정도 알고 있어야 하는 경우가 많다.

존재성을 다룬 정리의 형태는 다음과 같다.

- 성질 P를 만족하는 $a \in D$가 존재한다.
- 성질 P를 만족하는 $a \in D$가 존재하고 유일하다.

다음은 존재성을 서술한 정리의 예이다.

예제 1.25 (Rolle 정리) f가 $[a, b$에서 연속이고, (a, b)에서 미분가능하다고 하자. $f(a) = f(b)$이면 적어도 하나의 실수 $c \in (a, b)$가 존재하여 $f'(c) = 0$이다.

예제 1.26 (대수학의 기본정리) $P(x)$가 복소수 계수의 $n(n \geq 1)$차 다항식이면 $P(z_0) = 0$인 복소수 z_0가 적어도 하나 존재한다.

예제 1.27 A가 $n \times n$ 행렬이라고 하자. $\det(A) \neq 0$이면 임의의 n차원 열벡터 b에 대하여 $AX = b$인 n차원 열벡터 X가 존재하고 유일하다.

존재성을 증명하는 방법에는 대상을 구체적으로 구성하여 존재성을 입증하는 직접증명(constructive proof)과 존재성을 부인하여 모순을 유도하는 간접증명이 있다. 직접증명은 응용에 유리한 점이 있지만 정리의 내용에 따라 매우 어려운 경우도 많고 직접증명이 불가능한 경우도 있다. 두 가지 증명이 가능하다면 직접증명을 선호한다.

유일성을 증명할 때는 (i) a_1과 a_2가 존재한다고 가정하고 $a_1 = a_2$임을 보이거나, (ii) 서로 다른 a_1과 a_2가 존재한다고 가정하고 모순을 유도한다.

예제 1.28 방정식 $\sin x = 1 - x$는 0과 1사이에서 유일한 근을 갖는다.

[풀이] **(존재성)** $f(x) = \sin x - (1 - x)$는 $[0, 1]$에서 연속함수이다. $f(0) = -1 < 0$이고 $f(1) = \sin 1 > 0$이므로 방정식 $f(x) = 0$은, 중간값 정리에 의해, 적어도 하나의 근을 갖는다.

(유일성) $f(c_1) = f(c_2) = 0$라고 하고 $c_1 = c_2$임을 보이겠다. 모든 $x \in (0, 1)$에 대해 $f'(x) = \cos x + 1 > 0$이므로 f는 증가함수이고 일대일 함수이다. 따라서 $f(c_1) = f(c_2) = 0$이면 $c_1 = c_2$이어야 한다. □

예제 1.29 $a \neq 0$일 때 일차방정식 $ax = b$은 유일한 해를 갖는다.

[풀이] **(존재성)** $a \neq 0$이므로 양변에 $\frac{1}{a}$을 곱한다. 그러면 $x = \frac{b}{a}$이고 방정식의 해이다.
(유일성) x_1, x_2가 해라고 하자. 그러면 $ax_1 = b$, $ax_2 = b$이므로 $a(x_1 - x_2) = 0$이다. 양변에 $\frac{1}{a}$을 곱하면 $x_1 = x_2$이므로 해는 유일하다. □

1.5 수학적 귀납법

1.5.1 귀납법과 연역법

일상 생활에서 논리적으로 어떤 결론을 이끌어내는 대표적인 방법으로 귀납법과 연역법을 들 수 있다.

귀납법 구체적인 사실로부터 일반적 원리를 이끌어 내는 방법으로 관찰되지 않은(또는 관찰할 수 없는) 사실을 이끌어낼 수 있다.

예를 들어, 직사각형이나 정사각형에 대하여 내각의 합을 구해보면 항상 $360°$ 라는 것을 알 수 있다. 몇 개의 사실을 바탕으로 "모든 볼록 사각형의 내각의 합은 $360°$ 이다"라고 말하면 귀납법(induction)에 의해 결론을 이끌어낸 것이 된다.

부분적인 몇 개의 사실로부터 일반적인 결론을 도출하였으므로 이 결론이 참이 아닐 수도 있고 일반화의 오류에 빠지기 쉽다. 따라서 신중하게 결론을 내려야 한다.

연역법 주어진 사실과 공리(Axiom)에 기초하여 논리적 추론을 통하여 새로운 사실을 도출하는 방법이다. 대수학을 비롯한 현대수학은 대표적인 연역적 추론 체계라고 볼 수 있다. 추론과정에서는 공리, 가정, 이미 증명된 정리 등을 이용한다.

다음 명제를 생각해보자.

$$1 + 2 + \cdots + n = \frac{n(n+1)}{2} \qquad (n\text{은 자연수})$$

$n = 1$ 일 때 좌변은 1, 우변은 $\frac{1 \cdot 2}{2} = 1$ 이므로 이 등식은 성립한다. $n = 2$ 일 때 좌변은 $1 + 2 = 3$ 이고 우변은 $\frac{2 \cdot 3}{2} = 3$ 이므로 역시 등식이 성립한다. 계속해서 $n = 3, 4, \ldots, 10$ 일 때 좌변과 우변을 계산해보아도 등식이 성립한다. 더 나아가 100 까지의 자연수에 대해 좌변과 우변을 계산해도 등식이 성립한다. 따라서 이 등식이 모든 자연수 n 에 대해서 성립할 거라고 추론할 수 있다. 그렇다면 이렇게 추론된 등식이 모든 자연수에 대해 성립하는가? 아직 증명된 것은 아니다.

요약하자면 구체적인 사례를 통해 '**명제가 참이라고 추측할 수는 있지만 수학적으로 증명된 것은 아니다**'는 것이다.

수학적 귀납법은 자연수 n 에 대한 명제가 모든 자연수 n 에 대해 성립함을 증명한다는 면에서 일반적인 귀납법과 다르다. 귀납법은 추론 방법이지만 수학적 귀납법은 증명하는 방법이다.

1.5.2 제1 수학적 귀납법의 원리와 수학적 귀납법

이탈리아의 수학자 페아노(Peano)는 다음과 같은 공리를 만족시키는 집합을 자연수의 집합으로 정의하였다.

공리 (페아노 공리계)

N1: 1은 자연수이다.

N2: 모든 자연수 n은 **그 다음수**(successor) n'을 갖는다.

N3: 1은 어떤 자연수의 그 다음수가 아니다.

N4: 두 자연수에 대해 그 다음수가 같으면 원래의 두 자연수는 같다. 즉, $a' = b'$ 이면 $a = b$이다.

N5: 어떤 자연수들의 집합이 1을 포함하고, 그 집합의 모든 원소에 대해 그 다음수를 포함하면, 그 집합은 자연수 전체의 집합이다.

페아노 공리 N5는 자연수와 관련된 명제를 증명하는 수학적 귀납법(mathematical induction)의 근거이다.

이제 자연수 n을 포함하는 명제 $P(n)$을 증명하는 수학적 귀납법 및 증명 과정에 대하여 알아보자.

정리 1.6 (제1 수학적 귀납법)

n이 자연수이고 $P(n)$이 명제함수일 때 다음 조건이 성립한다고 하자.

(i) $P(1)$이 참이다.

(ii) 임의의 고정된 자연수 k에 대해 $P(k)$가 참이면 $P(k+1)$이 참이다.

그러면 $P(n)$은 모든 자연수 n에 대하여 참이다.

[증명] $S = \{n \in \mathbb{N} : P(n)\text{이 참}\}$이라고 하자. $1 \in S$이고, $k \in S$일 때 $k+1 \in S$이므로 페아노 공리 N5에 의해 $S = \mathbb{N}$이다. 따라서 모든 자연수 n에 대해 $P(n)$은 참이다. □

수학적 귀납법에 의하여 명제를 증명하는 과정에서 단계 (i)은 쉽게 증명되는 경우가 많다.

가장 핵심적인 단계는 (ii)이다. (ii)를 증명할 때 '임의의 고정된 자연수 k 에 대해 $P(k)$'라는 귀납적 가정(induction hypothesis)으로부터 귀납적 결론 $P(k+1)$을 증명(또는 유도)해야 한다. 이 과정은 조건문의 증명에 해당한다.

수학적 귀납법을 이용한 증명 단계를 요약하면 다음과 같다.

제1 수학적 귀납법을 이용한 증명의 단계

(i) $P(n)$을 정의한다.

(ii) $P(1)$이 참임을 보인다.

(iii) 임의의 고정된 $k \in \mathbb{N}$에 대해 $P(k)$가 참이라고 가정하고 의미하는 바를 써본다.

(iv) $P(k+1)$이 참일 때 의미하는 바를 써본다.

(v) $P(k)$와 $P(k+1)$의 관련성을 생각해보고 $P(k)$로부터 $P(k+1)$를 구성해가는 논리적 과정을 생각해본다.

(vi) 위 과정을 알아보기 쉽게 정리한다.

예제 1.30 모든 자연수 n에 대해 다음 등식

$$1^2 + 2^2 + \cdots + n^2 = \frac{n(n+1)(2n+1)}{6}.$$

이 성립함을 증명하여라.

[풀이] 등식을 증명해야 되므로 좌변과 우변이 각각 같음을 보인다. 먼저 $P(n)$을 다음과 같이 정의하자.

$$P(n) : 1^2 + 2^2 + \cdots + n^2 = \frac{n(n+1)(2n+1)}{6}.$$

(i) $n = 1$일 때 좌변$= 1^2 = 1$, 우변은 $\frac{1 \cdot 2 \cdot 3}{6} = 1$ 이므로 $P(1)$ 은 참이다.

(ii) 자연수 k에 대해 $P(k)$가 참, 즉 다음 등식이 성립한다고 가정하자.

$$1^2 + 2^2 + \cdots + k^2 = \frac{k(k+1)(2k+1)}{6}.$$

귀납적 가정과 $P(k+1)$의 관련성을 고려하면 다음 등식이 성립한다.

$$\begin{aligned} 1^2 + 2^2 + \cdots + k^2 + (k+1)^2 &= \frac{k(k+1)(2k+1)}{6} + (k+1)^2 \\ &= \frac{(k+1)[(k+1)+1][2(k+1)+1]}{6} \end{aligned}$$

따라서 $P(k+1)$이 참이다.

그러므로 수학적 귀납법에 의해, 모든 자연수 n에 대해 주어진 등식이 성립한다. □

수학적 귀납법을 이용한 증명에서는 $P(1)$이 귀납적 과정에 반드시 연결되어야한다. 그렇지 않으면 얼토당토하지 않은 결론에 도달할 수 있다.

예제 1.31 수학적 귀납법을 이용하여 모든 자연수에 대해 다음 명제를 증명하였다. 증명하는 과정에서 잘못된 점을 지적하여라.

$$P(n): 1+2+\cdots+n = \frac{n^2+n+1}{2}$$

증명과정: $P(k)$가 참이라고 하고 $P(k+1)$이 참임을 증명한다. 가정에 의해 다음 등식이 성립한다.

$$1+2+\cdots+k = \frac{k^2+k+1}{2}$$

이제 양변에 $k+1$ 을 더하여도 등식은 성립하고 다음을 알 수 있다.

$$\begin{aligned} 1+2+\cdots+k+(k+1) &= [1+2+\cdots+k]+(k+1) \\ &= \frac{k^2+k+1}{2}+(k+1) \\ &= \frac{(k+1)^2+(k+1)+1}{2} \end{aligned}$$

따라서 $P(k+1)$도 참이다. 그러므로 모든 자연수에 대해 $P(n)$이 성립한다.

자연수에 대해 명제가 모든 자연수 $n \geq m(> 1)$에 대해 성립하는 것을 증명하는 경우에는 확장된 형태의 수학적 귀납법에 대해 알아 둘 필요가 있다.

따름정리 1.7 (제1 수학적 귀납법의 확장)

n이 자연수이고 $P(n)$이 명제함수일 때 다음 조건이 성립한다고 하자.

(i) $P(a)$가 참이다.

(ii) 임의의 고정된 자연수 $k \geq a$에 대해 $P(k)$가 참이면 $P(k+1)$이 참이다.

그러면 $P(n)$은 모든 자연수 $n \geq a$에 대하여 참이다.

[증명] 집합 $S = \{n \in \mathbb{N} : P(n)\text{이 참}\}$는 다음을 만족시킨다.

(i) $a \in S$

(ii) $k \geq a$에 대해 $k \in S$이면 $k+1 \in S$이다.

따라서 $\{n \in \mathbb{N} \mid n \geq a\} \subseteq S$이다. 그러므로 모든 자연수 $n \geq a$에 대하여 $P(n)$은 참이다. □

예제 1.32 $n \geq 16$일 때 $n^4 \leq 2^n$임을 증명하여라.

[풀이] $P(n):\ n^4 \le 2^n$ 이라고 두자.

(i) $n = 16$ 일 때 : 좌변은 $16^4 = 2^{16}$ 이고, 우변은 2^{16} 이므로 $n = 16$ 일 때 부등식이 성립한다.

(ii) $k \ge 16$ 일 때 $k^4 \le 2^k$ 이라고 가정하자. 귀납적 가정에 의해

$$\begin{aligned}(k+1)^4 &= k^4 + 4k^3 + 6k^2 + 4k + 1 \le k^4 + 4k^3 + 6k^3 + 4k^3 + k^3 \\ &= k^4 + 15k^3 < 2k^4 \le 2 \cdot 2^k = 2^{k+1}\end{aligned}$$

임을 알 수 있다. 따라서 $n = k+1$ 일 때 부등식이 성립한다.

그러므로 확장된 제1 수학적 귀납법의 원리에 의해 모든 자연수 $n \ge 16$ 에 대해 $n^4 \le 2^n$ 이다. □

1.5.3 제2 수학적 귀납법

앞에서 공부한 제1 수학적 귀납법은 단 하나의 귀납적 가정 $P(k)$ 를 이용하여 귀납적 결론 $P(k+1)$ 을 증명하고 있다. 제2 수학적 귀납법은 여러 개의 귀납적 가정을 이용한다는 점에서 제1 수학적 귀납법과 조금은 다르지만 제1 수학적 귀납법과 논리적으로 동치이다[12].

정리 1.8 (제2 수학적 귀납법)

$P(n)$ 이 자연수 n 에 대한 명제이고 $a, b (a \le b)$ 가 고정된 자연수라고 하자. 다음 조건이 성립한다고 하자.

(i) $P(a), P(a+1), \ldots, P(b)$ 이 참이다.

(ii) 임의의 고정된 자연수 $k \ge b$ 에 대해 $P(a),\ P(a+1), \ldots, P(k)$ 가 참이면 $P(k+1)$ 이 참이다.

그러면 모든 자연수 $n \ge a$ 에 대하여 $P(n)$ 이 참이다.

정리 1.8에서 (ii)는 다음과 같이 표현되기도 한다.

(ii)′ $k \ge a$ 가 임의의 고정된 자연수일 때 모든 $a \le \ell \le k$ 에 대해 $P(\ell)$ 이 참이면 $P(k+1)$ 이 참이다.

예제 1.33 수열 $\{a_n\}_{n=1}^{\infty}$ 이 다음 조건을 만족시킨다고 한다.

$$a_{n+2} = 3a_{n+1} - 2a_n, \qquad a_1 = 5,\ a_2 = 7$$

모든 자연수 n에 대해 $a_n = 2^n + 3$임을 증명하여라.

[풀이] $P(n)$을 다음과 같이 두자.

$$P(n) : a_n = 2^n + 3$$

(i) $P(1), P(2)$는 분명히 참이다.

(ii) $k \geq 2$일 때 모든 자연수 $k \leq n$에 대해 $P(k)$가 참이라고 하자. 즉, 모든 $k \leq n$에 대해 $a_k = 2^k + 3$이라고 하자. 그러면 다음 식에 의해 $P(n+1)$가 참이다.

$$a_{n+1} = 3a_n - 2a_{n-1} = 3(2^n + 3) - 2(2^{n-1} + 3) = 2^{n+1} + 3$$

따라서 제2 수학적 귀납법에 의하여, 모든 자연수 n에 대해 $a_n = 2^n + 3$임을 알 수 있다. □

제1 수학적 귀납법을 이용하여 위 예제를 증명할 수 없다는 것을 확인하기 바란다.

예제 1.34 자연수 $n \geq 2$는 소수이거나 소수의 곱으로 표현된다.

[풀이] 먼저 $P(n)$을 다음과 같이 정의하자.

$P(n)$: n이 소수이거나 n은 소수의 곱으로 표현된다.

$n = 2$는 소수이므로 $P(2)$는 참이다.

모든 $k \leq n$에 대해 $P(k)$이 참, 즉, 모든 $k \leq n$가 소수의 곱으로 표현된다고 하자. $P(n+1)$이 참임을 보이려면 $n+1$이 소수이거나 소수의 곱으로 표현됨을 보이면 되겠다.

먼저 $n+1$이 소수이면 증명이 끝나므로 $n+1$이 소수가 아니라고 하자. 그러면 자연수 $p, q \geq 2$가 존재하여 $n+1 = pq$라고 쓸 수 있다. 이제 p, q는 모두 $n+1$보다 작은 자연수이므로 귀납적 가정에 의해 p와 q는 소수이거나 소수의 곱으로 표현된다. $n+1$이 소수의 곱으로 표현되므로 $P(n+1)$이 참이다.

그러므로 2이상의 자연수는 소수이거나 소수의 곱으로 표현된다. □

1.5.4 귀납적 정의

수학적 귀납법과 비슷한 형식으로 수학적 대상을 정의하는 것을 귀납적 정의(inductive definition) 또는 순환적 정의(재귀적 정의, recursive definition)라고 한다.

귀납적 정의는 자연수나 정수를 포함한 수학적 대상을 정의할 때 자주 사용된다. 컴퓨터를 이용하여 근사값을 계산하는 알고리즘에 대한 연구는 수치해석학의 주요 주제인데 알고리즘을 수행하여 얻어진 결과는 수열을 귀납적으로 정의하는 것과 본질적으로 동일하다.

귀납적으로 정의하는 과정은 다음과 같다.

(i) 초기치 $P_1, P_2, \ldots, P_k$ 를 정의한다.

(ii) 이미 정의된 $P_{n-k}, \ldots, P_{n-2}, P_{n-1}$ 를 이용하여 $n \geq k$ 에 대해 P_n 을 정의한다.

이런 과정을 반복하면 모든 $n \geq 1$ 에 대해 P_n 이 정의된다.

예제 1.35 (수학적 연산의 귀납적 정의) n 이 자연수라고 하자.

(a) 계승(factorial): $n! = n(n-1)!$ (단, $n \geq 1$), $0! = 1$

(b) 정사각 행렬 A 의 거듭제곱 A^n: $A^n = A^{n-1}A$ (단, $n \geq 2$), $A^1 = A$

(c) 실수 $a_1, a_2, \ldots, a_n$ 의 합:

$$\sum_{k=1}^{n} a_k = \sum_{k=1}^{n-1} a_k + a_n \text{ (단, } n \geq 2), \quad \sum_{k=1}^{1} a_k = a_1$$

(d) 실수 $a_1, a_2, \ldots, a_n$ 의 곱:

$$\prod_{k=1}^{n} a_k = \left(\prod_{k=1}^{n-1} a_k\right) a_n \text{ (단, } n \geq 2), \quad \prod_{k=1}^{1} a_k = a_1$$

예제 1.36 (차분방정식 또는 수열의 점화식) $x_1, x_2, \ldots, x_k$ 가 주어진 실수라고 하자. 다음 관계식은 $n \geq k$ 일 때 수열의 모든 항을 결정한다.

$$x_{n+1} = f(n, x_n, x_{n-1}, x_{n-2}, \ldots, x_{n-k+1}) \quad (n \geq k)$$

이 식을 k 계 순환관계식(recurrence relation)이라고 한다. 특히, f 가 x_i 에 대해 일차식이면 선형 순환관계식이라고 하는데 다음과 같이 쓸 수 있다.

$$x_{n+1} + c_1 x_{n-1} + c_2 x_{n-2} + \cdots + c_{n-k+1} x_{n-k+1} = b_n$$

(단, c_i 는 n 의 함수이다.)

다음은 $k = 1$ 일 때의 예이다.

$$x_{n+1} = \frac{1}{2}x_n + 2 \,(n \geq 1), \; x_1 = 1; \quad x_n = \sqrt{x_{n-1}} \,(n \geq 2), \quad x_1 = 3$$

연습문제 1.5

1. 모든 자연수 n에 대해 $8^n - 1$이 7로 나누어짐을 증명하여라.
2. 모든 자연수 n에 대해 다음을 증명하여라.
   (a) $1 + 3 + \cdots + (2n-1) = n^2$ (b) $2^{n-1} \leq n!$
   (c) $1^3 + 2^3 + \cdots + n^3 = (1 + 2 + \cdots + n)^2$
   (d) $\sum_{k=0}^{n} r^k = \frac{1-r^{n+1}}{1-r}$ $(r \neq 1)$
3. $n \geq 6$일 때 $(n+2)^2 \leq 2(n+1)^2$임을 증명하여라.
4. $a > -1$일 때 모든 자연수 $n \geq 2$에 대해 $(1+a)^n > 1 + na$임을 증명하여라.
5. a_i, b_i가 실수일 때 모든 자연수 n에 대해 다음 부등식을 증명하여라.

$$(a_1b_1 + a_2b_2 + \cdots + a_nb_n)^2 \leq (a_1^2 + a_2^2 + \cdots + a_n^2)(b_1^2 + b_2^2 + \cdots + b_n^2)$$

6. 임의의 자연수 n에 대해 $\sum_{k=1}^{n} k \cdot k! = (n+1)! - 1$임을 보여라.
7. 함수 $f : \mathbb{R} \to \mathbb{R}$에 대해 $f^{[1]} = f$, $f^{[n]} = f \circ f^{[n-1]}$라고 하자. $f(x) = ax + b$일 때 $f^{[n]}(x)$를 구하여라.
8. $f_1 = f_2 = 1$, $f_{n+1} = f_n + f_{n-1}$ $(n \geq 2)$라고 하자. 다음을 증명하여라.
   (a) $f_1 + f_2 + \cdots + f_n = f_{n+2} - 1$ (b) $f_1 + f_3 + \cdots + f_{2n-1} = f_{2n}$
   (c) $f_2 + f_4 + \cdots + f_{2n} = f_{2n+1} - 1$ (d) $f_1^2 + f_2^2 + \cdots + f_n^2 = f_nf_{n+1}$
9. 모든 자연수 $n \geq 2$에 대해 a_n, c_n이 실수라고 하자. 다음과 같이 정의된 $P_n(x)$가 n차 다항식임을 증명하여라.

$$P_n(x) = (x - a_n)P_{n-1}(x) + c_nP_{n-2}(x)\,(n \geq 2), \quad P_0(x) = 1, P_1(x) = x$$

10. $x_0 > 1$일 때 $x_{n+1} = \sqrt{\frac{1+x_n}{2}}$ $(n \geq 0)$이라고 하자. 모든 자연수 n에 대해 $x_n > 1$임을 증명하여라.
11. 임의의 자연수 n을 다음과 같은 형태로 쓸 수 있음을 증명하여라.

$$n = r_m m! + r_{m-1}(m-1)! + \cdots + r_2 2! + r_1 1! \quad (r_m \neq 0,\ 0 \leq r_i \leq i)$$

(힌트 : $m! \leq n < (m+1)!$인 자연수 m의 존재성, 유클리드 호제법)

12. $x_1 = 1, x_2 = 2$, $x_{n+2} = \frac{1}{2}(x_{n+1} + x_n)$일 때 모든 자연수 n에 대해 $1 \leq x_n \leq 2$임을 증명하여라.
13. $x_1 = 1$, $x_{n+1} = x_n + \frac{1}{x_n}$일 때 일 때 $x_n > \sqrt{n}\,(n \geq 2)$임을 증명하여라.

CHAPTER 2

공리계로서의 실수집합

이 책에서 다룰 (고전) 해석학은 내용면에서 고등학교나 대학교 1학년 과정에서 공부한 미적분학과 다르지 않다. 미적분학은 수열이나 함수의 극한, 적분을 엄밀하게 정의하지 않고 활용에 초점을 맞추고 있다. 뉴턴과 라이프니츠에 의해 미적분학이 발명된 후 수학자들은 기본개념의 정립보다는 미적분을 이용한 새로운 지식의 창출에 힘을 기울였다. 실수에서 배제되어야하는 무한소를 이용하여 정의된 미분과 적분의 논리적 허점이 지적되고 수렴성을 고려하지 않은 무한급수에 대한 미적분의 자유로운 사용에 대한 비판이 생겼다. 또한 미적분학을 교육하는 과정에서 급수의 수렴이나 극한과 같은 기초개념을 명확히 할 필요가 생겨났다.

해석학에서 다룰 거의 모든 내용이 수열 및 함수의 극한과 관련되어 있다. '수열과 함수의 극한이 존재하는가' 라는 질문에 대답하려면 실수의 성질에 대해 알고 있어야 할 것이다. 극한의 본질에 대해 탐구는 '실수란 무엇인가' 라는 질문으로 귀착된다. 본질적으로 실수 자체의 완비성과 깊이 관련된 이러한 질문은 바이어슈트라스, 하이네, 칸토어 등에 의해 해결되었다. 미적분학의 기초를 수학적으로 엄밀하게 구축하는 과정을 '해석학의 엄밀화' 라고 하는데 실수의 엄밀한 정의는 엄밀한 해석학 구축의 마지막 단계에 해당한다.

이 장에서는 실수를 체의 공리, 순서 공리, 완비성 공리를 만족시키는 대상으로 보고 공리와 정의를 이용하여 증명할 수 있는 몇 가지 수학적 명제 (혹은 정리)를 유도한다.

2.1 실수계의 구축 과정

그리스 수학과 무리수 그리스의 피타고라스 학파는 만물을 수(자연수와 유리수)로 설명할 수 있다고 믿었고 자와 컴파스만을 이용하여 모든 수를 수직선 위에 작도할 수 있다고 생각하였다. 작도가능한 직각 이등변삼각형의 빗변의 길이가 유리수가 아니라

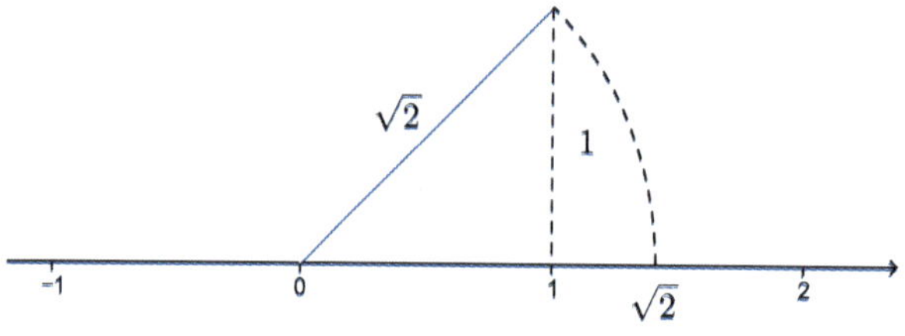

그림 2.1: $\sqrt{2}$의 작도

는 사실은 상당한 충격을 주었다.(그림 2.1) 작도의 측면에서 무리수는 통약불가능성(incommensurable)이라는 문제를 제기했는데 비례이론을 도입하면서 그리스 수학이 유크리드의 저서인 원론(Elements)에서 집대성되었다.

그리스 수학은 현대적인 수학의 발전과정에서 많은 영감을 주었다. 그리스의 3대 작도문제의 해결과정은 초월수[1]를 포함하는 무리수에 대한 이해를 필요로 한다. 데데킨트(Dedekind)나 바이러슈트라스(Weierstrass) 등에 의해 유리수를 이용하여 무리수를 이해하고자 하는 시도는 미적분학의 현대화와 깊이 관련되어 있다.

또한 유클리드 기하학의 평행선 공리를 증명하려고 시도하는 과정에서 비유클리드 기하학이 발견되면서 기하학을 공리계의 모델로 보게 되었다. 이런 관점은 현대적으로 실수를 현대적으로 정의하는 과정에서 채택되는데 실수를 공리계의 모델로 간주한다.

그리스 수학에서 수란 길이와 같은 양이라고 생각되었으므로 a는 길이, a^2은 넓이, a^3은 부피로 해석할 수 있다. $a^n\,(n \geq 4)$는 이런 기하학적 해석이 곤란한데 페르마(Fermat)는 비에트(Viète)가 도입한 대수기호를 이용하여 이 문제를 해결하였다. 예를 들어 x^3은 비례식 $1 : x = x^2 : __$의 마지막 항이다.

십진소수 수를 양(특히, 선분의 길이)으로 파악하는 관점은 자연스럽게 십진 (무한) 소수를 도입하게 된다. 그리스를 비롯한 다른 문명권에서도 주어진 수직선 위에 있는 점이 어떤 수를 나타낸다는 것을 당연하게 받아들였다. 이 수를 나타내려고 할 때 다음 형태의 십진소수가 자연스럽게 등장한다.

$$N.x_1x_2x_2\cdots \quad (N\text{은 정수 }, x_i \in \{0,1,2,\ldots,9\})$$

이러한 십진소수는 1500년대 말에 도입되었는데 계산을 위한 로그표나 사인표(sine table)를 소수로 나타내었다. (무한) 십진소수는 순환소수와 비순환소수로 나눌 수 있는데 실

[1]정수 계수 다항식의 근이 되는 수를 대수적인 수(algebraic number)라고 부르고 대수적인 수가 아닌 수를 초월수(transcendental number)라고 한다. 칸토어는 삼각급수와 관련하여 실수를 깊게 연구하면서 집합론을 창시하였고 초월수의 존재성을 예측하였다. 리우빌(Liouville)은 최초로 초월수의 예를 제시하였다.

수를 유리수와 무리수로 나누는 것과 동일하다.

한편, 십진소수에 해당하는 점을 수직선 위에 나타낼 수 있으므로 수직선은 십진소수로 나타낸 수집합(set of numbers)의 기하학적 모형에 해당한다. 십진소수로 표현되는 수를 16세기에 등장한 허수(imaginary number)와 구별하기 위해 실수(real number)라고 불렀다.

실수의 중립성 19세기에도 수학은 양(quantity)을 다루는 학문으로 인식되었지만 영국에서 드 모르간(De Morgan) 등에 의해 대수가 도입되면서 "기존의 양(실수)이 자연계나 사회현상에서 의미를 갖는다"는 관점은 바뀌었다. (극한의 존재성이 바탕이 되는) 미적분학의 기초를 마련하는 과정에서 제기된 실수의 본질에 대한 질문을 해결하는 것이 매우 중요했었는데 유리수를 이용하여 무리수를 포함한 수체계를 정의하면서 실수의 여러가지 성질을 증명하고 있다. 또한 집합론과 공리에 기초하여 실수를 정의하면서 실수는 추상적이고 중립적인 성격을 띠게 되었다.

해석학의 기초가 될 실수계를 정의하고자하는 시도는 세가지 방향에서 찾아볼 수 있다. 첫 번째는 연속인 양에 기반을 둔 한켈(Hankel)과 프레게(Frege)의 접근 방식이고, 두 번째는 연속량이 아닌 자연수나 유리수를 기반으로 실수를 정의하려고 시도한 데데킨트(Dedekind), 바이어슈트라스(Weierstrass), 칸토어(Cantor)의 방식이다. 세 번째는 공리계를 도입하여 형식적으로 정의하는 힐베르트(Hilbert)의 방식이다. 공리계에서 사용되는 공리는 수를 수직선에 대응시킬 때 수의 기하학적 성질을 대수적 방법을 써서 추상화한 것으로 볼 수 있다.

유리수를 이용한 실수의 구축 한켈은 저서에서 "복소수에서의 연산과 같거나 거의 같은 연산을 가진 수체계가 존재하는가"라는 문제를 생각하고 복소수보다 더 큰 수체계(number system)는 존재하지 않는다는 것을 증명하였다. 바이어슈트라스는 유리수의 집합 $\mathbb{Q}$에서 출발하여 $\mathbb{Q}$의 무한 부분집합에 관한 논법을 바탕으로 실수를 구축하려고 생각했는데 칸토어를 비롯한 많은 사람들이 이러한 접근 방식을 배웠다.

1872년 칸토어, 하이네(Heine), 데데킨트에 의해 각 항이 유리수인 코시수열(4장 4.3절 참조)에 실수를 대응시키는 아이디어가 완성되었다. 서로 다른 코시수열이 같은 수를 나타낼 수 있으므로 모든 유리 코시수열의 집합 위에 동치관계(equivalence relation)를 정의한 후 동치류(equivalence class)의 집합을 실수의 집합으로 파악하였다. 동치류의 집합 위에 덧셈과 곱셈, 순서(order)를 정의하여 체의 공리, 순서 공리, 완비성을 설명하는 이 과정은 매우 복잡한데 란다우(Landau, 1930년)에 의해 자세히 기술되었다.

한편 데데킨트는 유리수 절단(cut)이라는 개념을 도입하여 무리수를 포함한 실수를 정의하였다. 절단에 기반을 두고 구성된 실수의 집합에 덧셈과 곱셈을 정의하고 체의 공리나 순서공리를 증명하게 된다.

공리계로서의 실수 비유클리드 기하학을 받아들이면서 기하학을 공리계로 보는 시도가 있었는데 기하학적 공리의 본질에 대한 여러 논의 가운데에서 공리를 형식적인(formal) 것으로 보는 견해가 지지를 받았다. 힐베르트의 저서(1899년, *Grundlagen der Geometrie*)는 기존과는 논리적 구조가 다른 실수의 새로운 정의를 포함하고 있다. 힐베르트는 기학학을 연구하면서 기하학의 공리와 산술 모델(arithmetic model)을 연결하는 고리를 찾으면서 실수를 공리계로 파악하였다. 힐베르트가 도입한 실수의 공리계는 연산에 대한 공리(체의 공리), 부등식과 관련된 순서공리, 공리계의 완전성 공리 및 연속공리(아르키메데스 원리)로 이루어져 있다([6], 315쪽).

2.2 대수적 공리

집합 $\mathbb{R}$ 위에 서로 다른 두 연산 $+$ (덧셈)와 $\cdot$ (곱셈)이 정의되고 닫혀[2]있다고 하자. 두 연산이 아래에 주어진 공리 A1–A4, M1–M4 및 D를 만족시키면 $(\mathbb{R}, +, \cdot)$을 체(field)라고 부른다.

공리 (체 공리 (field axioms))

집합 $\mathbb{R}$ 위에서 정의된 덧셈(+)은 연산으로서 다음 성질을 만족시킨다.

A1: (교환법칙) 임의의 원소 $a, b \in \mathbb{R}$에 대해 $a + b = b + a$이다.

A2: (결합법칙) 임의의 원소 $a, b, c \in \mathbb{R}$에 대해 $a + (b + c) = (a + b) + c$이다.

A3: (항등원) $e \in \mathbb{R}$가 존재하여 모든 원소 $a \in \mathbb{R}$에 대해 $a + e = e + a = a$이다.

A4: (역원) 각 원소 $a \in \mathbb{R}$ 에 대해 $x \in \mathbb{R}$가 존재하여 $a + x = x + a = 0$이다.

비슷하게 곱셈 $(\cdot)$도 다음을 만족시킨다.

M1: (교환법칙) 임의의 원소 $a, b \in \mathbb{R}$에 대해 $a \cdot b = b \cdot a$이다.

M2: (결합법칙) 임의의 원소 $a, b, c \in \mathbb{R}$에 대해 $a \cdot (b \cdot c) = (a \cdot b) \cdot c$이다.

M3: (항등원) $u(\neq e) \in \mathbb{R}$가 존재하여 모든 원소 $a \in \mathbb{R}$에 대해 $a \cdot u = u \cdot a = a$이다.

M4: (역원) 각 원소 $a \neq 0$ 에 대해 $y \in \mathbb{R}$가 존재하여 $a \cdot y = y \cdot a = 1$이다.

또한 덧셈과 곱셈이 서로 양립하여 두 연산 사이에 다음 관계가 성립한다.

D: (분배법칙) 임의의 원소 $a, b, c \in \mathbb{R}$에 대해 다음이 성립한다.

$$a \cdot (b + c) = a \cdot b + a \cdot c, \quad (a + b) \cdot c = a \cdot c + b \cdot c$$

참고 2.1 $(\mathbb{R}, +)$와 $(\mathbb{R} - \{0\}, \cdot)$이 각각 군(group)을 이룬다.

(a) 덧셈에서 항등원(identity element) e를 0으로 나타내고, a의 역원(inverse element)은 $-a$로 나타낸다.

(b) 곱셈에서 항등원 u를 1로 나타내고, a의 역원은 a^{-1} 또는 $\frac{1}{a}$로 나타낸다.

한편, 뺄셈과 나눗셈은 역원을 이용하여 다음과 같이 정의된다.

(뺄셈) $a - b = a + (-b)$ **(나눗셈)** $a \div b = \dfrac{a}{b} = a \cdot b^{-1}$ $(b \neq 0)$

[2]임의의 원소 $a, b \in \mathbb{R}$에 대해 $a + b \in \mathbb{R}$, $a \cdot b \in \mathbb{R}$이라는 의미이다.

체의 공리로부터 등식의 성질(연습문제 2번) 및 유한번의 사칙연산과 관련된 사실을 유도할 수 있다.

예제 2.1에서는 두 원소의 합과 곱에 대한 역원의 성질, 예제 2.2에서는 덧셈의 역원과 곱셈의 관계, 예제 2.3에서는 통분의 원리를 증명한다. 증명과정에서 역원의 유일성(연습문제 1번)을 이용한다.

예제 2.1 $a, b \in \mathbb{R}$에 대하여 다음을 증명하여라.

(a) $-(a+b) = -a-b$

(b) $(ab)^{-1} = a^{-1}b^{-1}$ $(a, b \neq 0)$

[풀이] (a) 공리 A1–A4에 의해

$$(a+b) + [(-a)+(-b)] = [a+(-a)] + [b+(-b)] = 0+0 = 0$$

이므로 $(-a)+(-b) = -a-b$가 $a+b$의 역원이다. 또한, 덧셈에 대한 역원이 유일하므로 $-(a+b) = -a-b$이다.

(b) 공리 M1–M4에 의해 $(a^{-1}b^{-1})(ab) = (aa^{-1})(bb^{-1}) = 1 \cdot 1 = 1$이다. 따라서 $a^{-1}b^{-1}$는 ab의 역원이다. 또한 곱셈에 대한 역원의 유일성에 의해 $(ab)^{-1} = a^{-1}b^{-1}$임을 알 수 있다. □

예제 2.2 임의의 $x, y \in \mathbb{R}$에 대해 다음을 증명하여라.

(a) $x \cdot 0 = 0$

(b) $(-1) \cdot x = -x$

(c) $x \cdot (-y) = -(x \cdot y)$

(d) $(-x) \cdot (-y) = x \cdot y$

[풀이] (a) 0이 덧셈에 대한 항등원이므로 $0+0=0$이다. 양변에 x를 곱하면 분배법칙에 의해 $x \cdot 0 + x \cdot 0 = x \cdot 0$이다. 이 식의 양변에 $-x \cdot 0$을 더한 후 결합법칙과 항등원의 성질을 이용하면 $x \cdot 0 = 0$임을 알 수 있다.

(b) $(-1)x + x = (-1)x + 1 \cdot x = [(-1)+1]x = 0 \cdot x = 0$이다. 따라서 $(-1)x$가 덧셈에 대한 x의 역원이다. 그런데 덧셈에 대한 역원은 유일하므로 $(-1) \cdot x = -x$ 이다.

(c) $x \cdot y + x \cdot (-y) = x[y+(-y)] = x \cdot 0 = 0$이다. 따라서 $x \cdot (-y)$는 xy의 덧셈에 대한 역원이다. 덧셈에 대한 역원이 유일하므로 $x \cdot (-y) = -(xy)$이다.

(d) (c)에 의해 $(-x)(-y) = -[x(-y)] = -[-(xy)] = xy$이다. □

예제 2.3 (통분의 원리) $a, b, c, d \in \mathbb{R}$에 대해 다음이 성립함을 증명하여라.

(a) $\frac{a}{b} + \frac{c}{b} = \frac{a+c}{b}$ $(b \neq 0)$

(b) $\frac{bc}{ac} = \frac{b}{a}$ $(a, c \neq 0)$

(c) $\frac{a}{b} + \frac{c}{d} = \frac{ad+bc}{bd}$ $(b, d \neq 0)$

[풀이] 0이 아닌 원소는 곱셈에 대한 역원을 갖는다.

(a) $\frac{a+c}{b} = (a+c)b^{-1} = ab^{-1} + cb^{-1} = \frac{a}{b} + \frac{c}{b}$

(b) $\frac{bc}{ac} = (bc)(ac)^{-1} = (bc)a^{-1}c^{-1} = ba^{-1}(cc^{-1}) = ba^{-1} \cdot 1 = ba^{-1} = \frac{b}{a}$

(c) $\frac{a}{b} + \frac{c}{d} = \frac{ad}{bd} + \frac{bc}{bd} = \frac{ad+bc}{bd}$ □

유리수와 무리수 정수의 비 $\frac{n}{m}(m, n \in \mathbb{Z},\ m \neq 0)$로 쓸 수 있는 $\mathbb{R}$의 원소를 유리수(rational number)라고 부르고 유리수의 집합을 $\mathbb{Q}$로 나타낸다. 예제 2.3에 의해 $\mathbb{Q}$는 덧셈과 곱셈에 대해 닫혀있고 체를 이루는 것을 확인할 수 있다.

유리수가 아닌 $\mathbb{R}$의 원소는 무리수(irrational number)라고 부른다. 수학사에서 $\sqrt{2}$는 최초로 등장한 무리수이다.

연습문제 2.2

1. 덧셈과 곱셈에 대한 항등원과 역원이 유일함을 증명하여라.
2. 임의의 $a, b(\neq 0) \in \mathbb{R}$에 대해 $-(-a) = a,\ (b^{-1})^{-1} = b$임을 보여라.
3. **(등식의 성질)** $a = b$일 때 $c \in \mathbb{R}$에 대해 다음 등식을 증명하여라.

   (a) $a + c = b + c$ (b) $ac = bc$ (c) $\frac{a}{c} = \frac{b}{c}\ (c \neq 0)$
4. $-(a+b) = -a - b$임을 보여라. 또 $a \neq 0,\ b \neq 0$일 때 $(ab)^{-1} = a^{-1}b^{-1}$임을 보여라.
5. $ab = 0$이면 $a = 0$이거나 $b = 0$임을 증명하여라. 또 $(x-a)(x-b) = 0$이면 $x = a$ 또는 $x = b$임을 보여라.
6. $a, b, c \in \mathbb{R}$에 대해 다음을 증명하여라.

   (a) $a + c = b + c$이면 $a = b$이다.

   (b) $c \neq 0$일 때 $ac = bc$이면 $a = b$이다.
7. 체 공리만을 사용하여 $a, b \in \mathbb{R}$에 대해 다음을 증명하여라.

   (a) 방정식 $x + a = b$는 유일한 해를 갖고 해는 $x = b - a$이다.

   (b) $a \neq 0$일 때 방정식 $ax = b$는 유일한 해를 갖고 해는 $x = \frac{b}{a}$이다.
8. **(지수법칙)** $a, b \in \mathbb{R}$와 $m, n \in \mathbb{Z}$에 대해 다음을 증명하여라.

   (a) $a^m a^n = a^{m+n}$ (b) $(a^m)^n = a^{mn}$

   (c) $(ab)^n = a^n b^n$ (d) $\left(\frac{a}{b}\right)^n = \frac{a^n}{b^n}\ (b \neq 0)$
9. x와 y가 유리수이면 $x + y$와 xy도 유리수임을 보여라.
10. 순서쌍의 집합 $\mathbb{R} \times \mathbb{R} := \{(x, y) | x, y \in \mathbb{R}\}$에서 연산 $\oplus$와 $\otimes$을 다음과 같이 정의하자.

$$(a, b) \oplus (c, d) = (a + c, b + d), \quad (a, b) \otimes (c, d) = (ac - bd, ad + bc)$$

(a) $\oplus$와 $\otimes$에 대한 항등원을 구하여라.

(b) $\oplus$와 $\otimes$에 대한 (a, b)의 역원을 구하여라.

11. $\mathbb{Q}(\sqrt{5}) := \{a + b\sqrt{5} | a, b \in \mathbb{Q}\}$가 체임을 보여라. 단, $\mathbb{Q}(\sqrt{5})$에서 덧셈과 곱셈은 $\mathbb{R}$에서 정의된 연산과 동일하다.

12. $ax^2 + bx + c = 0$이라고 하자. $a \neq 0$일 때 $\left(x + \frac{b}{2a}\right)^2 = \frac{b^2-4ac}{4a^2}$임을 보여라.

13. 체의 공리만을 사용하여 연립방정식 $ax + by = p$, $cx + dy = q$가 유일한 해를 가질 필요충분조건이 $ad - bc \neq 0$임을 보여라.

2.3 순서 공리

이 절에서는 $\mathbb{R}$의 원소에 대해 크기를 비교할 수 있는 순서구조에 대해 알아본다. 또한 부등호를 도입하여 부등식의 여러가지 성질을 유도한다. 마지막으로 절대값을 정의하고 절대값의 성질을 유도한다.

공리 (순서 공리 (order axiom))

다음을 만족시키는 부분집합 $P \subsetneq \mathbb{R}$가 존재한다. P를 양수의 집합이라 한다.

O1: 임의의 원소 $a, b \in P$에 대해 $a + b \in P$, $ab \in P$이다.

O2: (삼분률, trichotomy law) 임의의 원소 $a \in \mathbb{R}$에 대해 다음 중 하나만 성립한다.

(i) $a \in P$ (ii) $a = 0$ (iii) $-a \in P$

순서공리에서 존재성이 보장된 집합 P를 이용하여 음수와 양수의 개념을 도입할 수 있다. $a \in P$이면 a를 양수(positive number)라고 하고, $-a \in P$이면 a를 음수(negative number)라고 한다.

참고 2.2 정수의 집합 $\mathbb{Z}$나 유리수의 집합 $\mathbb{Q}$도 위에 서술한 순서 공리를 만족시키는 부분집합을 포함하고 있다. 순서를 갖는 체를 순서체(ordered field)라고 한다.

먼저 집합 P를 이용하여 $\mathbb{R}$의 원소에 대해 크고 작음을 정의해 보자.

정의 2.1 (부등호)

a, b가 $\mathbb{R}$의 원소라 하자.

(i) $b - a \in P$이면 'b가 a보다 크다'고 하고 $a < b$ 또는 $b > a$로 나타낸다.

(ii) $a < b$ 또는 $a = b$이면 'b가 a보다 크거나 같다'고 한다. 이 경우 $a \leq b$ 또는 $b \geq a$라고 쓴다.

(iii) $a < b, b < c$이면 $a < b < c$로 나타낸다.

부등호의 정의로부터 다음은 명백하다.

$$a > 0 \iff a \in P, \qquad a < 0 \iff -a \in P$$

예제 2.4 $a \neq 0$일 때 다음을 증명하여라.

(a) $a^2 > 0$ (b) $a^2 > a \ (a > 1)$ (c) $a > a^2 \ (0 < a < 1)$

[풀이] (a) $a \in P$이면 순서공리 O1에 의해 $aa = a^2 \in P$이므로 $a^2 > 0$이다. $-a \in P$이면 순서공리 O1과 예제 2.2 (d)에 의해 $(-a)(-a) = a^2 \in P$이므로 $a^2 > 0$이다.

(b) 먼저 $a > 0, a-1 \in P$이다. 그러면 순서공리 O1에 의해 $a^2 - a = a(a-1) \in P$이므로 $a^2 > a$이다.

(c) 가정에 의해 $a \in P, 1-a \in P$이다. 따라서 순서공리 O1에 의해 $a - a^2 = a(1-a) \in P$이므로 $a > a^2$이다. □

다음 정리는 부등호에 관련된 주요 성질을 설명한다.

정리 2.1 (부등식의 성질)

a, b, c가 $\mathbb{R}$의 원소라 하자.

(i) $a > 0$이면 $a^{-1} > 0$이고, $a < 0$이면 $a^{-1} < 0$이다.

(ii) $a < b, b < c$이면 $a < c$이다.

(iii) $a < b$이면 $a + c < b + c$이다.

(iv) $a < b$라고 하자. $c > 0$이면 $ac < bc$이고, $c < 0$이면 $ac > bc$이다.

(v) $0 < a < b$이면 $\frac{1}{a} > \frac{1}{b}$이다.

[증명] (i) $a^{-1} < 0$이라 가정하자. $-a^{-1} \in P$이므로, 순서공리에 의해, $a(-a^{-1}) = -1 \in P$이다. 부등호의 정의에 의해 $1 < 0$임을 의미하므로 이것은 예제 2.4 (a)에 모순이다. $a < 0$인 경우도 비슷하게 증명된다.

(ii) 가정에 의해 $b-a \in P, c-b \in P$이므로, 순서공리에 의해, $(b-a)+(c-b) = c-a \in P$이다. 따라서 $a < c$이다.

(iii) 가정에 의해 $b-a \in P$이다. 한편, $(b+c)-(a+c) = b-a \in P$이므로 증명이 끝난다.

(iv) $a < b$이므로 $b - a \in P$이다. $c > 0$이면 $c \in P$이므로, 순서공리 O1에 의해, $(b-a)c = bc - ac \in P$이다. 따라서 $ac < bc$이다.

$c < 0$이면 $-c \in P$이므로 $(b-a)(-c) = ac - bc \in P$이다. 그러므로 $ac > bc$이다.

(v) (i)에 의해 $(ab)^{-1} \in P$이다. 또한 가정에 의해 $b - a \in P$이므로, 순서공리 O1에 의해, $(ab)^{-1}(b-a) = \frac{1}{a} - \frac{1}{b} \in P$이다. 따라서 (v)가 증명된다. □

이제 부등호를 이용하여 $\mathbb{R}$의 부분집합인 구간(interval)을 정의한다.

열린구간 (open interval) $(a, b) := \{x \in \mathbb{R} | \, a < x < b\}$
닫힌구간 (closed interval) $[a, b] := \{x \in \mathbb{R} | \, a \le x \le b\}$
반닫힌구간 $[a, b) := \{x \in \mathbb{R} | \, a \le x < b\}$, $(a, b] := \{x \in \mathbb{R} | \, a < x \le b\}$
반무한 열린구간 $(a, \infty) := \{x \in \mathbb{R} | \, x > a\}$, $(-\infty, b) := \{x \in \mathbb{R} | \, x < b\}$
반무한 닫힌구간 $[a, \infty) := \{x \in \mathbb{R} | \, x \ge a\}$, $(-\infty, b] := \{x \in \mathbb{R} | \, x \le b\}$
실수의 집합 $(-\infty, \infty) = \mathbb{R}$

다음에 도입할 절대값은 $\mathbb{R}$의 원소를 직선 위에 있는 점과 대응시킬 때 두 점 사이의 거리를 나타낸다. 거리는 두 원소의 가까운 정도를 측정한다고 볼 수 있는데 이러한 개념은 극한 및 수렴을 정의할 때 사용된다. 해석학에서 가장 중요한 개념인 함수의 연속, 미분, 적분은 극한 및 수렴을 토대로 구축된다.

정의 2.2 (절대값)

$x \in \mathbb{R}$의 절대값(absolute value) $|x|$는 다음과 같이 정의된다.

$$|x| = \begin{cases} x & (x \ge 0) \\ -x & (x < 0) \end{cases}$$

실수의 절대값은 다음과 같은 성질을 갖는다. 정리 2.2에서 서술한 절대값의 성질은 유클리드 공간이나 벡터공간에서 노름(norm)으로 확장된다.

정리 2.2 (절대값의 성질)

x, y 및 k가 임의의 실수라 하자.

(i) $|x| \ge 0$, $|x| = 0 \iff x = 0$.
(ii) $|kx| = |k| \, |x|$.
(iii) (삼각부등식) $|x + y| \le |x| + |y|$. 단, 등호는 $xy \ge 0$일 때만 성립한다.

[증명] (i) ($\Rightarrow$) 정의에 의해 $|x| \ge 0$임은 분명하다. $x = 0$이면 정의에 의해 $|0| = 0$이다.
($\Leftarrow$) $|x| = 0$이지만 $x \ne 0$이라 가정하자. $x > 0$이면 $|x| = x$이고 $x < 0$이면 $|x| = -x$이므로 $|x| > 0$이다. 이것은 모순이다. 그러므로 $|x| = 0$이면 $x = 0$이다.

(ii) 경우를 나누어 증명한다. $k, x \ge 0$이면 $kx \ge 0$이므로 $|kx| = kx = |k||x|$

이다. 비슷하게 $k \geq 0$, $x < 0$이면 $kx \leq 0$이므로 $|kx| = -kx = k(-x) = |k||x|$이다.

나머지 경우는 스스로 증명하기 바란다.

(iii) 연습문제 12 (c)에 의해 $-|x| \leq x \leq |x|$와 $-|y| \leq y \leq |y|$가 성립한다. 또한 부등식의 성질에 의해

$$-(|x| + |y|) \leq x + y \leq |x| + |y|$$

임을 알 수 있다. 이제 연습문제 12 (b)를 이용하면 증명이 끝난다. □

예제 2.5 함수 $f(x)$가 다음과 정의될 때 모든 $x \in [2, 4]$에 대해 $|f(x)| \leq M$이 성립하도록 M을 정하여라. (이런 상수 M을 f의 상계(upper bound)라고 부른다).

$$f(x) = \frac{x^2 - 3x + 1}{x^3 - 1}$$

[풀이] 정의역에 속하는 모든 x에 대해 $|x| > 2$이므로

$$|x^3 - 1| \geq ||x^3| - |1|| = |x|^3 - 1 \geq 7$$

이다. 한편, 모든 x에 대해 $|x| < 4$이므로 삼각부등식에 의해 다음을 알 수 있다.

$$\begin{aligned} |x^2 - 3x + 1| &\leq |x|^2 + |-3x| + |1| \\ &= |x|^2 + 3|x| + 1 \\ &\leq 4^2 + 3 \cdot 4 + 1 \\ &= 29 \end{aligned}$$

따라서 $|f(x)| \leq \frac{29}{7}$이다. 이제 $M = \frac{29}{7}$로 택하면 된다. □

이제 마지막으로 절대값의 기하학적 의미를 생각해보기로 한다. 직선 위에 있는 고정된 점 O에 $0 \in \mathbb{R}$을 대응시킨다고 하자. 양수는 O의 오른쪽에 있는 점에 대응시키고 음수는 O의 왼쪽에 있는 점에 대응시킬 때 이 직선을 수직선(real line)이라고 한다.

$a \in \mathbb{R}$에 대응하는 수직선 위에 있는 점을 P라 하면 $|a|$는 $\overline{OP}$ 또는 O와 P 사이의 거리에 해당한다. 일반적으로 절대값은 수직선 위에서 두 점 사이의 거리를 측정하는 양이 된다. 두 점 사이의 거리를 측정할 수 있다면 가깝고 먼 정도를 말할 수 있게 된다. 이제 $x \in \mathbb{R}$가 $a \in \mathbb{R}$에 가깝다는 말은 $|x - a|$가 작다는 의미로 해석할 수 있다.

주어진 점에 가까운 원소의 집합을 a의 근방(neighborhood)이라고 부르는데 다음과 같이 정의된다.

정의 2.3 (근방과 빠진근방)

양수 ε에 대해 다음 집합 $N(a,\varepsilon)$을 a의 **ε-근방**(ε-neighborhood)이라고 한다.

$$N(a,\varepsilon) := \{x \in \mathbb{R} \,|\, |x-a| < \varepsilon\} = (a-\varepsilon, a+\varepsilon)$$

한편, $N(a,\varepsilon)\backslash\{a\}$를 '$a$가 **빠진근방**'(deleted neighborhood of a)이라고 하고 $N'(a,\varepsilon)$로 나타낸다.

근방을 이용한 $\mathbb{R}$의 부분집합에 대한 분석과 이용은 7장에서 자세히 다루어진다.

연습문제 2.3

1. $a=0, b=0$은 $a^2+b^2=0$이기 위한 필요충분 조건임을 보여라.
2. $a<b$일 때 $(x-a)(x-b) \le 0$이면 $a \le x \le b$임을 증명하여라.
3. $ab>0$이면 $a>0, b>0$ 또는 $a<0, b<0$임을 보여라.
4. $A>\alpha$, $B>\beta>0$일 때 $AB>\alpha\beta>0$임을 보여라.
5. $A<\alpha$이라고 하자. $B>\beta>0$이면 $\frac{A}{B}<\frac{\alpha}{\beta}$임을 보여라.
6. 임의의 실수a와 b에 대해 $ab \le \frac{a^2+b^2}{2}$임을 보여라.
7. 임의의 $x, y>0$에 대해 $\left|\sqrt{x}-\sqrt{y}\right| \le \sqrt{|x-y|}$임을 보여라.
8. 양수 a,b,c,d에 대해 $\frac{a}{b}<\frac{c}{d}$일 때 다음 부등식을 증명하여라.

$$\frac{a}{b} < \frac{a+c}{b+d} < \frac{c}{d}$$

9. 임의의 $x, y \in \mathbb{R}$에 대해 다음이 성립함을 증명하여라.
   (i) $|x-y| \ge ||x|-|y||$ (ii) $|x-y| \le |x|+|y|$
10. **(베르누이 부등식)** $x \ge -1$이고 n이 자연수일 때 $(1+x)^n \ge 1+nx$임을 보여라.
11. 자연수 n과 $a_i \in \mathbb{R}$에 대해 $|a_1+a_2+\cdots+a_n| \le |a_1|+|a_2|+\cdots+|a_n|$임을 보여라.
12. $a, x, y \in \mathbb{R}$에 대해 다음을 증명하여라.
   (a) $|-a|=|a|$ (b) $|x| \le y \iff -y \le x \le y \ (y \ge 0)$
   (c) $-|a| \le a \le |a|$
13. $x, y \in \mathbb{R}$에 대해 다음을 증명하여라.
   (a) 임의의 양수 ε에 대해 $x<y+\varepsilon$이면 $x \le y$이다.
   (b) 임의의 양수 ε에 대해 $|x-a|<\varepsilon$이면 $x=a$이다.

14. $x, y \in \mathbb{R}$에 대해 $d(x,y) = |x-y|$라고 정의하자. 다음을 증명하여라.
    (a) $d(x,y) \geq 0$
    (b) $d(x,y) = 0 \iff x = y$
    (c) $d(kx, ky) = |k|\, d(x,y)$
    (d) $d(x,y) + d(y,z) \geq d(x,z)$

15. $a > 0$일 때 모든 $x \in \mathbb{R}$에 대해 $ax^2 + bx + c \geq 0$이면 $b^2 - 4ac \leq 0$임을 보여라.

16. 연습문제 15를 이용하여 $a_i, b_i \in \mathbb{R}(1 \leq i \leq n)$에 대해 다음 부등식을 증명하여라.

$$(a_1b_1 + a_2b_2 + \cdots + a_nb_n)^2 \leq (a_1^2 + a_2^2 + \cdots + a_n^2)(b_1^2 + b_2^2 + \cdots + b_n^2)$$

17. 모든 $k = 1, 2, \ldots, n$에 대해 $a_k > 0$일 때 다음을 증명하여라.

$$(a_1 + a_2 + \cdots + a_n)\left(\frac{1}{a_1} + \frac{1}{a_2} + \cdots + \frac{1}{a_n}\right) \geq n^2$$

18. $a, b \geq 0$이라고 하자.
    (a) $a > b$이면 모든 자연수 n에 대해 $a^n > b^n$임을 보여라.
    (b) 어떤 자연수 n에 대해 $a^n > b^n$이면 $a > b$임을 보여라.

2.4 완비성 공리

유리수의 집합 $\mathbb{Q}$도 대수적 공리와 순서공리를 만족함은 분명하다. 이 절에서 도입할 완비성 공리는 유리수의 집합과 실수의 집합이 본질적으로 다르다고 주장한다.

완비성이라는 개념을 도입하려면 몇 가지 준비가 필요하다. 먼저 유계 집합과 비유계 집합에 대해 알아보자.

정의 2.4 (유계 집합과 비유계 집합)

$S \subset \mathbb{R}$가 공집합이 아닌 집합이라 하자.

(a) $U \in \mathbb{R}$가 존재하여 "모든 $x \in S$에 대해 $x \le U$"이면 U를 S의 상계(upper bound)라고 한다. S의 상계가 존재하면 S가 위로 유계(bounded above)라고 한다.

(b) $L \in \mathbb{R}$이 존재하여 "모든 $x \in S$에 대해 $x \ge L$"이면 L을 S의 하계(lower bound)라고 한다. 집합 S가 하계를 가지면 S가 아래로 유계(bounded below)라고 한다.

(c) S가 위로 유계이고 동시에 아래로 유계이면 유계(bounded)라 하고 S를 유계 집합이라고 한다. 유계가 아니면 비유계(unbounded) 집합이라고 부른다.

예제 2.6 다음 명제를 증명하여라.

(a) $b \in \mathbb{R}$에 대해 $I_1 = (-\infty, 3)$은 위로 유계이지만 아래로 유계는 아니다.

(b) $I_2 = [-3, 2)$는 유계집합이다.

[풀이] (a) 임의의 $x \in I_1$에 대해 $x \le 3$이므로 3은 I_1의 상계이다. 따라서 I_1은 위로 유계이다.

I_1의 하계 L이 존재한다고 가정하자. 가정에 의해 모든 $x \in I_1$에 대해 $L \le x$이다. 그런데 L보다 작은 $x_0 \in I_1$를 택할 수 있으므로 L이 하계라는 사실에 모순이다. 그러므로 I_1은 아래로 유계가 아니다.

(b) -3이 I_2의 하계이고 2는 상계이다. I_2가 위로 유계이고 아래로 유계이므로 I_2는 유계집합이다. □

S가 비유계 집합이면 S가 위로 유계가 아니거나 아래로 유계가 아니다. 또한, 임의로 주어진 양수보다 큰 절대값을 갖는 원소가 존재한다.

정리 2.3 (비유계 집합의 성질)

S가 비유계 집합이면 임의의 자연수 n에 대해 $x_n \in S$이 존재하여 $|x_n| > n$이다.

[증명] 모든 $x \in S$에 대해 $|x| \leq n$라고 하자. 그러면 모든 $x \in S$에 대해 $-n \leq x \leq n$이므로 n이 S의 상계이고 $-n$이 하계이다. 이것은 S가 비유계라는 사실에 모순이다. 따라서 $|x| > n$인 S의 원소 x가 존재한다. 이 원소를 x_n이라고 두면 증명이 끝난다. □

U가 S의 상계이면 임의의 $U'(> U)$는 S의 상계이다. 비슷하게 L이 S의 하계이면 임의의 $L'(< L)$이 S의 하계이다. 가장 작은 상계나 가장 큰 하계를 다음과 같이 설명할 수 있다.

정의 2.5 (상한과 하한)

$S(\neq \varnothing)$가 $\mathbb{R}$의 부분집합이라고 하자.

(i) S가 위로 유계일 때 다음 조건을 만족하는 $u \in \mathbb{R}$를 S의 상한(supremum) 또는 최소상계(least upper bound)라고 한다. 기호 $\sup S$ 또는 $\sup\limits_{x \in S} x$로 나타낸다.

  (a) u가 S의 상계이다.

  (b) $u' < u$이면 u'은 S의 상계가 아니다.

(ii) S가 아래로 유계일 때 다음 조건을 만족하는 $\ell \in \mathbb{R}$을 S의 하한(infimum) 또는 최대하계(greatest lower bound)고 한다. 기호 $\inf S$ 또는 $\inf\limits_{x \in S} x$로 나타낸다.

  (a) ℓ은 S의 하계이다.

  (b) $\ell < \ell'$이면 ℓ'은 S의 하계가 아니다.

S가 위로 유계가 아니면 $\sup S = \infty$로 약속하고, S가 아래로 유계가 아니면 $\inf S = -\infty$라고 약속한다.

예제 2.7 $S = (-2, 1]$는 유계집합이고 $\inf S = -2$, $\sup S = 1$이다.

예제 2.8 $S = \{-n^2 | n \in \mathbb{N}\}$은 위로 유계이지만 아래로 유계가 아니다. 또한 $\sup S = -1$, $\inf S = -\infty$이다.

해석학에서는 상한과 하한을 이용하여 새로운 개념을 정의하거나 증명하는 경우가 많으므로 상한과 하한의 성질에 대해 잘 알고 있어야 한다.

정리 2.4 (상한과 하한의 성질)

$S \subset \mathbb{R}$가 공집합이 아니라고 하자.

(i) S가 위로 유계일 때 $u = \sup S$라고 하자. 그러면 임의의 양수 ε에 대해 $x_\varepsilon \in S$가 존재하여 다음 부등식이 성립한다.

$$u - \varepsilon < x_\varepsilon \leq u$$

(ii) S가 아래로 유계일 때 $\ell = \inf S$라고 하자. 그러면 임의의 양수 ε에 대해 $y_\varepsilon \in S$가 존재하여 다음 부등식이 성립한다.

$$\ell \leq y_\varepsilon < \ell + \varepsilon$$

[증명] (i) 임의의 양수 ε이 주어질 때 $u - \varepsilon$이 상계가 아니므로 S의 원소 x_ε이 존재하여 $u - \varepsilon < x_\varepsilon$이 성립해야 한다. 한편 u가 상계이므로 $x_\varepsilon \leq u$이다. 따라서 어떤 $x_\varepsilon \in S$에 대해 $u - \varepsilon < x_\varepsilon \leq u$가 성립한다.

(ii) (i)의 증명과 비슷하므로 연습문제로 남긴다. □

해석학에서 다루어질 극한, 연속, 미분, 적분, 수열과 급수의 수렴은 어떤 실수의 존재성을 가정한다. 완비성 공리는 이 가정을 공리화한 것이다.

공리 (완비성 공리 (completeness axiom))

공집합이 아닌 (임의의) 위로 유계인 집합 $S \subset \mathbb{R}$은 상한 $u \in \mathbb{R}$을 갖는다.

순서체는 유일하지 않으므로 완비성 공리를 만족시키는 순서체도 유일하지 않을지도 모른다고 추측할 수도 있다. 그러나 두 순서체가 완비성 공리를 만족시키면 두 순서체는 동등하다는 것이 알려져 있다. 따라서 완비성 공리를 만족시키는 순서체(complete ordered field)를 실수체(real number field) 또는 실수의 집합이라고 부르겠다.

이제 완비성 공리에서 유도할 수 있는 몇 가지 중요한 결과를 살펴보자.

정리 2.5 (아르키메데스 원리)

a가 (임의의) 주어진 **양수**이고 b가 (임의의) 주어진 실수라고 하자. 그러면 다음을 만족시키는 자연수 N이 존재한다.

$$b < Na \tag{2.1}$$

[증명] $b \leq 0$이면 $N = 1$로 택하면 된다. 따라서 $b > 0$인 경우를 증명하자.

결론을 부정하여[3] 모든 자연수 n에 대해 $na \leq b$라고 하자. 그러면 집합 $S := \{na | n \in \mathbb{N}\} \subset \mathbb{R}$는 공집합이 아니고 b가 S의 상계이다. 따라서 완비성 공리에 의해 S의 상한 $u \in \mathbb{R}$가 존재한다.

한편 $a > 0$이므로 $u - a$는 S의 상계가 될 수 없다. 따라서 자연수 m이 존재하여 $u - a < ma$가 성립한다. 그러면 $u < (m+1)a$이고 $(m+1)a \in S$이므로 u가 S의 상계라는 사실에 모순이다.

그러므로 증명이 끝난다. □

아르키메데스의 원리는 무한소(infinitesimal)[4]나 무한대(infinity)를 실수로 보지 않는다는 점을 환기시키고 있다. 아르키메데스 원리는 수열의 수렴이나 발산을 보일 때 자주 쓰인다.

예제 2.9 ε이 (임의의) 양수일 때 자연수 N이 존재하여 $\frac{1}{N} < \varepsilon$임을 보여라. 또한 모든 자연수 $n \geq N$에 대해 $\frac{1}{n} < \varepsilon$임을 보여라. (이 과정은 $\lim_{n\to\infty} \frac{1}{n} = 0$임을 보이는 것에 해당한다.)

[풀이] $\frac{1}{N} < \varepsilon$과 $1 < N\varepsilon$이 동치임을 이용하여 $a = \varepsilon$, $b = 1$라고 두고 정리 2.5를 적용한다. $n \geq N$일 때 $\frac{1}{n} \leq \frac{1}{N} < \varepsilon$이므로 증명이 끝난다. □

예제 2.10 $S := \{2n+1 | n \in \mathbb{N}\}$가 비유계 집합임을 보여라.

[풀이] 분명히 S가 아래로 유계이므로 S가 위로 유계가 아님을 보이면 된다.

S가 위로 유계라고 가정하면 상계 M이 존재하여 모든 $n \in \mathbb{N}$에 대해 $2n + 1 \leq M$이다. $a = 1$, $b = \frac{M-1}{2}$라고 두면, 정리 2.5에 의해, 자연수 N이 존재하여 $N > \frac{M-1}{2}$이다. 그런데 $2N + 1 \in S$이고 $2N + 1 > M$이므로 M이 S의 상계라는 사실에 모순이다. 따라서 S는 위로 유계가 아니다. □

유리수의 집합이나 실수의 집합은 순서를 갖는 체라는 점에서는 구조가 서로 같다고 볼 수 있다. 완비성은 거의 같아 보이는 순서체의 차이를 설명해 줄 수 있는 개념이다.

다음 예제는 유리수의 집합 $\mathbb{Q}$가 완비성 공리를 만족시키지 못함[5]을 보여주고 있다.

---

[3] $\exists N \in \mathbb{N}$ s.t $b < Na$을 부정하면 $^{\forall}N \in \mathbb{N}, Na \leq b$이다. 여기서 N을 n으로 바꿨다.

[4] 0보다 크고 모든 양수보다 작은 양수를 무한소라고 한다. 뉴턴과 라이프니쯔는 무한소를 이용하여 미분을 정의하였는데 현대의 수학에서는 수로 보지 않는다. 수가 아닌 개념을 이용하여 정의된 개념을 현대적으로 해석하는 과정은 19세기 말까지 계속되었다.

[5] 위로 유계인 유리수의 부분집합은 $\mathbb{R}$의 부분집합으로서 상한을 갖는 것은 당연하다. 완비성 공리를 만족시키지 못한다는 것은 그 상한이 유리수가 아닐 수도 있다는 뜻이다.

예제 2.11 유계집합 $S=\{x\in\mathbb{Q}|x^2<2,\ x>0\}$의 상한은 유리수가 아니다.

[풀이] $1\in S$임은 분명하므로 $S\neq\varnothing$이다. 또한 $2\notin S$이므로 2가 S의 상계이다. 실수의 부분집합으로써 S가 위로 유계이므로, 완비성 공리에 의해, $\sup S\in\mathbb{R}$이 존재한다. 여기서 우리의 주장은 $\sup S$가 유리수가 아니라는 것이다.

먼저 $u:=\sup S$가 유리수라고 가정하고 $u^2<2$ 또는 $u^2>2$이면 모순이 발생한다는 것을 관찰하기로 한다.

(i) $u^2<2$라고 가정하자. $2-u^2$과 $2u+1$에 대해 아르키메데스 성질을 이용하면 자연수 n이 존재하여 부등식

$$2u+1<n(2-u^2)$$

이 성립한다. 이 부등식으로부터 다음을 유도할 수 있다.

$$\left(u+\frac{1}{n}\right)^2<u^2+\frac{2u}{n}+\frac{1}{n}<2$$

$u+\frac{1}{n}\in S$이므로 u는 S의 상계가 될 수 없다. 이것은 모순이다.

(ii) $u^2>2$라고 가정하자. u^2-2와 $2u$에 대해 아르키메데스 성질을 적용하면 어떤 자연수 m이 존재하여 다음이 성립한다.

$$m(u^2-2)>2u$$

이 부등식으로부터 모든 $x\in S$에 대해 다음이 성립한다는 것을 보일 수 있다.

$$\left(u-\frac{1}{m}\right)^2=u^2-\frac{2u}{m}+\frac{1}{m^2}>u^2-\frac{2u}{m}>2>x^2$$

$u-\frac{1}{m}>0$이므로 위 부등식에 의해 $u-\frac{1}{m}$이 S의 상계임을 알 수 있다. 이것은 u가 S의 상한이라는 사실에 모순이다.

(i), (ii) 및 실수의 삼분률(순서공리)에 의해 $u^2=2$임을 알 수 있지만 어떤 유리수 u에 대해서도 이 방정식은 성립하지 않는다. □

아르키메데스 성질을 이용하면 수의 분포에 대해 어느 정도 파악할 수 있다. 다음 정리는 임의의 두 실수(아무리 가까워도) 사이에 유리수가 숨어 있음을 보여준다. 이 성질을 유리수의 조밀성이라고 부르고 '$\mathbb{Q}$가 $\mathbb{R}$에서 조밀하다(dense)'고 한다.

정리 2.6 (유리수의 조밀성)

x, y가 실수이고 $0<x<y$이면 유리수 r이 존재하여 $x<r<y$가 성립한다.

[증명] 정리 2.5에 의해 $n(y-x) > 1$인 자연수 n이 존재한다. 또한 자연수 m이 존재하여 $m-1 \le nx < m$이다. 이 사실로부터 $nx < m \le nx+1 < ny$임을 알 수 있다. 이제 $r = \frac{m}{n}$이라고 두면 증명이 끝난다. □

정리 2.6은 임의의 구간이 무한히 많은 유리수를 포함하고 있음을 보여준다. 무리수의 집합도 유리수와 같은 조밀성을 갖고 있다.

따름정리 2.7 (무리수의 조밀성)

$\alpha > 0$가 임의의 무리수라고 하자. $a < b$이면 유리수 r이 존재하여 다음을 만족시킨다.

$$a < r\alpha < b$$

[증명] 정리 2.6에서 $x = \frac{a}{\alpha}$, $y = \frac{b}{\alpha}$라고 두면 유리수 r이 존재하여 $\frac{a}{\alpha} < r < \frac{b}{\alpha}$이다. 양변에 α를 곱하면 증명이 끝난다. □

예제 2.11에서 $u^2 = 2$인 실수가 존재한다는 것을 증명하였다. 이 실수는 2의 제곱근이다. 증명 과정에서 완비성 공리와 아르키메데스의 원리가 적용되고 있음을 보았는데 비슷한 과정을 거쳐 n제곱근의 존재성이 설명될 수 있다.

정리 2.8 (n제곱근의 존재성)

n이 자연수일 때 임의의 양수 a에 대해 $x^n = a$인 실수 $x > 0$가 존재하고 유일하다. (이러한 실수 x를 $\sqrt[n]{a}$ 또는 $a^{\frac{1}{n}}$으로 나타내고 a의 n제곱근(n-th root)이라고 부른다.)

[증명] 먼저, 집합 $S = \{t \in \mathbb{R} \mid t^n < x, t > 0\}$가 다음과 같은 성질을 가짐을 관찰해 보자.

S1: $0 < s < t$일 때 $t \in S$이면 $s \in S$이다.

S2: $0 < s < t$일 때 $s \notin S$이면 $t \notin S$이다.

S3: $v \notin S$이면 v는 S의 상계이다.

($u := \sup S$ 의 존재성) $t := \frac{x}{1+x}$라고 두면 $t^n < t < x$이므로 $S \neq \phi$이다. 한편, $(1+x)^n > 1+x > x$이므로 (S3)에 의해 $1+x$는 S의 상계이다. S가 위로 유계인 집합이므로, 완비성 공리에 의해, S의 상한 $u \in \mathbb{R}$가 존재한다.

($u^n = x$의 증명) $u^n > x$라고 가정하자. 아이디어는 $h > 0$가 존재하여 $u-h < u$이고 $u-h \notin S$임을 설명하는 것이다. $h := \frac{u^n - x}{nu^{n-1}}$라고 두면 $0 < h < u$이므로

다음 부등식이 성립한다.

$$\begin{aligned} u^n - (u-h)^n &= [u-(u-h)]\sum_{k=0}^{n-1} u^{n-1-k}(u-h)^k \\ &< h\sum_{k=0}^{n-1} u^{n-1-k}u^k = hnu^{n-1} = u^n - x \end{aligned}$$

$(u-h)^n > x$ 이므로 $u-h \notin S$ 이고, (S3)에 의해, $u-h(<u)$ 가 S 의 상계이다. 이것은 u 가 최소상계이라는 사실에 모순이다.

$u^n < x$ 라고 가정하자. $h = \max\{1, \frac{x-u^n}{n(1+u)^{n-1}}\}$ 라고 두면

$$\begin{aligned} (u+h)^n - u^n &= h\sum_{k=0}^{n-1}(u+h)^{n-1-k}u^k \\ &< h\sum_{k=0}^{n-1}(u+1)^{n-1} = hn(u+1)^{n-1} < x - u^n \end{aligned}$$

이므로 $(u+h)^n < x$ 이고 $u+h \in S$ 이다. 이것은 u 가 S 의 상계라는 사실에 모순이다.

그러므로 실수의 삼분률에 의해 $u^n = x$ 이다.

(u 의 유일성) $v > 0$ 이고 $v^n = x$ 라고 하자. 다음 등식에 의해 $u = v$ 임을 알 수 있다.

$$u^n - v^n = (u-v)\sum_{k=0}^{n} u^{n-1-k}v^k = 0$$ □

정리 2.8에서 정의한 n 제곱근을 이용하면 지수가 유리수일 때 지수법칙을 증명할 수 있다. $a > 0$ 일 때 자연수 m, n 에 대해 다음과 같이 약속하자.

$$a^0 = 1, \quad a^{\frac{n}{m}} := (\sqrt[m]{a})^n = (a^{\frac{1}{m}})^n$$

따름정리 2.9 (유리수 지수에 대한 지수법칙)

$a > 0, b > 0$ 일 때 임의의 유리수 r, s 에 대해 다음이 성립한다.

(i) $a^r a^s = a^{r+s}$ (ii) $(a^r)^s = a^{rs}$

(iii) $(ab)^r = a^r b^r$ (iv) $\left(\dfrac{a}{b}\right)^r = \dfrac{a^r}{b^r}$

[증명] 증명은 독자에게 맡긴다. □

$a > 0(\neq 1)$ 이고 x 가 실수일 때 $A(x) := \{a^t \mid t \le x, t \in \mathbb{Q}\}$ 라고 하자. a^x 를 다음과

같이 정의하면 따름정리 2.9의 지수법칙은 지수가 임의의 실수로 확장된다.

$$a^x = \begin{cases} \sup A(x) & (a > 1) \\ \frac{1}{(a^{-1})^x} & (0 < a < 1) \end{cases}$$

정리 2.10 (실수 지수에 대한 지수법칙)

양수 $a(\neq 1)$와 임의의 실수 x, y에 대해 $a^x a^y = a^{x+y}$이다.

[증명] $a > 1$일 경우만 증명하기로 하자. $t > 0$일 때 임의의 위로 유계인 집합 $B \subset (0, \infty)$에 대해 집합 tB를 다음과 정의하자.

$$tB = \{tx \mid x \in B\}$$

$r \leq y$가 유리수이면 $\sup a^r A(x) = a^r \sup A(x) = a^r a^x$이다. 한편, $a^r A(x) \subset A(x+y)$임을 이용하면 $a^r a^x \leq \sup A(x+y) = a^{x+y}$임을 알 수 있다. 따라서 다음 부등식이 성립한다.(연습문제 6, 7번 참조)

$$\sup\{a^r a^x \mid r \leq y, r \in \mathbb{Q}\} = a^x \sup A(y) = a^x a^y \leq a^{x+y}$$

$a^x a^y \neq a^{x+y}$이라고 가정하자. 그러면 a^{x+y}의 정의에 의해 유리수 $t_0 (\leq x+y)$가 존재하여 $a^x a^y < a^{t_0} \leq a^{x+y}$이다. a^x와 a^y의 정의에 의해, 모든 유리수 $t \leq x+y$에 대해 $a^t \leq a^x a^y$이므로 모순이다. □

다음 정리는 구간이 갖고 있는 특별한 성질을 보여준다. 이 성질을 구간의 연결성(connectedness)이라고 한다.

정리 2.11 (구간의 성질)

S가 공집합이 아닌 $\mathbb{R}$의 부분집합이라고 하자. 임의의 $x, y \in S\,(x < y)$에 대해 $[x, y] \subseteq S$이면 S는 구간이다.

[증명] S가 단 한 개의 실수 a만 포함하면 S를 닫힌구간 $[a, a]$로 간주할 수 있다. 따라서 S가 적어도 두 개의 서로 다른 실수를 포함한다고 가정하고 네 가지 경우를 생각하기로 하자.

(i) **S가 위로 유계이고 아래로 유계일 때**

완비성 공리에 의해 상한과 하한이 존재하므로 $\sup S = a$, $\inf S = b$라고 두자. 상한과 하한의 정의로부터 임의의 $x \in S$에 대해 $a \leq x \leq b$

이므로 $S \subseteq [a,b]$이다.

이제 $(a,b) \subseteq S$임을 보이자. z가 (a,b)에 속하면 z는 S의 하계가 아니므로 $x \in S$가 존재하여 $x < z$이다. 또한 z는 S의 상계가 아니므로 $y \in S$가 존재하여 $z < y$이다. 따라서 $z \in [x,y]$이다. 또한 가정에 의해 $[x,y] \subseteq S$이므로 $z \in S$이다. 이것은 $(a,b) \subseteq S$임을 의미한다.

위 두 가지 사실로부터 $a,b \in S$이면 $S = [a,b]$, $a \in S$이지만 $b \notin S$이면 $S = [a,b)$, $a \notin S$이지만 $b \in S$이면 $S = (a,b]$, $a,b \notin S$이면 $S = (a,b)$임을 알 수 있다.

(ii) **S가 위로 유계이지만 아래로 유계가 아닐 때**

$\sup S = b$라고 두자. 임의의 $x \in S$에 대해 $x \leq b$이므로 $S \subseteq (-\infty, b]$이다. 한편 z가 $(-\infty, b)$에 속하면 $x,y \in S$가 존재하여 $z \in [x,y]$이고 가정에 의해 $[x,y] \subseteq S$이므로 $(-\infty,b) \subseteq S$임을 알 수 있다.

이제 $b \in S$이면 $S = (-\infty, b]$이고 $b \notin S$이면 $S = (-\infty, b)$이다.

(iii) **S가 위로 유계가 아니지만 아래로 유계일 때**

$a = \inf S$라고 두면 (ii)와 비슷하게 증명할 수 있다. 또한 $a \in S$ 이면 $S = [a, \infty)$이고 $a \notin S$이면 $S = (a,\infty)$임도 확인할 수 있다.

(iv) **S가 위로 유계가 아니고 아래로 유계가 아닐 때**

$z \in \mathbb{R}$이면 $x,y \in \mathbb{R}$이 존재하여 $z \in [x,y] \subseteq S$이다. 따라서 $S = \mathbb{R}$이다.

각각의 경우에 S가 구간임을 보였으므로 증명이 끝난다. □

연습문제 2.4

1. 정리 2.4 (ii)를 증명하여라.
2. $S \subset \mathbb{R}$이 유계집합이면 상수 $M > 0$이 존재하여 모든 $x \in S$에 대해 $|x| \leq M$임을 보여라. 또 이 명제의 역이 성립함을 보여라.
3. 다음 집합이 비유계임을 보여라.
   (a) $\left\{\frac{1}{x} \,|\, 0 < x < \infty\right\}$ (b) $\{n^2 \,|\, n \in \mathbb{N}\}$ (c) $\{(-1)^n n \,|\, n \in \mathbb{N}\}$
4. 다음 집합의 상한과 하한을 구하여라.
   (a) $\left\{\frac{1}{n} | n \in \mathbb{N}\right\}$ (b) $(0,1) \cap \mathbb{Q}^c$ (c) $\left\{\frac{1}{x^2+1} | x \in \mathbb{R}\right\}$
   (d) $\{1 + 2^{-n} | n \in \mathbb{N}\}$ (e) $\{\tan^{-1} x | x \in \mathbb{R}\}$ (f) $\left\{\frac{e^x - e^{-x}}{e^x + e^{-x}} | x \in \mathbb{R}\right\}$

5. $A \subset \mathbb{R}$가 위로 유계일 때 $v < \sup A$이면 $v < x \le \sup A$인 $x \in A$가 존재함을 증명하여라.

6. 위로 유계인 집합 $A \subset (0, \infty)$의 상한이 u이고 $t > 0$이라고 하자. tu가 집합 $tA := \{tx | x \in A\}$의 상한임을 증명하여라.

7. $S \subset \mathbb{R}$가 유계집합이고 $T \subset S$일 때 $\inf S \le \inf T \le \sup T \le \sup S$임을 증명하여라.

8. u가 $S \subset \mathbb{R}$의 상계일 필요충분 조건은 "$t > u$이면 $t \notin S$"임을 증명하여라.

9. 아래로 유계인 집합 $S (\neq \phi)$가 하한을 가짐을 증명하여라. (힌트 : 완비성 공리).

10. $A \subset \mathbb{R}$가 유계집합일 때 $\sup A - \inf A = \sup_{x,y \in A} |x - y|$임을 증명하여라.

11. **(자연수의 정렬성)** $S \subseteq \mathbb{N}$이 공집합이 아니라고 하자. $\inf S \in S$임을 증명하여라.

12. $b > 1$일 때 자연수 m이 존재하여 $m \le b < m + 1$임을 증명하여라. 이러한 자연수 m을 가우스(Gauss) 기호를 써서 $m = \lfloor x \rfloor$로 나타낸다.

13. 임의의 양수 ε에 대해 다음을 만족시키는 자연수 N이 존재함을 보여라.
    (a) $\frac{1}{N^3} < \varepsilon$ (b) $\frac{1}{2^N} < \varepsilon$ (c) $\frac{1}{\sqrt{N}} < \varepsilon$

14. 임의의 양수 M에 대해 다음을 만족시키는 자연수 N이 존재함을 보여라.
    (a) $3^n > M$ (b) $\ln(2 + 1) > M$ (c) $n^\alpha > M \, (\alpha > 0)$

15. 임의의 음수 L에 대해 다음을 만족시키는 자연수 N이 존재함을 보여라.
    (a) $(3 - 2N) < L$ (b) $-3 - \ln(2N + 1) < L$ (c) $5 - 3e^N < L$

16. 모든 $n \in \mathbb{N}$에 대하여 $a < b + \frac{1}{n}$이면 $a \le b$임을 보여라.

17. x, y가 서로 다른 실수일 때 정리 2.6이 성립함을 증명하여라.

18. 정리 2.8의 증명에서 S1–S3을 증명하여라.

19. 유계집합 $A, B \subset \mathbb{R}$에 대해 $A + B := \{a + b | a \in A, b \in B\}$라고 할 때 다음을 보여라.
    (a) $\sup(A + B) = \sup A + \sup B$ (b) $\inf(A + B) = \inf A + \inf B$

20. p가 소수(prime number)라고 하자. 방정식 $x^2 = p$가 유리수 근을 갖지 않음을 보여라.

21. 방정식 $r^3 = 2$를 만족시키는 유리수 r이 존재하지 않음을 보여라.

22. 양수 $a \in (0, 1)$에 대해 $S = \{x \in \mathbb{R} | x^n \le a\}$라고 두자.
    (a) 자연수 n에 대해 $(1 + a)^n < 1 + 2^n a$임을 보여라.
    (b) S의 상한 u가 존재함을 보여라. (힌트 : $1 + a$가 S의 상계임을 보여라.)
    (c) $u^n < a$이면 자연수 $m \ge \frac{2^n u^n}{a - u^n}$을 택하자. $u + \frac{u}{m} \in S$임을 보여라.
    (d) $u^n > a$라고 하자. 자연수 $m \ge \frac{n u^n}{u^n - a}$에 대해 $\xi > u - \frac{u}{m}$인 $\xi \in S$를 택할 때 $\xi^n > a$임을 보여라.

CHAPTER 3

함수

수학의 발전은 함수 개념의 변화와 맥을 같이 한다고 볼 수 있다. 미적분학과 과학의 발전이 새로운 함수 개념의 도입을 재촉하였고 기존의 이론이 설명할 수 없는 특성을 가진 함수의 도입이 해석학의 발전에 영향을 주기도 하였다.

우리가 배운 (집합론에 바탕을 둔) 함수 개념은 해석학의 엄밀한 기초가 확립되면서 기존의 함수 개념이 고도로 추상화된 결과이다. 이 장에서는 함수 개념의 변화 과정과 함수와 관련된 용어에 대해 알아본다.

3.1 함수 개념의 변화

방정식과 함수 그리스의 수학은 대수적이라기보다 기하학적이었다. 이러한 기하학적 수학의 전통은 17세기에 문자와 상수를 나타내는 기호가 도입되고 해석기하학이 발명되면서 대수적인 수학으로 다시 바뀌게 되었다. 예를 들어, 연구의 주요 대상이었던 원추곡선은 두 변수 x, y를 사용하면 다음과 같은 방정식으로 쓸 수 있다.

$$ax^2 + bxy + cy^2 + dx + ey + f = 0$$

이러한 방정식은 함수를 정의하는 것으로 볼 수 있는데 보통 음함수(implicit fuction)라고 한다. 현대적 의미의 연속함수 $y = f(x)$가 곡선을 만들어내지만 곡선을 함수의 그래프로 볼 수는 없다.[1]

뉴턴과 라이프니츠에 의해 발명된 미적분학의 대상은 함수가 아니라 곡선이었다. 곡선의 접선, 곡선 사이의 넓이, 곡선의 길이, 곡선을 따라 움직이는 점질량의 속도 등의 곡선에 대한 문제를 해결하는 것이 중요한 문제였다. 라이프니츠(Leibniz, 1673년)는 곡선과 관련된 기하학적 대상(예: 접선)을 나타내기 위해 함수(function)라는 용어

[1]나중에 공부할 음함수 정리는 방정식 $f(x, y) = 0$이 나타내는 곡선의 부분이 함수의 그래프가 될 충분조건을 설명해준다.

를 처음 도입하였다. 베르누이(Johann Bernoulli, 1667-1748)는 변화하는 양(variable quantity, 변량)과 상수를 (어떤 방식이든지) 결합하여 만든 양을 (변량의) 함수라고 불렀다. 베르누이가 정의한 함수나 약간 변형된 형태의 함수 개념은 18세기 내내 계속되어 사용되었다.

해석적인 식 오일러(Euler)는 두 가지 방식으로 함수를 정의하였고 기호 $f(x)$를 도입하였다. 첫번 째는 실수 및 상수와 변화하는 양으로 (어떤 방식으로라도) 구성된 해석적인 표현 (또는 공식)을 함수라고 불렀다. 해석적인 표현이란 변수를 나타내는 문자와 실수에 대수적 연산[2]이나 초월적 연산[3]을 유한번 또는 무한히 많이 행하여 이루어진 식을 의미한다. 오일러는 대수적인 함수는 유한번의 대수적 연산으로 얻어지고, 초월함수는 무한번의 대수적 연산으로 얻어지므로 무한급수로 쓸 수 있다고 생각하였다. 두 번째는 다른 변수에 의존하는 변수를 함수라고 불렀다.

라크로와(Lacroix)는 당대의 수학지식을 집대성한 저서에서 "(어떤 방식으로 결정되지는 모른다고 하더라도) 어떤 양이 하나 이상의 양에 의존하면 그 양을 다른 양들의 함수"로 정의하고 있다.

오일러를 비롯한 당시의 수학자들은 유한번의 연산과 무한번의 연산이 비슷한 성격을 갖는다고 생각했기 때문에 미적분학의 기본개념이나 명확한 정의에 관심을 거의 두지 않았고 새로운 수학적 결과를 얻는데 몰두하였다.

코시(Cauchy)는 "x가 y의 값을 결정하도록 관련되어 있으면 y가 x의 함수"라고 정의하고 양함수와 음함수를 구분하였지만 함수를 방정식 $f(x, y) = 0$으로 파악하는 경향이 있었다([8], 10–11쪽).

대응과 함수 푸리에(Fourier, 1812년)는 $(-L, L)$에서 정의된 **임의의** 함수 f를 삼각급수로 나타낼 수 있다고 대담하게 주장하였다. 푸리에의 함수는 함수값이 공통의 식으로부터 계산되어야 한다는 기존의 관습을 포기하고 함수가 해석적인 표현식(analytic expression)일 필요가 없다는 점을 강조한다.

디리클레(Dirichlet)는 1829년 함수가 삼각급수로 표현될 수 있는 충분조건을 제시하였다. 수학적으로 엄밀하게 증명하는 과정에서 함수의 개념을 분명하게 이해할 필요가 있다고 느낀 그는 "각각의 x에 대해 (대응 방법에 관계없이) 유한한 값 y가 유일하게 대응하면 y가 x의 함수"라고 정의하였다. 디리클레의 정의는 **함수값 $f(x)$가 유일하다**는 것을 강조하고 있는데 이것은 현대적인 정의에서도 그대로 수용되었다.

---

[2]사칙연산, n제곱, n제곱근

[3]x에 대해 $\ln x$나 a^x를 만드는 연산

정의역의 확장 정의역이 실수의 부분집합이었던 함수 개념도 20세기에 접어들면서 임의의 집합 사이의 사상(mapping)으로 확장된다. 대수학의 발전이 큰 영향을 주었는데 벡터 공간 사이의 선형변환, 군과 체 사이의 동형사상(homomorphism)이라는 개념이 도입되었고 데데킨트(Dedekind, 1887년)는 사상을 현대적으로 정의하였다. 한편, 해석학의 발달은 정의역을 유클리드 공간이나 함수의 집합으로 확장하였다. 이 외에도 20세기 초반에 거리공간, 위상공간, 힐베르트(Hilbert) 공간, 바나하(Banach) 공간과 같은 추상공간이 도입되면서 이 공간 사이의 함수가 주요 연구 대상이 되었다.

의존(dependence)이나 대응(correspondence)과 같은 모호한 용어를 사용한 함수개념은 19세기 말 칸토어(Cantor)에 의해 도입된 집합론을 이용 정의한 현대적인 정의로 대체된다.

반례로서의 역할 많은 수학자들이 "임의의" 함수를 다루었지만 실제로는 해석적인 식이나 방정식으로 표현되는 곡선이었다. 디리클레는 해석적인 식으로 표현되지 않는 디리클레 함수를 처음 소개하였다.

$$f(x) = \begin{cases} 1, & x \in \mathbb{Q} \\ 0, & x \notin \mathbb{Q} \end{cases}$$

이 함수는 푸리에의 주장에 대한 반례일 뿐아니라 현대적인 의미에서 모든 곳에 불연속이고 적분 불가능한 함수이다. 이 외에도 연속이지만 모든 점에서 미분불가능한 함수, 무한번 미분가능하지만 멱급수로 전개할 수 없는 함수의 발견은 당대에 통용되는 개념에 대해 반성하고 개념을 재정의하게 했을 뿐만 아니라 새로운 이론 개발의 동기로 작용하기도 했다.

새로운 서술방식 19세기 초기에 수학적 서술은 지금과 많이 달랐다. 함수의 정의역을 서술하지 않았을 뿐만아니라 포괄적으로 함수를 정의하였다. 또한 논지 전개 과정에서 명시적이던 묵시적이던 함수에 서술되지 않은 부가적인 성질을 부여하는 것은 아주 흔한 일이었다. 수학을 엄밀하게 하고자하는 운동이 일어나게 된 이유 중 많은 부분은 "명확히 서술된 함수의 성질만을 사용할 수 있다"는 것을 인식하게 된 것에 있다. 또한 디리클레는 푸리에 급수에 관한 논문에서 함수에 대한 조건을 서술한 후 증명에서 이 가정만을 사용하였다. 이러한 영향 때문에 증명에서 사용되는 가정을 정확히 서술하는 전통이 확립된다.

3.2 함수 및 용어

대부분의 교재에서는 디리클레가 도입한 함수의 정의를 계승하여 두 집합이 주어질 때 원소의 대응으로 함수를 정의한다. 이 절에서는 집합론을 이용하여 정의된 함수 개념에 대해 알아보고 몇 가지 용어를 도입한다.

정의 3.1 (함수와 그래프)

X, Y가 공집합이 아닌 집합이라 하자. $f \subset X \times Y$가 다음 조건을 만족시키면 "(정의역) X에서 (공역) Y로의 함수"라고 하고 $f : X \to Y$로 나타낸다.

(a) 임의의 $x \in X$에 대해 $y \in Y$가 존재하여 $(x, y) \in X \times Y$이다.

(b) $(x, y_1) \in f$, $(x, y_2) \in f$이면 $y_1 = y_2$이다.

$(x, y) \in f$이면 $y \in Y$를 f에 의한 x의 상(image) 또는 x에서 f의 함수값(function value)이라 하고 $y = f(x)$라고 쓴다. 한편, $G(f) := \{(x, f(x)) | x \in X\} \subset X \times Y$를 f의 그래프(graph)라고 한다.

아래에 함수값과 관련하여 꼭 알아두어야 하는 용어를 소개한다.

정의 3.2 (전사, 단사, 전단사)

$f \subset X \times Y$가 주어진 함수라고 하자.

(a) 함수값들의 집합 $f(X) := \{f(x) | x \in X\}$를 f의 치역(range)이라고 한다. $R(f)$로 쓰기도 한다. 일반적으로, $f(X) \subseteq Y$이다. $f(X) = Y$이면 f를 전사함수(surjective function 또는 surjection)라고 한다.

(b) 임의의 두 원소 $x_1, x_2 \in X$에 대해 $f(x_1) = f(x_2)$일 때 $x_1 = x_2$이면 f를 일대일 함수 (one-to-one function) 또는 단사함수(injective function 또는 injection)라고 한다.

(c) f가 전사함수이고 단사함수이면 전단사함수(bijective function 또는 bijection) 또는 일대일 대응(one-to-one correspondence)이라고 한다.

함수 $f : X \to Y$가 전단사함수이면 각 $y \in Y$에 $f(x) = y$인 $x \in X$가 단 하나 존재한다. 이러한 사실을 이용하면 새로운 함수 $g : Y \to X$를 다음과 같이 정의할 수 있다.

$$g(y) = x \qquad (\text{단, } f(x) = y)$$

이 함수 g를 f의 역함수(inverse function)라 하고 f^{-1}로 나타낸다.

실수의 사칙 연산은 두 수를 이용하여 새로운 수를 만드는 과정으로 이해할 수 있다. 비슷하게 두 함수가 주어질 때 일종의 연산을 통해 새로운 함수를 만들어낼 수 있다.

정의 3.3 (합성함수)

함수 $f : X \to Y$와 $g : Y \to Z$가 주어질 때 각 $x \in X$에 대해 단 하나의 원소 $g(f(x)) \in Z$를 대응시키는 규칙을 f와 g의 합성함수(composite function)라 하고 $g \circ f : X \to Z$로 나타낸다.

수학적으로 다룰 대상이 주어지면 두 대상을 같은 것으로 볼 것인지 다른 것으로 볼 것인지 염두에 두어야 한다. 동일한 것으로 간주할 조건을 만족하게 되면 "서로 같다"고 하고 등호 "="를 사용하여 나타낸다. 두 함수의 상등은 다음과 같이 정의된다.

정의 3.4 (함수의 상등)

정의구역과 공변역이 같은 두 함수 $f : X \to Y$와 $g : X \to Y$를 생각하자. 각 $x \in X$에 대해 $f(x) = g(x)$이면 'f와 g가 같다'고 하고 $f = g$로 나타낸다.

예제 3.1 다음 함수 f와 g는 다른 식에 의해 정의되지만 같은 함수이다.

$$f(x) = \frac{2}{\pi}\int_0^\infty \frac{x^2}{t^2 + x^2}dt, \quad g(x) = |x|$$

이제 특별한 함수를 몇 개 소개한다. 함수 $f : X \to Y$가 주어진 함수라고 하자.

(a) $Y = X$일 때 각 $x \in X$에 대해 $f(x) = x$이면 f를 X에서의 항등함수(identity function)라고 하고 id_X라고 나타낸다.

(b) $y_0 \in Y$가 고정된 원소일 때 모든 $x \in X$에 대해 $f(x) = y_0$이면 f를 상수함수(constant function)라고 한다.

(c) $\mathbb{R}$이 실수의 집합일 때 $X \subseteq \mathbb{R}, Y = \mathbb{R}$이라고 하자. 모든 $x \in X$에 대해 $f(x) = 0$이면 f를 항등적으로 0(identically zero)인 함수라고 하고 $f \equiv 0$ 또는 $f = 0$으로 나타낸다.

$Y = \mathbb{R}$인 경우 함수 $f : X \to \mathbb{R}$을 실수값(real-valued) 함수 또는 실함수(real function)라고 부른다. 함수값이 실수값을 가지므로 실수에서 정의된 사칙연산을 이용하여 함수의 합, 곱 또는 몫과 같은 새로운 함수를 정의할 수 있다.

정의 3.5 (실함수에 대한 사칙연산)

두 실함수 $f : X \to \mathbb{R}$, $g : Y \to \mathbb{R}$에 대해 $f+g$, $f-g$, kf(k는 실수), fg 및 $\frac{f}{g}$는 다음과 같이 정의되는 실함수이다.

(i) (함수의 합) $(f+g)(x) = f(x) + g(x) \quad (x \in X \cap Y)$.

(ii) (함수의 차) $(f-g)(x) = f(x) - g(x) \quad (x \in X \cap Y)$.

(iii) (함수의 상수곱) $(kf)(x) = k\,f(x) \quad (x \in X)$.

(iv) (함수의 곱) $(fg)(x) = f(x)g(x) \quad (x \in X \cap Y)$.

(v) (함수의 몫, quotient) $\left(\frac{f}{g}\right)(x) = \frac{f(x)}{g(x)} \quad (x \in X \cap Y, g(x) \neq 0)$.

이 책에서 다룰 함수는 모두 실함수이다. 실함수에서는 특수한 경우가 아니면 공변역을 명시하지 않는다. 또한 함수가 변수를 포함한 식으로 주어질 때에는 **함수값이 의미를 갖는 모든 실수의 집합을 정의구역으로 간주**하고 별도로 정의구역을 명시하지 않은 경우가 있을 수 있음을 주지하기 바란다.

정의 3.6 (우함수와 기함수)

$D \subseteq \mathbb{R}$일 때 실함수 $f : D \to \mathbb{R}$를 생각하자. 모든 $x \in D$에 대해 $f(-x) = f(x)$이면 f를 우함수(even function)라고 하고, $f(-x) = -f(x)$이면 f를 기함수(odd function)라고 한다.

예를 들어, 함수 $f(x) = x\cos x$는 기함수이다. $f(-x) = -f(x)$이기 때문이다. 비슷하게, $g(x) = (x^3 - 2x)\sin x$는 우함수이다.

마지막으로 함수의 상과 역상에 대해 알아보자.

정의 3.7 (상과 역상)

함수 $f : X \to Y$에 대하여 $A \subseteq X$, $B \subseteq Y$라고 하자.

(i) $f(A) := \{f(x) | x \in A\} \subseteq Y$는 f에 의한 A의 상(image)이라고 한다. $A = \{x\}$인 경우 $f(\{x\}) = f(x)$로 쓴다.

(ii) $f^{-1}(B) := \{x \in X | f(x) \in B\}$를 f에 의한 B의 원상(preimage) 또는 역상(inverse image)이라고 한다. 한편, 각 $y \in Y$에 대해 $f^{-1}(\{y\}) = \{x \in X | f(x) = y\}$를 y의 역상이라고 부르고 $f^{-1}(y)$로 나타낸다.

다음 정리는 역상을 이용하여 단사함수와 전사함수를 구분하는 방법을 설명한다.

정리 3.1 (단사함수와 전사함수의 특성)

f가 X에서 Y로의 함수라 하자.

(i) f가 단사함수이다 $\Longleftrightarrow$ 임의의 $y \in Y$에 대해 $f^{-1}(y)$가 $\varnothing$ 또는 단원집합이다.

(ii) f가 전사함수이다 $\Longleftrightarrow$ 임의의 $y \in Y$에 대해 $f^{-1}(y) \neq \varnothing$이다.

[증명] (i)만 증명한다.

($\Rightarrow$) $y \notin R(f)$이면 분명히 $f^{-1}(y)$는 공집합이다. $y \in R(f)$일 때 $x_1, x_2 \in f^{-1}(y)$이면 $f(x_1) = f(x_2)$이다. f가 단사함수이므로 $x_1 = x_2$이다. 따라서 $f^{-1}(y)$는 단원집합이다.

($\Leftarrow$) 임의의 $y \in Y$에 대해 $f^{-1}(y)$가 공집합이거나 단원집합이라 가정하자. $f(x_1) = f(x_2)(= y_0)$일 때 $x_1 \neq x_2$이면 $f^{-1}(y_0)$는 적어도 2개의 원소를 포함하므로 모순이다. 따라서 f는 단사함수이다. □

연습문제 3.2

1. $A_i \subset X$일 때 함수 $f : X \to Y$에 대하여 다음을 보여라.
   (a) $A_1 \subseteq A_2$일 때 $f(A_1) \subseteq f(A_2)$
   (b) $f(A_1 \cup A_2) = f(A_1) \cup f(A_2)$
   (c) $f(A_1 \cap A_2) \subseteq (f(A_1) \cup f(A_2))$
   (d) $f(A_1 - A_2) \supseteq (f(A_1) - f(A_2))$
2. 함수 $f : X \to Y$와 임의의 집합 $A \subseteq X$, $B \subseteq Y$에 대해 다음을 증명하여라.
   (a) $f^{-1}(f(A)) \supseteq A$
   (b) $f(f^{-1}(B)) \subseteq B$
3. $B_i \subset Y\,(i = 1, 2)$일 때 함수 $f : X \to Y$에 대하여 다음을 보여라.
   (a) $B_1 \subseteq B_2$일 때 $f^{-1}(B_1) \subseteq f^{-1}(B_2)$
   (b) $f^{-1}(B_1 \cup B_2) = f^{-1}(B_1) \cup f^{-1}(B_2)$
   (c) $f^{-1}(B_1 \cap B_2) = f^{-1}(B_1) \cap f^{-1}(B_2)$
   (d) $f^{-1}(B_1 - B_2) = f^{-1}(B_1) - f^{-1}(B_2)$
4. $f : X \to Y$가 일대일 함수이면 $g \circ f = id_X$인 함수 $g : Y \to X$가 존재함을 보여라. 또한 $Y = f(X)$이면 $g = f^{-1}$임을 증명하여라.
5. f, g가 전단사이면 $f \circ g$가 전단사임을 보여라.
6. $f : X \to Y$가 전단사일 때 $f^{-1} \circ f = id_X$, $f \circ f^{-1} = id_Y$임을 증명하여라.
7. f가 전단사이면 역함수 f^{-1}가 전단사이고 $\left(f^{-1}\right)^{-1} = f$임을 보여라.
8. $f : X \to Y$와 $g : Y \to Z$가 전단사일 때 $(g \circ f)^{-1} = f^{-1} \circ g^{-1}$임을 증명하여라.

3.3 함수의 측면에서 본 해석학 개요

수학에서 자주 사용하는 함수(양함수)를 분석해보면 생각보다 많지 않다. 대수적인 함수(다항식 함수, 유리함수, 무리함수)는 상수함수 $f(x) = c$와 항등함수 $g(x) = x$로부터 유한번의 사칙연산, 근호 사용 및 합성에 의해 얻어진다. 사칙연산과 합성의 대상을 대수적인 함수, 삼각함수, 지수함수 또는 로그함수로 넓히면 대학교 미적분학에서 만나는 거의 모든 함수를 얻을 수 있다. 이 외에도 정의역의 각 원소에 단 하나의 원소를 대응시킨다는 함수의 정의로부터 도함수, 함수열의 극한, 함수항 급수의 합과 같은 새로운 함수가 등장한다.

해석학에서 다룰 주요 내용은 연속, 미분, 적분이라고 볼 수 있다. 이 책에서 다룰 내용을 함수와 관련하여 요약하면 다음과 같다.

(a) 유한번의 사칙연산에 의해 얻어지는 함수의 연속성, 미분가능성, 적분가능성
(b) 합성함수의 연속성, 미분가능성, 적분가능성
(c) 역함수의 존재성, 연속성, 미분가능성
(d) 음함수의 존재성, 연속성, 미분가능성
(e) 극한과정에 의해 얻어지는 함수의 연속성, 미분가능성, 적분가능성
- 함수열의 극한함수 : $f(x) = \lim_{n\to\infty} f_n(x)$
- 함수항 급수의 합 : $g(x) = \sum_{n=1}^{\infty} f_n(x)$
- 적분에 의해 정의되는 함수 : $h(x) = \int_a^b f(x,t)dt$

유한번의 사칙연산과 합성을 통해 얻어진 함수의 경우에는 적절한 조건하에서 연속성, 미분가능성, 적분가능성이 그대로 유지되지만 무한번으로 바꾸면 상황이 달라진다. 무한개의 함수를 합하면 각 함수의 연속성, 미분가능성, 적분가능성이 유지되지 않는다. 함수열의 극한이나 적분과 같은 극한과정에 의해 정의되는 함수의 경우에도 마찬가지다.

각 주제에 대한 명확한 정의를 바탕으로 (a)–(e)의 주제를 심도있게 논의하는 것이 대학교에서 공부하는 고전 해석학의 주제라고 할 수 있다. 이러한 해석학의 내용은 다변수함수나 추상공간에서 정의된 함수로 일반화되고 함수해석학, 미분 방정식, 복소해석학 등의 주요 주제로 확장된다.

반례는 해석학뿐 아니라 거의 모든 수학 분야에서 개념을 명확하게 하고 새로운 수학 분야를 창조하는 중요한 역할을 한다. 해석학의 발달과정에서는 특별한 함수들의 역할을 관찰할 필요가 있다. 푸리에의 주장을 반박하는 디리클레 함수, 리만이 제시한 '불연속점이 임의의 구간에서 조밀하지만 적분가능한 함수'나 '적분불가능한 도함수를 갖는 연

속함수' 등은 적분이론과 측도론 발전의 계기가 되었다. 한편, 바이어슈트라스가 제시한 '모든 점에서 연속이지만 미분불가능한 함수'는 '특별한 몇 개의 점을 제외한 모든 곳에서 미분가능하다'는 기존의 관념을 뒤엎고 연속함수와 미분가능한 함수를 구별하는 계기가 되었다.

3.4 유계함수와 함수의 최대최소

해석학에서는 함수를 두 가지 측면에서 관찰한다. 극값, 극한, 연속성 및 미분가능성은 한 점 주변에서의 국소적 성질과 최대최소나 적분과 같은 정의역 전체와 관련된 대역적 성질이다. 이 절에서는 함수의 유계성, 최대값 또는 최소값에 대해 간단히 살펴본다.

함수의 연속성은 최대최소의 존재성을 보장해주기도 한다. 또한 미분가능성은 실제로 최대최소를 구하고자 할 때 효율적인 방법을 제공해주기도 한다. 그러나 실함수의 최대최소는 연속성이나 미분 가능성과는 관계가 없는 개념이다.

정의 3.8 (유계함수)

$f : D \to \mathbb{R}$가 주어진 함수라고 하자.

(i) 상수 u가 존재하여 모든 $x \in D$에 대해 $f(x) \le U$이면 f가 위로 유계(bounded above)라고 하고 U를 f의 상계(upper bound)라고 부른다.

비슷하게, 상수 L가 존재하여 $x \in D$에 대해 $L \le f(x)$이면 f가 아래로 유계(bounded below)라고 하고 L을 f의 하계(lower bound)라고 부른다.

(ii) 상수 $M \ge 0$이 존재하여 모든 $x \in D$에 대해 $|f(x)| \le M$이면 f가 유계(bounded)라고 한다. f가 유계가 아니면 비유계(unbounded)라고 한다.

예제 3.2 $f(x) = \frac{1}{x^2+1}$은 유계함수인 반면에 $g(x) = x^2\ (x \ge 0)$은 비유계함수이다.

[풀이] 모든 $x \in \mathbb{R}$에 대해 $|f(x)| \le 1$이므로 f는 유계이다. 임의의 양수 M에 대해 $x_M = \sqrt{M} + 1$이라고 두자. 그러면

$$|g(x_M)| = (\sqrt{M} + 1)^2 > M$$

이다. 따라서 g는 비유계이다. □

함수의 유계성에 대한 서술인 정의 3.8을 치역에 대한 서술로 바꿔 쓸 수 있다.

참고 3.1 함수 $f : D \to \mathbb{R}$에 대해 다음이 성립한다.

(a) f가 위로 유계이다 $\Longleftrightarrow$ $R(f)$가 위로 유계인 집합이다.

(b) f가 아래로 유계이다 $\Longleftrightarrow$ $R(f)$가 아래로 유계인 집합이다.

(c) f가 유계이다 $\Longleftrightarrow$ $R(f)$가 유계인 집합이다.

하한과 상한은 $\mathbb{R}$의 부분집합에 대해 정의된 개념이다. 함수의 유계성과 치역의 유계성이 동치인 개념이므로 (참고 3.1) 함수에 대해서도 상한과 하한의 개념을 도입할 수 있다.

함수 f에 대해 $R(f)$의 상한을 f의 상한이라고 하고 $\sup_X f(x)$나 $\sup_{x\in X} f(x)$로 나타낸다. 비슷하게 f의 하한은 $\inf_X f(x)$ 또는 $\inf_{x\in X} f(x)$로 나타낸다. 정의역을 생략하여 상한과 하한을 각각 $\sup f(x)$나 $\inf f(x)$로 쓸 수도 있다.

정의 3.9 (함수의 최대값과 최소값)

실함수 $f : D \to \mathbb{R}$에 대해 $c \in D$라 하자.

(i) 모든 $x \in D$ 에 대해 $f(x) \le f(c)$이면 $f(c)$를 f의 최대값(maximum)이라고 한다.

(ii) 모든 $x \in D$ 에 대해 $f(x) \ge f(c)$이면 $f(c)$를 f의 최소값(minimum)이라고 한다.

최대값과 최소값의 정의에 의해 최대값은 치역의 상계이고 최소값은 치역의 하계이다. 함수의 최대값은 치역의 상한과 밀접한 관련이 있지만 (적분이론이 발전하면서) 1800년 말에 두 개념의 차이를 인식하기 시작하였다.

정리 3.2 (치역의 상한 및 하한과의 관계)

실함수 $f : D \to \mathbb{R}$의 치역을 $R(f)$라고 하자.

(i) $M \in \mathbb{R}$이 f의 최대값이 될 필요충분 조건은 $M \in S$, $\sup R(f) = M$이다.

(ii) $m \in \mathbb{R}$이 f의 최소값이 될 필요충분 조건은 $m \in S$, $\inf R(f) = m$이다.

[증명] (i)만 증명하고 (ii)의 증명은 독자에게 넘긴다.

M이 f의 최대값이면 분명히 $M \in R(f)$이고 $M \le \sup R(f)$이다. 또한 모든 $x \in D$에 대해 $f(x) \le M$이므로 $\sup R(f) \le M$이다. 그러므로 $\sup R(f) = M$이다.

역으로 $M \in R(f)$, $\sup R(f) = M$이면 모든 $x \in D$에 대해 $f(x) \le M$이므로 M은 f의 최대값이다. □

예제 3.3 다음 함수 f가 최대값이나 최소값을 갖는지 조사하여라.

$$f(x) = \begin{cases} x^2 & (0 \le x < 1) \\ 0 & (x = 1) \end{cases}$$

[풀이] $R(f) = \{y |\ 0 \le y < 1\}$이므로 $\sup R(f) = 1$, $\inf R(f) = 0$이다. $1 \notin R(f)$, $0 \in R(f)$이므로 f는 최소값을 갖지만 최대값은 갖지 않는다. □

연습문제 3.4

1. $f : X \to \mathbb{R}$가 비유계이면 임의의 $M > 0$에 대해 $x_M \in X$가 존재하여 $|f(x_M)| > M$임을 보여라.

2. 다음 함수가 아래로 유계, 위로 유계, 유계 또는 비유계인지 조사하여라. 또 상한과 하한을 구하여라.

   (a) $\frac{1}{x}$ (b) $x^2 - x + 2$ (c) $\sin x$

   (d) $\tan^{-1} x$ (e) $\frac{e^x - e^{-x}}{e^x + e^{-x}}$ (f) $\ln x$

3. 함수 $f, g : D \subset \mathbb{R} \to \mathbb{R}$가 유계함수일 때 다음을 증명하여라.

   (a) $\sup_{x \in D}(f(x) + g(x)) \leq \sup_{x \in D} f(x) + \sup_{x \in D} g(x)$

   (b) $\inf_{x \in D}(f(x) + g(x)) \geq \inf_{x \in D} f(x) + \inf_{x \in D} g(x)$

CHAPTER 4

수열의 극한

수열의 극한은 해석학에서 접하는 최초의 극한개념으로 급수의 수렴과 깊은 관련을 갖고 있다. 급수의 수렴에 대한 개념이 확립되지 않았지만 18세기의 수학자들은 무한급수에 대한 연산이 유한급수에 대한 연산과 동일하다고 생각하고 자유롭게 미분과 적분을 적용하였다. 이러한 과정을 통해 $(1+x)^a$, 삼각함수, 로그함수 등에 대한 무한급수 표현식이 얻어졌다(11장 참조).

무한급수가 실제로 주어진 함수와 같다(수렴한다)고 하더라도 실제 계산에서는 근사값을 구하게 된다. n개의 항을 합하여 근사값을 구할 때 근사값의 정확도를 가늠하기위해 참값 a와 근사값(부분합) a_n의 차이인 오차 $e_n := |a - a_n|$에 대한 크기를 구할 필요가 있다. 달랑베르(D'Alembert)는 이항급수에서 오차의 크기를 부등식으로 표현하였고 라그랑주(Lagrange)는 테일러 급수 전개식(12장 참조)에서 오차(나머지, remainder)에 대한 표현식을 구하였다. 오차의 크기나 상계에 대한 식을 알 수 있다면 주어진 오차보다 작은 근사값의 계산이 가능해지고 필요한 항의 수인 n도 구할 수 있다.

매클로린(Maclaurin)이 급수의 합을 부분합의 극한으로 정의했지만 당시의 극한 개념은 명확하게 서술되지 않았다. 코시(Cauchy, 1821년)도 부분합의 극한으로 급수의 합을 정의하였다. 코시는 오차를 구하는 과정의 역을 이용하여 오차 ε이 주어질 때 N이 존재하여 N개 이상의 항을 합할 때 오차가 ε보다 작아지게 할 수 있다고 생각하였다.

한편, 코시는 급수의 수렴을 증명하려면 (부분합) 수열이 극한을 가진다는 것을 보여야 한다고 생각했다. 그는 이 수열이 코시수열이라는 것을 보임으로써 급수가 수렴한다는 것을 증명하였다. 실수의 완비성에 대한 개념이 없었던 시대이므로 코시수열의 수렴성은 추측에 불과하다. 나중에 코시수열의 수렴성이 $\mathbb{R}$이 완비성과 동치라는 것이 증명된다.

4.1 수열의 극한

자연수의 집합 $\mathbb{N}$에서 정의되는 함수 $f : \mathbb{N} \to X$를 X에서의 수열[1]이라고 하고, 각 $n \in \mathbb{N}$에 대응하는 함수값 $f(n) := x_n$을 수열의 일반항 또는 n번째 항이라고 한다. 수열은 기호 $x_1, x_2, \cdots, x_n, \cdots$ 또는 $\{x_n\}_{n=1}^{\infty}$로 나타내고, 치역은 $\{x_n | n \in \mathbb{N}\}$으로 표현한다. 수열의 모든 항이 어떤 부분집합 $D \subset \mathbb{R}$의 원소임을 강조할 필요가 있는 경우에는 $\{x_n\}_{n=1}^{\infty} \subset D$이라고 쓰겠다.

고등학교 과정에서 'n이 무한히 커질 때 x_n이 x에 무한히 가까워지면 $\{x_n\}_{n=1}^{\infty}$이 x로 수렴한다'고 배웠다. 수학적으로 엄밀하지 않은 이러한 정의를 다음과 같이 해석할 수 있다.

- x_n이 x에 무한히 가깝다 : x_n과 x의 거리가 임의의 양수 ε보다 가깝다
- n이 무한히 커질 때 : 어떤 자연수보다 큰 모든 자연수에 대해

이런 해석을 종합하여 수열의 극한을 수학적으로 엄밀하게 정의하면 다음과 같다.

정의 4.1 (수열의 극한 : D'Alembert 1765, Cauchy 1821)

$\{x_n\}_{n=1}^{\infty}$이 실수열이라고 하자.

(i) x가 주어진 실수일 때 '임의의 양수 ε에 대해 자연수[2] N_ε이 존재하여 모든 자연수 $n \geq N_\varepsilon$에 대해 $|x_n - x| < \varepsilon$이 성립'하면 수열 $\{x_n\}_{n=1}^{\infty}$이 x로 수렴한다고 한다.

이때 x를 $\{x_n\}_{n=1}^{\infty}$의 극한(limit)이라고 부르고 $\lim_{n\to\infty} x_n = x$로 나타낸다. 한정사 $\forall$과 $\exists$를 써서 나타내면 다음과 같다.

$$\lim_{n\to\infty} x_n = x \iff \forall\varepsilon > 0\ \exists N_\varepsilon \in \mathbb{N} \text{ s.t } \forall n \geq N_\varepsilon \quad |x_n - x| < \varepsilon \tag{4.1}$$

(ii) $x \in \mathbb{R}$가 존재하여 $\lim_{n\to\infty} x_n = x$이면 $\{x_n\}_{n=1}^{\infty}$이 수렴(convergent)한다고 한다. 수열이 수렴하지 않으면 발산(divergent)한다고 한다.

그림 4.1은 수렴하는 수열의 예를 보여준다. 모든 $n \geq N$에 대해 $x_n \in (x-\varepsilon, x+\varepsilon)$임을 보여주고 있다.

주어진 수열 $\{x_n\}_{n=0}^{\infty}$이 수렴한다는 것을 보이려면 극한값 x를 추정한 후 주어진 양수 ε에 대해 (4.1)을 만족시키는 자연수 N이 존재한다는 것을 보이면 된다. 구체적으로

[1] X가 복소수의 집합이면 복소수열이라고 하고, X가 함수의 집합이면 함수열이라고 한다.

[2] ε에 따라 달라지는 자연수이므로 N_ε으로 쓰지만 의미가 분명할 때에는 N으로 나타낸다.

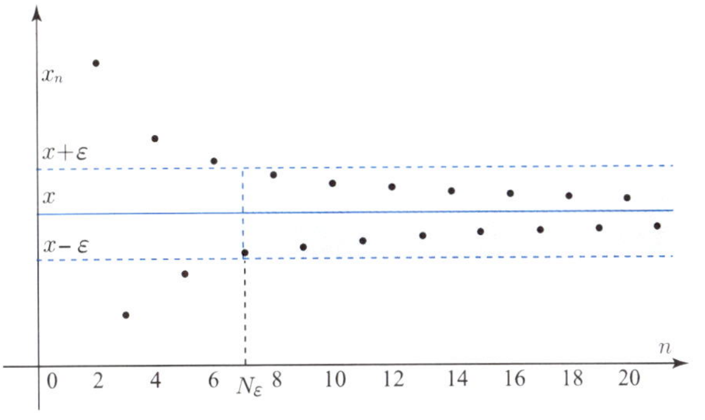

그림 4.1: 수렴하는 수열 : ε과 N_ε

N을 구성하거나 다른 방법으로 존재성을 설명할 수 있어야 한다. 이 과정을 대략적으로 설명하면 다음과 같다.

단계 1 극한 x를 추정한 후 다음과 같은 형태의 부등식을 유도한다.

$$|x_n - x| \le \frac{M}{n^\alpha}\ (\alpha, M > 0) \quad \text{또는}\ |x_n - x| \le Mr^n\ (M > 0,\ 0 < r < 1)$$

단계 2 (아르키메데스 원리를 이용하여) 임의의 고정된 양수 ε에 대해 다음 부등식을 만족시키는 자연수 N의 존재성을 설명한다.

$$\frac{M}{N^\alpha} < \varepsilon \quad \text{또는} \quad Mr^N < \varepsilon$$

단계 3 모든 자연수 $n \ge N$에 대해 $|x_n - x| < \varepsilon$임을 확인한다.

예제를 통해 이 과정을 적용시켜보자.

예제 4.1 임의의 $\alpha > 0$에 대해 $\lim\limits_{n\to\infty} \dfrac{1}{n^\alpha} = 0$이다.

[풀이] 극한은 0이라고 추정할 수 있다. 단계 1을 적용하면 $\left|\frac{1}{n^\alpha} - 0\right| = \frac{1}{n^\alpha}$이다. 이제 주어진 양수 ε에 대해 $\frac{1}{N^\alpha} < \varepsilon$인 자연수 N의 존재성을 보이기로 하자. $a = 1$, $b = \varepsilon^{-\frac{1}{\alpha}}$에 아르키메스 원리를 적용하면 자연수 N이 존재하여 $N > \varepsilon^{-\frac{1}{\alpha}}$, 즉, $\frac{1}{N^\alpha} < \varepsilon$ 임을 알 수 있다. 또한 모든 자연수 $n \ge N$에 대해 $\frac{1}{n^\alpha} \le \frac{1}{N^\alpha}$이므로

$$\left|\frac{1}{n^\alpha} - 0\right| = \frac{1}{n^\alpha} \le \frac{1}{N^\alpha} < \varepsilon$$

이다. 그러므로 $\lim\limits_{n\to\infty} \dfrac{1}{n^\alpha} = 0$이다. □

예제 4.2 $\lim\limits_{n\to\infty} \frac{n-1}{n+1} = 1$임을 증명하여라.

[풀이] 단계 1을 적용하면 $\left|\frac{n-1}{n+1}-1\right| = \frac{2}{n+1} < \frac{2}{n}$이 성립한다는 것을 알 수 있다.
$a = 1, b = \frac{2}{\varepsilon}$일 때 아르키데스 원리를 적용하면 $\frac{2}{\varepsilon} < N$, 즉, $\frac{2}{N} < \varepsilon$인 자연수 N을 택할 수 있다. 한편, 모든 자연수$n \geq N$에 대해

$$\left|\frac{n-1}{n+1}-1\right| < \frac{2}{n} \leq \frac{2}{N} < \varepsilon$$

이므로 $\lim_{n\to\infty} \frac{n-1}{n+1} = 1$임을 알 수 있다. □

수열이 수렴하면 극한은 단 하나이다. 수열의 수렴 여부에 대한 판정은 4.3절의 코시수열에서 다루어진다.

정리 4.1 (극한의 유일성)

수열 $\{x_n\}_{n=1}^{\infty}$이 수렴하면 극한은 유일하다.

[증명] $\lim_{n\to\infty} x_n = x$, $\lim_{n\to\infty} x_n = y$라고 하자. ε이 임의의 고정된 양수일 때 수렴의 정의에 의해 다음을 만족시키는 자연수 N_1과 N_2가 존재한다.

$$|x_n - x| < \frac{\varepsilon}{2}\,(n \geq N_1), \quad |x_n - y| < \frac{\varepsilon}{2}\,(n \geq N_2)$$

한편 $n \geq \max\{N_1, N_2\}$일 때 임의의 양수 ε에 대해 다음이 성립한다.

$$\begin{aligned}|x - y| &= |(x_n - x) - (y_n - x)| < |x_n - x| + |x_n - y| \\ &< \frac{\varepsilon}{2} + \frac{\varepsilon}{2} = \varepsilon\end{aligned}$$

따라서 $x = y$이므로 증명이 끝난다. □

정의 4.2 (유계수열과 비유계수열)

상수 $M > 0$이 존재하여 모든 $n \in \mathbb{N}$에 대해 $|x_n| \leq M$이면 $\{x_n\}_{n=1}^{\infty}$을 유계수열(bounded sequence)이라고 한다. 논리기호를 써서 나타내면 다음과 같다.

$$\exists M > 0 \quad \text{s.t}\ {}^{\forall}n \in \mathbb{N} \quad |x_n| \leq M \tag{4.2}$$

한편 유계수열이 아니면 비유계수열(unbounded sequence)이라고 부른다.

참고 4.1

(a) 상수 $M > 0$이 존재하여 모든 자연수 n에 대해 $|x_n| \leq M$이 성립한다는 조건은 집합 $\{x_n | n \in \mathbb{N}\}$이 유계라는 사실과 동치이다.

(b) $\{x_n\}_{n=1}^{\infty}$ 이 비유계 수열이면 임의의 양수 $M > 0$에 대해 자연수 n_M 이 존재하여 $|x_{n_M}| > M$ 이다. 한정사 $\forall$과 $\exists$를 써서 다음과 같이 쓸 수 있다.

$$^{\forall}M > 0 \quad \exists n_M \in \mathbb{N} \quad \text{s.t } |x_{n_M}| > M$$

예제 4.3 (a) 수열 $\{e^{-n}\}_{n=1}^{\infty}$은 유계수열이다. 모든 자연수 n에 대해 $|e^{-n}| \leq e^{-1} < 1$ 이 성립하기 때문이다.
(b) 반면에 $\{2^n\}_{n=1}^{\infty}$은 비유계수열이다. 임의의 양수 M보다 큰 수열의 항이 존재한다는 것을 보이면 된다. 아르키메데스 원리를 활용하면 다음을 만족시키는 자연수 $n_M := N$ 이 존재함을 확인할 수 있다.

$$N \ln 2 > \ln M \iff 2^N > M$$

정리 4.2 (수렴하는 수열의 유계성)

수열 $\{x_n\}_{n=1}^{\infty}$ 이 수렴하면 $\{x_n\}_{n=1}^{\infty}$ 은 유계이다.

[증명] $\lim_{n\to\infty} x_n = x$라고 하고 $\varepsilon = 1$을 택하자. 수렴의 정의에 의해 자연수 N이 존재하여 $n \geq N$이면 $|x_n - x| < 1$이므로 $n \geq N$인 모든 자연수 n에 대해 $|x_n| < |x| + 1$임을 알 수 있다. 이제

$$M = \max\{|x_1|, |x_2|, \cdots, |x_N|, |x| + 1\}$$

이라고 두면 M은 상수이다. 또한 모든 자연수 n에 대해 $|x_n| \leq M$이므로 $\{x_n\}_{n=1}^{\infty}$은 유계수열이다. □

다음 예제가 보여주는 것처럼 정리 4.2의 역은 성립하지 않는다.

예제 4.4 수열 $\{(-1)^n\}_{n=1}^{\infty}$는 유계이지만 수렴하지 않는다.

[풀이] 어떤 실수 x도 극한이 될 수 없음을 보이기로 한다.

$x < -1$이면 양수 $\varepsilon = \frac{-1-x}{2}$을 택할 때 수열의 어떤 항도 열린구간 $(x - \varepsilon, x + \varepsilon)$에 속하지 않는다. 따라서 -1보다 작은 x는 극한이 될 수 없다. 비슷하게, 1보다 큰 어떤 수도 극한이 될 수 없다.

$x \in (-1, 1)$이면 양수 $\varepsilon = \min\{x + 1, 1 - x\}$에 대해 수열의 어떤 항도 열린 구간 $(x - \varepsilon, x + \varepsilon)$에 속하지 않으므로 $x \in (-1, 1)$는 극한이 될 수 없다.

$x = 1$이 극한이라고 가정하면 양수 $\varepsilon = 1$을 택할 때 자연수 N이 존재하여 모든 자연수 $n \geq N$에 대해 부등식 $|x_n - 1| < \varepsilon = 1$이 성립해야 한다. n이

짝수이면 이 부등식이 성립하지만 n이 홀수이면 성립하지 않는다. 따라서 $x = 1$은 극한이 될 수 없다.

비슷하게 $x = -1$도 극한이 될 수 없음을 보일 수 있다.

그러므로 $\{(-1)^n\}_{n=1}^{\infty}$는 수렴하지 않는다. □

정리4.2의 대우명제 '유계가 아닌 수열은 수렴하지 않는다'를 이용하면 어떤 수열이 수렴하지 않는 것을 설명할 수 있다.

예제 4.5 수열 $\{r^n\}_{n=1}^{\infty}$은 $-1 < r \le 1$일 때만 수렴함을 증명하여라.

[풀이] (i) $|r| > 1$이면 $\{r^n\}_{n=1}^{\infty}$은 유계가 아니다(예제 4.3 (b)의 증명 참조). 따라서 수렴하지 않는다.

(ii) $r = 1$이면 임의의 양수 ε이 주어질 때 $N = 1$로 택한다. 그러면 모든 $n \ge N = 1$에 대해 $|r^n - 1| = 0 < \varepsilon$이다. 따라서 수열은 1로 수렴한다.

(iii) $-1 < r < 1$일 때 극한은 0으로 추정된다. 이제 ε이 임의의 고정된 양수라고 하고 단계 1을 적용하면 $|r^n - 0| = |r|^n$이다. 이제 다음을 만족시키는 자연수 N이 존재함을 보이자.

$$|r^N - 0| = |r|^N < \varepsilon \iff N \ln |r| < \ln \varepsilon$$

$a = -\ln |r|, b = -\ln \varepsilon$에 아르키메데스 원리를 적용하면 자연수 N이 존재하여 $|r|^N < \varepsilon$이 성립한다. 모든 자연수 $n \ge N$에 대해 $|r^n - 0| = |r|^n \le |r|^N < \varepsilon$이므로 $\lim_{n \to \infty} r^n = 0$이다.

(iv) $r = -1$이면 예제 4.4의 풀이와 같다. □

마지막으로 수열이 발산하는 몇 가지 경우를 자세히 살펴보기로 한다.

정의 4.3 ($\lim_{n \to \infty} x_n = \pm\infty$)

$\{x_n\}_{n=1}^{\infty}$이 주어진 수열이라고 하자.

(i) 임의의 양수 M에 대하여 자연수 N이 존재하여 $n \ge N$일 때 $x_n \ge M$이면 $\lim_{n \to \infty} x_n = \infty$로 나타낸다.

(ii) 임의의 음수 L에 대하여 자연수 N이 존재하여 $n \ge N$일 때 $x_n \le L$이면 $\lim_{n \to \infty} x_n = -\infty$로 나타낸다.

위 정의에서는 극한의 기호를 사용하지만 수열은 수렴하지 않는다. 극한값이 ∞ 혹은 $-\infty$ 라고 오해하지 않도록 주의하기 바란다.

예제 4.6 다음을 보여라.

(a) $\lim_{n\to\infty}(n^2-3)=\infty$ (b) $\lim_{n\to\infty}(1-3n)=-\infty$

[풀이] (a) M 이 임의의 양수라고 하자. $a=1, b=\sqrt{3+M}$ 이라고 두고 아르키메데스의 원리를 적용한다. 그러면 자연수 N 이 존재하여 $N>\sqrt{M+3}$ 이다. 모든 자연수 $n\geq N$ 에 대해 $n^2-3\geq N^2-3>M$ 이므로 $\lim_{n\to\infty}(n^2-3)=\infty$ 이다.

(b) L 이 임의의 음수라고 하자. 아르키메데스의 원리에 의해 자연수 N 이 존재하여 $N>\frac{1-L}{3}$ 이다. 또한 모든 자연수 $n\geq N$ 에 대해 $1-3n\leq 1-3N<L$ 이므로 $\lim_{n\to\infty}(1-3n)=-\infty$ 이다. □

연습문제 4.1

1. $\lim_{n\to\infty} x_n = x$라고 하자. ε이 양수일 때 열린구간 $(x-\varepsilon, x+\varepsilon)$이 유한개를 제외한 모든 x_n을 포함한다는 것을 보여라.

2. $\lim_{n\to\infty} a_n = c > 0$이면 자연수 N이 존재하여 모든 자연수 $n \geq N$에 대해 $a_n > \frac{c}{2}$임을 보여라.

3. $0 < r < \rho < 1$이라고 하자. 모든 $n \in \mathbb{N}$에 대해 $x_n > 0$이고 $\lim_{n\to\infty} \sqrt[n]{x_n} = r$이면 어떤 자연수 N이 존재하여 모든 자연수 $n \geq N$에 대해 $x_n < \rho^n$임을 보여라.

4. $\lim_{n\to\infty} x_n = L$일 때 $\lim_{n\to\infty} |x_n| = |L|$임을 보여라.

5. 극한의 정의를 이용하여 다음 수열 $\{x_n\}_{n=1}^{\infty}$이 수렴함을 증명하여라.

   (a) $x_n = \frac{3n+1}{2n+4}$
   (b) $x_n = 3^{-n}$
   (c) $x_n = \frac{2-3^n}{3^n+1}$
   (d) $x_n = \frac{2}{2\sqrt[3]{n^2-1}}$
   (e) $x_n = \sqrt{n+1} - \sqrt{n}$
   (f) $x_n = \sqrt[3]{n+1} - \sqrt[3]{n}$

6. $0 < r < 1$일 때 모든 $n \in \mathbb{N}$에 대해 $|x_{n+1}| < r|x_n|$이면 $\lim_{n\to\infty} x_n = 0$임을 보여라.

7. 수열 $\{n^{-p}\}_{n=1}^{\infty}$는 $p \geq 0$이면 수렴하고 $p < 0$이면 발산함을 증명하여라.

8. 모든 $n \in \mathbb{N}$에 대해 다음 부등식이 성립할 때 $\lim_{n\to\infty} x_n = 2$임을 보여라.

   (a) $|x_n - 2| < \frac{3}{2\sqrt{n}+3}$
   (b) $|x_n - 2| \leq \frac{4}{3^n+2}$

9. $\lim_{n\to\infty} x_n = 0$이라고 하자. 모든 자연수 n에 대해 $|y_n + 3| < |x_n|$이면 수열 $\{y_n\}_{n=1}^{\infty}$이 수렴함을 보여라.

10. $\lim_{n\to\infty} x_n = x$, $\lim_{n\to\infty} y_n = y$이라고 하자. 모든 자연수 $n \geq n_0$에 대해 다음이 성립하면 $\lim_{n\to\infty} z_n = z$임을 보여라.

$$|z_n - z| \leq M|x_n - x| + L|y_n - y|, \quad (M, L > 0)$$

11. $\{x_n\}_{n=1}^{\infty}$이 유계수열이라고 하자. $\lim_{n\to\infty} y_n = 0$이면 $\lim_{n\to\infty} x_n y_n = 0$임을 보여라.

12. 다음 수열 $\{x_n\}_{n=1}^{\infty}$이 유계인지 비유계인지 판정하여라.

   (a) $x_n = 1 + \frac{1}{2} + \frac{1}{3} + \cdots + \frac{1}{n}$
   (b) $x_n = e^{-n^2}$
   (c) $x_n = \tan^{-1} n\pi$
   (d) $x_n = \sin\sqrt{n}\pi$

13. 다음 수열 $\{x_n\}_{n=1}^{\infty}$이 발산함을 보여라.

   (a) $x_n = -\sqrt{n}$
   (b) $x_n = e^n$
   (c) $x_n = n^2 + 2n$
   (d) $x_n = \ln n$

14. $n \in \mathbb{N}$에 대해 $|x_n| \geq y_n$일 때 $\lim_{n\to\infty} y_n = \infty$이면 $\{x_n\}_{n=1}^{\infty}$이 발산함을 보여라.

15. r이 임의의 실수라고 하자. 수열 $\{x_n\}_{n=1}^{\infty} \subset \mathbb{Q}$이 존재하여 $\lim_{n\to\infty} x_n = r$임을 보여라. 또 $\{\xi_n\}_{n=1}^{\infty} \subset \mathbb{Q}^c$이 존재하여 $\lim_{n\to\infty} \xi_n = r$임을 보여라.

4.2 수열에 대한 극한의 계산

이 절에서는 수열에 대한 극한의 계산에 초점을 맞춘다. 사칙연산과 극한의 관계, 단조수열의 극한 및 극한값의 비교에 대해 알아본다. 마지막으로 축소구간 정리에 대해 알아본다.

수렴하는 수열이 주어지면 대수적 연산을 통해 많은 수열을 만들어 낼 수 있다. 역으로, 어떤 수열이 수렴성을 이미 알고 있는 수열의 대수적 연산으로 만들어짐을 알게 되면 수렴성을 증명할 수 있고 극한을 계산할 수 있다.

정리 4.3 (대수적 연산과 수열의 극한)

수열 $\{x_n\}_{n=1}^{\infty}$, $\{y_n\}_{n=1}^{\infty}$ 이 수렴하면 다음 명제는 모두 참이다.

(i) $\{x_n + y_n\}_{n=1}^{\infty}$ 이 수렴하고 $\lim_{n\to\infty}(x_n + y_n) = \lim_{n\to\infty} x_n + \lim_{n\to\infty} y_n$ 이다.

(ii) 임의의 $k \in \mathbb{R}$에 대해 $\{kx_n\}_{n=1}^{\infty}$ 이 수렴하고 $\lim_{n\to\infty} kx_n = k\lim_{n\to\infty} x_n$ 이다.

(iii) $\{x_n y_n\}_{n=1}^{\infty}$ 이 수렴하고 $\lim_{n\to\infty} x_n y_n = \lim_{n\to\infty} x_n \lim_{n\to\infty} y_n$ 이다.

(iv) $\lim_{n\to\infty} y_n \neq 0$ 이면 $\{x_n/y_n\}_{n=1}^{\infty}$ 이 수렴하고 $\lim_{n\to\infty} \dfrac{x_n}{y_n} = \dfrac{\lim_{n\to\infty} x_n}{\lim_{n\to\infty} y_n}$ 이다.

(v) 모든 $n \in \mathbb{N}$에 대해 $x_n \geq 0$ 이면 $\{\sqrt{x_n}\}_{n=1}^{\infty}$ 이 수렴하고 $\lim_{n\to\infty} \sqrt{x_n} = \sqrt{x}$ 이다.

[증명] $\lim_{n\to\infty} x_n = x$, $\lim_{n\to\infty} y_n = y$ 라고 하자. 임의의 고정된 양수 ε에 대해 자연수 N_1과 N_2가 존재하여 다음을 만족시킨다.

$$|x_n - x| < \varepsilon \ (n \geq N_1) \qquad |y_n - y| < \varepsilon \ (n \geq N_2)$$

(i) 임의의 고정된 양수 ε에 대해 자연수 N_1과 N_2가 존재하여 다음을 만족시킨다.

$$|x_n - x| < \frac{\varepsilon}{2} \ (n \geq N_1) \qquad |y_n - y| < \frac{\varepsilon}{2} \ (n \geq N_2)$$

여기서 $N = \max\{N_1, N_2\}$ 라고 두면 $n \geq N$ 일 때

$$|(x_n + y_n) - (x + y))| \leq |x_n - x| + |y_n - y| < \frac{\varepsilon}{2} + \frac{\varepsilon}{2} = \varepsilon$$

이므로 (i)이 증명된다.

(ii) $k = 0$ 이면 상수수열이므로 당연하다. $k \neq 0$ 이면 임의의 고정된 양수 ε에 대해 자연수 N이 존재하여 $n \geq N$ 일 때 $|x_n - x| < \frac{\varepsilon}{|k|}$ 이다. 따라서 $n \geq N$ 일 때

$$|kx_n - kx| = |k|\,|x_n - x| < |k|\frac{\varepsilon}{|k|} = \varepsilon$$

이므로 (ii) 의 증명이 끝난다.

(iii) 먼저 다음 부등식이 성립하는 것을 관찰할 필요가 있다.

$$|x_n y_n - xy| = |(x_n - x)y_n + x(y_n - y)| \le |y_n|\,|x_n - x| + |x|\,|y_n - y|$$

한편 $\{y_n\}_{n=1}^{\infty}$ 이 유계수열이므로 상수 $M > 0$ 이 존재하여 모든 자연수 n 에 대해 $|y_n| \le M$ 이다.

이제 $x \ne 0$ 이면 임의의 고정된 양수 ε 에 대해 자연수 N_1 과 N_2 가 존재하여 다음을 만족시킨다.

$$|x_n - x| < \frac{\varepsilon}{2M}\ (n \ge N_1) \qquad |y_n - y| < \frac{\varepsilon}{2|x|}\ (n \ge N_2)$$

여기서 $N = \max\{N_1, N_2\}$ 라고 두면 모든 자연수 $n \ge N$ 에 대해

$$\begin{aligned} |x_n y_n - xy| &= |(x_n - x)y_n + x(y_n - y)| \\ &\le M\,|x_n - x| + |x|\,|y_n - y| < \varepsilon \end{aligned}$$

임을 확인할 수 있다.

$x = 0$ 이면 $n \ge N_1$ 일 때 $|x_n y_n - 0| \le M\,|x_n| < \frac{\varepsilon}{2} < \varepsilon$ 이므로 (iii) 이 증명된다.

(iv) 모든 자연수 n 에 대해 $x_n = 1$ 이고 $y > 0$ 이라고 가정해도 일반성을 잃지 않는다. 이제 $\varepsilon = \frac{y}{2}$ 라고 두면 자연수 N_1 이 존재하여 $n \ge N_1$ 일 때 다음이 성립한다.

$$|y_n - y| < \frac{y}{2}$$

이 식으로부터 $n \ge N_1$ 일 때 $\frac{y}{2} < y_n < \frac{3y}{2}$ 이므로 모든 자연수 $n \ge N_1$ 에 대해 $y_n \ne 0$ 이다. 양변을 y_n 으로 나누면 $\frac{1}{y_n} < \frac{2}{y}$ 임을 알 수 있다.

한편, ε 이 임의의 고정된 양수이면, 수렴의 정의에 의해, 자연수 N_2 가 존재하여 $n \ge N_2$ 일 때 $|y_n - y| < \frac{y^2}{2}\varepsilon$ 이다. 이제 $N = \max\{N_1, N_2\}$ 라고 두면 $n \ge N$ 일 때 부등식

$$\left|\frac{1}{y_n} - \frac{1}{y}\right| = \frac{|y_n - y|}{|y_n| y} \le \frac{2\,|y_n - y|}{y^2} < \frac{2}{y^2} \cdot \frac{y^2}{2}\varepsilon = \varepsilon$$

이 성립하므로 (iv) 의 증명이 끝난다.

(v) $x = 0$ 이면 임의의 고정된 양수 ε 에 대해 자연수 N 이 존재하여 $n \ge N$ 일 때 $x_n < \varepsilon^2$ 이다. $\left|\sqrt{x_n} - 0\right| < \varepsilon$ 이므로 $\lim_{n\to\infty} \sqrt{x_n} = \sqrt{x}$ 이다.

$x \ne 0$ 이면 임의의 고정된 양수 ε 에 대해 자연수 N 이 존재하여 $n \ge N$

일 때 $|x_n - x| < \sqrt{x}\varepsilon$이다. 그런데 모든 자연수 $n \geq N$에 대해

$$\left|\sqrt{x_n} - \sqrt{x}\right| = \frac{|x_n - x|}{\sqrt{x_n} + \sqrt{x}} < \frac{|x_n - x|}{\sqrt{x}} < \varepsilon$$

이므로 역시 $\lim_{n\to\infty} \sqrt{x_n} = \sqrt{x}$임을 알 수 있다. □

예제를 통해 위 정리를 적용하는 과정을 알아보자.

예제 4.7 $\displaystyle\lim_{n\to\infty} \frac{n^2 - 1}{2n^2 + 3n - 4}$을 구하여라.

[풀이] 분모와 분자를 n^2으로 나누고 $\lim_{n\to\infty} \frac{1}{n} = 0$, $\lim_{n\to\infty} \frac{1}{n^2} = 0$이라는 사실과 정리 4.3을 적용하면 극한은 다음과 같다.

$$\lim_{n\to\infty} \frac{n^2 - 1}{2n^2 + 3n - 4} = \frac{1 - \lim_{n\to\infty} \frac{1}{n^2}}{2 + 3\lim_{n\to\infty} \frac{1}{n} - 4\lim_{n\to\infty} \frac{1}{n^2}} = \frac{1}{2}$$ □

다음은 수열의 항 사이에 대소관계가 성립하는 경우 극한값을 비교한 정리이다.

보조정리 4.4 (수열에 대한 극한의 비교)

$\{x_n\}_{n=1}^{\infty}$이 주어진 수열이고 n_0가 자연수라고 하자.

(i) 모든 $n \geq n_0$에 대해 $x_n < B$라고 하자.
$\{x_n\}_{n=1}^{\infty}$이 수렴하면 $\lim_{n\to\infty} x_n \leq B$이다.

(ii) 모든 $n \geq n_0$에 대해 $x_n < y_n$이고 $\{x_n\}_{n=1}^{\infty}$과 $\{y_n\}_{n=1}^{\infty}$이 수렴하면
$\lim_{n\to\infty} x_n \leq \lim_{n\to\infty} y_n$이다.

[증명] (i) $\lim_{n\to\infty} x_n = x$라고 두고 $x > B$라고 가정하자. $\varepsilon = x - B$로 택하면 자연수 N이 존재하여 $n \geq N$일 때 $|x_n - x| < \varepsilon$이 성립한다. 또한 $n \geq \max\{N, n_0\}$일 때 다음 부등식이 성립한다.

$$x < x_n + \varepsilon < B + (x - B) = x$$

이것은 모순이다. 따라서 $x \leq B$임을 알 수 있다.

(ii) $z_n = x_n - y_n$, $B = 0$이라고 두고 (i)을 적용하면 증명이 끝난다. □

직접적으로 $\lim_{n\to\infty} y_n$을 구하기 어려운 경우에 다음 정리의 가정이 성립하는 두 수열 $\{x_n\}_{n=1}^{\infty}$과 $\{z_n\}_{n=1}^{\infty}$을 찾을 수 있으면 $\lim_{n\to\infty} y_n$을 계산할 수 있다.

정리 4.5 (수열에 대한 조임 정리)

모든 자연수 $n \geq n_0$ (n_0는 자연수)에 대해 부등식 $x_n < y_n < z_n$이 성립하고 $\lim_{n\to\infty} x_n = \lim_{n\to\infty} z_n = L$이라고 하자. 그러면 $\{y_n\}_{n=1}^{\infty}$이 수렴하고 $\lim_{n\to\infty} y_n = L$이다.

[증명] 수렴의 정의로부터 임의의 양수 ε에 대해 자연수 N_1, N_2가 존재하여 다음이 성립한다.

$$|x_n - L| < \varepsilon \quad {}^{\forall}n \geq N_1, \quad |z_n - L| < \varepsilon \quad {}^{\forall}n \geq N_2$$

이제 $N = \max\{n_0, N_1, N_2\}$이라고 두면 모든 자연수 $n \geq N$에 대해

$$y_n - L < z_n - L < (L + \varepsilon) - L = \varepsilon,$$
$$y_n - L > x_n - L > (L - \varepsilon) - L = -\varepsilon$$

이므로 $|y_n - L| < \varepsilon$임을 알 수 있다. 따라서 $\lim_{n\to\infty} y_n = L$이다. □

예제 4.8 다음을 증명하라.

(a) $\lim_{n\to\infty} \sqrt[n]{n} = 1$

(b) 임의의 $a > 0\,(a \neq 1)$에 대해 $\lim_{n\to\infty} \sqrt[n]{a} = 1$이다.

[풀이] (a) $\sqrt[n]{n} = 1 + h_n$이라고 두자. (단 $h_n > 0$) 이항정리를 이용하면

$$n = (1 + h_n)^n > \frac{n(n-1)}{2} h_n^2$$

임을 알 수 있다. 이 식으로부터 $0 < h_n < \sqrt{\frac{2}{n-1}}$이 성립한다. 그런데 $\lim_{n\to\infty} \sqrt{\frac{2}{n-1}} = 0$이므로 수열에 대한 조임 정리 4.5에 의해 $\lim_{n\to\infty} h_n = 0$이다. 그러므로 $\lim_{n\to\infty} \sqrt[n]{n} = \lim_{n\to\infty}(1 + h_n) = 1$이다.

(b) 먼저 $a > 1$인 경우를 증명하자. (a)와 비슷하게 $a^{\frac{1}{n}} = 1 + h_n$ $(h_n > 0)$이라고 두자. 이항정리를 이용하면 $a = (1 + h_n)^n = 1 + nh_n + \cdots > nh_n$이므로 h_n은 다음을 만족시킨다.

$$a = (1 + h_n)^n > nh_n \rightarrow 0 < h_n < \frac{a}{n}$$

정리 4.5에 의해 $\lim_{n\to\infty} h_n = 0$이므로 $\lim_{n\to\infty} \sqrt[n]{a} = 1$이다.

$0 < a < 1$인 경우는 $b = \frac{1}{a}$라고 치환하자. 그러면 $b > 1$이므로, (a)의

증명에 의해, $\lim_{n\to\infty} \sqrt[n]{b} = 1$이고

$$\lim_{n\to\infty} a^{\frac{1}{n}} = \lim_{n\to\infty} \frac{1}{b^{\frac{1}{n}}} = \frac{1}{\lim_{n\to\infty} b^{\frac{1}{n}}} = 1$$

임을 알 수 있다. 그러므로 (b)가 증명된다. □

지금까지는 수열의 극한을 알고 있거나 추정할 수 있는 경우를 다루었다. 아래에서는 수열에 대한 극한의 추정이 어렵지만 특별한 성질을 갖는 경우에 이 수열이 수렴함을 보인다.

정의 4.4 (단조수열)

모든 자연수 n에 대해 $x_n \le x_{n+1}$이면 $\{x_n\}_{n=1}^{\infty}$을 단조증가(증가, monotonically increasing, nondecreasing)수열이라고 하고, $x_n \ge x_{n+1}$이면 단조감소(감소, monotonically decreasing, nonincreasing)수열이라고 한다. 단조증가수열과 단조감소수열을 통틀어 단조수열(monotone sequence)라고 부르기도 한다.

참고 4.2 모든 자연수 n에 대해 $x_n < x_{n+1}$이면 $\{x_n\}_{n=1}^{\infty}$을 순증가(strictly increasing) 수열이라고 하고, $x_n > x_{n+1}$이면 순감소(strictly decreasing) 수열이라고 부른다. 통틀어 순단조(strictly monotone) 수열이라고 한다.

단조수열에 대해서는 극한값을 추정하지 않고 수열의 수렴과 발산을 조사할 수 있다.

정리 4.6 (단조수열의 수렴성)

$\{x_n\}_{n=1}^{\infty}$이 단조수열이라고 하자.

(i) 단조증가 수열 $\{x_n\}_{n=1}^{\infty}$이 위로 유계이면 $\{x_n\}_{n=1}^{\infty}$은 수렴한다. 또한 $\lim_{n\to\infty} x_n = \sup_{n\in\mathbb{N}} x_n$이다.

(ii) 단조감소 수열 $\{x_n\}_{n=1}^{\infty}$이 아래로 유계이면 $\{x_n\}_{n=1}^{\infty}$은 수렴한다. 또한 $\lim_{n\to\infty} x_n = \inf_{n\in\mathbb{N}} x_n$이다.

[증명] (i) 위로 유계인 집합 $S := \{x_n | n \in \mathbb{N}\}_{n=1}^{\infty}$의 상한을 α라고 할 때 $\lim_{n\to\infty} x_n = \alpha$임을 증명한다.

임의의 양수 ε에 대해 $\alpha - \varepsilon$이 S의 상계가 될 수 없으므로 수열의 항 $x_N \in S$이 존재하여 부등식 $\alpha - \varepsilon < x_N \le \alpha$을 만족한다. 그런데 $\{x_n\}_{n=1}^{\infty}$이 단조증가수열이므로 $n \ge N$일 때 $x_n \ge x_N$이다. 따라서 모든 자연수

$n \geq N$에 대해 다음 부등식이 성립한다.

$$\alpha - \varepsilon < x_N \leq x_n \leq \alpha < \alpha + \varepsilon$$

모든 자연수 $n \geq N$에 대해 $|x_n - \alpha| < \varepsilon$이므로 $\lim_{n\to\infty} x_n = \alpha$이다.

(ii) 연습문제로 남긴다. □

예제 4.9 다음 수열의 수렴을 조사하라.

(a) $x_{n+1} = \sqrt{2x_n}, \quad x_1 = 1$ (b) $x_n = \left(1 + \dfrac{1}{n}\right)^n$

[풀이] 각 수열이 증가수열이고 유계임을 보이기로 하자.

(a) 수학적 귀납법을 이용하여 모든 자연수 n에 대해 $x_n \leq 2$이고 $x_n \leq x_{n+1}$임을 보이자.

$n = 1$이면 분명히 $x_1 \leq x_2$이고 $x_1 \leq 2$이다.

$n = k$일 때 $x_k \leq 2$이고 $x_k \leq x_{k+1}$이라고 가정하면 다음을 알 수 있다.

$$x_{k+1} = \sqrt{2x_k} \leq \sqrt{2 \cdot 2} = 2$$

$$x_{k+2} - x_{k+1} = \sqrt{2x_{k+1}} - x_{k+1} = \frac{x_{k+1}(2 - x_{k+1})}{\sqrt{2x_{k+1}} + x_{k+1}} \geq 0$$

따라서 수학적 귀납법에 의해 $\{x_n\}_{n=1}^{\infty}$는 위로 유계인 증가수열이다. 그러므로 정리 4.6에 의해, $\{x_n\}_{n=1}^{\infty}$이 수렴한다.

(b) 먼저 x_n을 다음과 같이 다시 쓰자.

$$x_n = \sum_{k=0}^{n} \binom{n}{k} \frac{1}{n^k} = 2 + \sum_{k=2}^{n} \frac{1}{k!}\left(1 - \frac{1}{n}\right)\left(1 - \frac{2}{n}\right)\cdots\left(1 - \frac{k-1}{n}\right)$$

부등식 $k! > 2^{k-1} (k \geq 2)$을 이용하면 $x_n < 2 + \frac{1}{2} + \frac{1}{2^2} + \cdots + \frac{1}{2^{n-1}} < 3$임을 알 수 있다. 그러므로 수열 $\{x_n\}_{n=1}^{\infty}$는 위로 유계이다.

한편, 다음 부등식에 의해 $\{x_n\}_{n=1}^{\infty}$는 증가수열이다.

$$\begin{aligned} x_{n+1} &= 2 + \sum_{k=2}^{n+1} \frac{1}{k!}\left(1 - \frac{1}{n+1}\right)\left(1 - \frac{2}{n+1}\right)\cdots\left(1 - \frac{k-1}{n+1}\right) \\ &\geq 2 + \sum_{k=2}^{n} \frac{1}{k!}\left(1 - \frac{1}{n+1}\right)\left(1 - \frac{2}{n+1}\right)\cdots\left(1 - \frac{k-1}{n+1}\right) \\ &\geq 2 + \sum_{k=2}^{n+1} \frac{1}{k!}\left(1 - \frac{1}{n}\right)\left(1 - \frac{2}{n}\right)\cdots\left(1 - \frac{k-1}{n}\right) = x_n \end{aligned}$$

그러므로 수열 $\{x_n\}_{n=1}^{\infty}$은, 정리 4.6에 의해, 수렴한다. □

참고 4.3 $e := \lim_{n\to\infty}\left(1+\frac{1}{n}\right)^n$ 는 자연로그의 밑(base)으로 사용하는 매우 중요한 상수이다. e의 근사값은 $e \simeq 2.718281828$이다. 오일러(Euler, 1737년)는 e가 무리수임을 증명하였고, 에르미트(Hermite, 1873년)는 계수가 정수인 다항식의 근이 될 수 없음을 증명하였다.

정리 4.6은 단조수열의 극한이 수열의 항으로 이루어진 집합의 상한 또는 하한임을 보여주고 있다. 역으로, 어떤 집합의 상한과 하한은 수열의 극한임을 보일 수 있다.

정리 4.7 (상한과 하한은 수열의 극한이다)

$S \subset \mathbb{R}$가 공집합이 아니라고 하자.

(i) S가 위로 유계일 때 $u = \sup S$라고 하자. 그러면 수열 $\{x_n\}_{n=1}^{\infty} \subset S$이 존재하여 $\lim_{n\to\infty} x_n = u$이다.

(ii) S가 아래로 유계일 때 $\ell = \inf S$라고 하자. 그러면 수열 $\{y_n\}_{n=1}^{\infty} \subset S$이 존재하여 $\lim_{n\to\infty} y_n = \ell$이다.

[증명] (i) 임의의 자연수 n에 대해 $u - \frac{1}{n}$은 상계가 아니므로 $x_n \in S$이 존재하여 $u - \frac{1}{n} < x_n \le u$이다. 조임정리(정리 4.5)를 적용하면 $\lim_{n\to\infty} x_n = u$이다.

(ii) 증명은 독자에게 맡긴다. □

예제 4.10 $S = (-1, 1) \cup \{2\}$의 상한은 2이고 하한은 -1이다. $x_n = 2$라고 두면 $\{x_n\}_{n=1}^{\infty}$은 상한으로 수렴하는 수열이다. 한편, $\{-\frac{n}{n+1}\}_{n=1}^{\infty}$는 하한 -1로 수렴한다.

다음은 단조수열의 수렴을 이용하여 증명할 수 있는 중요한 정리로 완비성 공리와 동치이다.

정리 4.8 (축소구간 정리 (nested interval property))

각 자연수 n에 대해 유계인 닫힌구간 $I_n = [a_n, b_n]$이 다음을 만족시킨다고 하자.

$$\cdots I_{n+1} \subseteq I_n \cdots \subseteq \cdots I_2 \subseteq I_1$$

그러면 다음이 성립한다.

(i) $\bigcap_{n=1}^{\infty} I_n \neq \phi$.

(ii) $\bigcap_{n=1}^{\infty} I_n = [\sup_{n\in\mathbb{N}} a_n, \inf_{n\in\mathbb{N}} b_n]$.

(iii) $\lim_{n\to\infty}(b_n - a_n) = 0$이면 $\bigcap_{n=1}^{\infty} I_n$은 단원집합(singleton set)이다.

[증명] (i) 먼저 다음 부등식이 성립한다는 것을 관찰할 수 있다.

$$a_1 \le a_2 \le \cdots \le a_n \le \cdots \le b_n \le \cdots \le b_2 \le b_1$$

$S = \{a_n | n \in \mathbb{N}\}$로 두면 S는 위로 유계인 집합이다. 따라서 S가 상한 $\sup S := \alpha$를 갖는다 (실수의 완비성 공리). 한편, 상한의 정의와 b_n이 S의 상계라는 사실로부터

$$a_n \le \alpha \le b_n$$

임을 알 수 있다. $\alpha \in \bigcap_{n=1}^{\infty} I_n$이므로 (i)이 증명된다.

(ii) $\{a_n\}_{n=1}^{\infty}$이 위로 유계인 증가수열이므로 수렴하고 $\lim_{n\to\infty} a_n = \sup_{n\in\mathbb{N}} a_n$이다. 비슷하게 $\{b_n\}_{n=1}^{\infty}$은 아래로 유계인 감소수열이므로 수렴하고 $\lim_{n\to\infty} b_n = \inf_{n\in\mathbb{N}} b_n$이다. 이제 $\sup_{n\in\mathbb{N}} a_n = a$, $\inf_{n\in\mathbb{N}} b_n = b$라고 두고 $\bigcap_{n=1}^{\infty} I_n = [a, b]$임을 보이겠다.

먼저, $x \in \bigcap_{n=1}^{\infty} I_n$이면 모든 $n \in \mathbb{N}$에 대해 $a_n \le x \le b_n$이다. 또한 정리 4.5에 의해 $a \le x \le b$이므로 $x \in [a, b]$이다. 그러므로 포함관계 $\bigcap_{n=1}^{\infty} I_n \subset [a, b]$가 증명된다.

다음으로 $x \in [a, b]$라고 하자. 그러면 $a \le x \le b$이다. 그런데 a가 $\{a_n\}_{n=1}^{\infty}$의 상한이고, b가 $\{b_n\}_{n=1}^{\infty}$의 하한이므로 다음 부등식이 성립한다.

$$a_n \le x \le b_n \quad \forall n \in \mathbb{N}$$

모든 n에 대해 $x \in I_n$이므로 $[a, b] \subset \bigcap_{n=1}^{\infty} I_n$임을 알 수 있다.

그러므로 $\bigcap_{n=1}^{\infty} I_n = [a, b]$이다.

(iii) $\lim_{n\to\infty} (b_n - a_n) = 0$이면 (ii)의 증명에서 $a = b$이다. 따라서 증명이 끝난다. □

참고 4.4 축소구간 정리에서 유계이고 닫힌구간이라는 조건은 생략할 수 없다. $I_n = (0, \frac{1}{n})$ 또는 $I_n = [n, \infty)$일 때 $\bigcap_{n=1}^{\infty} I_n = \varnothing$이다.

연습문제 4.2

1. 다음 극한을 계산하여라. 단, $\alpha > \beta > \gamma > 0$이다.

   (a) $\lim_{n\to\infty} \frac{5^n-3^n}{3^n-5^n}$ (b) $\lim_{n\to\infty} (\sqrt{n^2+\alpha n} - n)$ (c) $\lim_{n\to\infty} \sqrt[n]{n+1}$

   (d) $\lim_{n\to\infty} \sqrt[n]{\alpha^n+\beta^n}$ (e) $\lim_{n\to\infty} \sqrt[n]{\alpha^n+\beta^n+\gamma^n}$ (f) $\lim_{n\to\infty} \tan^{-1} n$

2. 다음과 같이 주어진 수열 $\{x_n\}_{n=1}^{\infty}$이 수렴함을 보이고 극한을 구하여라.

   (a) $x_1 = 1.5$, $x_{n+1} = \sqrt{x_n}$ (b) $x_1 = 1$, $x_{n+1} = \frac{x_n}{2x_n+1}$

   (c) $x_1 = \frac{1}{3}$, $x_{n+1} = x_n^2$ (d) $x_1 = 0$, $x_{n+1} = \frac{1}{2}x_n - \frac{1}{2}$

3. 모든 $n \in \mathbb{N}$에 대해 $x_n \geq 0$이고 $\lim_{n\to\infty} x_n = x$라고 하자. 임의의 자연수 k에 대해 $\lim_{n\to\infty} \sqrt[k]{x_n} = \sqrt[k]{x}$임을 보여라.

4. 정리 4.6 (ii)를 증명하라.

5. 수열 $\{a_n\}_{n=1}^{\infty}$의 항이 다음과 같은 점화식에 의해 정의된다고 하자.

$$a_{n+1} = \sqrt{(a_n+1)/2} \ (n \geq 1), \quad 0 < a_1 < 1.$$

   (a) 수열 $\{a_n\}_{n=1}^{\infty}$이 위로 유계이고 증가수열임을 보여라.

   (b) $\lim_{n\to\infty} a_n$을 구하라.

   (c) $a_n = \cos\theta_n$이라고 둘 때 θ_n을 구하라.

   (d) (c)를 이용하여 $\lim_{n\to\infty} \theta_n$을 구하라.

6. 수열 $\{a_n\}_{n=1}^{\infty}$의 항이 다음과 같은 점화식에 의해 정의된다고 하자.

$$a_{n+1} = \frac{3}{a_n+2} \ (n \geq 1), \quad a_1 > 0.$$

   (a) $a_1 > 1$일 때 $a_{2n} < 1$이고 $\{a_{2n}\}_{n=1}^{\infty}$이 증가수열임을 보여라.

   (b) $a_1 > 1$일 때 $a_{2n+1} > 1$이고 $\{a_{2n+1}\}_{n=1}^{\infty}$은 감소수열임을 보여라

   (c) $\{a_n\}_{n=1}^{\infty}$이 수렴함을 보이고 $\lim_{n\to\infty} a_n$을 구하라.

7. 모든 $n \in \mathbb{N}$에 대해 $x_n \neq 0$일 때 $\lim_{n\to\infty} \frac{|x_{n+1}|}{|x_n|} = r$이라고 하자. $r < 1$이면 $\{x_n\}_{n=1}^{\infty}$이 수렴하고, $r > 1$이면 $\{x_n\}_{n=1}^{\infty}$이 발산함을 증명하여라.

8. $\lim_{n\to\infty} \sqrt[n]{|x_n|} = r$이라고 하자. $r < 1$이면 $\{x_n\}_{n=1}^{\infty}$이 수렴하고, $r > 1$이면 $\{x_n\}_{n=1}^{\infty}$이 발산함을 증명하여라.

9. 임의의 실수 a에 대해 $\lim_{n\to\infty} \frac{a^n}{n!} = 0$임을 보여라.

10. 임의의 실수 $a > 1$에 대해 $\lim_{n\to\infty} \frac{n^a}{a^n} = 0$임을 보여라.

11. $p > 0$이라고 하자. $\lim_{n\to\infty} \frac{\ln n}{n^p} = 0$임을 보여라.

12. $\{x_n\}_{n=1}^{\infty}$이 비유계인 단조증가수열이라고 하자. $\lim_{n\to\infty} x_n = \infty$임을 보여라.

13. $\lim_{n\to\infty} |x_n| = \infty$ 이면 $\lim_{n\to\infty} \frac{1}{x_n} = 0$ 임을 증명하여라.

14. $x > 0$ 일 때 $y_n = \sum_{k=0}^{n} \frac{x^k}{k!}$ 이라고 두자. 수열 $\{y_n\}_{n=1}^{\infty}$ 이 수렴함을 보여라.

15. $y_n = \sum_{k=0}^{n} \frac{1}{k!}$ 일 때 $\lim_{n\to\infty} y_n = e$ 임을 보여라.

16. $a > 0$ 일 때 $\{x_n\}_{n=1}^{\infty}$ 이 다음 점화식에 의해 정의된다고 하자.

$$x_{n+1} = \frac{1}{2}\left(x_n + \frac{a}{x_n}\right)$$

(a) $x_1 > \sqrt{a}$ 이면 $\{x_n\}_{n=1}^{\infty}$ 이 순감소 수열임을 보여라.

(b) $\{x_n\}_{n=1}^{\infty}$ 이 수렴함을 보이고 $\lim_{n\to\infty} x_n$ 을 구하여라.

17. $x_0 > 0$ 일 때 $x_{n+1} = x_n + \frac{2}{x_n}$ 라고 하자. $\{x_n\}_{n=1}^{\infty}$ 가 발산함을 보여라.

18. 수열 $\{x_n\}_{n=1}^{\infty}$ 이 다음과 같이 정의된다고 하자.

$$x_{n+1} = 1 + \frac{1}{x_n}, \quad x_1 = 1$$

(a) $\{x_n\}_{n=1}^{\infty}$ 이 유계수열임을 보여라.

(b) $\{x_{2n}\}_{n=1}^{\infty}$ 이 단조감소 수열임을 보여라.

(c) $\{x_{2n+1}\}_{n=1}^{\infty}$ 이 단조증가 수열임을 보여라.

19. $\lim_{n\to\infty} a_n = \infty$ 이면 $\lim_{n\to\infty} \frac{a_1+a_2+\cdots+a_n}{n} = \infty$ 임을 증명하여라. 또 $\lim_{n\to\infty} (n!)^{\frac{1}{n}} = \infty$ 임을 보여라.

20. 다음과 같이 정의되는 수열 $\{x_n\}_{n=1}^{\infty}$ 이 수렴하는 것을 보여라. (힌트 : 정리 4.6)

$$x_{n+1} = \frac{x_n}{\beta x_n + \gamma}\ (\beta, \gamma > 0), \quad x_1 > 0$$

(a) $\gamma \geq 1$ 일 때 $\lim_{n\to\infty} x_n = 0$ 임을 보여라.

(b) $0 < \gamma < 1$ 일 때 $\lim_{n\to\infty} x_n = \frac{1-\gamma}{\beta}$ 임을 보여라.

21. 모든 $i \in \mathbb{N}$ 에 대해 $a_i \in \{0, 1\}$ 일 때 다음 수열 $\{x_n\}_{n=1}^{\infty}$ 이 수렴함을 증명하여라.

$$x_n = \frac{a_1}{2} + \frac{a_2}{2^2} + \cdots + \frac{a_n}{2^n}$$

22. 수열 $\{x_n\}_{n=1}^{\infty}$ 에 대해 실수 x 와 $r \geq 0$ 이 존재하여 $\lim_{n\to\infty} \frac{|x_{n+1}-x|}{|x_n-x|} = r$ 이라고 하자. $r < 1$ 이면 $\lim_{n\to\infty} x_n = x$ 임을 증명하여라.

4.3 부분수열, 코시수열

이 절에서는 볼짜노-바이어슈트라스 정리와 코시수열에 대해 알아본다. 유계수열 (또는 집합)의 집적점에 대해 서술하는 볼차노-바이어슈트라스 정리는 해석학과 위상수학의 발전에 크게 공헌하였다. 특히 20세기에 도입된 추상공간에서 이 정리를 일반화하여 컴팩성을 도입하게 된다. 한편, 코시수열은 실수 집합 $\mathbb{R}$의 완비성과 깊은 관련이 있는데 뒤에 공부할 함수열(10장), 급수와 함수항 급수(11장)의 수렴성을 판정하는 과정에서 자주 이용된다.

4.3.1 부분수열

일반적으로 수열 $\{x_n\}_{n=1}^{\infty} \subset S$이 수렴할 것이라고 기대할 수는 없다. 그러나 주어질 수열에서 순서대로 무한개의 항을 골라서 새로 만든 수열은 수렴할 수도 있다. 이렇게 만들어진 수열을 부분수열(subsequence)이라고 부르는데 부분수열을 살펴봄으로써 수열 자체 뿐아니라 집합 S의 성질에 대하여 더 많은 것을 알아 낼 수 있다.

부분수열을 엄밀하게 정의하면 다음과 같다.

정의 4.5 (부분수열)

$\{x_n\}_{n=1}^{\infty}$이 주어진 수열일 때 일대일 함수 $\varphi : \mathbb{N} \to \mathbb{N}$가 다음 조건을 만족시킨다고 하자.

$$m < n \Longrightarrow \varphi(m) < \varphi(n)$$

수열 $\{x_{\varphi(k)}\}_{k=1}^{\infty}$를 $\{x_n\}_{n=1}^{\infty}$의 부분수열이라고 부르고 $\{x_{n_k}\}_{k=1}^{\infty}$로 나타낸다.

부분수열의 정의에서 $n_k \geq k$이고 $n_1 < n_2 < \cdots < n_k < n_{k+1} \cdots$이다.

예제 4.11

(a) 수열 $c_n = \left(1 - \frac{1}{n}\right) \sin \frac{n\pi}{2}$을 생각하자. 부분수열 $\{c_{2k}\}_{k=1}^{\infty}$, $\{c_{4k+1}\}_{k=1}^{\infty}$ 및 $\{c_{4k-1}\}_{k=1}^{\infty}$이 각각 수렴하고 극한이 다음과 같음을 확인할 수 있다.

$$\lim_{k\to\infty} c_{2k} = 0, \quad \lim_{k\to\infty} c_{4k+1} = 1, \quad \lim_{k\to\infty} c_{4k-1} = -1$$

(b) 수열 $\{n^2\}_{n=1}^{\infty}$의 경우에는 어떤 방식으로 항을 골라서 부분수열을 만들어도 수렴하지 않는다.

지금부터 부분수열의 여러가지 성질에 대해 알아보자.

정리 4.9 (수렴하는 수열의 부분수열)

$\lim_{n\to\infty} x_n = x$ 이면 $\{x_n\}_{n=1}^{\infty}$ 의 모든 부분수열은 x 로 수렴한다.

[증명] $\{x_{n_k}\}_{k=1}^{\infty}$ 가 부분수열이고 ε 이 주어진 임의의 양수라고 하자. $\lim_{n\to\infty} x_n = x$ 이므로 자연수 N 이 존재하여 모든 $n \geq N$ 에 대해 $|x_n - x| < \varepsilon$ 이 성립한다.

$n_1 < n_2 < \cdots < n_{j-1} < n_j < \cdots$ 이므로 자연수 K 를 $n_K \geq N$ 이 만족되도록 택할 수 있다. 그러면 모든 자연수 $k \geq K$ 에 대해 $n_k \geq n_K \geq N$ 이므로 $|x_{n_k} - x| < \varepsilon$ 임을 알 수 있다. 따라서 $\lim_{k\to\infty} x_{n_k} = x$ 이다. □

예제 4.11의 (a)는 위 정리의 역이 성립하지 않음을 보여준다.

다음 정리는 수렴하는 어떤 부분수열의 존재성을 보장해주는데 매우 중요한 정리이다.

정리 4.10 (유계수열에 관한 볼차노-바이어슈트라스 정리, 1821년 Weierstrass)

유계인 수열은 수렴하는 부분수열을 갖는다.

[증명] $\{x_n | n \in \mathbb{N}\}_{n=1}^{\infty}$ 이 유한집합인 경우와 무한집합인 경우로 나누어 증명한다.

(a) $\{x_n | n \in \mathbb{N}\}$ 이 유한 집합이면 어떤 원소는 수열의 항에서 무한번 반복하여 나타난다. 이 원소를 x 라고 하고 $x_n = x$ 인 수열의 항을 다음과 같이 나타내자.

$$x_{n_1}, x_{n_2}, \cdots, x_{n_k}, \cdots$$

이 부분수열 $\{x_{n_k}\}_{k=1}^{\infty}$ 에 대해 $\lim_{k\to\infty} x_{n_k} = x$ 임은 명백하다.

(b) $\{x_n | n \in \mathbb{N}\}_{n=1}^{\infty}$ 이 무한집합이라고 하자. $\{x_n\}_{n=1}^{\infty}$ 이 유계수열이므로 수열의 모든 항이 어떤 닫힌구간 $I_1 = [a_1, b_1]$ 에 포함된다. 이 I_1 에 속하는 수열의 항 중에서 하나를 택하여 x_{n_1} 이라고 두자.

이제 I_1 을 이등분한 구간 중에서 무한히 많은 수열의 항을 포함한 구간을 $I_2 = [a_2, b_2]$ 라고 하고 I_2 에 속하는 수열의 항을 택하여 x_{n_2} 라고 두자. I_2 가 무한히 많은 항을 포함하므로 $n_1 < n_2$ 를 만족하도록 택할 수 있다.

이런 과정을 반복하여 닫힌구간 $I_j = [a_j, b_j] (1 \leq j \leq k)$ 와 $x_{n_j} (1 \leq j \leq k)$ 가 다음 조건을 만족하도록 선택하였다고 하자.

$$I_j \subset I_{j-1}, \quad b_j - a_j = \frac{1}{2}(b_{j-1} - a_{j-1}), \quad n_{j-1} < n_j \ (2 \leq j \leq k)$$

I_k 를 이등분한 구간 중에서 무한히 많은 수열의 항을 포함한 구간을 택하여 $I_{k+1} = [a_{k+1}, b_{k+1}]$ 라고 두자. 또한 n_k 보다 큰 자연수를 택하여 n_{k+1} 라고 하면 $x_{n_{k+1}} \in I_{k+1}$ 이다.

이런 과정을 무한히 계속하면 축소구간열 $\{I_k\}_{k=1}^{\infty}$ 와 $\{x_n\}_{n=1}^{\infty}$ 의 부분수열 $\{x_{n_k}\}_{k=1}^{\infty}$ 를 택할 수 있다. 축소구간 정리 4.8 (iii)을 적용하면 $\bigcap_{k=1}^{\infty} I_k = \{x\}$ 이다.

이제 $\lim_{k\to\infty} x_{n_k} = x$ 임을 보이면 증명이 끝난다. x_{n_k} 와 x 가 I_k 에 속하므로 다음 부등식이 성립한다.

$$0 \le |x_{n_k} - x| \le b_k - a_k = \frac{b_1 - a_1}{2^{k-1}}$$

수열에 대한 조임 정리(정리 4.5)를 적용하면 $\lim_{k\to\infty} x_{n_k} = x$ 이다. □

수렴하는 부분수열의 극한을 주어진 수열의 집적점(accumulation point 또는 cluster point)이라고 부른다. 모든 항이 유계집합 S 의 원소로 이루어진 **임의의** 수열은, 정리 4.10에 의해, 수렴하는 부분수열을 갖는다. 물론 부분수열의 극한이 S 에 속할 필요는 없다.

참고 4.5 집합 $K \subset \mathbb{R}$ 의 원소로 만들어진 임의의 수열이 수렴하는 부분수열을 갖고 부분수열의 극한이 모두 K 에 속하면 K 를 (수열) 컴팩트 집합이라고 부른다. 컴팩트 집합은 해석학 및 위상수학에서 매우 중요한 개념이다. 7장에서 자세한 내용을 공부할 것이다.

수열 $\{x_n\}_{n=1}^{\infty}$ 이 수렴하고 $\lim_{n\to\infty} x_n = x$ 이면 x 는 $\{x_n\}_{n=1}^{\infty}$ 의 유일한 집적점이다. 그러나 수열이 단 하나의 집적점을 갖는다고하더라도 그 수열이 수렴하는 것은 아니다.

예제 4.12 다음과 같이 정의되는 수열 $\{x_n\}_{n=1}^{\infty}$ 은 수렴하지 않지만 0은 이 수열의 유일한 집적점이다.

$$x_n = \begin{cases} n & (n\text{이 짝수일 때}) \\ \frac{1}{n} & (n\text{이 홀수일 때}) \end{cases}$$

정리 4.10은 유계수열이 수렴하는 부분수열을 가짐을 보여주고 있다. 다음 정리는 모든 실수열이 단조수열인 부분수열을 포함하고 있음을 보장한다.

정리 4.11 (단조 부분수열의 존재성)

임의의 실수열은 단조 부분수열을 갖는다.

[증명] 집합 $S := \{n \in \mathbb{N} | x_n < x_m \, \forall m > n\}$을 생각하자. S가 무한집합이면 (크기 순저로) $S = \{n_1, n_2, \ldots\}$로 두자. 그러면 $x_{n_1} < x_{n_2} < x_{n_3} < \cdots$ 이므로 $\{x_{n_k}\}_{k=1}^{\infty}$가 단조증가 수열이다.

S가 유한집합이면 자연수 $n_1 > \max_{n \in S} n$을 택할 수 있다. $n_1 \notin S$이므로 자연수 n_2가 존재하여 $x_{n_2} \le x_{n_1}$이다. 비슷하게 $n_2 \notin S$이므로 자연수 n_3가 존재하여 $x_{n_3} \le x_{n_2} \le x_{n_1}$이다. 이 과정을 반복하면 단조감소하는 수열이 얻어진다. □

유계수열의 경우에는 정리 4.11과 정리 4.6에 의해 볼짜노-바이어스트라스 정리가 쉽게 증명된다.

4.3.2 코시수열

주어진 수열에 대해 극한을 추측할 수 없는 경우에 수렴여부를 판단하는 것은 쉽지 않다. 코시수열은 이런 문제를 해결할 수 있는 개념이다. 충분히 큰 모든 n에 대해 수열의 항 x_n이 서로 충분히 가까우면 코시수열(Cauchy sequence)이라고 하는데 다음과 같이 정의된다.

정의 4.6 (코시수열)

임의의 양수 ε에 대해 자연수 N이 존재하여 모든 $m, n \ge N$에 대해 $|x_m - x_n| < \varepsilon$이 성립하면 $\{x_n\}_{n=1}^{\infty}$을 코시수열이라고 부른다.

서로 관계가 없는 N 이상인 모든 자연수 m과 n에 대해 $|x_m - x_n| < \varepsilon$이어야 한다는 점에서 어떤 수열이 코시수열이 된다는 것은 강력한 조건이다.

참고 4.6 $\{x_n\}_{n=1}^{\infty}$이 코시수열이 아니면 양수 ε_0와 두 부분수열 $\{x_{n_k}\}_{k=1}^{\infty}$, $\{x_{m_k}\}_{k=1}^{\infty}$가 존재하여 다음이 성립한다.

$$|x_{n_k} - x_{m_k}| \ge \varepsilon_0 \quad \forall k \ge 1$$

예제 4.13 다음 수열이 코시수열인지 조사하여라.

(a) $\{\frac{1}{n}\}_{n=1}^{\infty}$ (b) $\{\sqrt{n}/100\}_{n=1}^{\infty}$

[풀이] (a) 임의로 주어진 양수 ε에 대해 자연수 N을 $\frac{2}{N} < \varepsilon$이 성립하도록 택할 수 있다. 그러면 모든 $m, n \ge N$에 대해 $|\frac{1}{m} - \frac{1}{n}| < \varepsilon$이므로 $\{\frac{1}{n}\}_{n=1}^{\infty}$은 코시수열이다.

(b) $\varepsilon_0 = \frac{1}{50}$이라고 두자. 그러면 모든 자연수 N에 대해 $|x_{9N} - x_N| = \frac{\sqrt{N}}{50} \ge \varepsilon_0$이므로 $\{\sqrt{n}/100\}_{n=1}^{\infty}$은 코시수열이 될 수 없다. □

$\{x_n\}_{n=1}^{\infty}$이 코시수열이면 $\lim_{n\to\infty}|x_{n+1}-x_n|=0$이다. 위 예제의 (b)는 이 명제의 역이 성립하지 않음을 보여준다. 따라서 연속한 두 항의 차가 충분히 작다는 것이 코시수열임을 보장하지는 않는다.

다음 정리는 수열의 연속한 두 항의 차가 지수적으로 감소하면 코시수열이 됨을 보여주는데 기하급수가 수렴한다는 것을 이용하고 있다. 연속한 두 항의 차를 이용하여 코시수열인지 판정하는 방법은 연습문제 10을 참조하기 바란다.

정리 4.12 (축소수열과 코시수열)

수열 $\{x_n\}_{n=1}^{\infty}$이 다음 조건을 만족시키면 $\{x_n\}_{n=1}^{\infty}$이 코시수열이다.

$$|x_{n+1}-x_n|\le r|x_n-x_{n-1}|\ (0<r<1),\quad \forall n\ge 2$$

(이런 수열을 축소수열(contractive sequence)이라고 한다.)

[증명] 각 자연수 $n\ge 2$에 대해 다음이 성립하는 것을 관찰하자.

$$|x_{n+1}-x_n|\le r\,|x_n-x_{n-1}|\le r^2\,|x_{n-1}-x_{n-2}|\cdots\le r^{n-1}\,|x_2-x_1|$$

삼각부등식을 이용하면 $m>n$일 때 다음 부등식을 유도할 수 있다.

$$\begin{aligned}|x_m-x_n|&\le|x_m-x_{m-1}|+|x_{m-1}-x_{m-2}|+\cdots+|x_{n+1}-x_n|\\&\le|x_2-x_1|(r^{m-2}+r^{m-3}+\cdots+r^{n-1})\\&=|x_2-x_1|\frac{r^{n-1}(1-r^{m-n})}{1-r}<|x_2-x_1|\frac{r^{n-1}}{1-r}:=y_n\end{aligned}$$

그런데 $0<r<1$이므로 $\lim_{n\to\infty}y_n=0$이다. 따라서 임의의 $\varepsilon>0$에 대해 $N\in\mathbb{N}$이 존재하여 모든 $n\ge N$에 대해 $y^n<\varepsilon$임을 알 수 있다. 이제 $m\ge N, n\ge N$에 대해 $|x_m-x_n|<\varepsilon$이므로 $\{x_n\}_{n=1}^{\infty}$은 코시수열이다. □

정리 4.13 (수렴하는 수열과 코시수열)

수열 $\{x_n\}_{n=1}^{\infty}$이 수렴하면 $\{x_n\}_{n=1}^{\infty}$은 코시수열이다.

[증명] $\lim_{n\to\infty}x_n=x$라고 하자. 그러면 임의의 양수 ε에 대해 자연수 N가 존재하여 $n\ge N$이면 $|x_n-x|<\frac{\varepsilon}{2}$이 성립한다. 모든 자연수 $m,n\ge N$에 대해

$$|x_m-x_n|=|(x_m-x)-(x_n-x)|\le|x_m-x|+|x_n-x|<\frac{\varepsilon}{2}+\frac{\varepsilon}{2}=\varepsilon$$

이므로 수열 $\{x_n\}_{n=1}^{\infty}$은 코시수열이다. □

정리 4.13의 역 "코시수열은 수렴하는가"라는 질문은 수학의 기초를 확립하는 과정에서 중요한 역할을 하였다. 특히, 실수의 완비성과 관련되어 있다. 코시는 급수의 수렴을 증명하기 위해 부분합 수열이 코시수열임을 보임으로써 급수가 수렴한다는 것을 보이고 있다. 물론 이 시대에는 실수의 완비성에 대한 이해가 없었고 코시도 증명하거나 서술하지는 않았다. 이탈리아의 수학자 볼차노(Bolzano)도 코시수열이 수렴한다는 것을 증명하고자 시도하였다. 그는 중간값정리를 증명하는 과정에서 이 사실을 이용하였다.

아래에 서술한 정리는 정리 4.13의 역을 증명할 때 사용되는 코시수열의 성질이다.

정리 4.14 (코시수열의 성질)

수열 $\{x_n\}_{n=1}^{\infty}$에 대해 다음이 성립한다.

(i) $\{x_n\}_{n=1}^{\infty}$이 코시수열이면 $\{x_n\}_{n=1}^{\infty}$은 유계이다.

(ii) 코시수열 $\{x_n\}_{n=1}^{\infty}$의 부분수열은 모두 코시수열이다.

(iii) 코시수열 $\{x_n\}_{n=1}^{\infty}$의 어떤 부분수열 $\{x_{n_k}\}_{k=1}^{\infty}$이 x로 수렴하면 $\lim_{n\to\infty} x_n = x$이다.

[증명] (i) $\varepsilon = 1$을 택하면 코시수열의 정의에 의해 자연수 N가 존재하여 $n, m \geq N$이면 $|x_n - x_m| < 1$이 성립한다. 특히, $m = N+1$, $n \geq N$이면

$$|x_n| = |(x_n - x_{N+1}) + x_{N+1}| \leq |x_n - x_{N+1}| + |x_{N+1}| < |x_{N+1}| + 1$$

이다. 이제 $M := \max\{|x_1|, |x_2|, \cdots, |x_N|, |x_{N+1}| + 1\}$이라고 두자. 그러면 모든 자연수 n에 대해 $|x_n| \leq M$이므로 $\{x_n\}_{n=1}^{\infty}$은 유계수열이다.

(ii) $\{x_n\}_{n=1}^{\infty}$의 부분수열을 $\{x_{n_k}\}_{k=1}^{\infty}$라고 하자. ε을 임의로 택한 양수라고 하면 자연수 N이 존재하여 $m, n \geq N$이면 $|x_m - x_n| < \varepsilon$이 성립한다.

자연수 n_0를 $n_{n_0} > N$이 되도록 택하면 모든 $k, \ell > n_0$일 때 $n_k > N$, $n_\ell > N$이므로 $|x_{n_k} - x_{n_\ell}| < \varepsilon$임을 알 수 있다. 그러므로 $\{x_{n_k}\}_{k=1}^{\infty}$은 코시수열임이다.

(iii) ε이 임의의 양수라고 하자. $\{x_n\}_{n=1}^{\infty}$이 코시수열이므로 자연수 N이 존재하여 모든 자연수 $m, n \geq N$에 대해 $|x_n - x_m| < \frac{\varepsilon}{2}$이다.

한편, $\lim_{k\to\infty} x_{n_k} = x$이므로 자연수 K가 존재하여 $k \geq K$일 때 $|x_{n_k} - x| < \frac{\varepsilon}{2}$이 성립한다. $n_1 < n_2 < n_3 < \cdots$이므로 자연수 $k_0 \geq K$를 $n_{k_0} \geq N$, $k_0 > K$가 되도록 택할 수 있다. 그러면 모든 자연수 $n \geq N$에 대해 다음 부등식이 성립한다.

$$|x_n - x| \leq |x_n - x_{n_{k_0}}| + |x_{n_{k_0}} - x| < \frac{\varepsilon}{2} + \frac{\varepsilon}{2} = \varepsilon$$

그러므로 $\lim_{n\to\infty} x_n = x$ 이다. □

다음 정리는 코시수열은 반드시 수렴한다는 것을 말해준다.

정리 4.15 (코시의 수렴 판정, 1821년 Cauchy)

실수열 $\{x_n\}_{n=1}^{\infty}$ 에 대해 다음 명제는 서로 동치이다.
(i) $\{x_n\}_{n=1}^{\infty}$ 이 수렴한다.
(ii) $\{x_n\}_{n=1}^{\infty}$ 은 코시수열이다.

[증명] (i) ⇒ (ii) 정리 4.14에 의해 당연히 성립한다.
(ii) ⇒ (i) 코시수열은 유계이므로, 정리 4.10에 의해, $\{x_n\}_{n=1}^{\infty}$ 은 수렴하는 부분수열을 갖는다. 정리 4.14 (iii) 에 의해 부분수열과 $\{x_n\}_{n=1}^{\infty}$ 의 극한이 같으므로 증명이 끝난다. □

다음 예제는 피보나치 수열에서 연속한 항의 비가 황금비로 수렴함을 보여준다.

예제 4.14 다음과 같이 정의된 수열 $\{x_n\}_{n=1}^{\infty}$ 이 코시수열임을 보이고 극한을 구하여라.

$$x_{n+1} = 1 + \frac{1}{x_n}, \quad x_1 = 1$$

[풀이] 모든 $n \geq 1$에 대해 $x_n \geq 1$이므로 $n \geq 2$일 때 $x_n x_{n-1} = x_{n-1} + 1 \geq 2$임을 알 수 있다. 이 사실과 등식

$$x_{n+1} - x_n = \left(1 + \frac{1}{x_n}\right) - \left(1 + \frac{1}{x_{n-1}}\right) = \frac{x_{n-1} - x_x}{x_n x_{n-1}}$$

에 의해 모든 자연수 $n \geq 2$에 대해 다음 부등식이 성립한다.

$$|x_{n+1} - x_n| \leq \frac{1}{2}|x_n - x_{n-1}|$$

정리 4.12에 의해 $\{x_n\}_{n=1}^{\infty}$ 가 코시수열이므로 $\{x_n\}_{n=1}^{\infty}$ 은 수렴한다. $\lim_{n\to\infty} x_n = x$라고 두면 $x \geq 1$이다. 이제 정리 4.3을 적용하면 $x = 1+1/x$이므로 $x = \frac{1+\sqrt{5}}{2}$ 이다. □

코시수열의 수렴성은 실수의 완비성과 동치이다. 실수 집합에서 완비성은 순서(order)를 이용하여 정의되었다. 이 책에서 다루지는 않지만 거리(metric)가 주어진 유클리드 공간이나 함수 공간과 같은 추상공간에서는 임의의 코시수열이 (그 공간에 속하는 점으로) 수렴할 때 완비공간(complete space)이라고 부른다.

예제 4.15 $\mathbb{R}$에서의 수열 $\{1/n\}_{n=1}^{\infty}$은 코시수열이고 $0 \in \mathbb{R}$으로 수렴한다. 한편, $D = (0,1)$에서의 수열로 볼 때 $\{1/n\}_{n=1}^{\infty}$은 코시수열이지만 D의 원소로 수렴하지는 않으므로 $(0,1)$은 완비성을 갖지 않는 집합이다.
예제 4.14의 수열 $\{x_n\}_{n=1}^{\infty}$의 모든 항은 유리수이지만 극한은 무리수이다. 그러므로 $\mathbb{Q}$는 완비공간이 아니다.

연습문제 4.3

1. $\lim_{n\to\infty} x_n \neq c$라고 하자. 양수 ε_0와 부분수열 $\{x_{n_k}\}_{k=1}^{\infty}$이 존재하여 모든 $k \in \mathbb{N}$에 대해 $|x_{n_k} - c| \geq \varepsilon_0$임을 보여라.

2. 다음 수열 $\{x_n\}_{n=1}^{\infty}$이 수렴하는 부분수열을 가짐을 보여라.
   (a) $x_n = \tan^{-1} n^2$ (b) $x_n = \cos(2n)$ (c) $x_n = \frac{n-n^3}{2n^3+1}$

3. 다음 수열 $\{x_n\}_{n=1}^{\infty}$의 집적점을 모두 구하여라.
   (a) $x_n = \cos\frac{n\pi}{2} + (-1)^n$ (b) $x_n = \sin(4\pi/n)$ (c) $x_n = (-1)^n\left(1 - \frac{1}{n}\right)$

4. 유계수열 $\{x_n\}_{n=1}^{\infty}$에 대해 수렴하는 모든 부분수열의 극한이 같으면 $\{x_n\}_{n=1}^{\infty}$이 수렴함을 증명하여라.

5. 부등식 $n! \geq 2^{n-1}$ $(n \in \mathbb{N})$을 이용하여 다음 수열 $\{x_n\}_{n=1}^{\infty}$이 코시수열임을 보여라.
   (a) $\sum_{k=0}^{n} \frac{1}{k!}$ (b) $\sum_{k=0}^{n} \frac{(-1)^{n+1}}{k!}$

6. 모든 n에 대해 $x_n \in \mathbb{Z}$일 때 $\{x_n\}_{n=1}^{\infty}$이 코시수열이면 $\lim_{n\to\infty} x_n \in \mathbb{Z}$임을 보여라.

7. 다음과 같이 정의된 수열 $\{x_n\}_{n=1}^{\infty}$이 코시수열임을 보여라. 단, x_0는 임의의 실수이다.
   (a) $2x_{n+1} = 3x_n - x_{n-1}$ (b) $x_{n+1} = \frac{5}{3}x_n - \frac{2}{3}x_{n-1}$

8. $\{x_n\}_{n=1}^{\infty}$이 다음과 같이 정의된다고 하자.

$$x_0 = 1,\, x_1 = 2, \quad x_{n+1} = \frac{1}{2}(x_n + x_{n-1})$$

   (a) 모든 자연수 n에 대해 $1 \leq x_n \leq 2$임을 보여라.
   (b) 모든 자연수 n에 대해 $|x_{n+1} - x_n| = \frac{1}{2^{n-1}}$임을 보여라.
   (c) $\{x_n\}_{n=1}^{\infty}$이 코시수열임을 보여라.
   (d) 부분수열 $\{x_{2n+1}\}_{n=1}^{\infty}$의 각 항과 극한을 구하여라.
   (e) $\lim_{n\to\infty} x_n$을 구하여라.

9. $\{x_n\}_{n=1}^{\infty}$이 코시수열이면 임의의 $k \in \mathbb{N}$에 대해 $\lim_{n\to\infty} |x_{n+k} - x_n| = 0$임을 보여라. 이 명제의 역을 증명하거나 반례를 제시하여라.

10. 모든 $n \in \mathbb{N}$에 대해 $|a_{n+1} - a_n| \leq b_n$이라고 하자. $\beta_n := \sum_{k=1}^{n} b_k$일 때 수열 $\{\beta_n\}_{n=1}^{\infty}$이 수렴하면 $\{a_n\}_{n=1}^{\infty}$이 코시수열임을 증명하여라.

11. 모든 자연수 n에 대해 $|x_{n+1} - x_n| \le 2^{-n}$이면 $\{x_n\}_{n=1}^{\infty}$이 수렴함을 증명하여라.

12. 모든 자연수 n에 대해 $|x_{n+1} - x_n| \le \frac{1}{n^2}$이면 $\{x_n\}_{n=1}^{\infty}$이 수렴함을 증명하여라. (힌트 : 부등식 $\frac{1}{n^2} < \frac{1}{n-1} - \frac{1}{n}$을 이용하여라.)

13. $f : \mathbb{R} \to \mathbb{R}$가 주어진 함수일 때 상수 $C > 0$가 존재하여 임의의 $x, y \in D$에 대해 $|f(x) - f(y)| \le C\,|x - y|$이라고 하자. $\{x_n\}_{n=1}^{\infty}$이 코시수열이면 $\{f(x_n)\}_{n=1}^{\infty}$이 코시수열임을 보여라.

14. $\{x_n\}_{n=1}^{\infty} \subset [a, b]$이 코시수열일 때 $\{x_n^2\}_{n=1}^{\infty}$이 코시수열인지 조사하여라.

15. $\{x_n\}_{n=1}^{\infty}$이 축소수열이라고 하자. $\lim\limits_{n\to\infty} x_n = x$일 때 다음을 증명하여라.
    (a) $|x_n - x| \le \frac{r^{n-1}}{1-r}\,|x_2 - x_1|$
    (b) $|x_n - x| \le \frac{r}{1-r}\,|x_n - x_{n-1}|$

16. 각 항이 모두 유리수인 코시수열의 집합을 $\mathcal{C}$라고 하자. 각 수열 $s, t \in \mathcal{C}$에 대해 관계(relation) $\sim$가 다음과 같이 정의된다고 한다.

$$s \sim t \iff \lim_{n\to\infty} |s_n - t_n| = 0, \quad s = \{s_n\}_{n=1}^{\infty},\ t = \{t_n\}_{n=1}^{\infty}$$

    (a) $\sim$이 $\mathcal{C}$ 위에서 동치관계(equivalence relation)임을 보여라.
    (b) $s, t \in \mathcal{C}$이면 $s + t \in \mathcal{C}$, $s \cdot t \in \mathcal{C}$임을 보여라. 단, $s + t := \{s_n + t_n\}_{n=1}^{\infty}$, $s \cdot t := \{s_n t_n\}_{n=1}^{\infty}$이다.
    (c) $s \sim s'$, $t \sim t'$이며 $s + t \sim s' + t'$이고 $st \sim s't' \in \mathcal{C}$임을 보여라.
    (d) 유리수 $\varepsilon_0 > 0$와 자연수 N이 존재하여 모든 자연수 $n \ge N$에 대해 $s_n \le t_n + \varepsilon_0$일 때 $s \lesssim t$라고 쓰자. $\lesssim$가 동치관계임을 보여라.
    (e) $s \in \mathcal{C}$이고 $s = \{s_n\}_{n=1}^{\infty}$라고 하자. $|s| := \{|s_n|\}_{n=1}^{\infty} \in \mathcal{C}$임을 보여라.

4.4 상극한과 하극한

이 절에서는 주어진 수열 $\{x_n\}_{n=1}^{\infty}$ 의 상극한과 하극한에 대하여 알아보려고 한다. 수열이 발산하는 경우에 어떠 부분수열은 수렴하기도 하는데 상극한은 수렴하는 부분수열의 극한값(집적점) 중에서 가장 큰 값이고 하극한은 가장 작은 값임을 알게 될 것이다.

정의 4.7 (상극한과 하극한)

수열 $\{x_n\}_{n=1}^{\infty}$ 의 상극한(upper limit, limit superior)과 하극한(lower limit, limit inferior)은 다음과 같이 정의된다.

$$\limsup_{n\to\infty} x_n := \inf_{n\in\mathbb{N}} \left(\sup_{k\geq n} x_k\right) \qquad \text{(상극한)}$$

$$\liminf_{n\to\infty} x_n := \sup_{n\in\mathbb{N}} \left(\inf_{k\geq n} x_k\right) \qquad \text{(하극한)}$$

정의 4.7에서 $\xi_n = \sup_{k\geq n} x_k$, $\eta_n = \inf_{k\geq n} x_k$ 라고 두면 $\{\xi_n\}_{n=1}^{\infty}$ 는 단조감소수열이므로 하한으로 수렴한다. 비슷하게 $\{\eta_n\}_{n=1}^{\infty}$ 는 단조증가수열이므로 상한으로 수렴한다. 따라서 위 정의를 다음과 같이 쓸 수 있다.

$$\limsup_{n\to\infty} x_n = \lim_{n\to\infty} \xi_n, \quad \liminf_{n\to\infty} x_n = \lim_{n\to\infty} \eta_n$$

일반적으로, 상극한과 하극한은 확장된 실수계에 속한다.

예제를 통해 상극한과 하극한을 구하는 과정을 살펴보자.

예제 4.16 다음 수열에 대해 상극한과 하극한을 구하여라.

(a) $x_n = \dfrac{n}{n+1}$ (b) $\{(-1)^n\}_{n=1}^{\infty}$ (c) $x_n = (-1)^n n^2$

[풀이] (a) x_n 이 유계인 증가수열이므로 $\sup_{k\geq n} x_k = 1$ 이다. 따라서 상극한은 1 이다. 한편, $\inf_{k\geq n} x_k = \frac{n}{n+1}$ 이므로 하극한은 $\liminf_{n\to\infty} x_n = \lim_{n\to\infty} \frac{n}{n+1} = 1$ 이다.

(b) 수열의 항에서 1과 -1 이 교대로 나타나므로 $\sup_{k\geq n} x_k = 1$, $\inf_{k\geq n} x_k = -1$ 이다. 따라서 상극한은 1 이고 하극한은 -1 이다.

(c) n 이 짝수이면 x_n 은 무한히 커지고 n 이 홀수이면 x_n 은 무한히 작아진다. 따라서 $\sup_{k\geq n} x_k = \infty$ 이고 $\inf_{k\geq n} x_k = -\infty$ 이므로 상극한은 ∞, 하극한은 $-\infty$ 이다. □

예제 4.16 (a)의 경우 상극한과 하극한은 이 수열의 극한과 일치한다. 일반적으로 수렴하는 수열의 경우에도 이 사실이 성립한다.

정리 4.16 (수렴하는 수열의 특성)

$\{x_n\}_{n=1}^{\infty}$ 이 수렴하면 $\limsup_{n\to\infty} x_n = \liminf_{n\to\infty} x_n$ 이다.

[증명] $\lim_{n\to\infty} x_n = x$ 라고 두면 임의의 양수 ε 에 대해 자연수 N 이 존재하여 $n \geq N$ 일 때 $x - \frac{\varepsilon}{2} < x_n < x + \frac{\varepsilon}{2}$ 이 성립한다.

$n \geq N$ 이라고 하자. $\sup_{k\geq n} x_k = \xi_n$ 이라고 두면 분명히 $\xi_n \geq x_n$ 이므로 $\xi_n \geq x_n > x - \frac{\varepsilon}{2} > x - \varepsilon$ 이다. 한편, 상한의 정의에 의해 자연수 $K \geq n(\geq N)$ 가 존재하여 $\xi_n - \frac{\varepsilon}{2} < x_K \leq \xi_n$ 이다. 따라서 $\xi_n - \frac{\varepsilon}{2} < x_K < x + \frac{\varepsilon}{2}$ 이고 $\xi_n < x + \varepsilon$ 을 알 수 있다. 그러므로 $\lim_{n\to\infty} \xi_n = x$ 임을 알 수 있다.

비슷하게 하극한이 x 임을 증명할 수 있다. □

정리 4.17 (상극한, 하극한과 부분수열의 관계)

임의의 수열 $\{x_n\}_{n=1}^{\infty}$ 에 대해 상극한을 ξ, 하극한을 η 라고 하면 다음을 만족시키는 부분수열 $\{x_{n_k}\}_{k=1}^{\infty}$ 과 $\{x_{n_\ell}\}_{\ell=1}^{\infty}$ 이 존재한다.

$$\lim_{k\to\infty} x_{n_k} = \xi, \quad \lim_{\ell\to\infty} x_{n_\ell} = \eta$$

[증명] 상극한의 경우만 증명해보기로 하자. $\sup_{k\geq n} x_k = \xi_n$, $\lim_{n\to\infty} \xi_n = \xi$ 라고 두고 세 가지 경우 $\xi = -\infty, \xi \in \mathbb{R}, \xi = \infty$ 를 생각한다.

(i) $\xi = -\infty$ 일 때 : 임의의 음수 M 이 주어질 때 자연수 N 이 존재하여 모든 자연수 $n \geq N$ 에 대해 $\xi_n \leq M$ 이다. 모든 $n \geq N$ 에 대해 $x_n \leq \xi_n \leq M$ 이고 $\lim_{n\to\infty} \xi_n = -\infty$ 이므로 $\lim_{n\to\infty} x_n = -\infty$ 이다.

(ii) $-\infty < \xi < \infty$ 일 때 : $n_0 = 1$ 이라고 두자. 그러면 상한의 정의에 의해 $n_1 \in \mathbb{N}$ 이 존재하여 $\xi_{n_0+1} - 1 < x_{n_1} \leq \xi_{n_0+1}$ 이다.

비슷하게 다음을 만족시키는 자연수 n_2 가 존재한다.

$$\xi_{n_1+1} - \frac{1}{2} < x_{n_2} \leq \xi_{n_1+1}, \qquad n_1 < n_2$$

이런 과정을 반복하여 다음을 만족시키는 자연수열 $\{n_k\}_{k=1}^{\infty}$ 을 찾을 수 있다.

$$\xi_{n_k+1} - \frac{1}{k} < x_{n_{k+1}} \leq \xi_{n_k+1}, \quad n_k < n_{k+1}$$

이렇게 구성된 부분수열 $\{x_{n_k}\}_{k=1}^{\infty}$ 는 ξ 로 수렴한다.

(iii) $\xi = \infty$ 일 때 : $\lim_{n\to\infty} \xi_n = \infty$ 이므로 모든 자연수 n 에 대하여 $\xi_n = \infty$ 이다.

$\xi_1 = \infty$이므로 양수 1보다 큰 수열의 항 x_{n_1}이 존재한다. 또한 $\xi_{n_1+1} = \infty$이므로 양수 2보다 큰 수열의 항 x_{n_2}을 $n_2 > n_1$이 성립하도록 찾을 수 있다. 이런 과정을 반복하면 모든 자연수 k보다 큰 수열의 항 x_{n_k}을 찾을 수 있다. 이렇게 구성된 부분수열 $\{x_{n_k}\}_{k=1}^{\infty}$에 대해 $\lim\limits_{k\to\infty} x_{n_k} = \infty$임은 분명하다. □

정리 4.18 (상극한과 하극한의 대소관계)

$\{x_n\}_{n=1}^{\infty}$의 부분수열 $\{x_{n_k}\}_{k=1}^{\infty}$이 x로 수렴하면 다음 부등식이 성립한다.

$$\liminf_{n\to\infty} x_n \le x \le \limsup_{n\to\infty} x_n$$

[증명] 임의의 (고정된) 자연수 N에 대해 다음이 성립하도록 자연수 N_0을 택하자.

$$n_k \ge N \quad {}^{\forall}k \ge N_0$$

그러면 모든 $k \ge N_0$에 대해 $\eta_N \le x_{n_k} \le \xi_N$이므로, 정리 4.5에 의해, $\eta_N \le x \le \xi_N$이다. 이 부등식이 임의의 고정된 자연수에 대해 성립하므로 $N \to \infty$일 때 극한을 취하면 정리가 증명된다. □

정리 4.17과 정리 4.18로부터 상극한은 부분수열의 극한값 중에서 가장 큰 값이고, 하극한은 부분수열의 극한값 중에서 가장 작은 값임을 알 수 있다.

정리 4.19 (상극한의 특성)

ξ가 실수이고 $\{x_n\}_{n=1}^{\infty}$이 유계수열이라고 하자.

$\xi = \limsup\limits_{n\to\infty} x_n$일 필요충분조건은 다음 두 조건이 성립하는 것이다.

(i) 임의의 $\varepsilon > 0$에 대해 $N \in \mathbb{N}$이 존재하여 자연수 $n \ge N$에 대해 $x_n < \xi + \varepsilon$이다.

(ii) 임의의 $\varepsilon > 0$와 임의의 $k \in \mathbb{N}$에 대해 자연수 $n > k$가 존재하여 $x_n > \xi - \varepsilon$이다.

[증명] (⇒) $\xi_n = \sup\limits_{k\ge n} x_k$이라고 두자. $\{\xi_n\}_{n=1}^{\infty}$이 단조감소수열이고 $\lim\limits_{n\to\infty} \xi_n = \xi$이다. 따라서 임의의 $\varepsilon > 0$에 대해 $N \in \mathbb{N}$이 존재하여 모든 자연수 $n \ge N$에 대해 $\xi_n < \xi + \varepsilon$이다. ξ_n의 정의에 의해 $x_n \le \xi_n < \xi + \varepsilon$이므로 (i)이 증명된다.

(ii)가 성립하지 않는다고 가정하자. 그러면 $\varepsilon_0 > 0$와 $k_0 \in \mathbb{N}$가 존재하여 모든 $n > k_0$에 대해 $x_n \le \xi - \varepsilon_0$이다. 정리 4.4에 의해 $\xi \le \xi - \varepsilon_0$이므로 모순이다.

a) $(\Leftarrow)$ $u := \limsup_{n\to\infty} x_n = \lim_{n\to\infty} \xi_n$라고 두자.

먼저 $\xi \ge u$임을 보이기로 하자. ε이 주어진 양수라고 하면, (i)에 의해, $N \in \mathbb{N}$이 존재하여 모든 $n \ge N$에 대해 $x_n < \xi + \varepsilon$이므로 $\xi_n \le \xi + \varepsilon$이다. 따라서 정리 4.4에 의해 $u \le \xi + \varepsilon$이다. 임의의 양수에 대해 $u \le \xi + \varepsilon$이므로 $u \le \xi$이다.

$\xi \le u$임을 보이기 위해 $\xi > u$라고 가정하자. $\varepsilon_0 = \frac{\xi - u}{2}$로 택하면, $\{\xi_n\}_{n=1}^{\infty}$의 수렴성에 의해, $N \in \mathbb{N}$이 존재하여 모든 자연수 $n \ge N$에 대해 $x_n \le \xi_n < u + \varepsilon_0 = \xi - \varepsilon_0$므로 (ii)에 모순이다. □

연습문제 4.4

1. 다음과 같이 주어진 수열에 대해 상극한과 하극한을 구하여라.
   (a) $x_n = \frac{(n+1)(-1)^n}{n}$ (b) $x_n = 1 - 2n$ (c) $x_n = \frac{\sqrt[3]{1-n^3}}{2-4n}$
   (d) $x_n = 3 + n^2$ (e) $x_n = \cos\frac{n\pi}{2} + (-1)^n$ (f) $x_n = \sin(4\pi/n)$
   (g) $x_n = (-1)^n\left(1 - \frac{1}{n}\right)$ (h) $x_n = \sum_{k=1}^{n} \frac{1}{k}$ (i) $x_n = 1 + (-2)^n$

2. 수열 $\{x_n\}_{n=1}^{\infty}$와 실수 r에 대해 다음을 증명하여라.
   (a) $\limsup_{n\to\infty}(-x_n) = -\liminf_{n\to\infty} x_n$ (b) $\liminf_{n\to\infty}(-x_n) = -\limsup_{n\to\infty} x_n$
   (c) $\limsup_{n\to\infty}(r + x_n) = r + \limsup_{n\to\infty} x_n$ (d) $\liminf_{n\to\infty}(r + x_n) = r + \liminf_{n\to\infty} x_n$

3. 유계수열 $\{x_n\}_{n=1}^{\infty}$에 대해 $\limsup_{n\to\infty} x_n = \liminf_{n\to\infty} x_n < \infty$이면 $\{x_n\}_{n=1}^{\infty}$이 수렴함을 보여라. 또한 $\limsup_{n\to\infty} x_n = \liminf_{n\to\infty} x_n = \lim_{n\to\infty} x_n$임을 증명하여라.

4. 모든 자연수 n에 대해 $x_n < y_n$일 때 다음을 증명하여라.
   (a) $\limsup_{n\to\infty} x_n \le \limsup_{n\to\infty} y_n$ (b) $\liminf_{n\to\infty} x_n \le \liminf_{n\to\infty} y_n$

5. 유계인 수열 $\{s_n\}_{n=1}^{\infty}$, $\{t_n\}_{n=1}^{\infty}$에 대해 다음을 증명하라.
   (a) $\limsup_{n\to\infty}(s_n + t_n) \le \limsup_{n\to\infty} s_n + \limsup_{n\to\infty} t_n$
   (b) $\liminf_{n\to\infty}(s_n + t_n) \ge \liminf_{n\to\infty} s_n + \liminf_{n\to\infty} t_n$
   (c) (a), (b)에서 등호가 성립하는 않는 두 수열의 예를 찾아라.

6. 모든 자연수 n에 대해 $a_n \ge 0$일 때 $\limsup_{n\to\infty} a_n = r$이라고 하자. $r < \rho < 1$이면 자연수 N이 존재하여 모든 자연수 $n \ge N$에 대해 $a_n \le \rho$임을 보여라.

7. 모든 항이 양수인 수열 $\{x_n\}_{n=1}^{\infty}$에 대해 $\limsup_{n\to\infty} \sqrt[n]{x_n} \le \limsup_{n\to\infty} \frac{x_{n+1}}{x_n}$임을 보여라.

8. 하극한에 대해 정리 4.19와 비슷한 결과를 서술하고 증명하여라.

9. 유계수열 $\{x_n\}_{n=1}^{\infty}$에 대해 $\liminf_{n\to\infty} x_n = \ell$, $\limsup_{n\to\infty} x_n = u$라고 두자. 임의의 $\varepsilon > 0$에 대해 $N \in \mathbb{N}$이 존재하여 모든 자연수 $n \ge N$에 대해 $\ell - \varepsilon < x_n < u + \varepsilon$임을 증명하여라.

CHAPTER 5

함수의 극한

뉴턴과 라이프니츠에 의해 미적분학이 발명된 후 수학자들은 기본개념의 정립보다는 미적분을 이용하여 기하학, 물리학 및 역학 분야에서 새로운 지식을 창출하는데 힘을 기울였다. 실수에서 배제되어야하는 무한소를 이용하여 정의된 미분과 적분의 논리적 허점에 대한 비판이 제기되고 미적분학을 교육하는 과정에서 급수의 수렴이나 극한과 같은 기초개념을 명확히 할 필요가 생겨났다.

코시는 1821년 해석학 강의에서 "도함수란 무엇인가", "적분이란 무엇인가", "무한급수란 무엇인가"라는 질문을 제기하였다. 모든 질문이 수열 및 함수의 극한과 관련되어 있다. 또한 극한의 본질에 대한 탐구는 "실수란 무엇인가"라는 질문으로 귀착된다. 수열 및 함수의 극한과 관련이 있는 이러한 질문에 대한 대답을 수학적으로 엄밀하게 구축하는 과정을 '해석학의 엄밀화'라고 하는데 실수를 구축하고 집합론을 도입하면서 끝난다. 본질적으로 실수 및 실수의 완비성과 깊이 관련된 이러한 질문은 실수의 본질에 대한 논의를 통해 볼차노, 바이어슈트라스, 하이네, 칸토어 등에 의해 해결되었다.

이 장에서는 해석학에서 가장 중요한 개념 중의 하나인 ε-δ 논법을 이용한 함수의 극한에 대해 알아본다.

5.1 ε-δ 논법의 역사적 배경

함수의 극한은 함수의 연속성과 (무한소를 이용하여 정의된) 미분개념을 현대적으로 정의하는 과정과 깊은 관련이 있다.

뉴턴은 도함수를 변화율(fluxion, rate of change)로 파악하였고 라이프니츠는 무한소(infinitesimal)의 비로 파악하였다. 라이프니츠나 뉴턴의 방법은 무한소를 사용하고 있다고 볼 수 있다. 임의의 양수보다 작은 양인 무한소는 아무리 여러 번을 더해도 임의의 양수보다 작으므로 아르키메데스 원리를 만족시킬 수 없다. 실수가 아닌 무한소를 이용하여 정의한 개념이나 계산 과정에 대해 의구심을 제기하는 것은 당연해 보이기도 하다. 따라서 이 과정을 정당화시킬 수 있는 방법을 찾아야 한다.

19세기 이전의 방법으로 도함수를 구하는 과정에서 양립할 수 없는 $h \neq 0$과 $h = 0$을 사용한다. $y = x^2$의 도함수를 구하는 과정을 살펴보자.

(i)	$\frac{(x+h)^2 - x^2}{h}$	: $h \neq 0$이므로 h로 나눈다
(ii)	$2x + h$	
(iii)	$y' = 2x$	: $h = 0$ 대입

18세기 수학자들은 미적분을 직관적으로 이해하고 기계적으로(algorithmically)으로 이용하여 중요한 결과를 얻어냈다. 누구도 미적분학의 기초에 대해 걱정하지 않았고 중요한 것은 미적분학을 이용하여 얻어낼 수 있는 결과였다. 버클리(Berkely, 1734년)는 무한소를 이용하여 유율를 구하는 과정을 조목조목 비판하였하지만(8.1절 참조) 누구도 만족스러운 답변을 제시하지 못하였다.

함수의 극한은 처음부터 연구되거나 확립된 것은 아니고 무한소를 이용하여 정의된 미분의 개념을 명확히 하는 과정에서 파생된 것이라고 볼 수 있다. 라이프니츠는 미분을 무한소의 비로 생각하였고 뉴턴은 "0으로 감소하는 증분의 비의 극한(limit)"이라고 설명하였지만 오늘날의 극한과는 다르다.

수렴이나 극한의 개념을 엄밀하게 정의하는 일은 수학의 현대화 과정에서 가장 중요한 단계의 하나이다. 미적분학의 기초를 확립하는 과정에서 교육상의 필요성[1]과 복소함수에 대한 연구가 큰 역할을 하였다. 1변수 함수의 경우에는 그래프를 이용하여 함수의 극한, 도함수, 적분의 개념을 시각화하여 설명할 수 있지만 복소함수의 경우에는 시각화할 수 없으므로 수식을 이용하여 명확하게 정의해야 할 것이다.

함수의 극한에 대한 현대적인 정의와 비슷한 내용은 라그랑주(Lagrange)가 도함수의 성질을 설명하는 과정에서 찾아볼 수 있다. 원하는 만큼 작은 양수 D가 주어질 때 다음을 만족하는 매우 작은 양수 h를 찾는다.

$$\frac{f(x+h) - f(x)}{h} \in (f'(x) - D, f'(x) + D)$$

[1]프랑스 혁명정부에 의해 설립된 에콜 폴리테크에서 과학자와 기술자를 양성하기 위해 미적분학을 포함한 수학강좌가 개설되었는데 명확하지 않은 개념을 가르치기 위해 기본적 개념에 대한 탐구가 필요하였다. 라그랑주는 에콜 폴리테크에서 해석학 강의를 위해 미적분학의 기초를 다룬 논문을 썼고 코시도 강의안을 기초로 《해석학 강의》라는 책을 저술하였다. 바이어슈트라스는 베를린 대학에서 강의하면서 주요 결과를 얻었고, 데데킨트(Dedekind)나 란다우(Landau)도 강의 과정에서 해석학의 기초와 관련된 아이디어를 발전시켰다. 코시나 바이어슈트라스는 강의과정에서 미적분학의 기초를 재검토할 필요를 느꼈고 논문과 저서를 통해 연구한 내용을 발표하였다.

바이어슈트라스(Weierstrass, 1874)는 양수 ε을 선택한 후 어떤 구간 $(x_0-\delta, x_0+\delta)$에 속하는 임의의 x에 대해 함수값 $f(x)$가 구간 $(f(x_0)-\varepsilon, f(x_0)+\varepsilon)$에 속하면 f가 x_0에서 연속이라고 생각하였다.

바이어슈트라스의 정의에서의 $f(x_0)$나 도함수의 정의에서 $f'(x)$를 극한으로 해석할 때 공통적인 부분은 다음과 같다.

"주어진 매우 작은 양수 ε에 대해 $\delta > 0$을 찾아서
$|x - x_0| < \delta$이면 $|f(x) - L| < \varepsilon$이 되게 한다."

이런 과정을 ε-δ 논법(argument)이라고 하는데 5장, 6장및 7장에서 자주 이용될 것이다.

5.2 함수의 극한

고등학교 및 대학교 1학년 과정의 미적분학에서는 "x가 a로 (무한히) 가깝게 접근할 때 $f(x)$가 L로 (무한히) 가깝게 접근하면 $f(x)$가 a에서 극한 L을 갖는다"고 정의하였다. 이 표현은 명확성이 결여되어 있다. 수열의 극한을 정의할 때와 비슷하게 "가까이 접근한다"는 표현을 엄밀하게 재해석하여 다음과 같이 함수의 극한을 정의한다.

정의 5.1 (ε-δ 논법과 함수의 극한)

f가 a가 빠진근방에서 정의된 함수이고 L이 실수라고 하자.

주어진 임의의 양수 ε에 대해 양수 δ가 존재하여 $0 < |x-a| < \delta$일 때 $|f(x) - L| < \varepsilon$이면 L을 "$x = a$에서 f의 극한(limit)"이라고 부르고 $\lim_{x \to a} f(x) = L$로 나타낸다.

한정사 $\forall$과 $\exists$를 이용하여 다음과 같이 나타낼 수 있다.

$$\lim_{x \to a} f(x) = L \iff {}^{\forall}\varepsilon > 0,\ \exists\delta > 0 \ \text{ s.t } {}^{\forall}x \in N'(a, \delta),\ |f(x) - L| < \varepsilon \quad (5.1)$$

참고 5.1

(a) 극한의 정의에 나타나는 양수 δ는 a와 ε에 따라 달라질 수 있다. 이 사실을 강조하기위해 $\delta_{a,\varepsilon}$이라고 쓰기도 한다.

(b) 극한이 존재하는 경우 주어진 $\varepsilon > 0$에 대응하는 양수 δ는 유일하지 않다. 한편, f가 $x = a$에서 정의되지 않아도 극한은 존재할 수 있고, 극한이 존재하더라도 극한이 $f(a)$와 같을 필요는 없다.

주어진 $\varepsilon > 0$에 대해 (5.1)이 만족되도록 $\delta > 0$을 택하여 $\lim_{x \to a} f(x) = L$임을 보이는 과정을 ε-δ(입실론-델타) 논법이라고 한다. 예제를 통해 ε-δ 논법을 적용하는 과정에 대해 살펴보자.

예제 5.1 다음 함수에 대해 $\lim_{x \to 0} f(x) = 0$임을 보여라.

$$f(x) = \begin{cases} 2x, & x \in \mathbb{Q} \\ -2x, & x \in \mathbb{Q}^c \end{cases}$$

[풀이] ε이 주어진 양수라고 하자. $|f(x) - 0| = 2|x|$이므로 $2|x| < \varepsilon$이면 $|f(x) - 0| < \varepsilon$이다. 따라서 $\delta = \frac{\varepsilon}{2}$을 택하면 된다. 그러면 $|x| < \delta$일 때 $|f(x) - 0| < \varepsilon$이므로 $\lim_{x \to 0} f(x) = 0$임을 알 수 있다. □

예제 5.2 $\lim_{x \to 3}(2x-5)=1$ 임을 보여라.

[풀이] $f(x)=2x-5$ 라고 두자. 주어진 ε 에 대해 $0<|x-3|<\delta$ 이면 $|f(x)-1|<\varepsilon$ 이 성립하는 양수 δ 를 구하고 싶다. 먼저 $|f(x)-1|$ 를 정리하여 다시 쓰면 다음과 같다.

$$|f(x)-1|=|(2x-5)-1|=2|x-3|$$

$|x-3|<\frac{\varepsilon}{2}$ 이면 $|f(x)-1|$ 은 ε 보다 작아지므로 $\delta=\dfrac{\varepsilon}{2}$ 이라고 두는 것이 자연스럽다. 그러면 $0<|x-3|<\delta$ 일 때

$$|f(x)-1|=2|x-3|<2\delta=2\cdot\frac{\varepsilon}{2}=\varepsilon$$

이 성립한다는 것을 확인할 수 있다. 그러므로 $\lim_{x \to 3}(2x-5)=1$ 이다. □

예제 5.3 함수 f 가 x_0 가 (어떤) 빠진근방에 속하는 모든 x 에 대해 부등식

$$|f(x)-L| \le M\,|x-x_0|\,, \quad M>0$$

을 만족시킨다고 하자. $\lim_{x \to x_0} f(x)=L$ 임을 보여라

[풀이] 주어진 ε 에 대해 $0<|x-x_0|<\delta$ 이면 $|f(x)-L|<\varepsilon$ 이 성립하는 양수 δ 를 구하고 싶다. 가정에 의해 $M\,|x-x_0|<\varepsilon$ 이면 $|f(x)-L|$ 은 ε 보다 작아질 것이다. 따라서 $\delta=\frac{\varepsilon}{M}$ 을 택하는 것이 자연스럽다. 이제 $0<|x-x_0|<\delta$ 이면 다음이 성립한다는 것을 알 수 있다.

$$|f(x)-L| \le M\,|x-x_0|<M\delta=M\cdot\frac{\varepsilon}{M}=\varepsilon$$

따라서 $\lim_{x \to x_0} f(x)=L$ 이다. □

함수 f 에 대해 $\lim_{x \to a} f(x)=L$ 을 보일 때 f 가 특별한 형태를 갖지 않으면 예제 5.2 및 예제 5.3에서와 같이 증명 과정이 간단하지는 않다. 그러나 적절한 기법을 사용하여 예제 5.3의 조건을 만족하도록 변형할수 있다면 ε-δ 논법을 적용하는 과정이 그렇게 어렵지는 않다. 이 과정을 설명하면 다음과 같다.

단계 1 극한 L 을 추정한 후 $|f(x)-L|$ 을 다음과 같은 형태로 변형한다.

$$|f(x)-L|=g(x)\,|x-a|^k \quad (k>0) \tag{5.2}$$

단계 2 $g(x)=M$ 이면 $\delta=\left(\frac{\varepsilon}{M}\right)^{\frac{1}{k}}$ 라고 두고 $0<|x-a|<\delta$ 일 때 $|f(x)-L|<\varepsilon$ 임을 확인한다. 단 $M>0$ 은 상수이다.

단계 3 $g(x)$ 가 상수함수가 아니면 적당한 $\alpha>0$ 를 택한 후 $0<|x-a|<\alpha$ 일 때 $g(x)$ 의 상계(upper bound) M_α 을 찾는다. 그러면 (5.2)는 다음과 같은

형태로 바뀐다.

$$|f(x) - L| \le M_\alpha |x - a|^k$$

이제 단계 2로 가서 δ_α를 찾는다.

단계 4 (단계 3과 단계 2가 동시에 성립해야 하므로) $\delta := \max\{\alpha, \delta_\alpha\}$라고 두고 $|x - a| < \delta$일 때 $|f(x) - L| < \varepsilon$임을 확인한다.

다음 예제는 이 과정을 설명한다.

예제 5.4 $\lim_{x \to 3} x^2 = 9$임을 보여라.

[풀이] 주어진 양수 ε에 대해 $0 < |x-3| < \delta$일 때 $|f(x) - 9| < \varepsilon$이 성립하는 양수 δ를 구하면 된다. 먼저 $|f(x) - 9|$를 (5.2)와 같은 형태로 변형하면 다음과 같다.

$$|f(x) - 9| = |x^2 - 9| = |x + 3||x - 3|$$

이제 $g(x) := |x + 3|$의 상계를 구하기위해 $\alpha = 1$을 택한다. $|x - 3| < 1$라고 하면 $2 < x < 4$이므로 $|x + 3| < M_\alpha := 7$이다. 따라서 $|x - 3| < 1$일 때

$$|f(x) - 9| = |x^2 - 9| = |x + 3||x - 3| < 7|x - 3|$$

임을 알 수 있고, $|x - 3| < \frac{\varepsilon}{7} := \delta_\alpha$이면 $|f(x) - 9|$은 ε보다 작아질 것이다.

이제 $\delta = \min\{1, \frac{\varepsilon}{7}\}$라고 두면 $0 < |x - 3| < \delta$일 때 다음이 성립한다.

$$|f(x) - 9| = |x^2 - 9| = |x + 3||x - 3| < 7|x - 3| < 7\delta \le 7 \cdot \frac{\varepsilon}{7} = \varepsilon$$

따라서 증명이 끝난다. □

예제 5.5 $\lim_{x \to -1} \dfrac{x}{2x + 1} = 1$임을 보여라.

[풀이] 주어진 ε에 대해 $0 < |x - (-1)| = |x + 1| < \delta$이면 $|f(x) - 1| < \varepsilon$이 성립하는 양수 δ를 구해야 한다. 먼저 $|f(x) - 1|$을 (5.2)와 같은 형태로 변형하면 다음과 같다.

$$|f(x) - 1| = \left|\frac{x}{2x + 1} - 1\right| = \left|\frac{-x - 1}{2x + 1}\right| = \left|\frac{1}{2x + 1}\right| |x + 1|$$

다음으로 $g(x) = \frac{1}{|2x+1|}$이 위로 유계가 되도록 만들기 위해 $|x + 1| < \alpha = \frac{1}{4}$라는 제한을 두자. 그러면 $\frac{1}{2} < |2x + 1| < \frac{3}{2}$ 이므로 다음이 성립한다.

$$|f(x) - 1| = \left|\frac{1}{2x + 1}\right| |x + 1| < 2|x + 1|$$

여기서 또다른 조건 $|x + 1| < \frac{\varepsilon}{2}$을 주면 $|f(x) - 1| < \varepsilon$가 성립한다.

이제 $\delta = \min\{\frac{1}{4}, \frac{\varepsilon}{2}\}$ 라고 두자. 그러면 $0 < |x+1| < \delta$ 일 때 $|f(x) - 1| < 2\delta \le 2 \cdot \frac{\varepsilon}{2} = \varepsilon$ 이므로 증명이 끝난다. □

예제 5.6 $\lim_{x \to a} \sin x = \sin a$ 임을 보여라.

[풀이] 삼각함수의 성질과 부등식을 이용하면 다음을 알 수 있다.

$$|\sin x - \sin a| = 2\left|\sin\frac{x-a}{2}\cos\frac{x+a}{2}\right| = 2\left|\sin\frac{x-a}{2}\right|\left|\cos\frac{x+a}{2}\right|$$
$$\le 2\left|\frac{x-a}{2}\right| \cdot 1 = |x-a|$$

임의의 양수 ε 에 대해 $\delta = \varepsilon$ 이라고 두면 증명이 끝난다. □

지금까지는 특정함수에 대해 ε-δ 논법을 적용하여 어떤 실수가 극한임을 보였다. 이제 극한의 존재성과 유일성에 대하여 알아 본다.

다음 정리는 극한의 존재성을 판정한다.

정리 5.1 (극한의 존재성 판정)

a 가 빠진근방에서 정의된 함수 f 에 대하여 다음 명제는 동치이다.

(i) $\lim_{x \to a} f(x)$ 가 존재한다.

(ii) $\forall \varepsilon > 0, \exists \delta > 0$ s.t $\forall x_1, x_2 \in N'(a, \delta)$, $|f(x_1) - f(x_2)| < \varepsilon$

[증명] (i)⇒ (ii): $\lim_{x \to a} f(x) = L$ 이라고 하자. 임의의 양수 ε 이 주어지면, 정의에 의해, 양수 δ 가 존재하여 모든 $x \in N'(a, \delta)$ 에 대해 $|f(x) - L| < \frac{\varepsilon}{2}$ 이다. x_1, x_2 가 $N'(a, \delta)$ 에 속하면 다음을 확인할 수 있다.

$$|f(x_1) - f(x_2)| \le |f(x_1) - L| + |f(x_2) - L| < \frac{\varepsilon}{2} + \frac{\varepsilon}{2} = \varepsilon$$

따라서 (ii) 가 증명되었다.

(ii)⇒ (i): (i) 의 증명은 극한의 추정과 ε-δ 논법에 의해 증명하는 2단계로 이루어진다.

ε 이 주어진 (임의의) 양수라고 하자. 그러면 가정 (ii) 에 의해 양수 δ 가 존재하여 모든 $x_1, x_2 \in N'(a, \delta)$ 에 대해 $|f(x_1) - f(x_2)| < \frac{\varepsilon}{2}$ 이 성립한다.

(극한의 추정) $\{x_n\}_{n=1}^{\infty}$ 이 모든 $n \in \mathbb{N}$ 에 대해 $x_n \neq a$ 이고 a 로 수렴한다고 가정하자. 그러면 δ 에 대해 자연수 N 이 존재하여 모든 $n \ge N$ 에 대해 $|x_n - a| < \delta$, 즉, $x_n \in N'(a, \delta)$ 이다. 가정 (ii) 에 의해, 모든 $m, n \ge N$ 에 대해 $|f(x_n) - f(x_m)| < \frac{\varepsilon}{2}$ 이므로 $\{f(x_n)\}_{n=1}^{\infty}$ 는 코시수열이고 수렴한다.

$\{f(x_n)\}_{n=1}^{\infty}$이 수렴하므로 $\lim_{n\to\infty} f(x_n) = L$이라고 두자. 그러면 자연수 M이 존재하여 모든 $n \geq M$에 대해 $|f(x_n) - L| < \frac{\varepsilon}{2}$이다.

(ε-δ **논법에 의한 증명**) 이제 $\lim_{x\to a} f(x) = L$임을 보이겠다.

자연수 $n \geq \max\{M, N\}$을 택하면 임의의 $x \in N'(a, \delta)$에 대해 다음이 성립한다.

$$|f(x) - L| \leq |f(x) - f(x_n)| + |f(x_n) - L| < \frac{\varepsilon}{2} + \frac{\varepsilon}{2} = \varepsilon$$

그러므로 (i)의 증명이 끝난다. □

수열의 극한이 유일한 것처럼 함수의 극한도 유일하다.

정리 5.2 (극한의 유일성)

$\lim_{x\to a} f(x) = L$이고 $\lim_{x\to a} f(x) = M$라고 하자. 그러면 $L = M$이다.

[증명] 극한의 정의에 의해 임의의 양수 ε에 대해 다음을 만족하는 양수 δ_1과 δ_2가 존재한다.

$$|f(x) - L| < \frac{\varepsilon}{2} \ (0 < |x-a| < \delta_1), \quad |f(x) - M| < \frac{\varepsilon}{2} \ (0 < |x-a| < \delta_2)$$

이제 $\delta = \min\{\delta_1, \delta_2\}$라고 두면 $0 < |x-a| < \delta$일 때 다음을 알 수 있다.

$$|M - L| \leq |f(x) - L| + |f(x) - M| < \frac{\varepsilon}{2} + \frac{\varepsilon}{2} = \varepsilon$$

임의의 양수 ε에 대해 $|L - M| < \varepsilon$이므로 $L = M$이다. 따라서 극한은 유일하다. □

수열과 함수의 극한은 해석학에서 공부하는 가장 기초적인 극한개념이다. 다음 정리에서는 수열의 극한을 이용하여 함수의 극한을 설명한다. 나중에 연속성, 적분가능성과 같은 극한개념도 수열의 극한과 깊은 관련이 있음을 볼 수 있다.

정리 5.3 (수열과 극한의 관계)

a가 빠진근방에서 정의된 함수 f와 실수 L에 대하여 다음은 동치이다.

(i) $\lim_{x\to a} f(x) = L$이다.

(ii) a로 수렴하는 임의의 수열 $\{x_n\}_{n=1}^{\infty}$에 대해 $\lim_{n\to\infty} f(x_n) = L$이다. 단, x_n은 f의 정의구역에 속하고 $x_n \neq a$이다.

[증명] (i)⇒(ii) 주어진 임의의 양수 ε에 대해 자연수 N이 존재하여 $n \geq N$이면 $|f(x_n)-L| < \varepsilon$임을 증명하자.

(i)에 의해 양수 δ가 존재하여 $0 < |x-a| < \delta$이면 $|f(x)-L| < \varepsilon$이 성립한다. 그런데 $\lim_{n\to\infty} x_n = a$라는 사실로부터 자연수 N이 존재하여 모든 자연수 $n \geq N$에 대해 $|x_n - a| < \delta$이 성립한다는 것을 알 수 있다.

모든 자연수 $n \geq N$에 대해 $|x_n-a| < \delta$이므로 $|f(x_n)-L| < \varepsilon$이다. 이것은 $\lim_{n\to\infty} f(x_n) = L$임을 의미한다.

(ii)⇒(i) 결론을 부정하여 모순을 유도해보자. $\lim_{x\to a} f(x) \neq L$이라고 가정하자. 즉, (5.1)을 부정하면 어떤 $\varepsilon_0 > 0$과 임의의 $\delta > 0$에 대해 $x_\delta \in N'(a,\delta)$가 존재하여 $|f(x_\delta) - L| \geq \varepsilon_0$이 성립해야 한다.

여기서 각 자연수 n에 대해 $\delta = \frac{1}{n}$을 택하자. 그러면 어떤 양수 ε_0와 수열 $\{x_n\}_{n=1}^{\infty}$이 존재하여 다음을 만족시킨다.

$$0 < |x_n - a| < \frac{1}{n}, \quad |f(x_n) - L| \geq \varepsilon_0$$

이 식에 의해 $\lim_{n\to\infty} x_n = a$이지만 $|f(x_n) - L| \geq \varepsilon_0$임을 알 수 있다. 따라서 $\{f(x_n)\}_{n=1}^{\infty}$은 L에 수렴할 수 없다. 이것은 (ii)에 모순이다. 따라서 증명이 끝난다. □

다음 따름정리는 수열의 항이 어떤 함수의 함수값으로 표현될 수 있는 경우 극한을 구하는 방법을 제시하고 있다. 증명은 생략한다.

따름정리 5.4 (함수의 극한을 알 때 수열의 극한)

$\lim_{x\to a} f(x) = L$일 때 $\lim_{n\to\infty} x_n = a$이면 $\lim_{n\to\infty} f(x_n) = L$이다.

예제 5.7 $\lim_{n\to\infty} \sin\frac{n\pi}{n+1}$를 구하여라.

[풀이] $\lim_{n\to\infty} \frac{n\pi}{n+1} = \pi$이고 $\lim_{x\to a} \sin x = \sin a$이므로 극한은 다음과 같다.

$$\lim_{n\to\infty} \sin\frac{n\pi}{n+1} = \sin\left(\lim_{n\to\infty}\frac{n\pi}{n+1}\right) = \sin\pi = 0$$ □

지금까지는 극한이 존재하는 경우에 대하여 알아 보았다. 이제 극한이 존재하지 않는 경우에 대하여 자세히 알아 보자.

따름정리 5.5 (극한이 존재하지 않는 경우의 판정)

아래의 서술 (i) 또는 (ii)가 성립하는 수열이 존재한다고 하자.

(i) $\lim_{n\to\infty} x_n = a$, $\lim_{n\to\infty} f(x_n)$은 발산. 단, 모든 $n \in \mathbb{N}$에 대해 $x_n \neq a$.

(ii) $\lim_{n\to\infty} x_n = \lim_{n\to\infty} y_n = a$, $\lim_{n\to\infty} f(x_n) \neq \lim_{n\to\infty} f(y_n)$. 단, 모든 $n \in \mathbb{N}$에 대해 $x_n \neq a$, $y_n \neq a$이다.

그러면 $\lim_{x\to a} f(x)$은 존재하지 않는다.

[증명] 극한이 존재하고 $\lim_{x\to a} f(x) = L$이라고 둘 때 모순이 발생함을 보이겠다.

(i)을 가정하면 따름정리 5.4에 의해 $\{f(x_n)\}_{n=1}^{\infty}$가 수렴한다. 이것은 모순이다. (ii)를 가정하면 따름정리 5.4에 의해 $\lim_{n\to\infty} f(x_n) = L$, $\lim_{n\to\infty} f(y_n) = L$이어야 하므로 모순을 얻는다. □

예제 5.8 다음 극한이 존재하는지 조사하여라.

(a) $\lim_{x\to 0} \frac{1}{x^2}$　　(b) $\lim_{x\to 0} \sin\frac{1}{x}$

[풀이] (a) 각 자연수 n에 대해 $x_n = \frac{1}{n}$이라고 두면 수열 $\{x_n\}_{n=1}^{\infty}$는 0으로 수렴하지만 $\{f(x_n)\}_{n=1}^{\infty}$은 수렴하지 않는다. 따라서 극한은 존재하지 않는다.

(b) $f(x) = \sin\frac{1}{x}$, $x_n = \frac{1}{n\pi}$, $y_n = \left(2n\pi + \frac{\pi}{2}\right)^{-1}$이라고 두자. 수열 $\{x_n\}_{n=1}^{\infty}$과 $\{y_n\}_{n=1}^{\infty}$은 모두 0으로 수렴하지만 $\lim_{n\to\infty} f(x_n) = \lim_{n\to\infty} \sin n\pi = 0$이고, $\lim_{n\to\infty} f(y_n) = \lim_{n\to\infty} \sin(2n\pi + \frac{\pi}{2}) = 1$이다. 따름정리 5.5 (ii)에 의해 극한은 존재하지 않는다. □

디리클레(Dirichlet)에 의해 처음 소개된 예제 5.9의 함수 f는 당대의 수학자에게 많은 당혹감을 안겨 주었다. 함수의 그래프를 그릴 수 없을 뿐아니라 모든 점에서 불연속이다. 또한 코시나 리만이 도입한 적분이론에 의해서는 적분이 불가능한 함수로 수학 발전에 많은 영감을 주었다.

예제 5.9 (디리클레 함수) 함수 $f : (0,1) \to \mathbb{R}$를 다음과 같이 정의하자.

$$f(x) = \begin{cases} 1 & x \in (0,1) \cap \mathbb{Q} \\ 0 & x \in (0,1) \cap \mathbb{Q}^c \end{cases}$$

모든 $x_0 \in (0,1)$에 대해 극한 $\lim_{x\to x_0} f(x)$가 존재하지 않음을 보여라.

[풀이] 유리수와 무리수의 조밀성을 이용하여 각 자연수 n에 대해 유리수 $x_n \in (0,1)\cap\mathbb{Q}$과 무리수 $y_n \in (0,1)\cap\mathbb{Q}^c$을 다음 조건이 만족되도록 택하자.

$$x_n \in \left(x_0 - \frac{1}{n}, x_0 + \frac{1}{n}\right), y_n \in \left(x_0 - \frac{1}{n}, x_0 + \frac{1}{n}\right) \quad (x_n, y_n \neq x_0)$$

이렇게 구성된 수열 $\{x_n\}_{n=1}^{\infty}$과 $\{y_n\}_{n=1}^{\infty}$은 모두 x_0로 수렴한다. 한편, f의 정의에 의해 $\lim_{n\to\infty} f(x_n) = 1$, $\lim_{n\to\infty} f(y_n) = 0$임을 알 수 있다. 따름정리 5.5에 의해 $\lim_{x\to x_0} f(x)$은 존재하지 않는다. □

연습문제 5.2

1. ε-δ 논법을 이용하여 다음을 증명하여라.
   (a) $\lim_{x\to 2}(x^2 - x - 5) = -3$ (b) $\lim_{x\to -3} \frac{x+1}{x^2+7} = -\frac{1}{8}$ (c) $\lim_{x\to 5}|3x-2| = 13$
   (d) $\lim_{x\to 0} \frac{x^2}{|x|} = 0$ (e) $\lim_{x\to 2} \frac{1}{x-1} = 1$ (f) $\lim_{x\to 1} x^3 = 1$
2. $a > 0$일 때 $\lim_{x\to a} \sqrt{2x+5} = \sqrt{2a+5}$임을 증명하여라.
3. 임의의 실수 a에 대해 다음을 증명하여라.
   (a) $\lim_{x\to a} \sqrt[3]{x} = \sqrt[3]{a}$ (b) $\lim_{x\to a} \cos x = \cos a$ (c) $\lim_{x\to a} |x| = |a|$
4. 다음 극한이 존재하지 않음을 보여라.
   (a) $\lim_{x\to 0} \frac{x}{|x|}$ (b) $\lim_{x\to 0} e^{-\frac{1}{x}}$ (c) $\lim_{x\to 1} \frac{1}{(x-1)^2}$
   (d) $\lim_{x\to 0} \frac{1}{\sqrt{x}}$ (e) $\lim_{x\to -1} \frac{x}{x+1}$ (f) $\lim_{x\to 0} \sin\frac{1}{x} = 0$

5. 다음 함수에 대해 $\lim_{x\to a} f(x)$가 존재하는 점 a를 모두 구하여라.
   (a) $f(x) = \begin{cases} x, & x \in \mathbb{Q} \\ 0, & x \in \mathbb{Q}^c \end{cases}$ (b) $f(x) = \begin{cases} 1 - x^2, & x \in \mathbb{Q} \\ 3x + 3, & x \in \mathbb{Q}^c \end{cases}$
6. 다음 극한을 구하여라.
   (a) $\lim_{n\to\infty} \sqrt{2 - \frac{1}{n} + \frac{1}{n^2}}$ (b) $\lim_{n\to\infty} \left|\frac{\cos n\pi}{n^2} - 2\right|$ (c) $\lim_{n\to\infty} \cos\left(\frac{\pi}{4} - \frac{3}{n^2}\right)$
7. 실수 x보다 작거나 같은 가장 큰 정수를 $\lfloor x \rfloor$로 나타내자. 어떤 $a \in \mathbb{R}$에 대해 $\lim_{x\to a}\lfloor x \rfloor$가 존재하는지 조사하여라.
8. 항등적으로 0은 아닌 함수 $f : \mathbb{R} \to \mathbb{R}$가 임의의 $x, y \in \mathbb{R}$에 대해 방정식 $f(x+y) = f(x) + f(y)$을 만족시킨다고 한다.

   (a) $f(0) = 0$임을 보여라.
   (b) $f(-x) = -f(x)$임을 보여라.
   (c) 모든 자연수 n에 대해 $f(n) = nf(1)$, $f(\frac{1}{n}) = \frac{f(1)}{n}$임을 보여라.

(d) 모든 유리수 r에 대해 $f(r) = rf(1)$ 임을 보여라.

(e) $\lim_{x\to 1} f(x)$가 존재하면 $\lim_{x\to 1} f(x) = f(1)$ 임을 보여라. 또한 임의의 $a \in \mathbb{R}$에 대해 $\lim_{x\to a} f(x) = f(a)$ 임을 증명하여라.

9. 함수 $f : \mathbb{R} \to \mathbb{R}$가 임의의 $x, y \in \mathbb{R}$에 대해 $f(x+y) = f(x)f(y)$를 만족시킨다고 하자. $\lim_{x\to 0} f(x)$가 존재하면 모든 $a \in \mathbb{R}$에 대해 $\lim_{x\to a} f(x)$가 존재함을 보여라.

5.3 극한의 성질과 계산

앞 절에서는 몇몇 초등함수의 극한을 공부하였다. 이제 극한과 관련된 보편적인 성질에 대해 알아보기로 한다. 이 절에서 공부할 극한의 성질은 극한을 계산할 때 다양하게 이용될 것이다.

다음 보조정리는 극한이 존재할 때 $x = a$ 근처에서 f가 유계임을 알려준다.

보조정리 5.6 (극한과 함수의 유계성)

$\lim_{x\to a} f(x) = L$이라고 하자.

(i) $L \neq 0$이면 양수 C, D와 δ가 존재하여 $0 < |x-a| < \delta$일 때 $C < |f(x)| < D$이다.

(ii) $L = 0$이면 양수 D와 δ가 존재하여 $0 < |x-a| < \delta$일 때 $|f(x)| < D$이다.

[증명] (i) $\varepsilon = \frac{|L|}{2}$라고 두면 양수 δ가 존재하여 $0 < |x-a| < \delta$일 때 $|f(x) - L| < \varepsilon = \frac{|L|}{2}$이다. 그런데 $||f(x)| - |L|| \leq |f(x) - L|$이므로 다음 부등식이 성립한다.

$$\frac{|L|}{2} < |f(x)| < \frac{3\,|L|}{2}$$

따라서 $C = \frac{|L|}{2}$, $D = \frac{3|L|}{2}$라고 두면 증명이 끝난다.

(ii) 임의의 고정된 양수 ε에 대해 양수 δ가 존재하여 $0 < |x-a| < \delta$일 때 $|f(x)| < \varepsilon$이다. 이제 $D = \varepsilon$라고 두면 (b)의 증명이 끝난다. □

함수에 대한 사칙연산을 이용하면 간단한 함수로부터 다양한 함수를 구성할 수 있었다. 이렇게 얻어지는 함수의 극한에 대해 알아보자.

정리 5.7 (함수의 극한과 대수적 연산)

극한 $\lim_{x\to a} f(x)$, $\lim_{x\to a} g(x)$이 존재한다고 하자. 그러면 다음이 성립한다.

(i) $\lim_{x\to a}(f+g)(x)$이 존재하고 $\lim_{x\to a}(f+g)(x) = \lim_{x\to a} f(x) + \lim_{x\to a} g(x)$이다.

(ii) $\lim_{x\to a}(kf)(x)$이 존재하고 $\lim_{x\to a}(kf)(x) = k\lim_{x\to a} f(x)$이다. 단, k는 임의의 실수이다.

(iii) $\lim_{x\to a}(fg)(x)$이 존재하고 $\lim_{x\to a}(fg)(x) = \lim_{x\to a} f(x)\lim_{x\to a} g(x)$이다.

(iv) $\lim_{x\to a} g(x) \neq 0$이면 $\lim_{x\to a} \frac{f}{g}(x)$이 존재하고 $\lim_{x\to a}\frac{f(x)}{g(x)} = \frac{\lim_{x\to a} f(x)}{\lim_{x\to a} g(x)}$이다.

[증명] $\lim_{x\to a} f(x) = L$, $\lim_{x\to a} g(x) = M$ 이라고 두자.

(i) f, g의 극한이 존재하므로 임의의 ε에 대하여 $\delta_1 > 0$과 $\delta_2 > 0$가 존재하여 $0 < |x-a| < \delta_1$일 때 $|f(x) - L| < \frac{\varepsilon}{2}$, $0 < |x-a| < \delta_2$일 때 $|g(x) - M| < \frac{\varepsilon}{2}$이다. 이제 $\delta = \min\{\delta_1, \delta_2\}$라고 두면 $0 < |x-a| < \delta$일 때

$$|(f+g)(x) - (L+M)| \le |f(x) - L| + |f(x) - M| < \frac{\varepsilon}{2} + \frac{\varepsilon}{2} = \varepsilon$$

이므로 증명이 끝난다.

(ii) $k = 0$이면 자명하므로 $k \ne 0$이라고 가정하자. f가 극한을 가지므로 임의의 양수 ε에 대해 $\delta > 0$가 존재하여 $0 < |x-a| < \delta$일 때 $|f(x) - L| < \frac{\varepsilon}{|k|}$이 성립한다. 그런데 $0 < |x-a| < \delta$일 때

$$|(kf)(x) - kL| = |k|\,|f(x) - L| < |k|\frac{\varepsilon}{|k|} = \varepsilon$$

이므로 $\lim_{x\to a}(kf)(x) = kL$이다.

(iii) 먼저 $f(x)g(x)$에 대해 다음 부등식을 관찰해보자.

$$|(fg)(x) - LM| \le |g(x)||f(x) - L| + |L||g(x) - M| \tag{5.3}$$

$|g(x)|$의 상계를 구하기 위해 보조정리 5.6 (i)을 적용하면 $D > 0$와 $\delta_1 > 0$이 존재하여 $0 < |x-a| < \delta_1$일 때 $|g(x)| < D$이므로 (5.3)을 다음과 같이 다시 쓸 수 있다.

$$|(fg)(x) - LM| < D|f(x) - L| + |L||g(x) - M| \tag{5.4}$$

그런데 f와 g의 극한이 존재하므로 양수 δ_2와 δ_3가 존재하여 $0 < |x-a| < \delta_2$일 때 $|f(x) - L| < \frac{\varepsilon}{2D+|L|}$, $0 < |x-a| < \delta_3$일 때 $|g(x) - M| < \frac{\varepsilon}{2|L|+D}$이다.

여기서 $\delta = \min\{\delta_1, \delta_2, \delta_3\}$이라고 두면 $0 < |x-a| < \delta$일 때, (5.4)에 의해, 다음이 성립한다.

$$|(fg)(x) - LM| < D\frac{\varepsilon}{2D+|L|} + |L|\frac{\varepsilon}{2|L|+D} < \frac{\varepsilon}{2} + \frac{\varepsilon}{2} = \varepsilon$$

그러므로 (iii)의 증명이 끝난다.

(iv) $M \ne 0$일 때 $\lim_{x\to a}\frac{1}{g(x)} = \frac{1}{M}$임을 증명해도 일반성을 잃지 않는다. 먼저 다음을 관찰해보자.

$$\left|\frac{1}{g(x)} - \frac{1}{M}\right| = \frac{|g(x) - M|}{|g(x)||M|} \tag{5.5}$$

$\frac{1}{|g(x)|}$의 상계를 구하기 위해 보조정리 5.6 (ii)를 적용하면 양수 C와 δ_1이 존재하여 $0 < |x-a| < \delta_1$일 때 $|g(x)| > C$이다. 이제 (5.5)를 다음과

같이 쓸 수 있다.

$$\left|\frac{1}{g(x)} - \frac{1}{M}\right| < \frac{|g(x) - M|}{C|M|} \tag{5.6}$$

한편 g가 극한을 가지므로 임의의 $\varepsilon > 0$에 대해 $\delta_2 > 0$가 존재하여 $0 < |x-a| < \delta_2$일 때 $|g(x) - M| < C|M|\varepsilon$이 성립한다.

이제 $\delta = \min\{\delta_1, \delta_2\}$라고 두면 $0 < |x-a| < \delta$일 때 다음을 확인할 수 있다.

$$\left|\frac{1}{g(x)} - \frac{1}{M}\right| < \frac{|g(x) - M|}{C|M|} < \frac{C|M|\varepsilon}{C|M|} = \varepsilon$$

따라서 (iv)의 증명이 끝난다. □

아래 예제는 주요 초등함수(elementary function)에 대해 극한을 계산하는 요령을 보여주고 있다.

예제 5.10 (삼각함수의 극한) 앞 절에서 $\lim_{x\to a} \sin x = \sin a$, $\lim_{x\to a} \cos x = \cos a$임을 알고 있다. 따라서 $\cos a \neq 0$일 때 $\tan x$의 극한은 다음과 같다.

$$\lim_{x\to a} \tan x = \lim_{x\to a} \frac{\sin x}{\cos x} = \frac{\lim_{x\to a} \sin x}{\lim_{x\to a} \cos x} = \tan a$$

극한의 정의로부터 $\lim_{x\to a} k = k$ (k는 상수), $\lim_{x\to a} x = a$임은 분명하다. 또한 정리 5.7을 이용하면 n이 자연수일 때 $\lim_{x\to a} x^n = a^n$임을 확인할 수 있다.

따라서 다항식 및 유리함수에 대해 다음을 쉽게 증명할 수 있다.

예제 5.11 (다항식과 유리함수의 극한) $p(x), q(x)$가 다항식이라고 하자.

(a) $\lim_{x\to a} p(x) = p(a)$.

(b) $q(a) \neq 0$이면 $\lim_{x\to a} \frac{p(x)}{q(x)} = \frac{p(a)}{q(a)}$이다.

예제 5.12 (무리함수의 극한) n이 자연수이고 $p(x)$가 다항식이라고 하자.

(a) $a > 0$이면 $\lim_{x\to a} \sqrt[n]{x} = \sqrt[n]{a}$이다.

(b) a를 포함하는 어떤 열린구간에서 $\sqrt[n]{p(x)}$가 잘 정의되고 $\sqrt[n]{p(x)} > 0$라고 하자. 그러면 $\lim_{x\to a} \sqrt[n]{p(x)} = \sqrt[n]{p(a)}$이다.

[풀이] $\alpha, \beta > 0$이면 등식 $\alpha^n - \beta^n = (\alpha - \beta)\sum_{k=0}^{n-1} \alpha^{n-1-k}\beta^k$으로부터 다음 부등식을 유도할 수 있다.

$$|\alpha - \beta| < \frac{|\alpha^n - \beta^n|}{n\beta^n} \tag{5.7}$$

(a) (5.7)의 부등식에 의해 $|\sqrt[n]{x} - \sqrt[n]{a}| < \frac{|x-a|}{(\sqrt[n]{a})^{n-1}}$ 이므로 임의의 양수 ε에 대해 $\delta = (\sqrt[n]{a})^{n-1}\varepsilon$이라고 두자. 그러면 $0 < |x-a| < \delta$일 때 $|\sqrt[n]{x} - \sqrt[n]{a}| < \varepsilon$ 이다. 따라서 (a)가 증명되었다.

(b) (a)에서와 비슷하게 부등식

$$\left|\sqrt[n]{p(x)} - \sqrt[n]{p(a)}\right| < \frac{|p(x)-p(a)|}{(\sqrt[n]{p(a)})^{n-1}} \tag{5.8}$$

이 성립한다. 그런데 $\lim_{x\to a} p(x) = p(a)$이므로 임의의 양수 ε에 대해 양수 δ가 존재하여 $0 < |x-a| < \delta$일 때 $|p(x)-p(a)| < \left(\sqrt[n]{p(a)}\right)^{n-1}\varepsilon$이다. 부등식 (5.8)을 이용하면 $0 < |x-a| < \delta$일 때 $\left|\sqrt[n]{p(x)} - \sqrt[n]{p(a)}\right| < \varepsilon$이므로 증명이 끝난다. □

예제 5.13 (지수함수의 극한) $b > 1$일 때 임의의 $x_0 \in \mathbb{R}$에 대해 $\lim_{x\to x_0} b^x = b^{x_0}$이다.

[풀이] 먼저 $x_0 = 0$인 경우를 생각해보자. $\{x_n\}_{n=1}^{\infty}$가 0으로 수렴하는 수열일 때, 정리 5.3에 의해, $\lim_{n\to\infty} b^{x_n} = 1$임을 보이면 충분하다.

ε이 임의의 고정된 양수라고 하자. $b > 1$이고, $\lim_{n\to\infty} b^{\frac{1}{n}} = 1$이므로 $b^{\frac{1}{n_0}} - 1 < \varepsilon$을 만족시키는 자연수 n_0가 존재한다. 또한 $\lim_{n\to\infty} x_n = 0$이므로 다음을 만족시키는 자연수 N이 존재한다.

$$|x_n| < \frac{1}{n_0} \quad (n \geq N)$$

그러면 모든 자연수 $n \geq N$에 대해 다음을 확인할 수 있다.

$$|b^{x_n} - 1| = \begin{cases} b^{x_n} - 1 < b^{\frac{1}{n_0}} - 1 < \varepsilon & (x_n > 0) \\ 1 - b^{x_n} < b^{-x_n} - 1 < b^{\frac{1}{n_0}} - 1 < \varepsilon & (x_n < 0) \\ 0 < \varepsilon & (x_n = 0) \end{cases}$$

$\lim_{n\to\infty} b^{x_n} = 1$이므로 $\lim_{x\to 0} b^x = b^0$임을 알 수 있다.

$x_0 \neq 0$이고 $\lim_{n\to\infty} x_n = x_0$이면 $y_n := x_n - x_0$라고 두자. 그러면 $\lim_{n\to\infty} y_n = 0$이므로 위 증명에 의해 다음을 알 수 있다.

$$\lim_{n\to\infty} b^{x_n} = \lim_{n\to\infty} b^{x_0} b^{y_n} = b^{x_0} \lim_{n\to\infty} b^{y_n} = b^{x_0}$$

따라서 증명이 끝난다. □

지금까지는 주어진 함수만을 이용하여 극한을 구하는 방법을 설명하였다. 주어진 함수만을 이용하여 극한을 구하기 힘든 경우 특별한 조건을 만족시키는 한 쌍의 함수를 이용하여 극한을 구할 수 있는 경우가 있다.

정리 5.8 (함수의 극한에 대한 조임 정리)

a의 빠진근방에 속하는 모든 x에 대해 부등식 $f(x) < g(x) < h(x)$이 성립한다고 하자.

$\lim_{x\to a} f(x) = \lim_{x\to a} h(x) = L$이면 $\lim_{x\to a} g(x)$가 존재하고 $\lim_{x\to a} g(x) = L$이다.

[증명] 임의의 양수 ε에 대해 다음을 만족하는 양수 δ_1과 δ_2가 존재한다.

$$|f(x) - L| < \varepsilon \ (0 < |x-a| < \delta_1), \quad |h(x) - L| < \varepsilon \ (0 < |x-a| < \delta_2).$$

$\delta = \min\{\delta_1, \delta_2\}$라고 두면 $0 < |x-a| < \delta$일 때 $L - \varepsilon < f(x),\ h(x) < L + \varepsilon$임을 알 수 있다. 한편 $0 < |x-a| < \delta$일 때 다음이 성립한다.

$$L - \varepsilon < f(x) < g(x) < h(x) < L + \varepsilon$$

따라서 $\lim_{x\to a} g(x) = L$이다. □

정리 5.8의 조건을 만족시키는 함수 f와 h를 구하는 것은 쉽지 않을 수 있다. 정리 5.8을 적용하여 극한을 구할 때 이 함수들을 발견하는 것이 중요한 부분이다.

예제 5.14 $x > 0$일 때 부등식 $\frac{x^3}{6} - \frac{x^5}{120} < x - \sin x < \frac{x^3}{6}$이 성립한다. 극한 $\lim_{x\to 0} \frac{x - \sin x}{x^3}$을 구하여라.

[풀이] 정리 5.8을 적용하여 극한을 구하면 $\frac{1}{6}$이다. □

연습문제 5.3

1. 다음 극한을 구하여라.
   (a) $\lim_{x\to 0} e^{-\frac{1}{x^2}}$ (b) $\lim_{x\to 0} e^{-\frac{1}{x^2}} \sin\frac{1}{x^2}$
   (c) $\lim_{x\to 1} \dfrac{x^5 - 1}{x - 1}$ (d) $\lim_{x\to 0} \dfrac{\sqrt{x+1} - 1}{x}$
   (e) $\lim_{x\to 2} \sqrt[3]{2x^3 - 3x - 5}$ (f) $\lim_{x\to -2} \dfrac{x^3 + 3x^2 - 4}{x^2 - 4}$
2. p, q가 다항식일 때 극한 $\lim_{x\to a} \frac{p(x)}{q(x)}$을 생각하자.
   (a) $q(a) = 0$일 때 극한이 존재하면 $p(a) = 0$임을 보여라.
   (b) $q(a) = 0,\ p(a) \neq 0$이면 극한이 존재하지 않음을 보여라.
3. 다음 등식이 성립하도록 미지수 a, b, c를 정하여라.
   (a) $\lim_{x\to 2} \frac{x^3 + ax + b}{x - 2} = 1$ (b) $\lim_{x\to 1} \frac{x^3 + ax^2 + bx + c}{(x-1)^2} = 4$

4. $\lim_{x\to a} f(x) = L$일 때 다음을 증명하여라.
   (a) $\lim_{x\to a} |f(x)| = |L|$ (b) $\lim_{x\to a} \sin f(x) = \sin L$
5. $\lim_{x\to a} |f(x)| = 0$이면 $\lim_{x\to a} f(x) = 0$임을 보여라.
6. 모든 x에 대해 $f(x) < L$이라고 하자. $\lim_{x\to a} f(x)$가 존재할 때 $\lim_{x\to a} f(x) \le L$임을 증명하여라.
7. $f(x) > 0$일 때 $\lim_{x\to a} f(x) = L$이라고 하자. $\lim_{x\to a} \sqrt{f(x)} = \sqrt{L}$임을 보여라.
8. $a > 0$일 때 $\lim_{x\to 0} x^a \sin \frac{1}{x} = 0$임을 보여라.
9. g가 a가 빠진 근방에서 유계이고 $\lim_{x\to a} f(x) = 0$라고 하자. $\lim_{x\to a} f(x)g(x) = 0$임을 보여라.
10. (i) 모든 $x \in \mathbb{R} - \{0\}$에 대해 $\cos x < \frac{\sin x}{x} < 1$임을 보여라.
   (ii) $\lim_{x\to 0} \frac{\sin x}{x} = 1$임을 보여라.
   (iii) 다음 극한을 구하라.
   (a) $\lim_{x\to 0} \frac{\sin(-2x)}{x}$ (b) $\lim_{x\to 0} \frac{\tan(x/2)}{\sin(3x)}$ (c) $\lim_{x\to 0} \frac{1-\cos(ax)}{x^2}$
11. $\lim_{x\to a} f(x) = L$, $\lim_{x\to a} g(x) = M$일 때 함수 $f \wedge g$와 $f \vee g$를 다음과 같이 정의하자.

$$(f \wedge g)(x) = \max\{f(x), g(x)\}, \quad (f \vee g)(x) = \min\{f(x), g(x)\}$$

   $\lim_{x\to a} (f \wedge g)(x) = \max\{L, M\}$, $\lim_{x\to a} (f \vee g)(x) = \min\{L, M\}$임을 증명하여라.
12. p가 $n \ge 1$차 다항식이라고 하자. $k \le n$일 때 $\lim_{x\to a} \frac{p(x)}{(x-a)^k}$이 존재하면 $p(x)$가 $(x-a)^k$으로 나누어짐을 보여라.
13. $\lim_{x\to a} f(x) = L$, $\lim_{x\to a} g(x) = M$일 때 $\{x_n\}_{n=1}^{\infty}$이 a로 수렴하는 임의의 수열이라고 하자. 다음을 증명하여라. (단, (d)에서 $M \ne 0$이고, 모든 $n \in \mathbb{N}$에 대해 $g(x_n) \ne 0$이라고 가정한다.)
   (a) $\lim_{n\to\infty} (f(x_n) + g(x_n)) = L + M$ (b) $\lim_{n\to\infty} kf(x_n) = kL \ (k \in \mathbb{R})$
   (c) $\lim_{n\to\infty} f(x_n)g(x_n) = LM$ (d) $\lim_{n\to\infty} \frac{f(x_n)}{g(x_n)} = \frac{L}{M}$
14. **(합성함수의 극한)** $\lim_{x\to a} f(x) = L$, $\lim_{y\to L} g(y) = g(L)$일 때 $\lim_{x\to a} (g \circ f)(x) = g(L)$임을 증명하여라.

5.4 좌극한과 우극한, ∞를 포함한 극한

$x = a$에서 함수 $f(x)$의 극한을 구하는 것은 $x = a$의 양쪽에서 함수의 거동(behavior)을 이해하는 것이라고 볼 수 있다. 정의구역이 유한구간 또는 반무한 구간일 때 구간의 끝점에서 함수의 거동을 설명하려면 한 쪽 방향에서 함수값을 관찰할 필요가 있다. 무한구간에서 정의된 함수의 경우에는 $\pm\infty$와 관련된 분석이 필요하다.

5.4.1 좌극한과 우극한

먼저 우극한 및 좌극한에 대하여 알아보고 단조함수의 극한에 대해 살펴보기로 하자.

정의 5.2 (우극한과 좌극한)

임의로 주어진 양수 ε에 대해 양수 δ가 존재하여 $a < x < a+\delta$일 때 $|f(x)-R| < \varepsilon$이 성립하면 R을 "$x = a$에서 f의 우극한"이라고 부르고 $\lim_{x\to a^+} f(x) = R$로 나타낸다.

비슷하게, 임의로 주어진 양수 ε에 대해 양수 δ가 존재하여 $a - \delta < x < a$일 때 $|f(x) - L| < \varepsilon$이 성립하면 "f가 $x = a$에서 좌극한 L을 갖는다"고 하고 $\lim_{x\to a^-} f(x) = L$로 나타낸다.

$x = a$에서 좌극한 및 우극한은 각각 $f(a^-)$, $f(a^+)$로 표시하기도 한다.

예제 5.15 함수 $f(x) = \frac{|x|}{x}$ $(x \neq 0)$에 대하여 $\lim_{x\to 0+} f(x)$와 $\lim_{x\to 0^-} f(x)$를 구하라.

[풀이] $x > 0$이면 $f(x) = 1$, $x < 0$일 때 $f(x) = -1$이므로 우극한은 1, 좌극한은 -1로 추정된다.

임의의 양수 ε이 주어질 때 $\delta = \varepsilon$으로 택하면 $0 < x < \delta$일 때 $|f(x) - 1| = 0 < \varepsilon$이므로 $\lim_{x\to 0+} f(x) = 1$이다. 비슷하게, $\lim_{x\to 0^-} f(x) = -1$임을 설명할 수 있다. □

예제 5.16 다음과 같이 정의된 함수 f에 대해 $\lim_{x\to 2^+} f(x) = 1$, $\lim_{x\to 2^-} f(x) = 3$임을 보여라.

$$f(x) = \begin{cases} x+1 & (x \leq 2) \\ 2x-3 & (x > 2) \end{cases}$$

[풀이] $x > 2$일 때 $|f(x) - 1| = |(2x - 3) - 1| = 2|x - 2|$이므로 임의의 양수 ε에 대해 $\delta = \frac{\varepsilon}{2}$라고 두자. 그러면 $2 < x < 2 + \delta$일 때 $|f(x) - 1| < \varepsilon$이므로 $\lim_{x \to 2^+} f(x) = 1$이다.

좌극한의 경우에도 비슷하다. $|f(x) - 3| = |(x + 1) - 3| = |x - 2|$이므로 $\delta = \varepsilon$으로 택하면 $\lim_{x \to 2^-} f(x) = 3$이다. □

다음은 우극한, 좌극한과 극한의 관계를 설명한 것이다.

정리 5.9 (극한과의 관계)

임의의 실수 a와 함수 f에 대하여 다음은 동치이다.

(i) $\lim_{x \to a} f(x)$이 존재한다.

(ii) $\lim_{x \to a^+} f(x)$과 $\lim_{x \to a^-} f(x)$이 존재하고 $\lim_{x \to a^+} f(x) = \lim_{x \to a^-} f(x)$이다.

[증명] (i)⇒(ii) 극한을 L이라고 하자. 그러면 임의의 양수 ε이 주어질 때 양수 δ가 존재하여 $0 < |x - a| < \delta$이면 $|f(x) - L| < \varepsilon$이다. 그런데 $0 < |x - a| < \delta$이면 당연히 $a < x < a + \delta$, $a - \delta < x < a$이다. 따라서 좌극한과 우극한이 모두 존재하고 극한값은 L이다.

(ii)⇒(i) $\lim_{x \to a^+} f(x) = \lim_{x \to a^-} f(x) = L$이라고 하면 임의의 양수 ε에 대해 다음을 만족시키는 양수 δ_1과 δ_2가 존재한다.

$$|f(x) - L| < \varepsilon \ (a < x < a + \delta_1), \quad |f(x) - L| < \varepsilon \ (a - \delta_2 < x < a)$$

$\delta = \min\{\delta_1, \delta_2\}$이라고 두자. 그러면 $0 < |x - a| < \delta$일 때 $|f(x) - L| < \varepsilon$임을 알 수 있다. 그러므로 $\lim_{x \to a} f(x) = L$이다. □

단조함수는 극한의 측면에서 특별한 성질을 갖는다. 먼저 단조함수에 대해 알아보자.

정의 5.3 (단조함수)

f가 구간 I에서 정의된 함수일 때 $x_1, x_2 \in I$라고 하자.

(i) $x_1 < x_2$일 때 $f(x_1) \leq f(x_2)$ 이면 단조증가(또는 증가) 함수라고 한다.

(ii) $f(x_1) \geq f(x_2)$ 이면 $f : D \to \mathbb{R}$를 단조감소(또는 감소) 함수라고 한다.

단조감소 함수와 단조증가 함수를 통틀어 단조함수(monotone function)이라고 부른다.

한편 (i)과 (ii)에서 등호가 빠지면 순증가(strictly increasing) 또는 순감소(strictly decreasing) 함수라고 부른다. 순증가 또는 순감소 함수를 순단조(strictly monotone)함수라고 한다.

다음 정리는 단조함수가 정의구역에 속한 모든 점에서 좌극한과 우극한을 갖는다는 것을 보여주고 있다. 일반적으로 함수가 이런 성질을 갖지 않는다는 것은 분명하다.

정리 5.10 (좌극한과 우극한의 존재성)

함수 $f : (a, b) \to \mathbb{R}$이 단조함수이면 임의의 $c \in (a, b)$에 대해 좌극한 $f(c^-)$와 우극한 $f(c^+)$가 항상 존재한다.

[증명] f가 단조증가 함수일 때 우극한 $f(c^-)$의 존재성만 증명하기로 한다.

먼저, 좌극한이 존재함을 보이기위해 집합 $S = \{f(x) | a < x < c\}$를 생각하자. f가 단조증가 함수이므로 S는 위로 유계인 집합이고 S의 상한 $\alpha := \sup S$가 존재한다.

임의의 양수 ε에 대해 $\alpha - \varepsilon$은 S의 상계가 될 수 없으므로 $x_1 \in (a, c)$이 존재하여 $\alpha - \varepsilon < f(x_1)$이다. $\delta = c - x_1$이라고 두면 모든 $x \in (c - \delta, c) = (x_1, c)$에 대해 $f(x_1) \leq f(x) \leq \alpha < \alpha + \varepsilon$이므로 $\alpha - \varepsilon < f(x) < \alpha + \varepsilon$임을 알 수 있다. 그러므로 $\lim_{x \to c^-} f(x) = \alpha$이다.

유계인 집합 $T = \{f(x) | c < x < b\}$의 하한 $\beta := \inf T$가 $f(c^+)$와 같다는 것도 비슷하게 증명할 수 있다. 자세한 부분은 독자에게 맡긴다. □

함수 $f : (a, b) \to \mathbb{R}$가 단조증가할 때 정리 5.10의 증명과정을 살펴보자. $c \in (a, b)$일 때 $f(c)$는 S의 상계이고 T의 하계이다. 따라서 다음 부등식이 성립한다.

$$\lim_{x \to c^-} f(x) \leq f(c) \leq \lim_{x \to c^+} f(x) \tag{5.9}$$

보조정리 5.11 (단조증가 함수의 우극한과 좌극한의 비교)

함수 $f:(a,b)\to\mathbb{R}$가 단조증가 함수라고 하자. 임의의 c와 $d(c<d)$에 대해 다음 부등식이 성립한다.

$$\lim_{x\to c^+} f(x) \le \lim_{x\to d^-} f(x)$$

[증명] $x\in(c,d)$를 택하면 (5.9)에 의해 $f(c^+)\le f(x)\le f(d)\le f(d^+)$이므로 증명이 끝난다. □

단조함수는 정의구역에 속하는 거의 모든 점에서 극한이 존재하고 극한값은 함수값과 같다는 특별한 성질을 갖고 있다. 다음 정리에서 이 사실을 증명한다.

정리 5.12 (극한이 존재하는 점의 분포)

함수 $f:(a,b)\to\mathbb{R}$이 단조함수이면 가산 개의 점(countably many points)을 제외한 모든 $c\in(a,b)$에 대해 $\lim_{x\to c} f(x)$이 존재한다. 더나아가 $\lim_{x\to c} f(x)=f(c)$이다.

[증명] 정리 5.10에 의해 각 $c\in(a,b)$에 대해 좌극한 $f(c^-)$와 우극한 $f(c^+)$가 존재한다. 한편 (5.9)에 의해 $f(c^-)\le f(c^+)$이다.

이제 f의 극한이 존재하지 않는 점들의 집합 $A:=\{c\in(a,b)|f(c^-)<f(c^+)\}$에서 정의된 함수 $F:A\to\mathbb{Q}$를 다음과 같이 정의하자.

$$F(x)=r_x,\quad r_x\in((f(x+-),f(x^+))\cap\mathbb{Q}$$

F는 (유일하지 정의되는 함수는 아니지만) 보조정리 5.11에 의해 단사함수이다. $\mathbb{Q}$가 가산집합이므로 A도 가산집합이다. 그러므로 증명이 끝난다. □

5.4.2 확장된 실수계와 ∞를 포함한 극한

지금까지는 함수 f에 대해 실수 a에서의 우극한, 좌극한 또는 극한이 존재하는 경우를 생각하였다.

$f(x)=1/x$의 경우 $x=0$에서 좌극한이나 우극한이 존재하지 않는다. $x\to 0^+$일 때 $f(x)$는 임의의 양수보다 커질 수 있고, $x\to 0^-$일 때$f(x)$는 임의의 음수보다 작아질 수 있다. 또한 $f(x)=\frac{1}{x^2}$은 $x\to 0$일 때 한없이 커진다. 이런 상황을 간단히 쓰기 위해 기호 $\pm\infty$를 도입하기로 하자.

다음 정의는 a 근처에서 함수값이 무한히 커지거나 무한히 작아지는 경우 함수의 거동을 묘사하고 있다. 정의 5.4에서 f는 모두 극한을 갖지않는다.

정의 5.4 ($|f(x)| \to \infty$ 인 경우)

a가 실수라고 하자.

(a) $\lim_{x\to a^+} f(x) = \infty \Leftrightarrow$ 임의의 양수 P에 대해 양수 δ가 존재하여 $a < x < a+\delta$ 이면 $f(x) > P$이다.

(b) $\lim_{x\to a^+} f(x) = -\infty \Leftrightarrow$ 임의의 음수 N에 대해 양수 δ가 존재하여 $a < x < a+\delta$ 이면 $f(x) < N$이다.

(c) $\lim_{x\to a^-} f(x) = \infty \Leftrightarrow$ 임의의 양수 P에 대해 양수 δ가 존재하여 $a-\delta < x < a$ 이면 $f(x) > P$이다.

(d) $\lim_{x\to a^-} f(x) = -\infty \Leftrightarrow$ 임의의 음수 N에 대해 양수 δ가 존재하여 $a-\delta < x < a$ 이면 $f(x) < N$이다.

한편, $\lim_{x\to a^+} f(x) = \lim_{x\to a^-} f(x) = \infty$이면 $\lim_{x\to a} f(x) = \infty$라고 쓰기로 한다. 비슷하게 $\lim_{x\to a^+} f(x) = \lim_{x\to a^-} f(x) = -\infty$이면 $\lim_{x\to a} f(x) = -\infty$라고 쓴다.

예제 5.17 n이 자연수일 때 다음을 증명하여라.

(a) $\lim_{x\to 0^+} \frac{1}{x^n} = \infty$ (b) $\lim_{x\to 0^-} \frac{1}{x^{2n+1}} = -\infty$

[풀이] (a) P가 임의의 고정된 양수일 때 $\delta = \left(\frac{1}{P}\right)^{\frac{1}{n}}$이라고 두자. 그러면 $0 < x < \delta$일 때 $f(x) = \frac{1}{x^n} > \frac{1}{\delta^n} = P$이므로 $\lim_{x\to 0^+} \frac{1}{x^n} = \infty$이다.

(b) N이 임의의 고정된 음수일 때 $\delta = \left(-\frac{1}{N}\right)^{\frac{1}{2n+1}}$이라고 두자. 이제 $-\delta < x < 0$일 다음 부등식에 의해 $\lim_{x\to 0^-} \frac{1}{x^{2n+1}} = -\infty$이다.

$$f(x) = \frac{1}{x^{2n+1}} < \frac{1}{(-\delta)^{2n+1}} = N.$$ □

다음은 x가 무한히 커지거나 작아질 때 함수의 거동을 묘사하고 있다.

정의 5.5 ($\lim_{|x|\to\infty} f(x) = L$)

L이 실수라고 하자.

(i) $\lim_{x\to\infty} f(x) = L \Leftrightarrow$ 임의의 양수 ε에 대해 양수 P가 존재하여 $x > P$이면 $|f(x) - L| < \varepsilon$ 이 성립한다.

(ii) $\lim_{x\to-\infty} f(x) = L \Leftrightarrow$ 임의의 양수 ε에 대해 음수 N이 존재하여 $x < N$이면 $|f(x) - L| < \varepsilon$ 이 성립한다.

예제 5.18 다음을 증명하라.

(a) $\lim_{x\to\infty} a^x = 0 \quad (0 < a < 1)$　　(b) $\lim_{x\to\infty} \frac{1}{x^a} = 0 \quad (a > 0)$

[풀이] (a) ε이 임의의 고정된 양수일 때 $P = \log_a \varepsilon$이라고 두자. 그러면 $x > P$일 때 $|a^x - 0| = a^x < a^P = \varepsilon$임을 확인할 수 있다. 따라서 (a)가 증명된다.

(b) ε이 임의의 고정된 양수일 때 $P = (1/\varepsilon)^{\frac{1}{a}}$이라고 두자. 그러면 $x > P$일 때 다음이 성립하므로 $\lim_{x\to\infty} \frac{1}{x^a} = 0$이다.

$$\left|\frac{1}{x^a} - 0\right| = \frac{1}{x^a} < \frac{1}{P^a} = \varepsilon.$$

□

정의 5.6 ($|x| \to \infty$일 때 $f(x) \to \pm\infty$인 경우)

(a) $\lim_{x\to\infty} f(x) = \infty \Leftrightarrow$ 임의의 양수 P에 대해 양수 K가 존재하여 $x > K$일 때 $f(x) > P$이 성립한다.

(b) $\lim_{x\to\infty} f(x) = -\infty \Leftrightarrow$ 임의의 음수 N에 대해 양수 K가 존재하여 $x > K$일 때 $f(x) < N$이 성립한다.

(c) $\lim_{x\to-\infty} f(x) = \infty \Leftrightarrow$ 임의의 양수 P에 대해 음수 K가 존재하여 $x < K$일 때 $f(x) > P$이 성립한다.

(d) $\lim_{x\to-\infty} f(x) = -\infty \Leftrightarrow$ 임의의 음수 N에 대해 음수 K가 존재하여 $x < K$일 때 $f(x) < N$이 성립한다.

예제 5.19 다음을 증명하여라.

(a) $\lim_{x\to\infty} a^x = \infty \, (a > 1)$　　(b) $\lim_{x\to\infty} x^a = \infty \, (a > 0)$

[풀이] (a) 임의의 양수 P에 대해 $K = \frac{\ln P}{\ln a}$라고 두자. 그러면 모든 $x > K$에 대해 $a^x > a^K = e^{K \ln a} = e^{\ln P} = P$이다. 따라서 $\lim_{x\to\infty} a^x = \infty$이다.

(b) 임의의 양수 P에 대해 $K = P^{\frac{1}{a}}$라고 두자. 그러면 모든 $x > K$에 대해 $x^a > K^a = P$이다. 그러므로 $\lim_{x\to\infty} x^a = \infty$이다. □

이 절에서는 ∞나 $-\infty$를 포함한 극한을 살펴보았다. 이런 상황을 수학적으로 표현하고 공부할 때 확장된 실수계(extended real number system) $\overline{\mathbb{R}} := \mathbb{R} \cup \{-\infty, \infty\}$를 도입하면 매우 편리하다. $\overline{\mathbb{R}}$에서의 연산은 $\mathbb{R}$의 연산을 확장하여 다음과 같이 약속한다.

(a) $x \in \mathbb{R}$이면 $x + \infty = \infty$, $\quad x - \infty = -\infty$, $\quad \frac{x}{\infty} = \frac{x}{-\infty} = 0$.

(b) $x > 0$이면 $x \cdot \infty = \infty$, $\quad x \cdot (-\infty) = -\infty$.
$x < 0$이면 $x \cdot \infty = -\infty$, $\quad x \cdot (-\infty) = \infty$.

(c) $\infty + \infty = \infty$, $\quad -\infty - \infty = -\infty$

참고 5.2 $a \in \overline{\mathbb{R}}$에 대해 $\lim_{x\to a} f(x) = \infty$ 또는 $\lim_{x\to a} f(x) = -\infty$이면 실수계에서는 극한을 갖지 않는다. 그러나 확장된 실수계에서는 극한을 갖는다.

참고 5.3 $a \in \overline{\mathbb{R}}$에 대해 $\lim_{x\to a} f(x) = L \in \mathbb{R}$이면 2절에서 증명한 극한의 성질에 관한 모든 정리가 성립한다.

연습문제 5.4

1. 다음 함수 f에 대해 $\lim_{x\to 0} f(x)$이 존재하는지 조사하여라.

$$f(x) = \begin{cases} e^{-\frac{1}{x}} & (x > 0) \\ 0 & (x \le 0) \end{cases}$$

2. m이 정수일 때 $\lim_{x\to m^+} \lfloor x \rfloor$와 $\lim_{x\to m^-} \lfloor x \rfloor$를 구하여라. 단, $\lfloor x \rfloor$는 x보다 작거나 같은 가장 큰 정수이다.

3. 다음 함수가 모든 점에서 극한이 존재하도록 상수 k을 정하여라.

(a) $f(x) = \begin{cases} kx, & x \ge 0 \\ 1 - x, & x < 0 \end{cases}$ (b) $f(x) = \begin{cases} 1 - 3x - 2x^2 & (x > 2) \\ kx^3 & (x \le 2) \end{cases}$

4. $\mathbb{R}$과 $\overline{\mathbb{R}}$에서 다음 극한이 존재하는지 조사하여라.

(a) $\lim_{x\to 1^+} \frac{2x-1}{1-x}$ (b) $\lim_{x\to 1^+} 2^{\frac{1}{x-1}}$ (c) $\lim_{x\to 0^+} \frac{1-\cos x}{x}$

(d) $\lim_{x\to 1^-} \frac{e^x}{1-x}$ (e) $\lim_{x\to 0^+} \ln x$ (f) $\lim_{x\to 1^-} \frac{1}{\sqrt{1-x^2}}$

5. 모든 $n \in \mathbb{N}$에 대해 $x_n > a$라고 하자. $\lim_{x\to a^+} f(x) = L$일 때 $\lim_{n\to\infty} x_n = a$이면 $\lim_{n\to\infty} f(x_n) = L$임을 보여라. 이 명제의 역이 성립하는가?

6. 확장된 실수계에서 다음 극한을 구하여라.

(a) $\lim_{x\to\infty} \frac{e^x-e^{-x}}{e^x+e^{-x}}$ (b) $\lim_{x\to\infty} \frac{3^x+2^x}{5^x}$ (c) $\lim_{x\to\infty} (\sqrt{x+1}-\sqrt{x})$

(d) $\lim_{x\to-\infty} \frac{2x-1}{\sqrt{x^2+1}}$ (e) $\lim_{x\to\infty} \frac{x^3-2x^2+x-7}{1-2x^3}$ (f) $\lim_{x\to\infty} \frac{2x^2-x}{x+1}$

7. $f(x)=\frac{1}{|x|}$에 대해 다음을 설명하여라.

(a) $\lim_{x\to-\infty} f(x)=0$ (b) $\lim_{x\to 0+} f(x)=\infty$

8. p, q가 다항식일 때 다음을 증명하여라.

(a) $\deg p > \deg q$이면 $\lim_{x\to\infty} \frac{p(x)}{q(x)} = \infty$ 또는 $-\infty$이다.

(b) $\deg p < \deg q$이면 $\lim_{x\to\infty} \frac{p(x)}{q(x)} = 0$이다.

(c) $\lim_{x\to\infty} \frac{p(x)}{q(x)}$이 존재할 필요충분 조건은 $\deg p \le \deg q$이다.

9. 충분히 큰 모든 x에 대해 $f(x) < g(x)$라고 하자. $\lim_{x\to\infty} f(x)$와 $\lim_{x\to\infty} g(x)$가 존재하면 $\lim_{x\to\infty} f(x) \le \lim_{x\to\infty} g(x)$임을 증명하여라.

10. 모든 $x>a$에 대해 $f(x)>0$일 때 $\lim_{x\to a^+} f(x)=0$이면 $\lim_{x\to a^+} \frac{1}{f(x)}=\infty$임을 보여라.

11. $\lim_{x\to\infty} xf(x) = L \in \mathbb{R}$이면 $\lim_{x\to\infty} f(x)=0$임을 증명하여라.

12. a가 실수일 때 $\lim_{x\to a^+} f(x)=\infty$이라고 하자. 모든 $n\in\mathbb{N}$에 대해 $x_n > a$이고 a로 수렴하는 모든 수열 $\{x_n\}_{n=1}^{\infty}$에 대해 $\lim_{n\to\infty} f(x_n)=\infty$임을 보여라.

13. $\lim_{x\to\infty} f(x) = L\in\mathbb{R}$라고 하자. $\lim_{n\to\infty} x_n=\infty$이면 $\lim_{n\to\infty} f(x_n)=L$임을 보여라.

14. **(점근선)** 함수 $f: D\subseteq\mathbb{R}\to\mathbb{R}$에 대해 곡선 $y=f(x)$의 점근선(asymptote)은 곡선과의 거리가 0으로 가는 직선을 의미한다.

- 수평 점근선 $y=b \iff \lim_{x\to\infty} f(x)=b$ 또는 $\lim_{x\to-\infty} f(x)=b$
- 수직 점근선 $x=a \iff \lim_{x\to a^+} f(x)=\pm\infty$ 또는 $\lim_{x\to a^-} f(x)=\pm\infty$
- 사선점근선 $y=ax+b \iff \lim_{x\to\infty} [f(x)-ax-b]=0$ 또는 $\lim_{x\to-\infty} [f(x)-ax-b]=0$

(i) $x=a$가 유리함수 $y=\frac{p(x)}{q(x)}$의 수직 점근선이 될 조건을 구하여라.

(ii) 다음 곡선의 점근선을 모두 구하여라.

(a) $y=\frac{x}{x-1}$ (b) $y=\frac{x^2}{x^2-x}$ (c) $y=\frac{2x^3-3x+1}{x^2+1}$

(d) $y=\frac{e^x+e^{-x}}{e^x-e^{-x}}$ (e) $y=\frac{x}{\sqrt{1+x^2}}$ (f) $y=\frac{x^2-x-1}{x-1}$

CHAPTER 6

연속함수

연속성은 엄밀한 해석학을 구축하는 과정에서 코시, 바이어슈트라스, 볼차노 등의 수학자에 의해 확립된 개념이다. 한 점에서의 연속은 함수의 극한과 직접적인 관련되어있고 극한이 절대값에 바탕을 둔 ε-δ에 의해 정의된 개념이라는 것을 배웠다.

n차원 공간이나 추상공간에서 정의된 함수에 대한 연구가 이루어지면서 일변수 함수의 연속성이 열린집합을 이용한 연속성으로 일반화된다. 이러한 내용은 위상수학에서 비중있게 다루어지는데 거리공간(metric space), 노름공간(normed space) 및 내적공간(inner product space) 등의 위상공간에서 정의된 함수의 연속성은 많은 분야에서 응용되고 있다. 다변수 해석학, 함수 해석학, 수치해석학등은 대표적인 분야이다.

이 장에서는 ε-δ를 이용한 한 점에서의 연속성, 연속함수 및 연속함수의 성질에 대해 알아본다. 마지막으로 고른연속에 대하여 살펴본다.

6.1 연속함수

함수의 연속성은 시대에 따라서 바뀌었다. 오일러(Euler)는 함수가 하나의 해석적인 식(또는 공식, formula)으로 주어지면 연속함수로 간주하였다. 어떤 함수가 다른 구간에서 다른 식에 의해 정의되면 불연속함수이다. 예를 들어 다음 함수는 오일러의 입장에서 불연속함수이다.

$$f(x) = \begin{cases} x & (x \geq 0) \\ -x & (x < 0) \end{cases}$$

오일러의 연속함수와 불연속함수는 각각 (현대적 의미의) 미분가능한 함수와 연속함수로 이해해야 한다.

볼차노(Bolzano, 1817년)는 중간값 정리의 증명을 다룬 논문에서 "ω가 어떤 양보다 작을 때 $f(x+\omega)-f(x)$를 임의의 미리 주어진 양보다 작게 할 수 있으면 f가 연속함수"라고 생각하였다.

코시(1821년)는 f가 각 $x \in [a,b]$에 대해 유일하게 정의된 함수에 대해 'α가 한없이 감소할 때 $f(x+\alpha)-f(x)$가 한없이 감소하면 f가 (구간에서) 연속'이라고 정의하였다. 구간에서의 연속성을 생각한 반면에 "x_0를 포함한 모든 구간에서 연속이 아니면 x_0에서 불연속"이라고 정의함으로써 불연속성을 한 점에서의 성질로 파악하였다([8], 9쪽).

바이어슈트라스(Weierstrass, 1874)는 양수 ε을 선택한 후 어떤 구간 $(x_0-\delta, x_0+\delta)$에 속하는 임의의 x에 대해 함수값 $f(x)$가 구간 $(f(x_0)-\varepsilon, f(x_0)+\varepsilon)$에 속하면 f가 x_0에서 연속이라고 생각하였다. 함수의 연속성에 대한 볼차노와 바이어슈트라스의 정의가 표준적인 정의로 채택되었다.

6.1.1 한 점에서의 연속성과 연속함수

먼저 한 점에서의 연속성에 대해 알아보기로 하자.

정의 6.1 (한 점에서의 연속)

함수 $f : D \to \mathbb{R}$와 한 점 $x_0 \in D$를 생각하자.

임의의 양수 ε에 대해 양수 $\delta_{x_0,\varepsilon}$가 존재하여 다음을 만족시키면 f가 $x = x_0$에서 **연속**(continuous at x_0)이라고 한다.

$$|x - x_0| < \delta, \quad x \in D \implies |f(x) - f(x_0)| < \varepsilon$$

f가 $x = x_0$에서 연속이 아니면 $x = x_0$에서 **불연속**(discontinuous)이라고 하고 x_0를 f의 불연속점(discontinuity)이라고 부른다.

연속의 정의는 $f((x_0-\delta, x_0+\delta) \cap D) \subset (f(x_0)-\varepsilon, f(x_0)-\varepsilon)$임을 보여준다. 한편, δ는 x_0에 따라 달라질 수 있음을 그림 6.1에서 확인할 수 있다. 모든 x_0에 대해 동일하게 δ를 택할 수 있는 경우는 6.3절에서 자세히 다루어진다.

f의 정의역 D는 구간이 될 수도 있고 그렇지않을 수도 있다. D가 구간인 경우에도 $x_0 \in D$가 끝점일 때와 그렇지 않을 때 자세히 살펴볼 필요가 있다. 연속의 정의로부터 다음은 분명하다.

(a) x_0를 포함하는 열린구간 I_{x_0}가 존재하여 $I_{x_0} \subseteq D$일 때

이러한 x_0를 D의 내점(interior point)라고 하는데 f가 내점 x_0에서 연속일 조건을

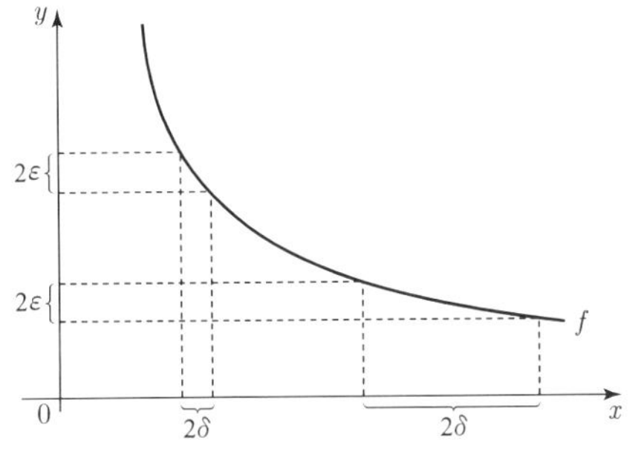

그림 6.1: 한 점에서의 연속성

다시 쓰면 다음과 같다.

$$\lim_{x \to x_0} f(x) = f(x_0) \tag{6.1}$$

(b) x_0 를 포함하는 임의의 열린구간이 D 에 속하는 무한히 많은 점을 포함할 때 (이러한 x_0 를 D 의 집적점(극한점, limit point)이라고 하는데 구간의 끝점은 집적점의 예가 된다.)

$D = [a, b]$ 또는 $D = [a, b)$ 또는 $D = [a, \infty)$ 인 경우에 'f 가 $x = a$ 에서 연속'이라는 것은 $\lim_{x \to a^+} f(x) = f(a)$ 임을 의미한다. 이 경우 'f 가 $x = a$ 에서 우연속'(right-continuous)이라고 한다.

비슷하게, $D = [a, b]$ 또는 $D = (a, b]$ 또는 $D = (-\infty, b]$ 일 때 f 가 $x = b$ 에서 연속이라는 조건은 $\lim_{x \to b^-} f(x) = f(b)$ 임을 뜻한다. 이 경우 "f 가 $x = b$ 에서 좌연속(left-continuous)"이라고 한다.

(c) x_0 를 포함하는 어떤 열린구간 $I_{x_0,\delta}$ 가 존재하여 $I_{x_0,\delta} \cap D = \{x_0\}$ 일 때 이런 점 x_0 를 D 의 고립점(isolated point)이라고 부르는데 f 는 고립점에서 연속이지만 수학적으로 큰 의미를 갖지 않는다.

함수의 연속, 미분 또는 적분을 다룰 때에는 정의구역이 구간이거나 유한개의 구간의 합집합인 경우[1]만 생각한다. 연속의 정의로부터 다음은 분명하다.

[1] $\tan x$ 나 유리함수의 정의구역에 해당한다.

정리 6.1 (한 점에서 연속일 조건)

I가 구간이고 $x_0 \in I$가 끝점이 아니라고 하자. $f : I \to \mathbb{R}$가 $x = x_0$에서 연속이면 다음이 성립한다.

(i) $f(x_0)$가 정의된다.

(ii) $\lim_{x \to x_0} f(x)$이 존재한다.

(iii) $\lim_{x \to x_0} f(x)$이 $f(x_0)$와 같다.

역으로 조건 (i)–(iii)이 성립하면 f는 x_0에서 연속이다.

정리 6.1의 조건 중에서 어느 하나라도 성립하지 않으면 f는 x_0에서 연속이 아니다. 즉, (i) $f(x_0)$가 정의되지 않거나, (ii) $\lim_{x \to x_0} f(x)$이 존재하지 않거나, (iii) 극한값과 함수값이 같지 않으면 연속이 아니다.

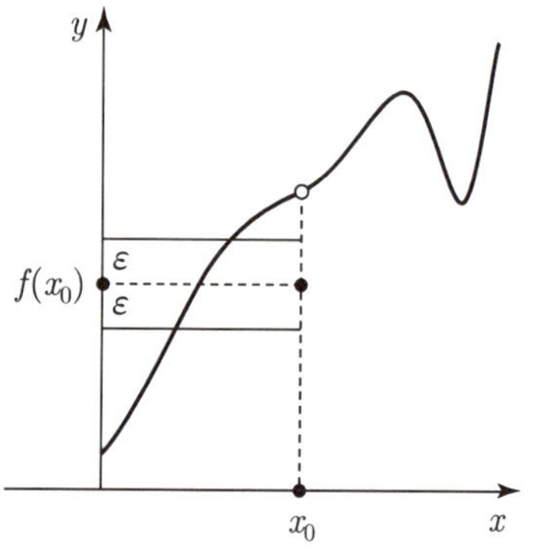

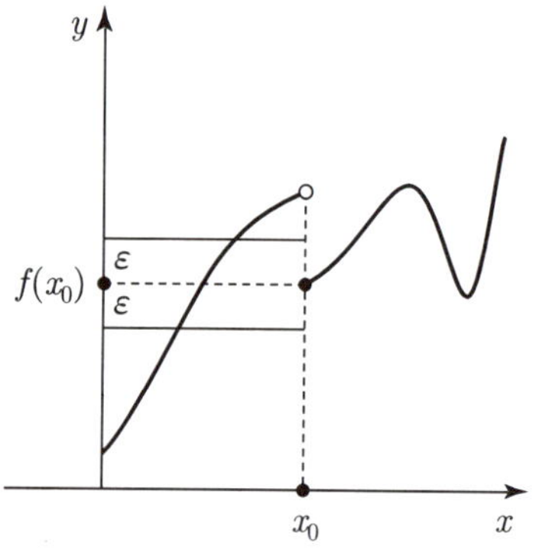

예제 6.1 다음 함수 f는 $x = 0$에서 연속이다.

$$f(x) = \begin{cases} x \sin \frac{1}{x} & (x \neq 0) \\ 0 & (x = 0) \end{cases}$$

[풀이] ε이 임의의 고정된 양수라고 하자. $x \neq 0$일 때 $|f(x) - 0| = \left|x \sin \frac{1}{x}\right| = |x| \left|\sin \frac{1}{x}\right| \le |x|$이므로 $|x| < \varepsilon$이면 $|f(x) - 0|$이 ε보다 작아진다. 이제 $\delta = \varepsilon$이라고 두면 $0 < |x| < \delta$일 때 $|f(x) - 0| \le |x| < \varepsilon$이므로 $\lim_{x \to 0} f(x) = 0$이다.

한편, $f(0) = 0$이므로 $\lim_{x \to 0} f(x) = f(0)$이다. 따라서 f는 $x = 0$에서 연속이다. □

예제 6.2 다음 함수 f가 $x = 1$에서 연속인지 조사하여라.

$$f(x) = \begin{cases} 1 - 2x, & x \geq 1 \\ -x^2, & x < 1 \end{cases}$$

[풀이] $x = 1$에서의 극한을 구한 후 비교하여 함수값 $f(1) = -1$과 같은지 조사한다. f가 $x = 1$의 좌우에서 다른 식에 의해 정의되어 있으므로 좌극한과 우극한을 각각 구해보자. 좌극한은 $f(1^-) = \lim_{x \to 1^-} f(x) = \lim_{x \to 1^-} (-x^2) = -1$이고 우극한 $f(1^+) = \lim_{x \to 1^+} f(x) = \lim_{x \to 1^+} (1 - 2x) = -1$이다. $\lim_{x \to 1} f(x) = f(1)$이므로 f는 $x = 1$에서 연속이다. □

정의 6.2 (연속함수)

I가 구간일 때 $f : I \to \mathbb{R}$가 모든 $x \in I$에서 연속이면 f를 "I에서 연속"인 함수 또는 연속함수(continuous function)라고 한다.

정의 6.2에 의해, f가 닫힌구간 $[a, b]$에서 연속함수이라고 함은 "f가 $x(a, b)$에서 연속, $x = a$에서 우연속, $x = b$에서 좌연속"임을 의미한다. 또한 닫힌구간 $[a, \infty)$나 $(-\infty, b]$에서 정의된 함수가 연속함수라는 것도 비슷하게 설명한다.

예제 6.3 $f(x) = x^2$이 $[a, b]$에서 연속임을 설명하여라.

[풀이] $c \in (a, b)$이면 $\lim_{x \to c} x^2 = c^2 = f(c)$이므로 f는 모든 $c \in (a, b)$에서 연속이다. 한편, $\lim_{x \to a^+} x^2 = a^2$이므로 f는 $x = a$에서 (우) 연속이다. 또한 $\lim_{x \to b^-} x^2 = b^2$이므로 f가 $x = b$에서 (좌) 연속이다. 그러므로 f는 닫힌구간 $[a, b]$에서 연속인 함수이다. □

다음 정리는 극한과 수열의 관계를 설명한다.

정리 6.2 (함수의 연속성과 수열의 관계)

I가 구간일 때 함수 $f : I \to \mathbb{R}$와 $x_0 \in I$에 대해 다음은 동치이다.

(i) f가 x_0에서 연속이다.

(ii) x_0로 수렴하는 임의의 수열 $\{x_n\}_{n=1}^{\infty} \subset I$에 대해 $\lim_{n \to \infty} f(x_n) = f(x_0)$이다.

[증명] 정리 5.3을 참조하기 바란다. □

예제 6.4 다음 함수 f는 모든 $x_0 \in \mathbb{R}$에서 불연속이다.

$$f(x) = \begin{cases} 1 & (x \in \mathbb{Q}) \\ 0 & (x \in \mathbb{Q}^c) \end{cases}$$

[풀이] 임의의 $x_0 \in \mathbb{R}$에 대해 $\lim_{x \to x_0} f(x)$가 존재하지 않음을 보이기로 하자. 각 항이 유리수이고 x_0로 수렴하는 수열 $\{x_n\}_{n=1}^{\infty}$을 택하면 $\lim_{n \to \infty} f(x_n) = 1$이다. 한편, 각항이 무리수이고 x_0로 수렴하는 수열 $\{y_n\}_{n=1}^{\infty}$을 택하면 $\lim_{n \to \infty} f(y_n) = 0$이다.

정리 6.2 (ii)가 성립하지 않으므로 f는 x_0에서 불연속이다. □

예제 6.5 다음 함수 $f : [0,1] \to \mathbb{R}$가 연속함수인지 조사하여라.

$$f(x) = \begin{cases} \frac{1}{q}, & x = \frac{p}{q} \ (p, q\text{는 서로소인 자연수}) \\ 0, & x\text{는 무리수} \end{cases}$$

[풀이] $a \in [0,1]$가 유리수이면 모든 항이 무리수인 a로 수렴하는 수열 $\{y_n\}_{n=1}^{\infty}$이 존재한다. $\lim_{n \to \infty} f(y_n) = 0 \neq f(a)$이므로 f는 유리수에서 연속이 될 수 없다.

이제 f가 임의의 무리수 a에서 연속임을 보이자. 양수 ε에 대해 자연수 N을 $\frac{1}{N} < \varepsilon$이 성립하도록 택할 수 있다. 한편, $\delta > 0$을 충분히 작게 택하면 a의 근방 $(a-\delta, a+\delta)$가 분모가 N보다 작은 유리수를 포함하지 않는다. $|x-a| < \delta$일 때 $|f(x) - f(a)| = |f(x)| \leq \frac{1}{N} < \varepsilon$이므로 f가 a에서 연속이다. □

연속성을 이미 알고 있는 함수로부터 유한번의 사칙연산을 실행하면 다양한 형태의 함수가 만들어진다. 또한 함수의 합성을 통해 복잡해보이는 함수를 만들 수 있다. 역으로, 어떤 함수가 연속성을 알고 있는 함수를 이용하여 사칙 연산 및 합성을 통해 만들어졌다는 것을 알게 되면 그 함수의 연속성을 쉽게 확인할 수 있다.

정리 6.3 (연속함수와 대수적 연산)

함수 $f : D \to \mathbb{R}$, $g : D \to \mathbb{R}$가 x_0에서 연속이라고 하자. 그러면 함수 $f+g$, kf(k는 임의의 실수) 및 fg가 x_0에서 연속이다. 또한 $g(x_0) \neq 0$이면 $\frac{f}{g}$가 x_0에서 연속이다.

[증명] 연속성의 정의에 의해 $\lim_{x \to x_0} f(x) = f(x_0)$, $\lim_{x \to x_0} g(x) = g(x_0)$이다. 정리 5.7에서 $M = f(x_0)$, $L = g(x_0)$라고 두면 증명이 끝난다. □

연속함수의 예 극한에 대하여 다룬 앞 장을 참조하면 다음을 알 수 있다.

- 다항식은 연속함수이다.
- 유리함수는 분모가 0이 되는 점을 제외한 모든 점에서 연속이다.
- n이 자연수일 때 무리함수 $\sqrt[n]{x}$는 $x > 0$에서 연속이다.
- $|x|$는 모든 점에서 연속이다.
- $\sin x$와 $\cos x$는 모든 점에서 연속이다. 또한 $\tan x$는 $\cos c \neq 0$인 모든 점 $x = c$에서 연속이다.
- $a > 0\,(a \neq 1)$일 때 a^x는 연속함수이다.

다음 정리는 연속함수들의 합성함수가 역시 연속함수임을 보여주고 있다.

정리 6.4 (합성함수의 연속성)

f가 x_0에서 연속이고, g가 $y_0 := f(x_0)$에서 연속이면 합성함수 $g \circ f$가 x_0에서 연속이다.

[증명] g가 y_0에서 연속이므로 임의의 양수 ε에 대해 양수 η가 존재하여 $|y - y_0| < \eta$일 때 $|g(y) - g(y_0))| < \varepsilon$이다. 또한 f가 x_0에서 연속이므로 양수 δ가 존재하여 $|x - x_0| < \delta$일 때 $|f(x) - f(x_0)| = |f(x) - y_0| < \eta$이다.

$|x - x_0| < \delta$를 만족하는 모든 x에 대해 $|f(x) - y_0| < \eta$이므로

$$|(g \circ f)(x) - (g \circ f)(x_0)| = |g(f(x)) - g(y_0)| < \varepsilon$$

이다. 그러므로 $g \circ f$는 x_0에서 연속이다. □

정리 6.5 (역함수의 연속성)

함수 $f : [a, b] \to [c, d]$가 전단사함수라고 하자. f가 연속이면 역함수 f^{-1}가 연속함수이다.

[증명] 임의의 $y_0 \in [c, d]$에서 f^{-1}가 연속임을 보이기로 하자. 따라서 $\lim_{n\to\infty} y_n = y_0$일 때 $\lim_{n\to\infty} f^{-1}(y_n) = f^{-1}(y_0)$임을 증명하면 될 것이다 (정리 6.2).

$x_0 := f^{-1}(y_0)$, $x_n := f^{-1}(y_n)$이라고 두고 $\lim_{n\to\infty} x_n \neq x_0$이면 모순임을 보이겠다. 수열 $\{x_n\}_{n=1}^{\infty}$과 $\{y_n\}_{n=1}^{\infty}$는 모두 유계이다.

$\lim_{n\to\infty} x_n \neq x_0$이라고 가정하면 $\varepsilon_0 > 0$이 존재하여 무한히 많은 k에 대해 $|x_k - x_0| \geq \varepsilon_0$이다. 볼차노–바이어슈트라스 정리를 이용하면 이러한 x_k로부터

수렴하는 부분수열 $\{x_n^*\}_{n=1}^{\infty}$을 뽑아낼 수 있다. $\lim_{n\to\infty} x_n^* := c$라고 두면 분명히 $c \neq x_0$이다. 그런데 f가 c에서 연속이므로 $\lim_{n\to\infty} f(x_n^*) = f(c)$이다.

한편, $\lim_{n\to\infty} y_n = y_0$이고 $\{f(x_n^*)\}_{n=1}^{\infty}$은 $\{y_n\}_{n=1}^{\infty}$의 부분수열이므로 $f(c) = y_0 = f(x_0)$이어야 한다. 이것은 f가 일대일함수라는 사실에 모순이다. 따라서 $\lim_{n\to\infty} x_n = x_0$임을 알 수 있다.

그러므로 역함수 f^{-1}은 연속함수이다. □

역함수의 연속성을 다룬 정리 6.5에 의해 다음 함수는 모두 연속함수이다.

(a) n이 짝수일 때 $x^{\frac{1}{n}}\ (x \geq 0)$, n이 홀수일 때 $x^{\frac{1}{n}}\ (-\infty < x < \infty)$

(b) $\log_a x\ (a > 0, a \neq 1)$ - 정의구역 : $(0, \infty)$, 치역 : $(-\infty, \infty)$

(c) 삼각함수의 역함수

- $\sin^{-1} x$ - 정의구역 : $[-1, 1]$, 치역 : $\left[-\frac{\pi}{2}, \frac{\pi}{2}\right]$
- $\cos^{-1} x$ - 정의구역 : $[-1, 1]$, 치역 : $[0, \pi]$
- $\tan^{-1} x$ - 정의구역 : $(-\infty, \infty)$, 치역 : $\left(-\frac{\pi}{2}, \frac{\pi}{2}\right)$

6.1.2 함수의 불연속점

이 절에서는 함수의 불연속점에 대해 자세히 알아본다. 먼저, f가 $x = x_0$에서 연속이면 (i) $f(x_0)$가 정의되고, (ii) 극한 $\lim_{x\to x_0} f(x)$이 존재하고 (iii) $\lim_{x\to x_0} f(x)$이 $f(x_0)$ 임을 알고 있다. 따라서 (i)–(iii) 중에서 어떤 조건 하나라도 성립하지 않으면 f는 x_0에서 불연속이다.

조건 (ii)가 성립하지만 (i) 또는 (iii)이 성립하지 않으면 x_0를 제거가능한 불연속점(removable discontinuity)라고 한다. x_0가 제거가능한 불연속점이면 x_0에서 f를 새로 정의하여 연속이 되게 할 수 있다.

조건 (ii)가 성립하지 않는 상황을 살펴보자. 좌극한과 우극한이 각각 존재하는 경우, 좌극한이나 우극한이 존재하지 않는 경우, 좌극한과 우극한이 모두 존재하지 않는 경우 등 여러 가지 경우가 있다. 이 중에서 좌극한과 우극한이 각각 존재하지만 같지 않을 때 x_0를 f의 도약 불연속점(jump discontinuity)이라고 한다.

정의 6.3 (불연속점의 분류)

x_0가 f의 제거가능한 불연속점이거나 도약 불연속점이면 x_0를 단순 불연속점(simple discontinuity) 또는 제1종의 불연속점(discontinuity of the first kind)이라고 한다. 제1종의 불연속점이 아닌 불연속점은 제2종의 불연속점(discontinuity of the second kind)이라고 부른다.

예제 6.6 $f(x) = \frac{\sin x}{x}$는 $x = 0$에서 정의되지 않으므로 $x = 0$에서 연속이 아니다. 그러나 극한 $\lim_{x \to 0} f(x) = 1$이므로 0은 제거가능한 불연속점이다. 또한 $f(0) = 1$이라고 정의하면 f는 연속함수이다.
한편, 다음과 같이 정의되는 함수 g는 $x = 0$에서 함수값이 정의되지 않으므로 연속함수가 아니다.

$$g(x) = \begin{cases} 1 & (x \geq 0) \\ -1 & (x < 0) \end{cases}$$

$x = 0$에서 우극한과 좌극한이 각각 존재하므로 $x = 0$은 도약 불연속점이다. 그러나 제거가능한 불연속점은 아니다.

함수의 불연속점의 특징은 진동(oscillation)이라는 개념을 이용하여 파악할 수 있다.

정의 6.4 (함수의 진동)

$f : [a, b] \to \mathbb{R}$에 대해 $x_0 \in [a, b]$, $A \subset [a, b]$라고 하자. A에서 f의 진동 $\varphi_f(A)$와 한 점 $x_0 \in (a, b)$에서 f의 진동 $\omega_f(x_0)$을 다음과 같이 정의된다.

$$\varphi_f(A) = \sup_{x \in A} f(x) - \inf_{x \in A} f(x), \quad \omega_f(x_0) = \inf_{\delta > 0} \varphi_f([x_0 - \delta, x_0 + \delta])$$

진동의 정의로부터 다음을 유도할 수 있다.

따름정리 6.6 (진동의 성질)

$f : [a, b] \to \mathbb{R}$에 대해 $A, B \subset [a, b]$라고 하자.

(i) $A \subset B$이면 $\varphi_f(A) \leq \varphi_f(B)$이다.
(ii) 임의의 $x_1, x_2 \in A$에 대해 $|f(x_1) - f(x_2)| \leq \varphi_f(A)$이다.
(iii) f가 유계이면 모든 $x_0 \in (a, b)$에 대해 $0 \leq \omega_f(x_0) < \infty$이다.
(iv) 모든 $[x_0 - \delta, x_0 + \delta] \subset [a, b]$에 대해 $\omega_f(x_0) \leq \varphi_f([x_0 - \delta, x_0 + \delta])$이다.

[증명] (i) 상한과 하한의 정의에 의해 당연하다.

(ii) $\inf_{x\in A} \leq f(x_i) \leq \sup_{x\in A} f(x)$ 이므로 다음 부등식을 이용한다.

$$\inf_{x\in A} f(x) - \sup_{x\in A} f(x) \leq f(x_1) - f(x_2) \leq \sup_{x\in A} f(x) - \inf_{x\in A} f(x)$$

(iii) 모든 $x \in [a,b]$ 에 대해 $|f(x)| \leq M$ 이라고 하자. 그러면 (i)에 의해 모든 $[x_0 - \delta, x_0 + \delta] \subset [a,b]$ 에 대해 다음이 성립하므로 $\omega_f(x_0)$ 의 정의에 의해 $\omega_f(x_0) \leq 2M$ 이다.

$$\varphi_f([x_0 - \delta, x_0 + \delta]) \leq \varphi_f([a,b]) \leq 2M$$

(iv) 진동의 정의에 의해 당연하다. □

예제 6.7 (불연속점에서의 진동) 예제 6.6에서 정의된 함수 g 에 대해 $\omega_g(0)$ 을 구하여라.

[풀이] $\delta > 0$ 에 대해 $I_\delta = [-\delta, +\delta]$ 라고 두자. 그러면 $\sup_{x\in I_\delta} g(x) = 1$, $\inf_{x\in I_\delta} g(x) = -1$ 이므로 $\varphi_g([-\delta,\delta]) = 2$ 이다. 따라서 $\omega_g(0) = \inf_{\delta>0} \varphi_g(I_\delta) = 2$ 이다. □

예제 6.8 (연속인 점에서의 진동) $f(x) = 2x - 1$ 에 대해 $\omega_f(1)$ 을 구하여라.

[풀이] 양수 δ 에 대해 $I_\delta = [1-\delta, 1+\delta]$ 라고 두면 $\sup_{x\in I_\delta} f(x) = 1+2\delta$, $\inf_{x\in I_\delta} f(x) = 1-2\delta$ 이다. $\varphi_f([-\delta,\delta]) = 4\delta$ 이므로 $\omega_f(1) = \inf_{\delta>0} 4\delta = 0$ 이다. □

위 예제로부터 연속인 점에서는 진동이 0이 될 것이라고 예측할 수 있다.

정리 6.7 (연속성과 진동)

f 가 x_0 에서 연속일 필요충분 조건은 $\omega_f(x_0) = 0$ 이다.

[증명] (⇒) f 가 x_0 에서 연속이라고 가정하면 임의의 양수 ε 에 대해 $\delta > 0$ 가 존재하여 모든 $x \in (x_0 - \delta, x_0 + \delta)$ 에 대해 $f(x_0) - \frac{\varepsilon}{3} < f(x) < f(x_0) + \frac{\varepsilon}{2}$ 을 만족시킨다. $A = [x_0 - \frac{\delta}{2}, x_0 + \frac{\delta}{2}]$ 라고 두면 $A \subset (x_0 - \delta, x_0 + \delta)$ 이므로 다음 부등식이 성립한다.

$$\varphi_f(A) = \sup_{x\in A} f(x) - \inf_{x\in A} f(x) \leq (f(x_0) + \frac{\varepsilon}{3}) - (f(x_0) - \frac{\varepsilon}{3}) = \frac{2\varepsilon}{3} < \varepsilon$$

임의의 양수 ε 에 대해 $\omega_f(x_0) < \varepsilon$ 이므로 $\omega_f(x_0) = 0$ 이다.

($\Leftarrow$) $\omega_f(x_0) = 0$ 이면 임의의 양수 ε에 대해 양수 δ가 존재하여 다음이 성립한다.

$$\varphi_f([x_0 - \delta, x_0 + \delta]) < \varepsilon$$

따름정리 6.6 (i), (ii)를 적용하면 $|x - x_0| < \delta$일 때 다음이 성립한다.

$$|f(x) - f(x_0)| \le \varphi_f((x_0 - \delta, x_0 + \delta)) \le \varphi_f([x_0 - \delta, x_0 + \delta]) < \varepsilon$$

그러므로 f는 x_0에서 연속이다. □

x가 함수 $f : [a, b] \to \mathbb{R}$의 불연속점이면, 정리 6.7에 의해, $\omega_f(x) > 0$이다. 따라서 불연속점들의 집합 D_f를 다음과 같이 쓸 수 있다.

$$D_f = \{x \in [a, b] | \omega_f(x) > 0\}$$

정리 6.8 (진동과 불연속점의 집합)

함수 $f : [a, b] \to \mathbb{R}$의 불연속점의 집합을 D_f라고 하자. 그러면 $D_f = \bigcup_{n=1}^{\infty} E_{\frac{1}{n}}$ 이다. 단, $E_\eta = \{x \in [a, b] | \omega_f(x) \ge \eta\}$이다.

[증명] $x \in D_f$라고 하자. $\omega_f(x) > 0$이므로 자연수 N을 $\frac{1}{N} \le \omega_f(x)$이 성립하도록 택할 수 있다. 그러면 $x \in E_{\frac{1}{N}} \subset \bigcup_{n=1}^{\infty} E_{\frac{1}{n}}$ 이다. 따라서 $D_f \subset \bigcup_{n=1}^{\infty} E_{\frac{1}{n}}$ 이다.

$x \in \bigcup_{n=1}^{\infty} E_{\frac{1}{n}}$ 이면 자연수 N이 존재하여 $x \in E_{\frac{1}{N}}$ 이다. $E_{\frac{1}{N}}$ 의 정의에 의해 $\omega_f(x) \ge \frac{1}{N} > 0$이므로 x는 f의 불연속이다. 따라서 $\bigcup_{n=1}^{\infty} E_{\frac{1}{n}} \subset D_f$이다.

그러므로 $D_f = \bigcup_{n=1}^{\infty} E_{\frac{1}{n}}$ 이다. □

유계함수의 불연속점의 분포는 적분가능성과 깊은 관련이 있다. (9.8절)

연습문제 6.1

1. 다음 함수가 연속인지 조사하여라.
   (a) $f(x) = \lim_{n\to\infty} \tan^{-1}(nx)$
   (b) $f(x) = \begin{cases} x^2, & x \in \mathbb{Q} \\ -x^2, & x \in \mathbb{Q}^c \end{cases}$

2. 다음 함수의 불연속점을 분류하여라.
   (a) $\sin \frac{1}{x}$
   (b) $e^{-\frac{1}{x^2}}$
   (c) $\begin{cases} 1 - 2x & x \ge 2 \\ x^2 & x < 2 \end{cases}$
   (d) $\frac{e^x - 1}{x}$
   (e) $\frac{\sin x - x}{x^3}$
   (f) $\frac{\sqrt{x} - \sqrt{2}}{x - 2}$

3. $[-1,1]$에서 정의된 함수 $y = f(x)$에 대해 $x^2+y^2 = 1$이 성립한다고 한다. 연속인 함수와 불연속인 함수의 예를 제시하여라.
4. 다항식 $P(x,t) = (t-1)x^2 + 3x - 2$에 대해 $f(t) := \deg P(x,t)$가 연속함수인가?
5. $f, g : (0,\infty) \to \mathbb{R}$가 연속함수일 때 다음 함수 h가 연속함수가 될 조건을 구하여라.

   (a) $h(x) = \begin{cases} f(x), & x \geq x_0 \\ g(x), & x < x_0 \end{cases}$　　(b) $h(x) = \lim\limits_{n\to\infty} \frac{x^n f(x)+g(x)}{x^n+1}$
6. f_i $(1 \leq i \leq n)$가 x_0에서 연속일 때 $\sum_{i=1}^n f_i$와 $\prod_{i=1}^n f_i$가 x_0에서 연속임을 보여라.
7. f가 x_0에서 연속이고, g가 $y_0 := f(x_0)$에서 연속이라고 하자. $\lim\limits_{n\to\infty} x_n = x_0$일 때 $\lim\limits_{n\to\infty}(g\circ f)(x_n) = (g\circ f)(x_0)$임을 보여라.
8. $f, g : [a,b] \to \mathbb{R}$가 연속함수일 때 다음 함수 $f \wedge g$와 $f \vee g$가 연속함수임을 보여라.

$$(f\wedge g)(x) = \max\{f(x), g(x)\}, \quad (f\vee g)(x) = \min\{f(x), g(x)\}$$

9. $f(x)$가 x_0에서 연속이라고 하자. $f(x_0) \neq 0$이면 양수 δ가 존재하여 모든 $x \in (x_0 - \delta, x_0 + \delta)$에 대해 $f(x) \neq 0$ 임을 증명하여라.
10. $f : \mathbb{R} \to \mathbb{R}$가 연속함수이고 $f(x_n) = 0\,(n \in \mathbb{N})$이라고 하자. $\lim\limits_{n\to\infty} x_n = x_0$이면 $f(x_0) = 0$을 보여라. 이런 함수의 예를 제시하여라.
11. $f : (a,b) \to \mathbb{R}$가 모든 닫힌구간 $[\alpha,\beta] \subset (a,b)$에서 연속이면 연속함수임을 보여라.
12. $f : \mathbb{R} \to \mathbb{R}$이 연속함수일 때 다음을 증명하여라.
    (a) 모든 $r \in \mathbb{Q}$에 대해 $f(r) = 0$이면 $f \equiv 0$이다.
    (b) 모든 $r \in \mathbb{Q}$에 대해 $f(r) = 2r+1$이면 $f(x) = 2x+1$이다.
13. **(리프시츠(Lipschitz) 함수)** f가 구간 I에서 정의된 함수일 때 임의의 $x, y \in I$에 대해 $|f(x) - f(y)| \leq C|x-y|$이면 f가 연속함수임을 증명하여라.
14. 함수 $f : \mathbb{R} \to \mathbb{R}$가 항등적으로 0은 아닐 때 모든 x, y에 대해 $f(x+y) = f(x)f(y)$라고 한다. f가 $x = 0$에서 연속이면 모든 점에서 연속임을 증명하여라.
15. 함수 $f : (0,\infty) \to \mathbb{R}$가 항등적으로 0은 아닐 때 모든 $x, y > 0$에 대해 $f(xy) = f(x) + f(y)$라고 하자. f가 $x = 1$에서 연속이면 f가 연속함수임을 증명하여라.
16. 단조함수의 불연속점이 모두 제1종의 불연속점임을 보여라.
17. 다음 함수 $f : [-1,1] \to \mathbb{R}$에 대해 $\omega_f(0)$, $\omega_f(1/2)$을 구하여라.

$$f(x) = \begin{cases} x, & x \in \mathbb{Q} \\ -x, & x \in \mathbb{Q}^c \end{cases}$$

18. $A \subset [a,b]$일 때 $\varphi_f(A) = \sup\limits_{x,y\in A} |f(x) - f(y)|$임을 증명하여라.

6.2 연속함수의 성질

이 절에서는 연속함수의 치역과 관련된 여러 가지 성질에 대하여 공부한다. 유계성, 최대최소 정리 및 중간값 정리는 이 절에서 공부할 주요 주제이다.

$x = a$를 포함하는 구간에서 정의된 함수 f에 대해 $\lim_{x \to a} f(x) = f(a)$이면 $x = a$의 근방에서 $|f(x)|$가 유계임을 알고 있다. (보조정리 5.6) 즉, 한 점에서 연속인 함수는 그 점을 포함하는 적당한 구간에서 유계가 된다. 유계인 닫힌구간에서 정의된 연속함수의 경우 이러한 국소적 유계성(local boundedness)은 정의구역 전체로 확장될 수 있다.

정리 6.9 (닫힌구간에서 연속인 함수의 유계성)

$f : [a, b] \to \mathbb{R}$가 연속함수이면 f는 유계함수이다. 즉, 다음을 만족시키는 상수 $M > 0$이 존재한다.

$$|f(x)| \le M \quad {}^{\forall}x \in [a, b]$$

[증명] f가 유계가 아니라고 가정하고 모순을 유도하겠다.
f가 유계함수가 아니면 각 자연수 n에 대해 $x_n \in [a, b]$이 존재하여 $|f(x_n)| > n$이다. 그런데 $\{x_n\}_{n=1}^{\infty}$이 유계수열이므로 부분수열 $\{x_{n_k}\}_{k=1}^{\infty}$이 존재하여 $x \in [a, b]$로 수렴한다.
한편, f가 x에서 연속이므로 $\{f(x_{n_k})\}_{k=1}^{\infty}$는 $f(x)$로 수렴하는 유계수열이다. 이것은 $\{f(x_n)\}_{n=1}^{\infty}$의 성질에 모순이다. 그러므로 f는 유계이다. □

정리 6.9를 이용하면 유계인 닫힌구간에서 정의된 연속함수가 반드시 최대값과 최소값을 갖는다는 것을 증명할 수 있다. 증명하기 전에 함수의 최대값과 최소값에 대하여 복습해보자. $f : D \to \mathbb{R}$의 치역을 $R(f) := \{f(x) | x \in [a, b]\}$라고 하자.

(a) f가 최대값(최소값)을 가지면 f는 위로(아래로) 유계이다.

(b) 모든 $x \in D$에 대해 $f(x) \le M$일 때 M이 f의 최대값이 될 필요충분 조건은 $M \in R(f)$이다.

(c) 모든 $x \in D$에 대해 $f(x) \ge m$일 때 m이 f의 최소값이 될 필요충분 조건은 $m \in R(f)$이다.

정리 6.10 (최대최소 정리, Weierstrass 1861)

$f : [a, b] \to \mathbb{R}$가 연속함수이면 f는 반드시 최대값과 최소값을 갖는다.

[증명] 정리 6.9에 의해 f 의 치역 $R(f)$가 유계집합이므로 상한 $M \in \mathbb{R}$과 하한 $m \in \mathbb{R}$을 갖는다. 이제 $M \in R(f), m \in R(f)$ 임을 보이겠다. $M \notin R(f)$라고 가정하고 $g : [a, b] \to \mathbb{R}$를 다음과 같이 정의하자.

$$g(x) = \frac{1}{M - f(x)}, \quad x \in [a, b]$$

g는 모든 $x \in [a, b]$에 대해 $g(x) > 0$이고 연속함수이다. 따라서 정리 6.9에 의해 상수 $u > 0$가 존재하여 모든 $x \in [a, b]$에 대해 $g(x) \le u$, 즉, $f(x) \le M - \frac{1}{u}$이다. 이것은 M이 $R(f)$의 상한이 아님을 의미하므로 모순이다. 따라서 $M \in R(f)$이고 $x_M \in [a, b]$가 존재하여 $M = f(x_M)$이다.

$m \in R(f)$의 증명은 독자에게 맡긴다. □

다음 정리는 방정식의 수치해를 구하는 알고리즘인 이분법(bisection method)의 이론적 근거이다.

정리 6.11 (근의 존재성 : 이분법)

I가 구간이고 $f : I \to \mathbb{R}$이 연속함수라고 하자. $a, b \in I (a < b)$에 대해 $f(a) < 0 < f(b)$이면 $c \in I$가 존재하여 $f(c) = 0$이다.

[증명] $a_1 = a, b_1 = b, \gamma_1 = \frac{a+b}{2}$라고 두자. $f(\gamma_1) = 0$이면 증명이 끝난다.

$f(\gamma_1) < 0$이면 $a_2 = \gamma_1, b_2 = b$라고 두고, $f(\gamma_1) > 0$이면 $a_2 = a, b_2 = \gamma_1$라고 두자. 이렇게 선택할 때 $f(a_2) < 0, f(b_2) > 0$ 임에 주의하자.

이러한 과정을 통해 다음을 만족시키는 닫힌구간 $I_k = [a_k, b_k]\,(1 \le k \le n)$를 얻었다고 하자. (아래에서 $\ell(I_k) = b_k - a_k$이다)

$$I_k \subset I_{k-1},\ \ell(I_k) = \frac{1}{2}\ell(I_{k-1}),\ f(a_k) < 0 < f(b_k) \quad 2 \le k \le n$$

$\gamma_k = \frac{1}{2}(a_k + b_k)$라고 둘 때 $f(\gamma_k) = 0$이면 증명이 끝난다. $f(\gamma_k) < 0$이면 $a_{k+1} = \gamma_k, b_{k+1} = b_k$라고 두고, $f(\gamma_k) > 0$이면 $a_{k+1} = a_k, b_{k+1} = \gamma_k$라고 두자. 그러면 다음이 성립한다.

$$I_{k+1} \subset I_k,\ \ell(I_{k+1}) = \frac{1}{2}\ell(I_k),\ f(a_{k+1}) < 0 < f(b_{k+1})$$

이 과정을 반복하면 축소구간열 $\{I_n = [a_n, b_n]\}_{n=1}^{\infty}$을 얻을 수 있고 $f(a_n) < 0 < f(b_n)$이다. 한편, 모든 $n \in \mathbb{N}$에 대해 $a_n \le c \le b_n$이고 $\lim_{n\to\infty}(b_n - a_n) = 0$이므로, 축소구간 정리에 의해, $\bigcap_{n=1}^{\infty} I_n = \{c\}$이다.

이제 $f(c)=0$임을 보이겠다. $\lim_{n\to\infty} a_n = \lim_{n\to\infty} b_n = c$이고 f가 c에서 연속이므로, 수열에 대한 조임정리에 의해, 다음 식이 성립한다.

$$0 \le \lim_{n\to\infty} f(a_n) = f(c) = \lim_{n\to\infty} f(b_n) \le 0$$

그러므로 $f(c)=0$이다. □

참고 6.1 이분법을 이용하여 근의 근사값을 구할 때 $\lim_{n\to\infty} \gamma_n = c$라는 사실을 이용한다. 충분히 큰 n에 대해 γ_n을 근사값으로 택할 때 오차는 $|\gamma_n - c| \le \frac{b-a}{2^n}$이다.

다음에 소개할 중간값 정리(intermediate value theorem)는 직관적으로 자명해 보인다. 1810년 이전의 수학자들은 당연한 성질로 생각하여 증명의 필요성을 느끼지 않았는데 함수의 연속성을 엄밀하게 정의한 볼차노(1817년)와 코시(1821년)에 의해 증명되었다. 볼차노의 증명과정은 "위로 유계인 집합이 상한을 갖는다"는 사실에 대한 증명도 포함하고 있다.

정리 6.12 (중간값 정리, Bolzano 1817)

구간 I에서 정의된 함수 $f: I \to \mathbb{R}$에 대해 $a < b (a, b \in I)$라고 하자. f가 연속함수일 때 $f(a) < c < f(b)$이면 $f(\xi) = c$인 $\xi \in [a, b]$가 존재한다.

[증명] $g(x) = f(x) - c$라고 두자. g가 I에서 연속이고 $g(a) < 0$, $g(b) > 0$이므로, 정리 6.11에 의해, $\xi \in [a, b]$가 존재하여 $f(\xi) = c$이다. □

중간값 정리를 이용하면 연속함수의 치역 $f(I)$가 역시 구간임을 증명할 수 있다. 구간의 성질은 위상수학에서 연결집합(connected set)으로 일반화된다. 특히, 유계인 닫힌구간 $[a, b]$는 연결된 컴팩트(compact) 집합이라는 특별한 성질을 갖는다.

정리 6.13 (닫힌구간에서 연속인 함수의 치역)

$f: [a, b] \to \mathbb{R}$가 연속함수이면 치역 $R(f)$는 유계인 닫힌구간이다.

[증명] f가 연속이므로 f는 최대값 M과 최소값 m을 갖는다.

이제 임의의 $y \in [m, M]$를 택하면 중간값 정리에 의해 어떤 점 $c \in [a, b]$에서 $y = f(c)$이므로 $[m, M] \subseteq R(f)$이다. 한편, 모든 $x \in [a, b]$에 대해 $m \le f(x) \le M$이므로 $R(f) \subseteq [m, M]$이다.

$R(f) = [m, M]$이므로 증명이 끝난다. □

정리 6.14 (구간에서 연속인 함수의 치역)

I가 구간일 때 $f : I \to \mathbb{R}$가 연속함수이면 치역 $R(f)$는 구간이다.

[증명] 먼저 "$x, y \in S(\neq \phi)$이고 $x < y$일 때 $[x, y] \subseteq S$이면 S는 구간이다"라는 사실을 상기하자.

치역 $R(f)$에 속하는 임의의 두 실수 $y_1 < y_2$가 주어지면 $x_1, x_2 \in I$가 존재하여 $y_1 = f(x_1), y_2 = f(x_2)$이다. 한편, 중간값 정리를 적용하면 임의의 $y \in [y_1, y_2]$에 대해 $x \in (x_1, x_2)$가 존재하여 $f(x) = y$이다. 따라서 $[y_1, y_2] \subseteq R(f)$임을 알 수 있다.

정리 2.11에 의해 $R(f)$는 구간이어야 한다. □

연습문제 6.2

1. $f : \mathbb{R} \to \mathbb{R}$이 연속인 주기함수라고 하자. f가 최대값과 최소값을 가짐을 증명하여라.
2. 차수가 짝수인 모든 다항식이 최대값이나 최소값을 가짐을 보여라.
3. 다음 방정식이 주어진 구간에서 실근을 가짐을 보여라.
   (a) $x - \cos x = 0;\quad [0, \pi/2]$ (b) $1 - x\tan x = 0;\quad (0, \pi/2)$
4. $f : [a, b] \to \mathbb{R}$가 연속함수라고 하자. $m := \inf\{f(x) | x \in [a, b]\} = m$일 때 $m = f(x_m)$인 $x_m \in [a, b]$가 존재함을 증명하여라.
5. **(부동점 정리, fixed point theorem)** $f : [a, b] \to [a, b]$가 연속함수라고 하자. $f(c) = c$를 만족하는 $c \in [a, b]$가 적어도 하나 존재함을 증명하여라. (이런 점 c를 f의 부동점(fixed point)이라고 부른다)
6. f와 g가 $[a, b]$에서 연속이라고 하자. $f(a) > g(a)$, $f(b) < g(b)$이면 $\xi \in (a, b)$가 존재하여 $f(\xi) = g(\xi)$임을 보여라.
7. $f : [0, 1] \to \mathbb{R}$이 연속함수이고 $f(0) = f(1)$이라고 하자. $\xi \in [0, 1/2]$가 존재하여 $f(\xi) = f\left(\xi + \frac{1}{2}\right)$임을 보여라.
8. **(단조함수의 연속성과 순단조 함수)** $f : [a, b] \to \mathbb{R}$가 일대일 연속함수이면 순단조 함수임을 보이려고 한다. $f(a) < f(b)$인 경우만 생각하자.
   (a) 모든 $x \in (a, b)$에 대해 $f(a) < f(x) < f(b)$임을 보여라.
   (b) $x, y \in (a, b)$일 때 $x < y$이면 $f(x) \geq f(y)$이면 모순임을 보여라.
9. $f : [a, b] \to \mathbb{R}$가 연속함수이고 $a = x_0 < x_1 < x_2 < \ldots < x_n = b$라고 하자.

(a) $\xi \in [a,b]$가 존재하여 $\sum_{k=1}^{n} f(x_k) = nf(\xi)$임을 보여라.

(b) $\eta \in [a,b]$가 존재하여 $\sum_{k=1}^{n} f(x_k)(x_k - x_{k-1}) = (b-a)f(\eta)$임을 보여라.

10. f가 구간 I에서 정의된 연속함수일 때 $y_1, y_1 \in R(f)$라고 하자. $y_1 < c < y_2$이면 $c \in R(f)$임을 보여라.

11. $f : [a,b] \to \mathbb{R}$이 연속함수이고 $f(a) < 0, f(b) > 0$이라고 하자. $\ell := \inf\{x \in [a,b] | f(x) > 0\}$에 대해 $f(\ell) = 0$임을 증명하여라.

12. 정리 6.14의 역이 성립하는지 조사하여라.

13. $f : \mathbb{R} \to \mathbb{R}$가 상수함수가 아니고 연속이라고 하자. 다음을 증명하여라.

(a) $\lim_{|x|\to\infty} f(x) = 0$이면 f가 유계함수이고 최대값이나 최소값을 갖는다.

(b) $\lim_{|x|\to\infty} f(x) = \infty$이면 f가 최소값을 갖는다.

14. 다항식 $p(x) = x^r + a_{n-1}x^{r-1} + \cdots + a_1 x + a_0$의 차수 r가 홀수라고 하자. p가 적어도 1개의 실근을 가짐을 보이려고 한다.

(a) $\lim_{n\to\infty} \frac{a_{r-1}n^{r-1}+\cdots+a_1 n + a_0}{n^r} = 0$임을 보여라.

(b) (a)를 이용하여 자연수 m이 존재하여 $p(m) > 0$임을 보여라.

(c) 어떤 자연수 k에 대해 $p(-k) < 0$임을 보여라.

(d) p가 $[-k, m]$에서 적어도 1개의 실근을 가짐을 설명하여라.

15. $p(x)$가 짝수차 다항식이라고 하자. 어떤 $x_0 \in \mathbb{R}$에 대해 $p(x_0) < 0$이면 p가 2개 이상의 실근을 가짐을 증명하여라.

6.3 고른연속

이 절에서는 특별한 특징을 갖는 연속함수에 대해 알아본다.

I가 구간이라고 하자. 함수 $f: I \to \mathbb{R}$이 연속이면 각 $x_0 \in I$와 임의의 (미리 주어진) 양수 ε에 대해 양수 δ가 존재하여 $|x - x_0| < \delta$인 모든 $x \in I$에 대해 $|f(x) - f(x_0)| < \varepsilon$이 성립한다. **양수 $\boldsymbol{\delta}$는 $\boldsymbol{\varepsilon}$과 $\boldsymbol{x_0}$에 따라서 달라질 수 있다**는 점에 유의해야 한다.

연속성을 기하학적으로 해석해보자. 연속성은 양수 ε에 대응하는 구간 $(f(x_0) - \varepsilon, f(x_0) + \varepsilon)$이 주어질 때 모든 $x \in (x_0 - \delta, x_0 + \delta)$에 대해 $f(x) \in (f(x_0) - \varepsilon, f(x_0) + \varepsilon)$가 성립하도록 $\delta > 0$를 찾을 수 있다는 것을 뜻한다. 상대적으로 δ_{x_0}가 작다면 x_0의 주변에서 함수값이 빠르게 커지거나 작아지는 것으로 해석할 수 있다. 반면에, δ_{x_0}가 상대적으로 크다면 x_0의 주변에서 함수값의 변화가 느리다는 것을 뜻한다.

예제 6.9 함수가 구간에서 정의될 때 ε에 대응하는 δ_x의 변화를 살펴보자.

(a) $f(x) = x^2 (x \geq 0)$의 경우에 x_0가 커지면 대응하는 δ_{x_0}는 점점 작아진다. 따라서 $|x - y| < \delta$인 모든 x, y에 대해 $|f(x) - f(y)| < \varepsilon$인 양수 δ를 찾을 수 없다.

(b) $g(x) = x^2 (0 \leq x \leq b)$의 경우에는 δ_b가 가장 작으므로 $|x - y| < \delta_b$인 모든 x, y에 대해 $|g(x) - g(y)| < \varepsilon$이다.

(c) $h(x) = \frac{1}{x} (x \geq \frac{1}{2})$의 경우에는 δ_{x_0}가 점점 커지지만 $x = \frac{1}{2}$에 대응하는 $\delta_{1/2}$는 가장 작다. 또 $|x - y| < \delta_{1/2}$인 모든 x, y에 대해 $|h(x) - h(y)| < \varepsilon$임을 확인할 수 있다.

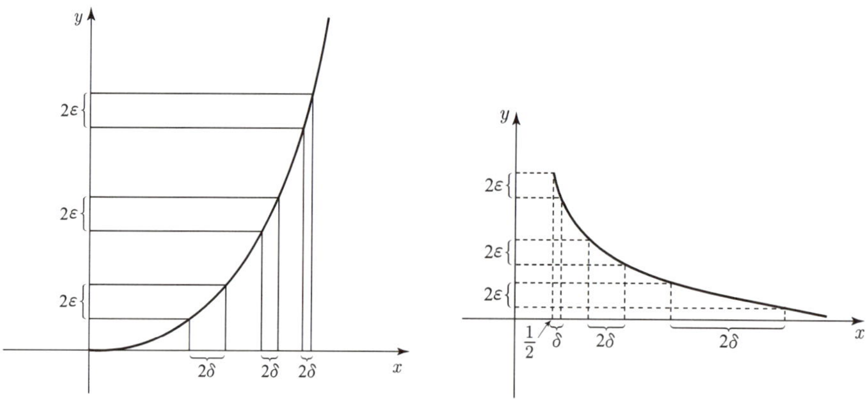

(a) 예제 6.9 (a), (b)　　(b) 예제 6.9 (c)

그림 6.2: ε에 대응하는 δ_x의 변화

예제 6.9에서 g와 h의 경우에는 주어진 양수 ε에 대해 x_0와 관계없이 동일하게 δ를

정할 수 있다. 이런 경우 함수가 I에서 고르게 연속이라고 한다.

정의 6.5 (고른연속)

$D \subseteq \mathbb{R}$일 때 $f : D \to \mathbb{R}$가 주어진 함수라고 하자. 임의의 양수 $\varepsilon > 0$에 대해 양수 δ가 존재하여 $|x - y| < \delta$를 만족시키는 모든 $x, y \in D$에 대해 $|f(x) - f(y)| < \varepsilon$이 성립하면 "$f$가 D에서 고르게 연속(uniformly continuous on D)"이라고 한다. 간단히 f를 고른연속(균등연속, 평등연속) 함수라고 부르기도 한다.

고른연속의 정의에서 δ는 **ε에만 의존하여 결정된다**. 연속의 정의와 큰 차이가 없는 것처럼 보이지만 $|x - y| < \delta$인 모든 x, y에 대하여 $|f(x) - f(y)| < \varepsilon$이 성립한다는 점에서 함수의 대역적(global) 성질이라고 볼 수 있다.

참고 6.2 f가 D에서 고르게 연속이라고 하자. $E \subseteq D$이면 f가 E에서 고르게 연속이다.

예제 6.10 (Lipschitz 연속함수) 다음 조건을 만족시키는 함수 $f : D \subseteq \mathbb{R} \to \mathbb{R}$가 고른연속 함수임을 증명하여라.

$$|f(x) - f(y)| \leq C\,|x - y| \quad (C > 0),\ {}^{\forall}x, y \in D$$

[풀이] ε이 주어진 양수라고 하자. $C\,|x - y| < \varepsilon$이면 $|f(x) - f(y)| < \varepsilon$이므로 $\delta = \frac{\varepsilon}{C}$라고 두는 것이 당연하다. 그러면 $|x - y| < \delta$를 만족시키는 모든 $x, y \in D$에 대해 $|f(x) - f(y)| < \varepsilon$이다. 따라서 f는 고른연속 함수이다. □

정리 6.15 (연속과 고른연속의 관계)

$f : D \subseteq \mathbb{R} \to \mathbb{R}$가 고른연속 함수이면 f는 연속함수이다.

[증명] 고른연속의 정의로부터 분명하다. □

정리 6.15와 예제 6.11 (a)는 연속과 고른연속 사이의 관계를 설명한다.

예제 6.11 $f(x) = \dfrac{1}{x}\ (x > a)$에 대해 다음을 증명하여라.

(a) $a = 0$이라고 하자. f는 연속함수이지만 고른연속 함수는 아니다.

(b) $a > 0$이면 f는 고른연속 함수이다.

[풀이] (a) f는 분명히 연속함수이다. f가 고른연속이라고 가정하고 모순이 생김을 보이고자 한다.

$\varepsilon = \frac{1}{2}$에 대응하는 $\delta > 0$가 존재하여 $|x-y| < \delta$일 때 $|f(x) - f(y)| < \frac{1}{2}$이어야 한다. 먼저 자연수 n을 $\frac{1}{n} < \delta$이 성립하도록 택하고 $x = \frac{1}{n}$, $y = \frac{1}{n+1}$이라고 두자. 그러면 $|x-y| = \frac{1}{n} - \frac{1}{n+1} < \frac{1}{n} < \delta$이다. 그러나 $|f(x) - f(y)| = \left|\frac{1}{x} - \frac{1}{y}\right| = |n - (n+1)| = 1 > \varepsilon$이므로 모순이다.

그러므로 f는 고른연속 함수가 아니다.

(b) $x, y > a$일 때 $|f(x) - f(y)|$는 다음 부등식을 만족시킨다.

$$|f(x) - f(y)| = \left|\frac{1}{x} - \frac{1}{y}\right| = \frac{|x-y|}{xy} < \frac{|x-y|}{a^2}$$

임의의 양수 ε에 대해 $\delta = a^2\varepsilon$이라고 두자. 그러면 $|x-y| < \delta$를 만족시키는 모든 $x, y > a$에 대해 $|f(x) - f(y)| < \varepsilon$이다. δ가 ε에만 의존하여 결정되므로 $f(x) = \frac{1}{x}$는 (a, ∞)에서 고르게 연속이다. □

정리 6.2에서는 $x = x_0$에서의 연속성을 $x = a$로 수렴하는 수열을 이용하여 설명하였다. 고른연속의 경우에도 비슷한 설명이 가능하다.

정리 6.16 (고른연속과 수열의 관계)

$f : D \subseteq \mathbb{R} \to \mathbb{R}$에 대해 다음 명제는 동치이다.

(i) f가 고른연속함수이다.

(ii) 모든 $n \in \mathbb{N}$에 대해 $x_n, y_n \in D$일 때 $\lim_{n\to\infty} |x_n - y_n| = 0$인 임의의 두 수열 $\{x_n\}_{n=1}^{\infty}$과 $\{y_n\}_{n=1}^{\infty}$에 대해 $\lim_{n\to\infty} |f(x_n) - f(y_n)| = 0$이다.

[증명] (i)⇒(ii) f가 고르게 연속이고 $\lim_{n\to\infty} |x_n - y_n| = 0$이라고 하자.

ε이 임의의 양수이면 $\delta > 0$가 존재하여 $|x-y| < \delta$일 때 $|f(x) - f(y)| < \varepsilon$이다. 또한 자연수 N이 존재하여 모든 $n \geq N$에 대해 $|x_n - y_n| < \delta$이다. f의 고른연속성에 의해 모든 $n \geq N$에 대해 $|f(x_n) - f(y_n)| < \varepsilon$이므로 $\lim_{n\to\infty} |f(x_n) - f(y_n)| = 0$임을 알 수 있다.

(ii)⇒(i) f가 고른연속함수가 아니라고 하자. 그러면 $\varepsilon_0 > 0$가 존재하여 임의의 $\delta > 0$에 대해 $x_\delta \in D$와 $y_\delta \in D$가 존재하여 $|x_\delta - y_\delta| < \delta$이지만 $|f(x_\delta) - f(y_\delta)| \geq \varepsilon_0$이다. 자연수 n에 대해 $\delta = \frac{1}{n}$이라고 두면 $x_n \in D$과 $y_n \in D$이 존재하여 $|x_n - y_n| < \delta$이지만 $|f(x_n) - f(y_n)| \geq \varepsilon_0$이므로 (ii)에 모순이다. □

예제 6.12 $a > 0$일 때 $\ln x$가 $[a, \infty)$에서 고르게 연속임을 설명하여라.

[풀이] 두 수열 $\{x_n\}_{n=1}^{\infty} \subset [a,\infty)$와 $\{y_n\}_{n=1}^{\infty} \subset [a,\infty)$에 대해 $\lim_{n\to\infty}|x_n - y_n| = 0$ 라고 하자. 정리 6.16에 의해 $\ln x$의 고른 연속성을 보이는 것은 $\lim_{n\to\infty}\frac{x_n}{y_n} = 1$을 증명하는 것과 동치이다.

모든 $n \in \mathbb{N}$에 대해 $x_n, y_n \geq a$이므로 $0 \leq \left|\frac{x_n}{y_n} - 1\right| = \frac{|x_n - y_n|}{y_n} \leq \frac{|x_n - y_n|}{a}$ 이다. 이제 수열에 대한 조임정리(정리 4.5)에 의해 $\lim_{n\to\infty}\frac{x_n}{y_n} = 1$임을 알 수 있다. 그러므로 $\ln x$가 $[a,\infty)$에서 고르게 연속이다. □

다음 정리는 연속이지만 고른연속이 아닌 함수의 특성을 설명하고 있다. 주로 고르게 연속이 아님을 설명할 때 활용된다.

따름정리 6.17 (고르게 연속이 아닌 함수의 특성)

함수 $f : D \subseteq \mathbb{R} \to \mathbb{R}$에 대하여 다음 명제는 동치이다.

(i) f가 D에서 고른연속함수가 아니다.

(ii) 양수 ε_0과 두 수열 $\{x_n\}_{n=1}^{\infty} \subset D$과 $\{y_n\}_{n=1}^{\infty} \subset D$가 존재하여 다음을 만족시킨다.

$$\lim_{n\to\infty}|x_n - y_n| = 0, \quad |f(x_n) - f(y_n)| \geq \varepsilon_0 \ {}^{\forall}n \in \mathbb{N}$$

[증명] 정리 6.16 (i), (ii)를 부정하면 된다. □

예제 6.13 $f(x) = x^3$은 연속이지만 고르게 연속은 아니다.

[풀이] $\varepsilon_0 = 3$을 택하고 $x_n = n + \frac{1}{n}$, $y_n = n$이라고 두자. 그러면 $\lim_{n\to\infty}|x_n - y_n| = 0$ 이지만 모든 자연수 n에 대해 $|f(x_n) - f(y_n)| = 3n + \frac{3}{n} + \frac{1}{n^3} > 3 = \varepsilon_0$이다. 따라서 f는 고르게 연속인 함수가 아니다. □

지금부터는 여러 가지 고른연속 함수의 예를 설명한다.

정리 6.18 (닫힌구간에서 연속인 함수의 고른연속성)

폐구간 $[a,b]$에서 정의된 함수 f가 연속함수이면 f는 $[a,b]$에서 고르게 연속이다.

[증명] f가 $[a,b]$에서 고른연속함수가 아니라고 하면 정리 6.17에 의해 양수 ε_0과 두 수열 $\{x_n\}_{n=1}^{\infty}$과 $\{y_n\}_{n=1}^{\infty}$가 존재하여 다음을 만족시킨다.

$$\lim_{n\to\infty}|x_n - y_n| = 0, \quad |f(x_n) - f(y_n)| \geq \varepsilon_0 \ {}^{\forall}n \in \mathbb{N} \tag{6.2}$$

$\{x_n\}_{n=1}^{\infty}$ 이 유계수열이므로 볼차노-바이어슈트라스 정리에 의해 어떤 $z \in [a,b]$ 로 수렴하는 부분수열 $\{x_{n_k}\}_{k=1}^{\infty}$ 가 존재한다. 한편, 다음 부등식에 의해 $\{y_n\}_{n=1}^{\infty}$ 의 부분수열 $\{y_{n_k}\}_{k=1}^{\infty}$ 도 z 로 수렴한다.

$$|y_{n_k} - z| \le |x_{n_k} - y_{n_k}| + |x_{n_k} - z|$$

f 가 $z \in [a,b]$ 에서 연속이므로 $\{f(x_{n_k})\}_{k=1}^{\infty}$ 와 $\{f(y_{n_k})\}_{k=1}^{\infty}$ 는 모두 $f(z)$ 로 수렴한다. 그러면 $\lim_{k\to\infty} |f(x_{n_k}) - f(y_{n_k})| = 0$ 인데 이것은 (6.2)에 모순이다.

그러므로 증명이 끝난다. □

정리 6.18에서 증명한 '닫힌구간에서 연속인 함수의 고른연속성'은 적분의 존재성을 증명하는 과정에서 이용된다.

참고 6.3 정리 6.18의 증명은 볼차노-바이어슈트라스 정리를 이용하고 있다. 위상수학적 관점에서 볼 때 $[a,b]$는 컴팩트 집합이라는 중요한 성질을 갖는다. 이 성질을 이용한 다른 증명에 대해서는 7장을 참조하기 바란다.

연속함수의 정의역이 유계이지만 닫힌구간이 아닌 경우에도 고른연속이 될 수 있다.

정리 6.19 (열린구간에서 고르게 연속인 함수)

함수 $f:(a,b) \to \mathbb{R}$ 이 연속함수라고 하자. f 가 고르게 연속일 필요충분 조건은 $\lim_{x\to a^+} f(x)$ 와 $\lim_{x\to b^-} f(x)$ 가 존재하는 것이다.

[증명] ($\Leftarrow$) 함수 $g:[a,b] \to \mathbb{R}$ 을 다음과 정의하자.

$$g(x) = \begin{cases} \lim_{x\to a^+} f(x), & x = a \\ f(x), & x \in (a,b) \\ \lim_{x\to b^-} f(x), & x = b \end{cases}$$

이렇게 정의된 함수 g 는 닫힌구간 $[a,b]$ 에서 연속함수이므로 g 는 고른연속함수이다. 한편, 모든 $x \in (a,b)$ 에서 $f(x) = g(x)$ 이므로 f 가 (a,b) 에서 고르게 연속함수이다.

($\Rightarrow$) $\lim_{x\to a^+} f(x)$ 가 존재하지 않는다고 가정하자. 그러면 수열 $\{x_n\}_{n=1}^{\infty}$ 이 존재하여 $\lim_{n\to\infty} x_n = a$ 이지만 $\{f(x_n)\}_{n=1}^{\infty}$ 는 수렴하지 않는다. $\{f(x_n)\}_{n=1}^{\infty}$ 이 수렴하지 않으므로 코시수열이 아님은 분명하다.

따라서 양수 ε_0 와 두 부분수열 $\{f(x_{n_k})\}_{k=1}^{\infty}$ 과 $\{f(x_{m_k})\}_{k=1}^{\infty}$ 이 존재하

여 다음을 만족시킨다.

$$|f(x_{n_k}) - f(x_{m_k})| \geq \varepsilon_0$$

한편, $\{x_{n_k}\}_{k=1}^{\infty}$과 $\{x_{m_k}\}_{k=1}^{\infty}$은 수렴하는 수열 $\{x_n\}_{n=1}^{\infty}$의 부분수열이므로 a로 수렴한다. 따라서 다음이 성립하는데 이것은 f가 고른연속 함수가 아님을 의미한다.

$$\lim_{k\to\infty} |x_{n_k} - x_{m_k}| = 0, \quad |f(x_{n_k}) - f(x_{m_k})| \geq \varepsilon_0.$$

그러므로 $\lim_{x\to a^+} f(x)$이 존재한다. □

지금까지는 유계구간에서 정의된 함수가 고르게 연속인지 조사하였다. 아래에서는 먼저 비유계 구간에서 정의된 고르게 연속인 함수에 대하여 공부한다.

먼저 무한구간에서 정의되는 고른 연속함수의 예를 제시한다.

예제 6.14 $f(x) = \sqrt{x}$가 구간 $[0, \infty)$에서 고르게 연속임을 보여라.

[풀이] 먼저 다음 부등식을 증명하자.

$$\left|\sqrt{y} - \sqrt{x}\right| \leq \sqrt{|y - x|} \quad \forall x, y \geq 0 \tag{6.3}$$

$xy = 0$이거나 $y = x$일 때는 당연히 성립하므로 $y > x > 0$일 경우만 증명하면 된다. $y > x > 0$이면 다음 식에 의해 (6.3)의 증명이 끝난다.

$$\left(\sqrt{y-x}\right)^2 - \left(\sqrt{y} - \sqrt{x}\right)^2 = 2\sqrt{x}\left(\sqrt{y} - \sqrt{x}\right) > 0$$

이제 임의의 $\varepsilon > 0$에 대해 $\delta = \varepsilon^2$을 택하면 $|y - x| < \delta$일 때 $\left|\sqrt{y} - \sqrt{x}\right| < \varepsilon$이므로 $\sqrt{x}$는 고르게 연속인 함수이다. 한편, $\lim_{x\to\infty} \sqrt{x}$는 존재하지 않는다. □

이제 f가 무한구간에서 정의되는 연속함수일 때 고르게 연속인지 확인하는 방법에 대해 알아 본다.

정리 6.20 (반무한 구간에서 고르게 연속인 함수)

$f : [a, \infty) \to \mathbb{R}$가 연속함수라고 하자. $\lim_{x\to\infty} f(x)$가 존재하면 f는 고른연속 함수이다.

[증명] $\lim_{x\to\infty} f(x) = L$일 때 ε이 주어진 양수라고 하자. 그러면 다음 사실을 확인할 수 있다.

(i) 극한의 정의에 의해 $M > 0$이 존재하여 $x > M$이면 $|f(x) - L| < \frac{\varepsilon}{2}$이다.

(ii) f가 $x = M$에서 연속이므로 $\delta_1 > 0$이 존재하여 $|x - M| < \delta_1$일 때 $|f(x) - f(M)| < \frac{\varepsilon}{2}$이다.

(iii) f가 $[a, M]$에서 고르게 연속이므로 $\delta_2 > 0$가 존재하여 $|x - y| < \delta_2$일 때 $|f(x) - f(y)| < \varepsilon$이다.

이제 $\delta = \min\{\delta_1, \delta_2\}$라고 두고 $|x - y| < \delta$일 때 $|f(x) - f(y)| < \varepsilon$이 성립함을 설명함으로써 f의 고른연속성을 증명하기로 하자.

- $x, y > M$이면 (i)에 의해 $|f(x) - f(y)| < \varepsilon$이다.
- $x, y \leq M$이면 (iii)에 의해 $|f(x) - f(y)| < \varepsilon$이다.
- $x \leq M, y > M$이라고 하자. $|x - y| < \delta$이므로 당연히 $|x - M| < \delta \leq \delta_1$, $|M - y| < \delta \leq \delta_1$이다. 따라서 (ii)에 의해 다음 부등식이 성립한다.

$$|f(x) - f(y)| \leq |f(x) - f(M)| + |f(M) - f(y)| < \frac{\varepsilon}{2} + \frac{\varepsilon}{2} = \varepsilon$$

그러므로 f는 $[a, \infty)$에서 고르게 연속이다. □

예제 6.15 $f(x) = x^2 e^{-x} \sin x + 2$가 구간 $[0, \infty)$에서 고르게 수렴함을 보여라.

[풀이] $\lim_{x \to \infty} f(x) = 2$이므로 정리 6.20에 의해 f는 고르게 연속인 함수이다. 특히, $y = 2$는 f의 수평점근선이다. (그림 6.3 참조) □

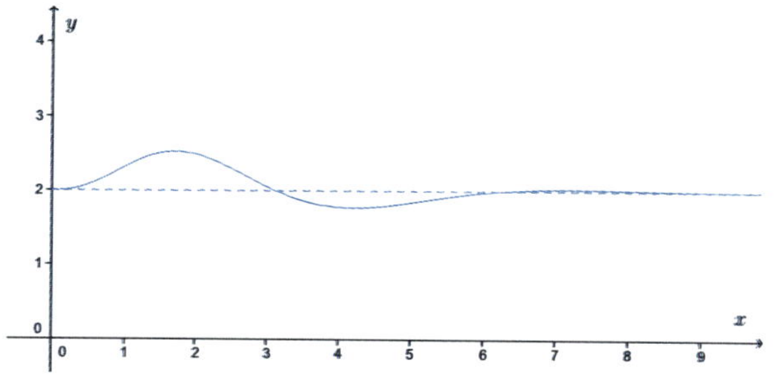

그림 6.3: 수평점근선과 고른연속

예제 6.15에서 $g(x) = 2$는 상수함수로 당연히 고르게 연속인 함수이다. 다음 정리는 $x \to \infty$일 때 함수 f의 점근적 거동(asymptotic behavior)을 이용하여 고른연속 여부를 판단할 수 있음을 보여 준다. [14]

정리 6.21 (점근적 거동을 이용한 고른연속 판정)

$f, g : [a, \infty) \to \mathbb{R}$가 연속함수이고 $\lim_{x \to \infty} (f(x) - g(x)) = 0$이라고 하자. f가 고르게 연속일 필요충분조건은 g가 고르게 연속이라는 것이다.

[증명] g가 고르게 연속이라고 가정하자. ε이 임의로 주어진 양수이면 g의 고른 연속성과 정리의 가정에 의해 다음이 성립한다.

(i) 상수 $M > a$이 존재하여 모든 $x > M$에 대해 $|g(x) - f(x)| < \frac{\varepsilon}{4}$이다.

(ii) (g의 고른 연속성) 양수 δ_1이 존재하여 $|x - y| < \delta_1$이면 $|g(x) - g(y)| < \frac{\varepsilon}{4}$이다.

(iii) ($x = M$에서 $f - g$와 g의 연속성) 양수 δ_2가 존재하여 $|x - M| < \delta_2$일 때 $|(f - g)(x) - (f - g)(M)| < \frac{\varepsilon}{4}$, $|g(x) - g(M)| < \frac{\varepsilon}{4}$이다.

(iv) ($[a, M]$에서 $f - g$와 g의 고른 연속성) 양수 δ_3가 존재하여 $|x - y| < \delta_3$일 때 $|(f - g)(x) - (f - g)(y)| < \frac{\varepsilon}{4}$이다.

이제 $\delta = \min\{\delta_1, \delta_2, \delta_3\}$라고 두고 $|x - y| < \delta$일 때 $|f(x) - f(y)| < \varepsilon$임을 보임으로써 f의 고른연속성을 증명하기로 하자.

- $x, y > M$이면 (i)과 (ii)에 의해 다음 식이 나온다.

$$\begin{aligned}|f(x) - f(y)| &= \big|(f - g)(x) - (f - g)(y) + \big(g(x) - g(y)\big)\big| \\ &\le |f(x) - g(x)| + |f(y) - g(y)| + |g(x) - g(y)| \\ &< \frac{\varepsilon}{4} + \frac{\varepsilon}{4} + \frac{\varepsilon}{4} < \varepsilon\end{aligned}$$

- $x, y \le M$이면 (ii)와 (iv)에 의해 다음 식이 나온다.

$$\begin{aligned}|f(x) - f(y)| &= \big|(f - g)(x) - (f - g)(y) + \big(g(x) - g(y)\big)\big| \\ &\le |(f - g)(x) - (f - g)(y)| + |g(x) - g(y)| \\ &< \frac{\varepsilon}{4} + \frac{\varepsilon}{4} < \varepsilon\end{aligned}$$

- $x \le M, y > M$인 경우를 생각해보자. $|x-y| < \delta$이므로 당연히 $|x-M| < \delta \le \delta_2$, $|y - M| < \delta \le \delta_2$이다. 따라서 (ii)와 (iii)에 의해 다음 부등식이 성립한다.

$$\begin{aligned}|f(x) - f(y)| &= |(f - g)(x) - (f - g)(M)| + |(f - g)(M) - (f - g)(y)| \\ &\quad + |g(x) - g(y)| \\ &< \frac{\varepsilon}{4} + \frac{\varepsilon}{4} + \frac{\varepsilon}{4} < \varepsilon\end{aligned}$$

그러므로 f는 $[a, \infty)$에서 고르게 연속이다. □

예제 6.16 $f(x) = \frac{2x^3+x-1}{x^2+1}$이 $[-3, \infty)$에서 고르게 연속임을 설명하여라.

[풀이] $f(x) = 2x - \frac{x+1}{x^2+1}$이므로 $\lim_{x\to\infty} \big(f(x) - 2x\big) = 0$이다. 그런데 $g(x) := 2x$가 고르게 연속이므로, 정리 6.21에 의해, f도 $[-3, \infty)$에서 고르게 연속이다. □

정리 6.22 (비유계구간에서 고르게 연속인 함수의 거동)

$f : [a, \infty) \to \mathbb{R}$가 고르게 연속이면 상수 $\alpha > a$, $A > 0$ 및 B가 존재하여 다음이 성립한다.

$$|f(x)| < Ax + B \quad \forall x \in (\alpha, \infty) \tag{6.4}$$

[증명] f의 고른 연속성에 의해 $\delta > 0$가 존재하여 다음이 성립한다.

$$|x - y| < \delta \ (x, y \in [a, \infty)) \implies |f(x) - f(y)| < 1$$

임의의 (고정된) $x \in (a + \delta/2, \infty)$에 대해 $\{x_k\}_{k=0}^{n}$을 다음과 같이 택하자.

$$a = x_0 < x_1 < \cdots < x_n = x, \quad x_k - x_{k-1} = \frac{\delta}{2}(2 \le k \le n),\ x_1 - x_0 \le \frac{\delta}{2}$$

이제 $f(x) - f(a) = \sum_{k=1}^{n} \big(f(x_k) - f(x_{k-1})\big)$에 삼각부등식을 적용하면 다음 부등식을 유도할 수 있다.

$$|f(x)| \le \sum_{k=1}^{n} |f(x_k) - f(x_{k-1})| + |f(a)| < n + |f(a)|$$

$x - a = \sum_{k=1}^{n}(x_k - x_{k-1}) > \sum_{k=2}^{n}(x_k - x_{k-1}) > \frac{(n-1)\delta}{2}$이므로 $n < \frac{2}{\delta}(x - a) + 1$이다. 이제 $\alpha = a + \delta/2$, $A = \frac{2}{\delta}$, $B = |f(a)| + 1 - \frac{2a}{\delta}$로 두면 증명이 끝난다. □

정리 6.22를 이용하면 증가속도가 빠른 함수가 고르게 연속이 아님을 보일 수 있다. 연습문제 15번과 16번을 참조하기 바란다.

연습문제 6.3

1. 정의를 이용하여 다음 함수가 고르게 연속임을 보여라. 단, $a > 0$이다.
   (a) $1/x^2 (x \ge a)$ (b) $\sqrt{ax^2 + 3}$ (c) $\cos ax$
   (d) $3x - 1$ (e) $\sin^2 x$ (f) $x^2\ (0 < x < 1)$

2. 다음 함수가 고르게 연속인지 조사하여라.
   (a) $\frac{1}{x^2+1}$ (b) $x \ln x\ (0 < x < 1)$ (c) $\tan^{-1} x\ (x > 0)$
   (d) $\frac{e^x - e^{-x}}{e^x + e^{-x}}$ (e) $e^{-x} \cos x\ (x \ge 0)$ (f) $1/x^2 (x > 0)$

3. n이 자연수일 때 $f(x) = x^n$은 $n = 1$ 때만 고르게 연속임을 보여라.

4. n이 자연수일 때 $\sqrt[n]{x}\ (x \ge 0)$이 고르게 연속임을 증명하여라.

5. 다음과 같이 정의된 함수 f가 고르게 연속임을 보여라.

$$f(x) = |1 - x| \quad (0 \le x \le 2), \quad f(x+2) = f(x) \ \forall x \in \mathbb{R}$$

6. 주기함수 $f : \mathbb{R} \to \mathbb{R}$가 연속함수이라고 하자. f가 고르게 연속임을 증명하여라.

7. 구간 I에서 정의된 함수 f가 고르게 연속이라고 하자. $\{x_n\}_{n=1}^{\infty}$이 코시수열이면 $\{f(x_n)\}_{n=1}^{\infty}$이 코시수열임을 증명하여라.

8. I가 구간일 때 $f : I \to \mathbb{R}$가 연속이지만 고른연속이 아니라고 하자. $\{x_n\}_{n=1}^{\infty}$이 코시수열이지만 $\{f(x_n)\}_{n=1}^{\infty}$은 코시수열이 아닌 예를 제시하여라.

9. 함수 $f : (-\infty, b] \to \mathbb{R}$가 연속함수일 때 $\lim_{x \to -\infty} f(x)$가 존재하면 f가 $(-\infty, b]$에서 고르게 연속임을 증명하여라.

10. 함수 $f : \mathbb{R} \to \mathbb{R}$가 연속이라고 하자. $\lim_{x \to \infty} f(x)$과 $\lim_{x \to -\infty} f(x)$가 존재하면 f가 고르게 연속임을 증명하여라.

11. I가 구간일 때 상수 $C > 0$와 $\alpha > 0$이 존재하여 $f : I \to \mathbb{R}$가 다음 조건을 만족시킨다고 하자.

$$|f(x) - f(y)| \le C\,|x - y|^{\alpha}, \ \forall x, y \in I$$

f가 고르게 연속임을 보여라.

12. $a, b \in \mathbb{R}$일 때 $f : (a, b) \to \mathbb{R}$가 유계인 단조증가 함수라고 하자. f가 연속이면 f가 고르게 연속임을 증명하여라.

13. 구간에서 정의된 함수 $f : I \to [0, \infty)$가 고르게 연속이면 $\sqrt{f}$가 고르게 연속임을 증명하여라.

14. $f, g : \mathbb{R} \to \mathbb{R}$가 고르게 연속일 때 $f + g$, fg 및 $g \circ f$가 고르게 연속임을 증명하거나 반례를 제시하여라.

15. $\lim_{x \to \infty} \frac{f(x)}{x} = \infty$이면 f가 고르게 연속이 아님을 증명하여라. (힌트 : 정리 6.22)

16. 다음 함수가 고르게 연속인지 조사하여라.
(a) e^x, $(0 \le x < \infty)$ (b) $\frac{x^3+1}{x^2+1}$ (c) $\sinh x := \frac{e^x - e^{-x}}{2}$

CHAPTER 7

실수 집합의 위상과 연속함수

6장에서는 ε-δ 논법을 기초로 연속성과 연속함수에 대하여 공부하였다. 최대최소 정리, 중간값 정리와 같은 중요한 정리를 증명할 때도 극한개념을 사용하였다.

이 장에서는 열린집합과 닫힌집합의 개념을 도입하여 실수집합의 위상적 성질을 살펴보고 6장에서 공부한 내용을 위상적 기법으로 재조명하려고 한다. 다소 어려운 내용이지만 폐포, 컴팩트 집합 및 연결집합은 위상수학에서 다룰 중요한 개념으로 잘 알아야 할 것이다. 이러한 개념들은 복소해석학, 다변수 해석학, 측도론(measure theory), 미분기하학 등의 분야에서 자주 등장한다.

7.1 실수집합의 위상 : 열린집합과 닫힌집합

우리는 실수의 집합 위에 순서가 정의되어 있음을 알고 있다. 순서 공리에 의하여 임의의 두 실수의 대소를 결정할 수 있고 실수의 절대값을 정의할 수 있었다.

실수 $a \in \mathbb{R}$와 양수 $\varepsilon > 0$에 대해 a의 ε-근방 (ε-neighborhood of a) $N(a, \varepsilon)$은 다음 열린구간을 의미한다.

$$N(a, \varepsilon) := \{x \in \mathbb{R} \mid |x - a| < \varepsilon\} = (a - \varepsilon, a + \varepsilon)$$

부분집합 $U \subset \mathbb{R}$이 어떤 양수 ε에 대해 a의 ε-근방을 포함하면 U를 a의 근방이라고 부른다.

앞에서 공부한 수열과 함수의 극한은 절대값과 부등식에 의해 기술되었다. 근방 개념을 이용하면 수열의 수렴성 및 함수의 연속성을 집합의 포함관계에 의해 설명할 수 있고 추상공간으로 확장시킬 수 있다. 이러한 일반화는 해석학에서 다루지는 않지만 위상수학의 주요 주제 가운데 하나이다.

먼저 근방의 성질을 알아보자.

정리 7.1 (근방의 성질)

실수 a, b 및 $a_i (i = 1, 2)$에 대해 다음이 성립한다.

(i) 임의의 $c \in (a, b)$에 대해 양수 ε이 존재하여 $N(c, \varepsilon) \subset (a, b)$이다.

(ii) $a_1 \neq a_2$이면 양수 $\varepsilon_i \ (i = 1, 2)$가 존재하여 $N(a_1, \varepsilon_1) \cap N(a_2, \varepsilon_2) = \varnothing$이다.

(iii) ε이 양수라고 하자. $c \in N(a, \varepsilon)$이면 양수 δ가 존재하여 $N(c, \delta) \subset N(a, \varepsilon)$이다.

(iv) $\varepsilon_i (i = 1, 2)$가 양수라고 하자. $c \in N(a_1, \varepsilon_1) \cap N(a_2, \varepsilon_2)$이면 양수 ε이 존재하여 $N(c, \varepsilon) \subset (N(a_1, \varepsilon_1) \cap N(a_2, \varepsilon_2))$이다.

[증명] (i) $\varepsilon = \min\{a - c, b - c\}$이라고 두면 $N(c, \varepsilon) \subseteq (a, b)$이다.

(ii) $|a_1 - a_2|$보다 작은 양수 ε_1과 ε_2을 선택하면 $N(a_1, \varepsilon_1) \cap N(a_2, \varepsilon_2) = \varnothing$이다.

(iii) $\delta = \min\{|c - a|, \varepsilon\}$이라고 두면 $N(c, \delta) \subset N(a, \varepsilon)$이다.

(iv) $a_1 < a_2$라고 가정해도 일반성을 잃지 않는다. $N(a_1, \varepsilon_1) \cap N(a_2, \varepsilon_2) = (a_2 - \varepsilon_2, a_1 + \varepsilon_1)$이므로 $c \in (a_2 - \varepsilon_2, a_1 + \varepsilon_1)$임을 알 수 있다. 따라서 (i)에 의해 증명이 끝난다. □

이제 해석학 및 위상수학에서 가장 기본적인 개념인 열린집합 및 닫힌집합에 대해 알아보기로 하자. 수학의 역사를 살펴보면 닫힌집합이 먼저 등장하고 19세기 말에 르베그(Lebesgue)에 의해 열린집합의 개념이 도입된다. 르베그는 그가 정의한 열린집합의 여집합이 닫힌집합이라는 것을 보였다. 열린집합의 이런 성질은 닫힌집합의 정의에 채용되는데 많은 수학자들의 연구 끝에 열린집합과 닫힌집합이 해석학 및 위상수학의 출발점으로 자리잡게 되었다.

정의 7.1 (열린집합과 닫힌집합의 정의)

$O \subset \mathbb{R}$가 공집합이 아니라고 하자. 임의의 $x \in O$에 대해 양수 ε이 존재하여

$$N(x, \varepsilon) \subset O$$

이면 집합 O를 열린집합(open set)이라고 한다.

한편, F^c가 열린집합이면 F는 닫힌집합(closed set)이라고 한다.

열린집합의 정의에서 각 $x \in O$에 대응하는 양수 ε은 x에 따라서 달라질 수 있다는 것에 유의할 필요가 있다.

다음 예제는 열린구간은 열린집합이고 닫힌구간은 닫힌집합임을 보여준다.

예제 7.1 (열린집합과 닫힌집합의 예) a, b가 실수라고 하자.

(a) $\mathbb{R}$과 공집합 $\varnothing$는 열린집합이다.

(b) 열린구간 $(-\infty, b)$, (a, b) 및 (a, ∞)는 열린집합이다.

(c) 닫힌구간 $(-\infty, b]$, $[a, b]$ 및 $[a, \infty)$는 닫힌집합이다.

[풀이] (a) 각 $x \in \mathbb{R}$와 양수 ε에 대해 $(x-\varepsilon, x+\varepsilon) \subset \mathbb{R}$이므로 $\mathbb{R}$은 열린집합이다. 한편, $x \in \varnothing$이면 임의의 양수 ε에 대해 $(x-\varepsilon, x+\varepsilon) \subset \varnothing$이다. 따라서 $\varnothing$는 열린집합이다.

(b) $x \in (-\infty, b)$이면 $\varepsilon = b - x > 0$은 양수이다. $(x-\varepsilon, x+\varepsilon) \subset (-\infty, b)$이므로 $(-\infty, b)$은 열린집합이다. 비슷하게, (a, ∞)도 열린집합이다.

(c) $(-\infty, b]$, $[a, b]$ 및 $[a, \infty)$의 여집합이 다음과 같다.

$$(-\infty, b]^c = (b, \infty)$$
$$[a, b]^c = (-\infty, a) \cup (b, \infty)$$
$$[a, \infty)^c = (-\infty, a)$$

따라서 닫힌구간은 닫힌집합이다. □

열린집합은 다음과 같은 중요한 성질을 갖고 있다.

정리 7.2 (열린집합의 공통집합과 합집합)

(i) $O_1, O_2, \cdots, O_n$이 열린집합이면 $\bigcap_{k=1}^{n} O_k$도 열린집합이다. 단, n은 임의의 자연수이다.

(ii) $I(\neq \varnothing)$가 임의의 첨자집합[1]이라고 하자. 임의의 $\alpha \in I$에 대해 O_α가 열린집합이면 $\bigcup_{\alpha \in I} O_\alpha$도 열린집합이다.

[증명] (i) $c \in \bigcap_{k=1}^{n} O_k$라고 하자. 그러면 모든 자연수 $k\,(1 \le k \le n)$에 대해 $c \in O_k$이므로 양수 ε_k가 존재하여 $N(c, \varepsilon_k) \subseteq O_k$이다.

[1]첨자집합(index set) I가 유한집합(finite set), 가산집합(countable set) 또는 비가산집합(uncountable set)이 될 수 있음을 의미한다.

$\varepsilon = \min\{\varepsilon_k | 1 \leq k \leq n\}$ 이라고 두면 모든 자연수 $k\,(1 \leq k \leq n)$ 에 대해 $N(c, \varepsilon) \subseteq N(c, \varepsilon_k)$ 이므로 다음을 알 수 있다.

$$N(c, \varepsilon) \subseteq \bigcap_{k=1}^{n} N(c, \varepsilon_k) \subseteq \bigcap_{k=1}^{n} O_k$$

그러므로 $\bigcap_{k=1}^{n} O_k$ 는 열린집합이다.

(ii) $c \in \bigcup_{\alpha \in I} O_\alpha$ 라고 하자. 그러면 $\alpha_0 \in I$ 가 존재하여 $c \in O_{\alpha_0}$ 이다. 그런데 O_{α_0} 가 열린집합이므로 양수 ε 이 존재하여 $N(c, \varepsilon) \subseteq O_{\alpha_0}$ 이다. 따라서 포함관계

$$N(c, \varepsilon) \subseteq O_{\alpha_0} \subseteq \bigcup_{\alpha \in I} O_\alpha$$

가 성립한다. 그러므로 $\bigcup_{\alpha \in I} O_\alpha$ 는 열린집합이다. □

정리 7.1에 의하여 임의의 갯수의 열린구간의 합집합은 열린집합이다. 역으로 임의의 열린집합은 열린구간의 합집합임을 보일 수 있다.

정리 7.3 (ℝ 에서 열린집합의 구조)

임의의 열린집합 O 는 다음과 같이 가산개(countable)의 서로 소(disjoint)인 열린 구간의 합집합으로 나타낼 수 있다.

$$O = \bigcup_{k=1}^{n} I_k \text{ 또는 } O = \bigcup_{k=1}^{\infty} I_k$$

단, $i \neq j$ 이면 $I_i \cap I_j = \varnothing$ 이다.

첨자집합 I 가 무한집합이고 $\alpha \in I$ 에 대해 O_α 가 열린집합일 때 공통집합 $\bigcap_{\alpha \in I} O_\alpha$ 는 열린집합이 아닐 수도 있다.

예제 7.2

(a) 열린집합 $I_n = (-\frac{1}{n}, \frac{1}{n})$ 에 대해 공통집합 $\bigcap_{n=1}^{\infty} I_n = \{0\}$ 은 닫힌집합이다.

(b) $E_n = (-\frac{1}{n}, 1 + \frac{1}{n})$ 일 때 $\bigcap_{n=1}^{\infty} E_n = [0, 1]$ 은 닫힌집합이다.

열린집합의 여집합으로 정의된 닫힌집합은 다음과 같은 성질을 갖는다.

예제 7.3 (닫힌집합의 성질) 닫힌집합은 다음과 같은 성질을 갖는다.

(i) ℝ 과 $\varnothing$ 는 닫힌집합이다.

(ii) $F_1, F_2, \cdots, F_n$ 이 닫힌집합이면 $\bigcup_{k=1}^{n} F_k$ 도 닫힌집합이다.

(iii) 임의의 $\alpha \in I$에 대해 F_α가 닫힌집합이면 $\bigcap_{\alpha \in I} F_\alpha$도 닫힌집합이다.

[증명] (i) $\mathbb{R}^c = \varnothing$와 $\varnothing^c = \mathbb{R}$이 열린집합이다.

(ii) $F_k^c\,(1 \le k \le n)$가 열린집합이므로 $\left(\bigcup_{k=1}^{n} F_k\right)^c = \bigcap_{k=1}^{n} F_k^c$가 열린집합이다.

(iii) F_α^c가 열린집합이므로 $\left(\bigcap_{\alpha \in I} F_\alpha\right)^c = \bigcup_{\alpha \in I} F_\alpha^c$가 열린집합이다. □

무한개의 닫힌집합의 집합은 닫힌집합이 아닐 수도 있다. 예를 들어, $F_n = [0, 1 - \frac{1}{n}]$일 때 $\bigcup_{n=1}^{\infty} F_n$은 $[0, 1)$이지만 닫힌집합이 아니다.

1914년 하우스도르프(Hausdorff)에 의해 위상(topology) 개념이 도입된 후 위상을 정의하는 여러 방법이 제안되었다. 열린집합을 이용하여 위상을 정의하는 방법은 1930년 대 말 프랑스의 수학자 그룹 부르바키(Bourbaki)에 의해 제안되었고 표준으로 자리 잡았다. 예제 7.1 (a)와 정리 7.2에서 살펴본 열린집합의 성질이 위상을 정의하는 공리로 선택되었다.

정의 7.2 (집합의 위상)

X의 부분집합으로 이루어진 집합족 $\mathcal{T}$가 다음 조건을 만족시키면 $\mathcal{T}$를 X의 위상(topology)이라고 한다.

(i) $X, \varnothing \in \mathcal{T}$.

(ii) n이 임의의 자연수일 때 $X_i \in \mathcal{T}(1 \le i \le n)$이면 $\bigcap_{i=1}^{n} X_i \in \mathcal{T}$이다.

(iii) I가 임의의 첨자집합일 때 각 $\alpha \in I$에 대해 $X_\alpha \in \mathcal{T}$이면 $\bigcup_{\alpha \in I} X_\alpha \in \mathcal{T}$이다.

위상을 갖는 집합 X를 위상공간(topological space)이라고 부른다.

위상 $\mathcal{T}$에 속하는 모든 집합을 열린집합이라고 하고 여집합이 열린집합이면 닫힌집합이라고 한다.

예제 7.1 (a)와 정리 7.2에 의해 $\mathbb{R}$의 열린집합의 전체 모임은 $\mathbb{R}$의 위상임을 말해주는데 이 위상을 보통위상(usual topology)이라고 한다. $\mathbb{R}$에 부여할 수 있는 위상은 무수히 많지만 기존의 미적분학이나 기하학이 보통위상에 기반을 두고 있으므로 보통위상은 가장 중요한 위상이라고 볼 수 있다.

정리 7.4 (부분공간)

$(X, \mathcal{T})$가 위상공간이고 $Y \subseteq X$라고 하자. $\mathcal{T}' = \{U \cap Y | U \in \mathcal{T}\}$는 Y의 위상이다. (이런 위상을 부분공간 위상(subspace topology)이라고 하고 위상공간 $(Y, \mathcal{T}')$을 $(X, \mathcal{T})$의 부분공간(subspace)이라고 부른다).

[증명] 정의 7.2의 세 조건이 만족되는지 보이면 된다.

(i) $\varnothing = X \cap \varnothing \in \mathcal{T}'$, $Y = X \cap Y \in \mathcal{T}'$ 이다.

(ii) 임의의 자연수 n에 대해 $Y_i \in \mathcal{T}' (1 \leq i \leq n)$ 이라고 하자. 그러면 $U_i \in \mathcal{T}$ 가 존재하여 $Y_i = U_i \cap X$ 이다. 정의 7.2 (ii)에 의해 $\bigcap_{i=1}^{n} U_i \in \mathcal{T}$ 이고, $\bigcup_{i=1}^{n} Y_i = \bigcap_{i=1}^{n} U_i \cap X = \left(\bigcap_{i=1}^{n} U_i\right) \cap X$ 이므로 $\bigcap_{i=1}^{n} Y_i \in \mathcal{T}'$ 이다.

(iii) 임의의 첨자집합 I와 각 $\alpha \in I$에 대해 $Y_\alpha \in \mathcal{T}'$ 이라고 하자. 그러면 $U_\alpha \in \mathcal{T}$가 존재하여 $Y_\alpha = U_\alpha \cap X$ 이다. 그런데 $\bigcup_{\alpha \in I} Y_\alpha = \bigcup_{\alpha \in I} U_\alpha \cap X = \left(\bigcup_{\alpha \in I} U_\alpha\right) \cap X$ 이고, 정의 7.2 (iii)에 의해, $\bigcup_{\alpha \in I} U_\alpha \in \mathcal{T}$ 이므로 $\bigcup_{\alpha \in I} Y_\alpha \in \mathcal{T}'$ 이다. □

$\mathbb{R}$의 (특히, 닫힌) 부분집합에서 정의된 함수의 성질을 파악할 때 부분공간 개념은 매우 유용하다.

예제 7.4 부분집합 $[0, 1] \subset \mathbb{R}$을 생각하자. $[0, \frac{1}{2})$은 $\mathbb{R}$에서 열린집합이 아니지만 부분공간 $[0, 1] \subset \mathbb{R}$에서는 열린집합이다. $[\frac{1}{2}, 1]$은 $\mathbb{R}$과 부분공간 $[0, 1] \subset \mathbb{R}$에서 모두 닫힌집합이다.

7.2 집적점과 폐포

이 절에서는 $\mathbb{R}$의 부분집합의 구조에 대해 살펴보기로 하자.

실수 집합의 구조에 대해 본격적인 관심을 가진 수학자는 칸토어라고 볼 수 있다. 칸토어는 푸리에 급수(11장 11.3절 참조)의 유일성에 대하여 연구하는 과정에서 집적점과 유도집합이라는 개념을 도입하였다. 그의 정의는 근방[2]이라는 개념에 바탕을 두고 있는데 $a \in \mathbb{R}$의 모든 근방이 $S \subset \mathbb{R}$에 속하는 무한히 많은 점을 포함하면 a를 S의 집적점(극한점)이라고 불렀다. 집적점에 대한 다음 정의는 조르단(Jordan)에 의해 도입되었다.

정의 7.3 (집적점)

$S \subset \mathbb{R}$가 공집합이 아닐 때 $a \in \mathbb{R}$라고 하자. 임의의 양수 ε에 대해 $N(a,\varepsilon) \cap (S - \{a\}) \neq \varnothing$이면 a를 S의 집적점(극한점, accumulation point, limit point 또는 cluster point)이라고 한다. S의 집적점 전체의 집합을 S의 유도집합(derived set)이라고 하고 S'으로 나타낸다. 또한, 집합 $S \cup S'$을 S의 폐포(closure)[3]라고 하고 $\overline{S}$로 나타낸다.

a가 S의 집적점이면 a 주변에 무한히 많은 S의 원소가 존재한다. 한편, S의 집적점이 S에 속할 수도 있고 그렇지 않을 수도 있다. 집적점이 S에 포함되느냐의 여부는 S의 위상적 성질에 많은 차이를 만든다. 칸토어는 집적점을 모두 포함하는 집합을 닫힌집합(closed set)이라고 정의했는데 이 정의는 위상수학에서의 정의와 동일하다. (정리 7.8)

예제 7.5 (유리수의 조밀성) 유리수의 집합 $\mathbb{Q}$에 대해 $\overline{\mathbb{Q}} = \mathbb{R}$이다.

[풀이] ε이 임의의 양수이고 a가 임의의 실수라고 할 때 ε 근방 $N(a,\varepsilon)$은 a와 다른 유리수를 반드시 포함한다. 따라서 임의의 실수가 $\mathbb{Q}$의 집적점이고 $\overline{\mathbb{Q}} = \mathbb{R}$임을 알 수 있다. □

다음 정리는 집적점과 관련된 가장 중요한 정리라고 볼 수 있다. E의 집적점이 E에 속할 필요는 없다.

정리 7.5 (집적점의 존재성 : Bolzano-Weierstrass 정리)

유계인 무한집합 $E \subset \mathbb{R}$는 적어도 하나의 집적점을 갖는다.

---

[2]칸토어가 의미한 실수 a의 근방은 a를 내부에 포함하는 임의의 구간을 의미한다.

[3]S를 포함하는 모든 닫힌집합의 교집합으로 S의 폐포를 정의하기도 한다.

[증명] 집합 E가 유계인 무한집합이므로 어떤 닫힌구간 $I_1 = [a_1, b_1]$에 포함된다. 이 I_1에 속하는 $x_1 \in E$를 택하자.

이제 I_1을 이등분한 닫힌구간 중에서 무한히 많은 E의 원소를 포함한 구간을 $I_2 = [a_2, b_2]$라고 하고 I_2에 속하고 x_1과 다른 E의 원소를 택하여 x_2라고 두자.

이런 과정을 무한히 계속하면 구간열 $\{I_n\}_{n=1}^{\infty}$와 모든 항이 서로 다르고 E에 속하는 수열 $\{x_n\}_{n=1}^{\infty}$을 택할 수 있다. $\{I_n\}_{n=1}^{\infty}$는 다음을 만족시킨다.

$$I_n \subset I_{n-1}, \quad b_n - a_n = \frac{1}{2}(b_{n-1} - a_{n-1})$$

축소구간 정리 4.8 (iii)을 적용하면 $\bigcap_{n=1}^{\infty} I_n = \{x\}$이다. 또한, 모든 자연수 n에 대해 $|x_n - x| \le (b_n - a_n) = \frac{b_1 - a_1}{2^{n-1}}$이므로 $\lim_{n \to \infty} x_n = x$이다. 임의의 양수 ε에 대해 $N(x, \varepsilon) \cap E$가 x와 다른 무한히 많은 E의 원소(수열의 항)을 포함하므로 x는 E의 집적점이다. 그러므로 증명이 끝난다. □

$S \subset \mathbb{R}$의 집적점은 수열의 극한으로 나타난다는 특성을 가지고 있다.

정리 7.6 (집적점의 특성 : 집적점에 수렴하는 수열의 존재성)

실수 $a \in \mathbb{R}$와 $S \subset \mathbb{R}$에 대해 다음은 동치이다.

(i) a가 S의 집적점이다.

(ii) 수열 $\{x_n\}_{n=1}^{\infty} \subset S$가 존재하여 모든 자연수 n에 대하여 $0 < |x_n - a| < \frac{1}{n}$ 이다.

[증명] (i)⇒(ii) a가 S의 집적점이므로 각 자연수 n에 대해 근방 $N(a, \frac{1}{n})$은 a가 아닌 S의 점을 포함한다. 이 점을 x_n이라고 하면 $0 < |x_n - a| < \frac{1}{n}$이므로 (ii)가 증명된다.

(ii)⇒(i) 임의의 $\varepsilon > 0$에 대해 $N(a, \varepsilon) \setminus \{a\}$가 S의 점을 포함한다는 것을 보이면 된다.

$\frac{1}{n} < \varepsilon$인 자연수 n을 택하자. 이러한 n에 대해 $x_n \in S$은 a와 다르고 $x_n \subset N(a, \varepsilon)$이다. 그러므로 a는 S의 집적점이다. □

집적점의 정의와 정리 7.6에 의해 폐포에 속하는 원소를 다음과 같이 설명할 수 있다.

정리 7.7 (폐포의 특성)

집합 S와 $a \in \mathbb{R}$에 대해 다음은 동치이다.

(i) $a \in \overline{S}$

(ii) 임의의 $\varepsilon > 0$에 대하여 $N(a, \varepsilon) \cap S \neq \varnothing$이다.

(iii) 수열 $\{x_n\}_{n=1}^{\infty} \subset S$가 존재하여 모든 자연수 n에 대하여 $|x_n - a| < \frac{1}{n}$이다.

[증명] 증명은 생략한다. □

정리 7.6에서 수열 $\{x_n\}_{n=1}^{\infty}$의 항은 모두 a와 다르다. 그러나 정리 7.7에서는 수열 $\{x_n\}_{n=1}^{\infty}$의 항이 모두 a와 같을 수도 있다.

집합 $S = [0,1] \cup \{3\}$에서 3은 집적점이 아니지만 모든 $n \in \mathbb{N}$에 대하여 $x_n = a$인 상수 수열의 극한이다.

다음 정리는 집적점이나 폐포를 이용하여 닫힌집합을 구분하는 방법을 설명한다.

정리 7.8 (닫힌집합의 특성)

집합 $F \subset \mathbb{R}$에 대해 다음은 모두 동치이다.

(i) $F \subset \mathbb{R}$가 닫힌집합이다.

(ii) $F' \subset F$

(iii) $\overline{F} = F$

[증명] (i)⇒(ii) $F' \subset F$의 대우명제 "$x \in F^c$이면 $x \notin F'$"임을 증명하자.

$x \in F^c$이면 x는 열린집합 F^c의 내점이므로 어떤 양수 ε_0가 존재하여 $N(x, \varepsilon_0) \subset F^c$이다. $N(x, \varepsilon_0) \cap F = \varnothing$이므로 x는 F의 집적점이 될 수 없다. $x \notin F'$이므로 증명이 끝난다.

(ii)⇒(i) $F' \subset F$일 때 F^c가 열린집합임을 보이면 된다. $x \in F^c$이면 $x \notin F'$이어서 x는 F의 집적점이 아니다. 따라서 x의 어떤 근방 $N(x, \varepsilon_0) \cap F$이 존재하여 x아닌 F의 다른 점을 포함하지 않는다. 따라서 $N(x, \varepsilon_0) \cap F = \varnothing$이고, $N(x, \varepsilon_0) \subset F^c$이므로 x는 F^c의 내점이다. 그러므로 F^c는 열린집합이다.

(ii)⇒(iii) 자명하게 $\overline{F} = F \cup F' = F$임을 알 수 있다.

(iii)⇒(ii) 폐포의 정의에 의해 $F \cup F' = F$이므로 $F' \subset F$이다. □

다음 정리는 수렴하는 수열과 닫힌집합의 관계를 설명한다.

정리 7.9 (수열과 닫힌집합)

공집합이 아닌 집합 $F \subset \mathbb{R}$에 대해 다음은 동치이다.

(i) F가 닫힌집합이다.

(ii) 수렴하는 모든 수열 $\{x_n\}_{n=1}^{\infty} \subset F$의 극한이 F에 속한다.

[증명] (i)⇒(ii) $\lim_{n\to\infty} x_n = x$라고 하자. $\{x_n\}_{n=1}^{\infty}$이 무한수열이면 x는 집합 $\{x_n | n \in \mathbb{N}\} \subset F$의 집적점이므로 정리 7.8 (ii)에 의해 $x \in F$이다. $\{x_n\}_{n=1}^{\infty}$이 유한수열이면 x는 수열의 어떤 항과 같으므로 당연히 $x \in F$이다.

(ii)⇒(i) F가 닫힌집합이 아니라고 가정하자. 모든 $x \in F^c$가 F^c의 내점이면 F^c가 열린집합이므로 F가 닫힌집합이다. 따라서 어떤 $x \in F^c$는 F^c의 내점이 될 수 없으므로 임의의 $n \in \mathbb{N}$에 대해 $N(x, \frac{1}{n}) \cap F \neq \varnothing$이다. 각 자연수 n에 대해 $x_n \in N(x, \frac{1}{n}) \cap F$을 택하면 (ii)에 의해 수열 $\{x_n\}_{n=1}^{\infty}$은 $x \in F$로 수렴한다. 이것은 x의 선택에 모순이다. 그러므로 F는 닫힌집합이다. □

정의 7.4 (내점, 외점, 경계점)

공집합이 아닌 집합 $S \subset \mathbb{R}$와 $a \in \mathbb{R}$를 생각하자.

(i) 양수 ε이 존재하여 $N(a, \varepsilon) \subset S$이면 a를 S의 내점(interior point)이라고 한다. S의 내점의 집합을 S의 내부(interior)[4]라고 하고 S°로 나타낸다. 한편, a가 S^c의 내점이면 a를 S의 외점(exterior point)이라고 한다.

(ii) a가 S의 내점도 아니고 외점도 아니면 a를 S의 경계점(boundary point)이라고 부른다. S의 경계점의 집합은 S의 경계(boundary)라고 부르고 ∂S로 나타낸다.

예제 7.6 집합 $S = [-3, 2)$를 생각하자.

(a) -3과 2가 S의 집적점임을 보여라.

(b) 임의의 $x \in (-3, 2)$가 S의 내점이고 집적점임을 보여라.

(c) $\overline{S}$, S° 및 ∂S를 구하여라.

[풀이] (a) 임의의 양수 ε에 대해 $N(-3, \varepsilon) \cap S \neq \varnothing$, $N(2, \varepsilon) \cap S \neq \varnothing$이다. 따라서 끝점 -3과 2는 S의 집적점이다.

[4] S에 포함되는 모든 열린집합의 합집합으로 정의하는 경우도 있다.

(b) $\varepsilon_0 = \min\{x+3, 2-x\}$ 일 때 $N(x, \varepsilon_0) \subset (-3, 2)$ 이므로 x는 S의 내점이다. 또한 임의의 ε에 대해 $N(x, \varepsilon)$이 x와 다른 점을 무한히 많이 포함하므로 x는 S의 집적점이다.

(c) (a)와 (b)에 의해 $\overline{S} = [-3, 2]$이다. 또한, 임의의 $c \in (-3, 2)$가 S의 내점이므로 $S^\circ = (-3, 2)$임을 알 수 있다.

한편, ε이 임의의 양수일 때 $N(-3, \varepsilon)$와 $N(2, \varepsilon)$는 S에 속하지 않는 점과 속하지 않는 점을 포함한다. -3과 2는 S의 내점도 아니고 외점도 아니므로 경계점이다. 다른 경계점은 없다. 그러므로 $\partial S = \{-3, 2\}$이다. □

내점이라는 용어는 칸토어에 의해 1879년 처음 도입되었고, 페아노(Peano)도 1887년 내점, 외점, 경계점 및 경계를 정의하였다. 조르단의 아이디어를 차용한 르베그(Lebesgue)는 경계점을 포함하지 않는 집합을 열린집합(open set)이라고 불렀다. 또한 그가 정의한 열린집합의 모든 점이 내점일 뿐아니라 열린집합의 여집합이 닫힌집합이 됨을 증명하였다. 이러한 수학적 결과를 바탕으로 해석학이나 위상수학에서는 열린집합을 이용하여 위상과 닫힌집합을 정의한다.

7.3 컴팩트 집합과 하이네-보렐 정리

집합의 컴팩트성은 1900년 대 초에 도입된 고도로 추상화된 개념으로 이해하기 쉽지않지만 해석학에서 매우 중요한 개념의 하나이다. 실수의 부분집합의 성질을 다루고 있지만 $\mathbb{R}$ 위에서 정의된 절대값이나 순서구조가 아닌 열린집합을 이용하여 정의된 위상적인 개념으로 일반적인 위상공간에서도 비중있게 다루어진다.

$\mathbb{R}$의 부분집합의 컴팩트성과 관련있는 연구는 19세기 중반으로 거슬러 올라가는데 볼차노와 바이어슈트라스 등에 의한 연속함수 및 수열과 관련된 방향과 하이네(Heine), 보렐(Borel), 르베그(Lebesgue)에 의한 열린집합의 덮개와 관련된 방향으로 나누어 볼 수 있다.

바이어슈트라스(1877년)는 닫힌구간에서 정의된 연속함수가 최대값을 갖는다는 것을 엄밀하게 증명하는 과정에서 볼차노가 1817년에 증명한 실수의 최대하계(하한, greatest lower bound) 성질[5]을 이용하였다. 보렐(1894년)은 "무한개의 구간이 실직선 상에 주어진 선분을 덮으면 유한개의 구간을 골라서 다시 선분을 덮을 수 있다"는 것을 증명하고 있다. 이 결과는 하이네가 닫힌구간 $[a, b]$에서 정의된 연속함수가 고르게 연속이라는 것을 증명할 때 사용한 방법과 매우 비슷하다. 이러한 이유로 정리 7.14를 하이네-보렐 정리라고 부른다.

바이어슈트라스가 증명한 정리 7.5는 프레셰(Fréchet)에 의해 확장되어 추상공간에 대한 (수열) 컴팩트 라는 개념으로 발전하게 된다(정리 7.7). 프레셰는 컴팩트라는 용어를 처음 도입한 수학자이다.

한편, 현대의 수학 서적은 열린덮개를 이용하여 컴팩트를 정의하고 있는데(정의 7.5, 7.6) 이 정의는 러시아 수학자인 알렉산드로프(Alexandroff)와 유리존(Urysohn)에 의해 도입되었다.

유클리드 공간에서 수열 컴팩트성, 하이네-보렐 정리, 컴팩트성은 모두 동치이지만 $[a, b]$에서 연속인 함수의 집합 $C[a, b]$과 같은 공간에서 하이네-보렐 정리는 컴팩트성을 보장하지 못한다. 또한, 1930년대에 증명된 "무한개의 컴팩트 집합의 곱은 컴팩트"라는 티코노프(Tychonoff) 정리는 열린덮개를 이용하는 컴팩트성에서는 성립하지만 수열 컴팩트성에서는 성립하지 않는다. 이러한 이유로 가장 일반적인 위상공간에서도 성립하는 열린덮개를 이용한 정의가 자리를 잡게 된다.

---

[5]'아래로 유계인 집합은 하한을 갖는다'는 것을 의미한다.

먼저 몇 개의 용어를 도입하자.

정의 7.5 (열린덮개)

실수의 부분집합 E와 집합족 $\mathcal{C} = \{V_\alpha \subset \mathbb{R} | \alpha \in I\}$을 생각하자.

(i) $E \subset \left(\bigcup_{\alpha \in I} V_\alpha \right)$이면 $\mathcal{C}$를 E의 덮개(covering)라고 하며, 유한개의 집합으로 구성된 덮개를 유한덮개(finite covering)라고 한다.

특히, $\mathcal{C}$의 각 원소 V_α가 열린집합이면 $\mathcal{C}$를 E의 열린덮개(open covering)라고 부른다.

(ii) $I_0 \subset I$에 대응하는 집합족 $\mathcal{D} = \{V_\alpha \in \mathcal{P} | \alpha \in I_0\}$이 E의 덮개가 되는 경우 $\mathcal{D}$를 $\mathcal{C}$의 부분덮개(subcovering)라고 한다. E의 덮개 $\mathcal{C}$에 대하여 유한 부분덮개가 존재하면 $\mathcal{C}$가 유한 부분덮개를 갖는다고 말한다.

예제 7.7 열린구간 $F = (0, 2)$을 생각하자.

(a) $\mathcal{C} = \left\{(0,1), \left(\frac{1}{2}, \frac{3}{2}\right), \left(\frac{7}{4}, \frac{9}{4}\right), \left(\frac{1}{2}, 3\right)\right\}$는 F의 유한 열린덮개이다.

(b) 각 $\alpha \in F$에 대해 $V_\alpha = \left(\frac{\alpha}{2}, \alpha\right)$라고 두면 $\mathcal{C} = \{V_\alpha | \alpha \in I\}$는 F의 열린덮개이다. 그러나 $\mathcal{C}$는 유한 부분덮개를 갖지 않는다.

(c) 자연수 n에 대해 $I_n = \left(\frac{1}{n}, 2 - \frac{1}{n}\right)$이라고 두면 $\mathcal{D} = \{I_n | n \in \mathbb{N}\}$는 F의 열린덮개이다. 그러나 $\mathcal{D}$는 유한 부분덮개를 갖지 않는다.

[풀이] (a) $\mathcal{C}$가 유한 열린덮개이므로 당연하다.

(b) $\{V_{\alpha_1}, V_{\alpha_2}, \ldots, V_{\alpha_n}\}$가 $\mathcal{C}$의 유한 부분덮개라고 가정하고 $a := \max_{1 \le i \le n} \alpha_i$라고 두자. 그러면 $F \subset \bigcup_{i=1}^{n} V_{\alpha_i} = V_a$이지만 $V_a \subsetneq F$이므로 모순이다. 따라서 $\mathcal{C}$는 유한 덮개를 갖지않는다.

(c) (b)와 비슷한 이유로 $\mathcal{D}$는 유한 부분덮개를 갖지 않는다. □

정의 7.6 (컴팩트 집합)

$E \subset \mathbb{R}$의 **임의의** 열린덮개가 유한 부분덮개를 가지면 E가 컴팩트(compact)라고 한다.

예제 7.8 유한집합 $E = \{a_1, a_2, \ldots, a_n\}$는 컴팩트이다.

[풀이] 첨자집합 I의 각 원소 α에 대해 V_α가 열린집합이고 $E \subset \left(\bigcup_{\alpha \in I} V_\alpha\right)$라고 하자. a_i를 포함하는 집합을 V_{α_i}라고 하면 $E \subset \bigcup_{i=1}^{n} V_{\alpha_i}$이므로 E는 컴팩트이다. □

예제 7.7은 열린집합 $(0, 2)$가 여러 개의 열린덮개를 가질 수 있음을 보여준다. 또한 어떤 열린덮개는 유한 부분덮개를 갖고 다른 열린덮개는 유한 부분덮개를 갖지 않는다. (b), (c)에 주어진 열린덮개가 유한 부분덮개를 갖지 않으므로 구간 $(0, 2)$는 컴팩트가 아니다. 예제 7.7의 풀이 과정을 약간 수정하면 임의의 열린구간이 컴팩트 집합이 아님을 보일 수 있다.

반면에 유계인 닫힌구간은 특별하다. 다음 정리는 유계인 닫힌구간 $[a, b]$가 컴팩트라는 사실을 보여준다. $[a, b]$의 컴팩트성은 연속함수 $f : [a, b] \to \mathbb{R}$의 고른연속성 및 적분가능성을 증명하는 과정에서 중요한 역할을 한다.

정리 7.10 (컴팩트 집합 : 닫힌구간)

유한 닫힌구간 $[a, b]$는 컴팩트 집합이다.

[증명] $\mathcal{C} = \{U_\alpha | \alpha \in I\}$가 $[a, b]$의 열린덮개라고 가정하고 다음과 같은 $[a, b]$의 부분집합 A를 생각하자.

$$A = \{x \in [a, b] \mid [a, x]\text{가 } \mathcal{C}\text{에 속하는 유한개의 집합으로 덮힘}\}$$

먼저 $A \neq \varnothing$이고 위로 유계인 집합이다. 따라서 A의 상한 $s = \sup A$가 존재하고 $s \in [a, b]$이다.

이제 $s = b$임을 보이자. $s < b$이면 s를 포함하는 열린집합 U_α와 다음을 만족시키는 $\varepsilon > 0$이 존재한다.

$$(s - \varepsilon, s + \varepsilon) \subset U_\alpha, \quad s + \varepsilon < b$$

상한의 정의에 의해 $s - \frac{\varepsilon}{2} \in A$이고 $[a, s - \frac{\varepsilon}{2}]$를 유한개의 집합 $\{U_{\alpha_i}\}_{i=1}^{n} \subset \mathcal{C}$으로 덮을 수 있다.

한편, $\left[s - \frac{\varepsilon}{2}, s + \frac{\varepsilon}{2}\right] \subset (s - \varepsilon, s + \varepsilon) \subset U_\alpha$이므로 $s + \frac{\varepsilon}{2} \in A$이다. 이것은 s가 A의 상한이라는 사실에 모순이다.

따라서 $[a, b]$는 유한개의 집합으로 덮히고 컴팩트임을 알 수 있다. □

다음은 컴팩트 집합의 성질을 열거한 것이다.

정리 7.11 (컴팩트 집합의 성질)

$K \subset \mathbb{R}$가 공집합이 아니라고 하자.

(i) K가 컴팩트이면 K는 유계집합이다.

(ii) K가 컴팩트이면 K는 닫힌집합이다.

(iii) K가 컴팩트일 때 $F \subset K$가 닫힌집합이면 F는 컴팩트이다.

[증명] (i) 각 자연수 n에 대해 열린집합 $I_n := (-n, n)$을 택하면 분명히 $K \subset \bigcup_{n=1}^{\infty} I_n$ $(= \mathbb{R})$이다. K가 컴팩트이므로 유한개의 자연수 $n_1, n_2, \ldots, n_N$이 존재하여 $K \subset \bigcup_{k=1}^{N} I_{n_k}$이다. 여기서 $M = \max_{1 \le k \le N} n_k$이라고 두면 $\bigcup_{k=1}^{N} I_{n_k} = I_M$이므로 임의의 $x \in K$에 대해 $|x| < M$이다.

그러므로 K는 유계집합이다.

(ii) 임의의 $x \in K^c$가 K^c의 내점임을 보이면 된다. 자연수 n에 대해 집합 $U_n := \{y \in \mathbb{R} \,|\, |y - x| > \frac{1}{n}\}$은 열린집합이고 $\bigcup_{n=1}^{\infty} U_n = \mathbb{R} - \{x\}$이다. 따라서 $\{U_n\}_{n=1}^{\infty}$은 K의 열린덮개이고 유한 부분덮개 $\{U_{n_k} | k = 1, 2, \ldots, N\}$를 갖는다. 여기서 $M = \max_{1 \le k \le N} n_k$이라고 두면 다음이 성립한다.

$$K \subset \bigcup_{k=1}^{N} U_{n_k} = U_M$$

따라서 $K \cap (1 - \frac{1}{M}, 1 + \frac{1}{M}) = \varnothing$이고 $x \in (1 - \frac{1}{M}, 1 + \frac{1}{M}) \subset K^c$임을 알 수 있다.

그러므로 x는 K^c의 내점이다.

(iii) $\mathcal{C} = \{V_\alpha | \alpha \in I\}$가 F의 열린덮개이면 $\mathcal{B} := \mathcal{C} \cup F^c$는 K의 열린덮개이다. K가 컴팩트이므로 $\mathcal{B}$는 유한 부분덮개를 갖는다.

이 유한덮개가 F^c를 포함하면 $\mathcal{B}$에서 F^c를 제거해도 F의 유한 부분덮개이다. 또 이 유한덮개가 F^c를 포함하지 않으면 여전히 F의 유한 부분덮개이다. 그러므로 F는 컴팩트이다. □

정리 7.12 (컴팩트 집합과 집적점)

$K \subset \mathbb{R}$이 컴팩트이면 임의의 수열 $\{x_n\}_{n=1}^{\infty} \subseteq K$이 K의 원소로 수렴하는 부분수열을 갖는다.

[증명] 정리 7.11 (i)에 의해 K가 유계집합이므로 $\{x_n\}_{n=1}^{\infty}$는 유계이다. 따라서 4장에서 공부한 유계수열에 대한 볼차노-바이어슈트라스 정리(정리 4.10)을 적용하면 $\{x_n\}_{n=1}^{\infty}$가 수렴하는 부분수열 $\{x_{n_k}\}_{k=1}^{\infty}$을 갖는다. 이 부분수열의 극한을 x라고 하자.

부분수열 $\{x_{n_k}\}_{k=1}^{\infty}$이 유한수열이면 $x \in K$이다. 반면 $\{x_{n_k}\}_{k=1}^{\infty}$이 무한수열이면 x는 K의 집적점이다. 그런데 K가 닫힌집합이므로 $x \in K$이다.

그러므로 증명이 끝난다. □

어떤 집합 E의 원소로 구성된 임의의 수열이 수렴하는 부분수열을 가지면 E가 볼차노-바이어슈트라스 (Bolzano-Weierstrass) 성질[6]을 갖는다고 한다. 1906년 프레셰(Fréchet)는 이 성질을 이용하여 컴팩트 집합을 정의했는데 수열컴팩트(sequentially compact)에 해당한다. 위상수학의 개념이 형성되는 시기에는 이 성질을 이용하여 컴팩트성(compactness)을 정의하기도 했지만 후에 열린덮개를 이용한 정의로 바뀌었다.

정의 7.7 (수열컴팩트 1906년, Frechet)

$K \subset \mathbb{R}$라고 하자. 임의의 수열 $\{x_n\}_{n=1}^{\infty} \subseteq K$이 K에 속하는 점으로 수렴하는 부분수열을 가지면 K가 수열(또는 점열) 컴팩트 집합이라고 한다.

정리 7.13 (수열컴팩트 집합의 특성)

무한 부분집합 $K \subset \mathbb{R}$에 대해 다음은 모두 동치이다.

(i) K가 유계이고 닫힌집합이다.

(ii) K가 수열컴팩트이다.

[증명] (i)⇒(ii) $\{x_n\}_{n=1}^{\infty} \subset K$가 무한수열이면 정리 7.5에 의해 무한집합 $S = \{x_n | n \in \mathbb{N}\}$이 집적점을 갖는다. 이 집적점을 x라 하면 x는 $S \subset K$의 집적점이다. 그런데 K가 닫힌집합이므로 $x \in K$이다.

$\{x_n\}_{n=1}^{\infty} \subset K$가 유한수열이라고 하자. 그러면 $S = \{x_n | n \in \mathbb{N}\}$는 유한집합이다. S의 원소 중에서 적어도 하나는 무한히 많이 나타난다. 이 원소를 a라 하면 자연수의 수열 $n_1, n_2, \ldots$가 존재하여 모든 $k \in \mathbb{N}$에 대해 $x_{n_k} = a$이다. 부분수열 $\{x_{n_k}\}_{k=1}^{\infty}$는 분명히 K의 원소로 수렴한다.

[6]어떤 책에서는 집합 E의 임의의 무한 부분집합이 집적점을 가질 때 E가 볼차노-바이어슈트라스 성질을 갖는다고 정의하기도 한다.

따라서 K는 수열 컴팩트이다.

(ii)⇒(i) 먼저 K가 닫힌집합임을 보이자. 수열 $\{x_n\}_{n=1}^{\infty} \subset K$이 x로 수렴한다고 하자. 그러면 (ii)에 의해 K의 원소 x'으로 수렴하는 부분수열 $\{x_{n_k}\}_{k=1}^{\infty}$이 존재하다. 그런데 $\{x_n\}_{n=1}^{\infty}$이 수렴하므로 $x = x' \in K$이다. 그러므로 정리 7.9에 의해 K는 닫힌집합이다.

다음으로 K가 유계임을 보이자. K가 유계가 아니면 임의의 자연수 n에 대해 $y_n \in K$가 존재하여 $|y_n| > n$이다. 한편 (ii)에 의해 어떤 $y \in K$로 수렴하는 부분수열 $\{y_{n_k}\}_{k=1}^{\infty}$이 존재한다. 그러면 $\{y_{n_k}\}_{k=1}^{\infty}$이 유계수열이다. 그런데 각 $k \in \mathbb{N}$에 대해 $|y_{n_k}| > n_k > k$이므로 $\{y_{n_k}\}_{k=1}^{\infty}$는 비유계 수열이다. 이것은 모순이다. □

정리 7.14 (Heine-Borel 정리)

$K \subset \mathbb{R}$가 컴팩트 집합일 필요충분 조건은 K가 유계이고 닫힌집합인 것이다.

[증명] K가 컴팩트이면 정리 7.11 (i), (ii)에 의해 K는 유계이고 닫힌집합이다.

역으로 K가 유계이고 닫힌집합이라고 가정하자. K가 유계이므로 실수 $M > 0$이 존재하여 $K \subset [-M, M]$이다. 정리 7.10에 의해 $[-M, M]$이 컴팩트이고 K가 닫힌집합이므로, 정리 7.11 (iii)에 의해, K는 컴팩트이다. □

하이네-보렐 정리에 의해 (a, b), $(a, b]$ 또는 $[a, b)$는 컴팩트가 아니다. 또한 비유계집합인 $(-\infty, b]$나 $[a, \infty)$도 컴팩트가 아니다. 그러나 유한개의 유계인 닫힌구간의 합집합은 컴팩트이다.

7.4 연결된 집합

이 절에서는 위상공간의 연결성(connectedness)에 대하여 간단히 살펴본다. 먼저 실수 집합을 수직선에 대응시킬 때 $(-2, 3]$과 같은 구간은 빈틈없이 메워진 선분에 대응한다는 것을 관찰할 수 있는데 연결된 집합의 한 예가 된다. 이런 개념을 수학적으로 정의하고 $\mathbb{R}$의 연결된 부분집합을 찾아보는 것이 이 절의 목표이다.

7.1절에서 $\mathbb{R}$가 위상공간이라고 언급하였다. 따라서 부분집합 $Y \subset \mathbb{R}$도 $\mathbb{R}$의 위상적 성질을 이어받을거라고 생각할 수 있다.

$F \subset Y$에 대해 열린집합 $A \subset \mathbb{R}$이 존재하여

$$F = A \cap Y$$

일 때 "F가 Y에서 열린집합"이라고 한다. Y에서 열린집합의 모임은 Y의 위상이 되므로 부분집합 $Y \subset \mathbb{R}$는 위상공간이다. 이 경우 Y를 $\mathbb{R}$의 부분공간(subspace)이라고 한다.

이제 위상공간의 연결성을 다음과 같이 정의한다.

정의 7.8 (연결공간과 비연결 공간)

X가 위상공간이라고 하자. 서로소(disjoint)인 열린집합 U와 $V(\neq \varnothing)$가 존재하여 $X = U \cup V$이면 U와 V를 X의 분할(separation)이라고 부른다.

X의 분할이 존재하면 비연결인(disconnected) 공간이라고 하고, 분할이 존재하지 않으면 연결된 공간(connected space)이라고 한다.

예제 7.9 $Y = (0, 1) \cup (2, 3] \subset \mathbb{R}$은 연결된 공간이 아니다.

[풀이] $(0, 1)$과 $(2, 3]$이 모두 Y에서 열린집합이므로 Y의 분할이 존재한다. 따라서 Y는 연결된 공간이 아니다. □

정리 7.15 (연결공간일 조건)

위상공간 X가 연결공간이 될 필요충분조건은 '$\varnothing$와 X 외에 열린집합이면서 닫힌 집합은 존재하지 않는다'는 것이다.

[증명] $(\Rightarrow)$ $U(\neq \varnothing)$가 동시에 열린집합이고 닫힌집합이라고 하자. 그러면 U와 U^c은 X의 분할이므로 가정에 모순이다.

($\Leftarrow$) X가 연결공간이 아니면 분할 U, V가 존재한다. 또한 $U \neq \varnothing, X$이고 U가 열린집합이면서 닫힌집합이므로 가정에 모순이다. 따라서 X는 열린공간이다. □

정리 7.16 ($\mathbb{R}$의 연결부분집합)

부분공간 $E \subset \mathbb{R}$가 연결집합일 필요충분 조건은 $a, b \in E$일 때 $a < b$이면 $[a, b] \subset E$, 즉, E가 구간인 것이다.

[증명] ($\Rightarrow$) $a, b \in E$이고 $a < c < b$이지만 $c \notin E$라고 하자. E에서 열린집합 U와 V를 다음과 같이 정의하자.

$$[U = \{x < c | x \in E\} = (-\infty, c) \cap E,$$
$$V = \{x > c | x \in E\} = (c, \infty) \cap E$$

그러면 U, V는 공집합이 아니고 $E = U \cup V$, $U \cap V = \varnothing$이다. 따라서 U와 V는 E의 분할이고 E는 연결된 공간이 아니므로 모순이다.

($\Leftarrow$) 임의의 $a, b \in E$에 대해 $a < b$이면 $[a, b] \subset E$라고 가정하자. E가 연결집합이 아니면 분할을 이루는 (E에서) 닫힌집합 U와 V가 존재한다. $a \in U$, $b \in V$에 대해 $a < b$라고 가정하고 $u = \sup\{x \in U | x < b\}$라고 두면 $u \in U$이다. 또한 $u < b$이므로 가정에 의해 $[u, b] \subset E$임을 알 수 있다.

이제 $(u, b) \subset V$임을 보일 수 있다면 증명이 끝난다. u가 닫힌집합 V의 집적점이므로 $u \in V$인데 이것은 $U \cap V \neq \varnothing$임을 의미하기 때문이다.

어떤 $y \in (u, b)$에 대해 $y \notin V$라고 가정하면 $y \in U$이다. 그런데 $y < b$이므로 u가 상한이므로 $y \leq u$이다. 이것은 모순이므로 $(u, b) \subset V$이다. □

7.5 연속함수

이 절에서는 앞에서 공부한 극한 및 함수의 연속성을 위상적 관점에서 재해석하고 새롭게 서술하고자 한다. 또한 위상적 개념을 이용하여 연속함수의 여러가지 성질을 증명한다. 이 절에서 다루어진 내용은 위상수학에서 일반화되어 소개될 것이다.

7.5.1 수열과 함수의 극한

ε-N 논법으로 정의한 수열의 극한이나 ε-δ 논법으로 정의한 함수의 극한은 절대값과 실수의 대소관계에 기반을 두고 있다. 이 절에서는 절대값이 아닌 열린집합이나 근방을 이용하여 수열과 함수의 극한을 다시 설명한다.

수열이나 함수의 극한을 설명할 때 다음 관계를 관찰하면 매우 편리하다.

$$|x-a|<\varepsilon \iff a-\varepsilon<x<a+\varepsilon \iff x\in N(a,\varepsilon)$$

정리 7.17 (수열의 극한)

수열 $\{x_n\}_{n=1}^{\infty}$과 실수 x에 대해 다음 명제는 동치이다.

(i) $\lim_{n\to\infty} x_n = x$

(ii) 임의의 양수 ε에 대해 자연수 N이 존재하여 모든 자연수 $n \geq N$에 대해 $x_n \in N(x,\varepsilon)$이다.

(iii) U가 x를 포함하는 임의의 열린집합일 때 U가 유한개를 제외한 수열의 모든 항을 포함한다.

[증명] (i)⇒(ii) 수렴의 정의로부터 자명하다.

(ii)⇒(iii) U가 x를 포함하는 임의의 열린집합이라고 하자. 그러면 열린근방 $N(x,\varepsilon)$이 존재하여 $N(x,\varepsilon) \subset U$이다. (ii)에 의해 자연수 N이 존재하여 모든 $n \geq N$에 대해 $x_n \in U$임을 확인할 수 있다. 기껏해야 $(N-1)$의 항이 U에 포함되지 않을 수 있으므로 (ii)의 증명이 끝난다.

(iii)⇒(i) ε이 임의의 양수라고 하자. 그러면 열린집합 $N(x,\varepsilon)$이 유한개를 제외한 수열의 모든 항을 포함한다. $M := \max\{n | x_n \notin N(x,\varepsilon)\}$일 때 $N = M+1$이라고 두자. 모든 자연수 $n \geq N$에 대해 $x_n \in N(x,\varepsilon)$, 즉, $|x_n - x| < \varepsilon$임을 알 수 있다. □

정리 7.18 (함수의 극한)

L이 실수일 때 함수 $f : D \subseteq \mathbb{R} \to \mathbb{R}$와 D의 내점 $x = a$에 대해 다음 명제는 모두 동치이다.

(i) $\lim_{x \to a} f(x) = L$.

(ii) ε이 임의의 양수일 때 a가 빠진 근방 $N'(a, \delta)$가 존재하여 모든 $x \in N'(a, \delta)$에 대해 $f(x) \in N(L, \varepsilon)$이다.

(iii) L을 포함하는 임의의 열린집합 V에 대해 a를 포함하는 열린집합 U가 존재하여 모든 $x \in U \backslash \{a\}$에 대해 $f(x) \in V$이다.

[증명] (i)⇒(ii) 극한의 정의에 의해 자명하다.

(ii)⇒(iii) V가 L을 포함하는 임의의 열린집합이면, 열린집합의 정의에 의해, L의 근방 $N(L, \varepsilon)$이 존재하여 $N(L, \varepsilon) \subset V$이다. 가정 (ii)에 의해 a가 빠진 근방 $N'(a, \delta)$가 존재하여 모든 $x \in N'(a, \delta)$에 대해 $f(x) \in N(L, \varepsilon)$이므로 $U = N(a, \delta)$로 택하면 증명이 끝난다.

(iii)⇒(i) ε이 임의의 양수라고 하자. $V := (L - \varepsilon, L + \varepsilon)$이 L을 포함하는 열린집합이므로, (iii)에 의해, a를 포함하는 열린집합 U가 존재하여 모든 $x \in U \backslash \{a\}$에 대해 $f(x) \in V$이다. U가 a를 포함하는 열린집합이므로 양수 δ가 존재하여 $N(a, \delta) \subset U$이다. 이 사실은 $x \neq a$이고 $|x - a| < \delta$이면 $|f(x) - L| < \varepsilon$임을 의미하므로 (i)의 증명이 끝난다. □

7.5.2 한점에서의 연속과 연속함수

다음 정리는 ε-δ를 이용하여 정의한 한점에서의 연속성을 근방이나 열린집합을 사용하여 새롭게 서술하고 있다.

정리 7.19 (한점에서의 연속성과 근방)

함수 $f : \mathbb{R} \to \mathbb{R}$에 대하여 다음 명제는 모두 동치이다.

(i) $\lim_{x \to a} f(x) = f(a)$

(ii) ε이 임의의 양수일 때 $f(a)$의 근방 $N(f(a), \varepsilon)$에 대해 a의 근방 $N(a, \delta)$가 존재하여 $f(N(a, \delta)) \subset N(f(a), \varepsilon)$이다.

(iii) $f(a)$를 포함하는 임의의 열린집합 V에 대해 a를 포함하는 열린집합 U가 존재하여 $f(U) \subset V$이다.

[증명] (i)⇒(ii) 임의의 양수 ε이 주어질 때 $f(a)$의 근방 $N(f(a),\varepsilon)$을 택하자. f가 a에서 연속이므로 연속의 정의에 의해 양수 δ가 존재하여 $|x-a|<\delta$일 때 $|f(x)-f(a)|<\varepsilon$이 성립한다.

부등식 $|x-a|<\delta$는 $x\in N(a,\delta)$임을 의미하고, $|f(x)-f(a)|<\varepsilon$는 $f(x)\in N(f(a),\varepsilon)$을 나타낸다. 따라서 $x\in N(a,\delta)$이면 $f(x)\in N(f(a),\varepsilon)$임을 알 수 있으므로 $f(N(a,\delta))\subset N(f(a),\varepsilon)$임이 증명된다.

(ii)⇒(iii) V가 $f(a)$를 포함하는 열린집합이면 $f(a)$가 V의 내점이므로 양수 ε이 존재하여 $N(f(a),\varepsilon)\subset V$이다. 또한 가정 (ii)에 의해 a의 근방 $N(a,\delta)$가 존재하여 $f(N(a,\delta))\subset N(f(a),\varepsilon)$이다. 여기서 $N(a,\delta):=U$라고 두면 U는 열린집합이고 $f(U)\subset N(f(a),\varepsilon)\subset V$이므로 (iii)이 증명된다.

(iii)⇒(i) ε이 임의의 고정된 양수라고 하자. $N(f(a),\varepsilon)$은 $f(a)$를 포함하는열린집합이므로 가정에 의해 a를 포함하는 열린집합 U가 존재하여 $f(U)\subset N(f(a),\varepsilon)$이다. 그런데 a가 U의 내점이므로 양수 δ가 존재하여 $N(a,\delta)\subset U$이므로 다음 포함관계가 성립한다.

$$f(N(a,\delta))\subset f(U)\subset N(f(a),\varepsilon)$$

이 포함관계에 의해 $|x-a|<\delta$이면 $|f(x)-f(a)|<\varepsilon$임을 알 수 있다. 이것은 f가 a에서 연속이라는 사실을 의미하므로 (i)이 증명된다. □

정리 7.20 ($\mathbb{R}$ 전체에서 정의된 연속함수와 열린집합의 역상)

함수 $f:\mathbb{R}\to\mathbb{R}$에 대하여 다음 명제는 동치이다.

(i) f가 연속함수이다.

(ii) 임의의 열린집합 $V\subseteq\mathbb{R}$에 대해 $f^{-1}(V)$가 열린집합이다.

[증명] (i)⇒(ii) $V\subseteq\mathbb{R}$가 열린집합일 때 임의의 $a\in f^{-1}(V)$가 내점임을 보이면 된다.

먼저, f가 $x=a$에서 연속이고 $f(a)\in V$이므로 정리 7.19 (iii)에 의해 $x=a$를 포함하는 열린집합 U가 존재하여 $f(U)\subset V$이다. 따라서 $a\in U\subset f^{-1}(V)$임을 알 수 있는데 임의의 $a\in f^{-1}(V)$가 $f^{-1}(V)$의 내점임을 의미한다. 그러므로 $f^{-1}(V)$는 열린집합이다.

(ii)⇒(i) 임의의 $a\in\mathbb{R}$에서 f에서 연속임을 보이기로 하자. 임의의 양수 ε에 대해 $V=(f(a)-\varepsilon,f(a)+\varepsilon)$이 열린집합이므로 (ii)에 의해 $f^{-1}(V)$는 열린집합이고 $a\in f^{-1}(V)$이다. 내점의 정의에 의해 다음 부등식을 만족시키는 양수 δ

가 존재한다.

$$(a-\delta, a+\delta) \subset f^{-1}(V) = f^{-1}(f(a)-\varepsilon, f(a)+\varepsilon))$$

이 포함관계로부터 $|x-a| < \delta$ 이면 $|f(x)-f(a)| < \varepsilon$ 임을 알 수 있다. 따라서 f 가 a 에서 연속이라는 사실이 증명되었다. □

정리 7.21 ($\mathbb{R}$ 의 부분집합에서 정의된 연속함수와 열린집합의 역상)

함수 $f : D \subset \mathbb{R} \to \mathbb{R}$ 에 대하여 다음 명제는 동치이다.

(i) f 가 연속함수이다.

(ii) 임의의 열린집합 $V \subseteq \mathbb{R}$ 에 대해 $f^{-1}(V)$ 가 D 에서 열린집합이다.

f 가 $x = a$ 에서 우연속, $x = b$ 에서 좌연속이고 모든 $x \in [a, b]$ 에서 연속이면 "$[a, b]$ 에서 연속"인 함수라고 불렀다. 이 정의와 $D = [a, b]$ 일 때 정리 7.21이 일치한다는 것을 확인하기 바란다.

정리 7.20은 $\mathbb{R}$ 에서 정의된 함수의 연속성을 열린집합에 의해 설명할 수 있음을 보여준다. 또한, 함수가 $D \subset \mathbb{R}$ 에서 정의되는 경우에도 D 를 부분공간으로 간주하면 함수의 연속성이 부분공간의 위상에 의해 설명될 수 있음을 보여준다. 이러한 관찰은 위상공간에서 함수의 연속성을 정의하는 출발점이 된다.

7.5.3 연속함수의 성질

이 절에서는 연속함수의 고른연속성 및 치역과 관련된 몇 개의 중요한 정리를 위상적 방법을 이용하여 증명한다.

정리 7.22 (고른연속성)

$f : [a, b] \to \mathbb{R}$ 가 연속함수이면 f 는 $[a, b]$ 에서 고른연속이다.

[증명] ε 이 주어진 (임의의) 양수라고 하자.

f 가 $x \in [a, b]$ 에서 연속이므로 정의에 의해 양수 δ_x 가 존재하여 열린구간 $(x-\delta_x, x+\delta_x) := N(x, \delta_x)$ 에 속하는 y 에 대해 $|f(y)-f(x)| < \frac{\varepsilon}{2}$ 이다. 또한, 집합족 $\{N(x, \delta_x/2) | x \in [a, b]\}$ 는 컴팩트 집합 $[a, b]$ 의 열린덮개이다. 따라서 $\{N(x, \delta_x/2) | x \in [a, b]\}$ 는 유한 부분덮개 $\{N(x_k, \delta_{x_k}/2) | x_k \in [a, b]\}_{k=1}^{n}$ 를 갖

고 다음 포함관계가 성립한다.

$$[a,b] \subset \bigcup_{k=1}^{n} N(x_k, \delta_{x_k}/2)$$

이제 $\delta = \min\{\frac{1}{2}\delta_{x_k} | k = 1, 2, \ldots, n\}$ 라고 두고 $s, t \in [a,b]$ 일 때 $|s-t| < \delta$ 이면 $|f(s) - f(t)| < \varepsilon$ 임을 보이려고 한다.

$s \in [a,b]$ 이므로 어떤 자연수 k가 존재하여 $s \in N(x_k, \delta_{x_k}/2) \subset N(x_k, \delta_{x_k})$ 이다. 따라서 x_k 에서 f 의 연속성에 의해 $|f(s) - f(x_k)| < \frac{\varepsilon}{2}$ 임을 알 수 있다. 한편,

$$|t - x_k| = |t - s + s - x_k| \leq |t - s| + |s - x_k| < \delta + \frac{\delta_{x_k}}{2} \leq \delta_{x_k}$$

이므로 $|f(t) - f(x_k)| < \frac{\varepsilon}{2}$ 가 성립한다. 따라서 다음을 알 수 있다.

$$|f(s) - f(t)| \leq |f(s) - f(x_k)| + |f(x_k) - f(t)| < \frac{\varepsilon}{2} + \frac{\varepsilon}{2} = \varepsilon$$

그러므로 f 는 고르게 연속이다. □

정리 7.22의 증명과정은 임의의 컴팩트 집합에서 정의된 연속인 실함수가 고르게 연속임을 보여준다. 컴팩트와 관련된 모든 서술이 비슷한 논법으로 증명될 수 있다.

다음 정리는 연결집합과 컴팩트 집합의 연속함수에 의한 상(image)에 관한 내용을 다루고 있는데 위상공간으로 확장할 때도 성립한다.

정리 7.23 (연속함수와 컴팩트 집합의 상)

$K \subset \mathbb{R}$가 컴팩트 집합일 때 $f : K \to \mathbb{R}$가 연속함수이면 $f(K)$는 $\mathbb{R}$의 컴팩트 부분집합이다.

[증명] 각 $\alpha \in I$에 대해 V_α가 Y 에서 열린집합이고 $\{V_\alpha | \alpha \in I\}$가 $f(K)$의 열린덮개라고 하자. f가 연속함수이므로 $f^{-1}(V_\alpha)$는 K 에서 열린집합이고 $\{f^{-1}(V_\alpha) | \alpha \in I\}$는 K의 열린덮개이다. 따라서 유한 부분덮개 $\{f^{-1}(V_{\alpha_i})\}_{i=1}^{n}$가 존재하여 $K \subset \cup_{i=1}^{n} f^{-1}(V_{\alpha_i})$ 이다. 따라서 다음을 알 수 있다.

$$f(K) \subset f(\cup_{i=1}^{n} f^{-1}(V_{\alpha_i})) = \bigcup_{i=1}^{n} f(f^{-1}(V_{\alpha_i})) \subset \cup_{i=1}^{n} V_{\alpha_i}$$

즉, 열린덮개 $\{V_\alpha | \alpha \in I\}$가 유한 부분덮개를 가지므로 $f(K)$는 컴팩트 집합이다. □

정리 7.24 (연속함수의 최대최소값)

$K \subset \mathbb{R}$가 컴팩트일 때 $f : K \to \mathbb{R}$이 연속함수이면 f는 최대값과 최소값을 갖는다.

[증명] 정리 7.23에 의해 $f(K)$는 컴팩트 집합이므로 $f(K)$는 유계인 닫힌집합이다. 따라서 상한 $M := \sup f(K)$과 하한 $m := \inf f(K)$이 존재한다. 그런데 M, m이 $f(K)$의 집적점이므로 $m, M \in f(K)$이다. 따라서 $x_1, x_2 \in K$가 존재하여 $m = f(x_1)$, $M = f(x_2)$이고 다음이 성립한다.

$$m \le f(x) \le M \quad {}^\forall x \in K$$

따라서 증명이 끝난다. □

6.2절에서 연결집합인 구간에서 정의된 연속함수의 성질을 살펴보았다. 다음 정리는 위상공간에서 구간에 해당하는 연결집합에서 정의된 연속함수의 성질을 서술한다.

정리 7.25 (연결집합과 연속함수)

$C \subset \mathbb{R}$가 연결된 집합일 때 $f : C \to \mathbb{R}$가 연속이면 $f(C) \subset \mathbb{R}$는 연결된 집합이다.

[증명] $f(C)$가 연결된 집합이 아니라고 가정하자. 그러면 $f(C)$에서 열린집합 $U, V(\neq \varnothing)$가 존재하여 다음이 성립한다.

$$f(C) = U \cup V, \quad U \cap V = \varnothing$$

역상의 성질에 의해 $C = f^{-1}(U \cup V) = f^{-1}(U) \cup f^{-1}(V)$, $f^{-1}(U) \cap f^{-1}(V) = \varnothing$이다. 한편, f가 연속함수이므로, 정리 7.21에 의해, $f^{-1}(U)$와 $f^{-1}(U)$가 C에서 열린집합다. C의 분할이 존재하므로 C는 비연결집합이다. 이것은 C가 연결된 집합이라는 것에 모순이다.

그러므로 $f(C)$는 연결집합이다. □

CHAPTER 8

함수의 미분

비에트(Viète)에 의해 기호대수(symbolic algebra)가 도입된 후 데카르트와 페르마에 의한 해석기하학의 도입은 수학사에서 획기적인 사건이었다. 평면의 점을 실수의 순서쌍과 대응시키면서 기하학적인 대상에 대한 서술이 방정식과 대수학적인 서술로 바뀌었다. 원, 타원, 쌍곡선이나 자취(loci) 등 곡선을 방정식으로 나타낼 수 있게 되었다. 역으로 방정식 $F(x, y) = 0$은 평면곡선을 결정한다.

방정식으로 나타낸 곡선에 대한 접선이나 법선을 구하는 방법이 미분학으로 발전하고 곡선의 길이, 평면도형의 넓이, 입체도형의 부피를 구하는 방법이 적분학으로 발전하였다. 독립적으로 발전했던 미분학과 적분학이 미분적학의 기본정리에 의해 미적분학(calculus)으로 통합되어 수학이나 물리학을 비롯한 여러 분야의 학문의 발전에 크게 기여하였다. 또한 기하학적 직관에 의존했던 미적분학학이 함수에 대한 연구로 바뀌게 된다.

1700년 대에 미적분학을 이용한 많은 결과가 얻어졌지만 실수가 아닌 무한소의 사용으로 의한 논리상의 허점이 지적되고 비판이 일어나면서 미적분학의 기초를 엄밀하게 구축하려는 시도가 생겨났다. 많은 노력을 거쳐 엄밀한 미적분학의 토대가 극한의 개념으로 귀착된다. 급수의 수렴, 미분 및 적분은 궁극적으로 극한과 깊은 관련이 있다. 극한의 본질에 대한 탐구는 실수의 근원적 성질에 대한 분석으로 이어진다.

이 장에서는 무한소를 이용한 미분학이 극한을 이용한 현대적 정의로 발전하는 과정에 간단히 알아본다. 또한 함수의 미분과 응용에 대해 공부한다.

8.1 미분의 역사

이 절에서는 미분 개념이 극한을 이용한 현대적 정의로 정착되는 과정에 대하여 간단히 살펴본다. 미분의 개념은 곡선 위에 점에서 접선을 찾는 기하학적 문제, 최대값을 구하는 문제에서 기원을 찾을 수 있다.

곡선의 접선 곡선 위에서 접선(tangent)이란 한 점이 고정된 다른 점으로 점점 가까이 가서 일치할 때의 할선(secant)을 의미한다. 데카르트는《방법서설》의 부록인 "기하학(La géométrie)"에서 곡선 $f(x, y) = 0$ 위에 있는 점에서 접선을 찾는 방법을 소개하고 있다.([3], 314쪽) 한편, 페르마도 같은 문제를 생각하였는데 접선을 구하는 일반적인 방법을 고안하였다.([3], 360쪽). 곡선 $y = f(x)$ 위의 점에서 접선을 구하는 문제는 할선의 기울기

$$\frac{f(x+h) - f(x)}{h}$$

가 다가가는 값을 구하는 문제와 같다. f가 다항식일 경우 분자를 계산하고 h로 나눈 후 h 대신 0을 대입하여 기울기를 구하였다.

최대값 케플러(Kepler)는 극값을 갖는 점에서 함수의 증분이 무한히 작다는 것을 관찰하였다. f가 x에서 최대값 또는 최대값을 가질 때 케플러의 생각을 식으로 나타내면 다음과 같다.

$$f(x-e) \simeq f(x), \quad e \simeq 0$$

페르마(1638)는 이 아이디어를 발전시켜 극값이 발생하는 점을 찾는 방법을 제시하였다. 주어진 양 b를 곱이 최대가 되도록 두 부분 $b-a$와 a로 나누는 문제를 생각해보자. $f(a) = (b-a)a$라고 할 때 페르마의 방법은 다음과 같이 적용된다.

$$\begin{aligned} & a(b-a) = (a-e)[b-(a-e)] && \leftarrow f(a) = f(a-e) \\ & 2ae - be - e^2 = 0 && \\ & 2a - b - e = 0 && \leftarrow e\text{로 양변을 나눔} \\ & 2a - b = 0 \therefore a = \tfrac{b}{2} && \leftarrow e = 0\text{ 대입} \end{aligned}$$

페르마의 방법을 적용하여 얻은 결과를, 현대적인 기호를 써서, 다음과 같이 요약할 수 있다 : f가 x에서 극값을 가지면 $f'(x) = 0$이다.

뉴턴과 라이프니츠의 미적분학(calculus) 곡선의 접선을 구하는 방법과 최대값을 구하는 방법은 독립적으로 발견된 것인데 뉴턴(Newton 1671, 1736)과 라이프니츠(Leibniz)는 이 방법들을 설명하는 개념을 도입하였다. 뉴턴의 유율(fluxion)과 라이프니츠의 미분상(differential quotient)이 그것이다. 그들은 또한 미분과 적분 사이의 관계를 설명할 수 있는 미적분학의 기본정리를 나름대로 증명하였다.

뉴턴은 곡선을 점이 연속적으로 운동하여 생긴 자취로 생각하였다. "유율법 (Method of fluxions)"에서 변화하는 유량(fluent, 변수)의 관계 $f(x, y) = 0$이 주어질 때 두 유량

이 (시간에 대해) 변화하는 비율인 유율(fluxion, 도함수) $\dot{x}$과 $\dot{y}$ 사이의 관계를 찾았는데 음함수의 미분법에 해당한다. 그의 방법을 간단히 설명하면 다음과 같다.

$f(x+\dot{x}o, y+\dot{y}o)=0$
$o, \dot{x}, \dot{y}$ 사이의 관계식 유도 $\leftarrow f(x,y)=0$ 이용
$\dot{x}, \dot{y}$의 관계식 유도 $\leftarrow o$가 포함된 항 무시
$\frac{\dot{y}}{\dot{x}}$를 x, y로 나타냄

라이프니츠는 접선의 기울기를 "무한히 작은 증분의 비"로 파악하였다. 할선의 기울기에서 $\Delta x := h$, $\Delta y = f(x+\Delta x) - f(x)$로 놓을 때 Δx와 Δy가 무한히 작으므로 각각 dx와 dy로 나타내고 $(dx)^n (n \geq 2)$를 무시하였다. 그의 방법에서 기울기는 $\frac{dy}{dx}$이다.

곡선 $y = x^3$의 접선을 구할 때 뉴턴과 라이프니츠의 방법을 비교하면 다음과 같다.

	뉴턴 : 유율법	라이프니츠 : 미분상
변수의 증분	$\dot{x}o$, $\dot{y}o$	Δx, $\Delta y = (x+\Delta x)^3 - x^3$
기본식	$y+\dot{y}o = (x+\dot{x}o)^3$	$\Delta y = 3x^2\Delta x + 3x(\Delta x)^2 + (\Delta x)^3$
	$y = x^3$ 이용하여 o로 나눔	
2차 이상의 무한소 무시	o가 포함된 항 무시	$(\Delta x)^n (n \geq 2)$ 무시
1차 증분의 관계식	$\dot{y} = 3x^2\dot{x}$	$dy = 3x^2 dx$
기울기	$\frac{\dot{y}}{\dot{x}}$	$\frac{dy}{dx}$

1734년 버클리(Berkley)는 뉴턴의 정의에 나타난 운동성이나 무분별한 무한소의 사용에서 발생하는 논리적 허점을 공격하였다. 뉴턴의 방법에서 o나 라이프니츠의 방법에서 dx는 0이 아니므로 o로 나누는 것이 가능한데 2차 이상의 무한소를 무시하는 과정에서 o 대신 0을 대입하는 것은 거의 모순이다. o나 dx는 어떤 양수보다 작지만 0과 거의 같은 무한소(infinitesimal)이다. 그리스 수학이나 당대의 수학에서 아르키메데스의 원리는 포기할 수 없는 수의 성질이므로 무한소를 사용하는 유도과정이나 증명은 논리적으로 허점을 내재할 수 밖에 없었을 것이다.

현대의 기준으로 볼 때 기초가 부실했지만 당대의 일류 수학자들은 미적분학을 응용하는데 있어 문제점을 거의 느끼지 못하였다. 테일러(Taylor, 1715년)와 매클로린(Maclaurin)은 여러 함수를 테일러 급수라고 부르는 멱급수로 전개하였다. 테일러 급수의 수렴성은 고려되지 않았지만 함수나 미분방정식의 근사해를 구할 때 미적분학의 고급 도구로 인식되었다.

도함수의 개념과 극한 라그랑주(Lagrange)는 무한소를 사용하는 미적분학의 불안한 기초를 인식하고 저서(1797년)에서 무한소, 극한, 뉴턴이 도입한 유율을 사용하지 않고 테일러 급수에 기초하여 엄밀한 미적분학을 구축할 수 있다고 생각하였다. 라그랑주는 임의의 (그 당시의 개념으로 볼 때) 함수를 다음과 같은 형태의 멱급수로 나타낼 수 있다고 생각하고 증명을 시도하였다.

$$f(x+h) = f(x) + p(x)h + q(x)h^2 + r(x)h^3 + \cdots$$

그는 위 식에서 h의 계수를 1차 도함수라고 부르고 도함수를 나타내기 위해 기호 $f'(x)$를 처음으로 사용하였다. $f(x)$와 $f'(x)$는 동일한 종류의 함수이므로 도함수에 대한 라그랑주의 정의는 무한소를 이용한 뉴턴과 라이프니츠의 정의와는 차별된 개념이었다. 라그랑즈는 또한 도함수에 대해 다음과 같은 성질을 유도하였다.

$$f(x+h) = f(x) + hf(x) + V. \text{ 단, } h \to 0 \text{일 때 } V \to 0\text{이다.} \tag{8.1}$$

라그랑주는 "$h \to 0$일 때 $V \to 0$"를 다음과 같이 해석하였다.

(원하는 만큼 작게 잡을 수 있는) D가 주어지면
V가 $-D$와 D 사이에 포함되도록 h의 값에 충분히 작은 값을 줄 수 있다

따라서 (8.1)을 다음과 같이 쓸 수 있는데 ε-δ를 사용한 극한의 정의와 매우 비슷하다..

$$D\text{가 주어지면}, h\text{가 존재하여 } -D < \frac{f(x+h)-f(x)}{h} - f'(x) < D$$

한편, 라그랑주는 "$f' \neq 0$이면 f가 단조함수"라는 것을 증명한 후 이 사실을 이용하여 테일러 급수에 대한 나머지 정리

$$f(x+h) = f(x) + f'(x)h + \cdots + \frac{f^{(n)}(x)}{n!}h^n + \frac{f^{(n+1)}(X)}{(n+1)!}h^{n+1}$$

를 유도하였다. ($n=0$이면 평균값정리에 해당한다) 그는 X의 존재성을 설명하기 위해 증명없이 중간값 정리를 서술하였다. 기하학적으로 당연한 중간값 정리는 볼차노(1817년)에 의해 최초로 해석적으로 엄밀하게 증명된다.

코시(Cauchy)는 1823년 $x=0$에서 무한번 미분가능하나 테일러 급수로 전개할 수 없는 함수인 e^{-1/x^2}를 발견하고 테일러 급수에 기초한 엄밀한 미적분학을 구성하려는 시도를 거부하였다.

페르마가 사용한 방법이나 뉴턴과 라이프니츠의 정의는 볼차노와 바이어슈트라스에 의해 (함수의 연속성을 설명하기 위해) 도입된 ε-δ 논법에 의해 "현대적 의미의 극한"으로 새롭게 재해석되고 해석학의 기초개념으로 자리잡는다.

8.2 함수의 미분

대부분의 미적학 교재는 극한을 이용하여 미분이라는 개념을 먼저 소개하고 미분계수의 기하학적 해석을 통해 접선의 기울기를 구하거나 위치의 순간 변화율로 해석하여 속도를 구하기도 한다. 수학의 내용은 가치중립적이므로 필요한 곳에서 새로운 의미로 해석될 수 있다는 점이 자연과학이나 사회과학의 언어로 수학이 각광받을 수 있는 장점일 것이다.

8.2.1 미분가능성과 도함수

정의 8.1 (미분계수와 도함수)

f가 x_0를 포함한 적당한 열린구간에서 정의된 함수라고 하자. 극한

$$\lim_{h\to 0}\frac{f(x_0+h)-f(x_0)}{h} \tag{8.2}$$

이 존재하면 함수 f가 $x = x_0$에서 미분가능하다(differentiable)고 한다. 극한이 존재하는 경우 극한값을 $f'(x_0)$로 나타내고 $x = x_0$에서 f의 미분계수라고 부른다.

I가 구간일 때 $f : I \to \mathbb{R}$가 모든 $x \in I$에서 미분가능하면 f를 미분가능한 함수(differentiable function)라고 한다. 또한 f'이 연속함수이면 연속적으로 미분가능한 (continuously differentiable) 함수라고 한다.

(8.2)에서 치환 $x_0 + h = x$을 이용하여 $f'(x_0)$를 다음과 같이 뉴턴 몫(Newton quotient)의 극한으로 쓸 수 있다.

$$f'(x_0) = \lim_{x\to x_0}\frac{f(x)-f(x_0)}{x-x_0} \tag{8.3}$$

함수 $f : D \subset \mathbb{R} \to \mathbb{R}$에 대해 f가 미분가능한 점의 집합을 D'이라고 하자. 그러면 새로운 함수 $f' : D' \to \mathbb{R}$를 다음과 같이 정의할 수 있다.

$$f'(x) = \lim_{h\to 0}\frac{f(x+h)-f(x)}{h}, \quad x \in D' \tag{8.4}$$

이 함수 f'을 f의 도함수(derivative)라고 하고 f', $\frac{df}{dx}$, $\frac{d}{dx}f$ 등으로 나타낸다. 도함수를 구하는 과정을 미분한다고 한다.

도함수 f'이 미분가능하면 f'의 도함수를 구할 수 있다. f'의 도함수를 f의 2계 도함수라고 부르고 f'', $\frac{d^2f}{dx^2}$, $\frac{d^2}{dx^2}f$ 등으로 나타낸다. 일반적으로 f의 n계 도함수는 $f^{(n)}$ 또는 $\frac{d^nf}{dx^n}$로 나타내는데 다음과 같이 정의된다.

$$f^{(n)} = \frac{d}{dx}f^{(n-1)}\ (n \geq 1), \quad f^{(0)} = f$$

예제 8.1 $f(x) = 2x^2 - 3x - 4$의 도함수를 구하여라.

[풀이] 정의에 의해 도함수 $f'(x)$는 다음과 같다.

$$f'(x) = \lim_{h\to 0} \frac{[2(x+h)^2 - 3(x+h) - 4] - [2x^2 - 3x - 4]}{h}$$
$$= \lim_{h\to 0} \frac{4xh + 2h^2 - 3h}{h} = 4x - 3$$ □

다음은 초등함수의 도함수이다. 증명은 독자에게 맡긴다.

예제 8.2 (초등함수의 미분) $n \geq 0$이 정수라고 하자.

(a) $(x^n)' = nx^{n-1}$

(b) $\frac{d}{dx}\sqrt[n]{x} = \frac{1}{n}x^{\frac{1}{n}-1}$

(c) $(e^x)' = e^x$

(d) $(\sin x)' = \cos x$

극한의 존재성은 좌극한 및 우극한의 존재성과 관련되어 있다. 미분계수가 극한에 의해 정의되므로 우극한과 좌극한에 해당하는 개념을 생각할 수 있다.

정의 8.2 (좌도함수와 우도함수)

I가 구간일 때 함수 $f : I \to \mathbb{R}$에 대해 $x_0 \in I$라고 하자. 극한

$$f'(x_0^+) := \lim_{h\to 0+} \frac{f(x_0+h) - f(x_0)}{h}$$

이 존재하면 $f'(x_0^+)$를 "x_0에서 f의 우도함수(right derivative)"라고 한다. 비슷하게, "x_0에서 f의 좌도함수(left derivative)" $f'(x_0^-)$도 다음과 같이 정의된다.

$$f'(x_0^-) := \lim_{h\to 0-} \frac{f(x_0+h) - f(x_0)}{h}$$

$I = [a, b]$일 때 f가 임의의 $x \in (a, b)$에서 미분가능하고, $f'(a^+)$와 $f'(b^-)$이 존재하면 f가 $[a, b]$에서 미분가능한 함수라고 한다.

I가 구간일 때 $f, f', \ldots, f^{(n)}$이 모두 연속인 함수의 집합을 $C^n(I)$로 나타낸다. 모든 자연수 n에 대해 $f^{(n)}$이 존재하면 무한번 미분가능한(infinitely differentiable) 함수 또는 매끄러운(smooth) 함수라고 하고 매끄러운 함수의 집합을 $C^\infty(I)$로 나타낸다. 이런 함수들의 집합은 벡터공간이고 다음 포함관계가 성립한다.

$$C^\infty(I) \subsetneq \cdots \subsetneq C^n(I) \subsetneq C^{n-1}(I) \subsetneq \cdots C^2(I) \subsetneq C^1(I) \subsetneq C(I)$$

우도함수와 좌도함수의 정의로부터 다음을 알 수 있다.

정리 8.1 (좌(우) 도함수와 미분가능성)

f 가 x_0에서 미분가능할 필요충분 조건은 우도함수 $f'(x_0^+)$와 좌도함수 $f'(x_0^-)$가 존재하고 $f'(x_0^+) = f'(x_0^-)$인 것이다.

예제 8.3 다음과 같이 정의된 함수 f는 $a > 1$일 때 $x = 0$에서 미분가능하다.

$$f(x) = \begin{cases} |x|^a \sin(1/x) & (x \neq 0) \\ 0 & (x = 0) \end{cases}$$

[풀이] $f'(0^+)$이 존재하고 다음과 같다.

$$f'(0^+) = \lim_{h \to 0^+} \frac{f(h) - f(0)}{h} = \lim_{h \to 0} h^{a-1} \sin(1/h) = 0$$

또한 $f'(0^-) = 0$임을 확인할 수 있으므로 f는 $x = 0$에서 미분가능하다. □

한 점에서의 연속성이나 미분가능성은 모두 함수의 국소적 성질이다. 미분가능성으로부터 연속성을 유도할 수 있다.

정리 8.2 (미분가능성과 연속성)

f가 $x = x_0$에서 미분가능하면 f는 $x = x_0$에서 연속이다.

[증명] $\lim_{x \to x_0} [f(x) - f(x_0)] = 0$임을 보이면 된다. 극한의 성질에 의해

$$\lim_{x \to x_0} [f(x) - f(x_0)] = \lim_{x \to x_0} \frac{f(x) - f(x_0)}{x - x_0}(x - x_0) = f'(x_0) \cdot 0 = 0$$

이므로 f는 $x = x_0$에서 연속이다. □

정리 8.2의 역은 성립하지 않는다. 예를 들어, $|x|$는 $x = 0$에서 연속이지만 $x = 0$에서 미분가능하지 않다.

도함수의 개념을 n차원 유클리드 공간이나 추상공간으로 확장할 때 한 점에서 미분가능하면 그 점에서 연속임을 보장하는 것이 것이 중요하다. 다변수 미적분학에서 공부한 것과 같이 불연속인 점에서도 편도함수가 존재할 수 있다.

다음 정리는 미분가능성과 동치인 명제를 제시하고 있다.

정리 8.3 (미분가능성과 동치인 명제)

I가 열린구간이고 $x_0 \in I$일 때 함수 $f : I \to \mathbb{R}$에 대해 다음 명제는 모두 동치이다.

(i) f가 $x = x_0$에서 미분가능하다.

(ii) (1861, Weierstrass) 실수 $L \in \mathbb{R}$ 및 x_0에서 연속인 함수 $r : I \to \mathbb{R}$이 존재하여 다음을 만족시킨다.

$$f(x) = f(x_0) + L(x - x_0) + r(x)(x - x_0), \quad r(x_0) = 0. \tag{8.5}$$

(iii) (1950, Caratheodory) 함수 $f^* : I \to R$이 존재하여 x_0에서 연속이고 다음을 만족시킨다.

$$f(x) = f(x_0) + f^*(x)(x - x_0). \tag{8.6}$$

실제로 f가 x_0에서 미분가능하면 $L = \phi(x_0) = f'(x_0)$이다.

[증명] (i)⇒(ii) 실수 L과 함수 $r(x)$를 다음과 같이 택한다.

$$L = f'(x_0), \quad r(x) = \begin{cases} \frac{f(x)-f(x_0)}{x-x_0} - L & (x \neq x_0) \\ 0 & (x = x_0) \end{cases}$$

그러면 $\lim_{x \to x_0} r(x) = 0$이므로 $r(x)$는 $x = x_0$에서 연속이다. 또한 (8.5)를 만족시킨다.

(ii)⇒(iii) $f^*(x) = L + r(x)$라고 두면 f^*는 $x = x_0$에서 연속이고 (8.6)을 만족시킨다.

(iii)⇒(i) $f^*(x)$가 $x = x_0$에서 연속이므로 $\lim_{x \to x_0} f^*(x) = f^*(x_0)$이다. 이제 $f'(x_0)$이 존재하고 $f'(x_0) = f^*(x_0)$임을 보이겠다.

$$\lim_{x \to x_0} \frac{f(x) - f(x_0)}{x - x_0} = \lim_{x \to x_0} f^*(x) = f^*(x_0)$$

따라서 f는 $x = x_0$에서 미분가능하고 $f'(x_0) = f^*(x_0)$이다. □

정리 8.3 (ii)에서 $F_{x_0}(h) := Lh$라고 두면 F_{x_0}는 $\mathbb{R}$에서 $\mathbb{R}$로 가는 선형변환(linear transformation)이다. 이 사실을 이용하여 x_0에서 f의 미분가능성을 다음과 같이 서술할 수 있다.

$$\text{선형변환 } F_{x_0} \text{ 가 존재하여 } \lim_{h \to 0} \frac{|f(x_0 + h) - f(x_0) - F_{x_0}(h)|}{|h|} = 0 \text{ 이다.} \tag{8.7}$$

다소 추상적이지만 (ii)를 확장하여 다변수 함수의 미분가능성을 정의하므로 중요한 특성이다. 한편, (8.5)는 접선 $y = f'(x_0)(x - x_0) + f(x_0)$가 x_0 근처에서 f를 잘 근사시킨다는 것을 보여준다. (iii)은 해석적 증명이 복잡한 합성함수나 역함수의 미분공식을 유도할 때 매우 유용하다. 다음 절에서 (iii)을 이용한 증명을 소개하겠다.

8.2.2 함수의 미분법

하나의 공식(formula)으로 주어지는 다항함수, 유리함수 및 무리함수와 같은 초등함수나 로그함수나 지수함수와 같은 초월함수 등은 수학에서 사용하는 전형적인 함수라고 볼 수 있다. 한편 이런 함수를 사칙연산에 의해 결합하거나 합성하여 만들어진 함수를 사용하기도 한다. 어떤 경우에는 역함수나 함수열 또는 무한급수의 극한으로 정의되는 함수를 만날 수도 있다. 이러한 함수의 도함수나 적분을 구하는 것은 수학을 응용하여 다른 분야를 공부할 때 자주 접하는 문제이다. (10.3절과 11.3절을 참조하기 바란다)

이 절에서는 미분가능한 함수로부터 유한번의 사칙연산과 합성에 의해 만들어진 함수, 역함수의 미분법에 대해 알아볼 예정이다. 음함수의 미분은 8.5절에서 소개된다.

먼저 미분가능한 함수의 사칙연산에 의해 얻어지는 함수의 미분에 대해 알아보자.

정리 8.4 (대수적 연산과 미분의 관계)

함수 f와 g가 $x = x_0$에서 미분가능하다고 하자. 그러면 $f+g$, $kf\ (k \in \mathbb{R})$, fg 및 f/g (단, $g(x_0) \neq 0$)도 $x = x_0$에서 미분가능하고 다음이 성립한다.

(i) $(f+g)'(x_0) = f'(x_0) + g'(x_0)$

(ii) $(kf)'(x_0) = kf'(x_0)$

(iii) $(fg)'(x_0) = f'(x_0)g(x_0) + f(x_0)g'(x_0)$

(iv) $\left(\dfrac{f}{g}\right)'(x_0) = \dfrac{f'(x_0)g(x_0) - f(x_0)g'(x_0)}{(g(x_0))^2}$. 단, $g(x_0) \neq 0$.

[증명] 미분의 정의를 이용하여 (iii)만 증명한다. 등식

$$\frac{f(x)g(x) - f(x_0)g(x_0)}{x - x_0} = g(x)\frac{f(x) - f(x_0)}{x - x_0} + f(x_0)\frac{g(x) - g(x_0)}{x - x_0}$$

에서 $x \to x_0$인 극한을 취하면 (8.3)에 의해 (iii)이 나온다. □

다음은 미분가능한 함수의 합성함수가 역시 미분가능함을 말해준다.

정리 8.5 (연쇄법칙 : 합성함수의 미분)

함수 f가 x_0에서 미분가능하고 g가 $y_0 := f(x_0)$에서 미분가능하다고 하자. 그러면 합성함수 $g \circ f$도 $x = x_0$에서 미분가능하고 $(g \circ f)'(x_0)$는 다음과 같다.

$$(g \circ f)'(x_0) = g'(f(x_0))f'(x_0) \tag{8.8}$$

[증명] 정리 8.3에 의해 x_0에서 연속인 함수 f^*와 $y = y_0$에서 연속인 함수 g^*가 존재하여 다음을 만족시킨다.

$$f(x) = f(x_0) + f^*(x)(x - x_0), \qquad f^*(x_0) = f'(x_0) \tag{8.9}$$

$$g(y) = g(y_0) + g^*(y)(y - y_0), \qquad g^*(y_0) = g'(y_0) \tag{8.10}$$

(8.9)와 (8.10)을 이용하면 $(g \circ f)(x)$를 다음과 같이 나타낼 수 있다.

$$\begin{aligned} g(f(x)) &= g(f(x_0)) + g^*(f(x))[f(x) - f(x_0)] \\ &= g(f(x_0)) + g^*(f(x))f^*(x)(x - x_0) \end{aligned}$$

그런데 $g^*(f(x))f^*(x)$가 $x = x_0$에서 연속이므로, 정리 8.3에 의해, $g \circ f$는 $x = x_0$에서 미분가능하다. 또한 $(g \circ f)'(x_0)$는 다음과 같이 주어진다.

$$(g \circ f)'(x_0) = g^*(f(x_0))f^*(x_0) = g'(y_0)f'(x_0)$$ □

함수 f와 g가 미분가능한 함수일 때 $y = f(x)$, $z = g(y)$라고 두고 연쇄법칙 (8.8)을 다음과 같이 쓰면 편리하다.

$$\frac{dz}{dx} = \frac{dz}{dy}\frac{dy}{dx}$$

예제 8.4 $\sin^4 x$의 도함수를 구하여라.

[풀이] $y = \sin x$, $z = y^4$라고 두고 연쇄법칙을 적용하면 다음과 같다.

$$\frac{d}{dx}\sin^4 x = \frac{dz}{dy}\frac{dy}{dx} = 4y^3 \cos x = 4\sin^3 x \cos x$$ □

이 절의 마지막 내용으로 역함수의 도함수에 대해 알아보자.

정리 8.6 (역함수의 미분)

전단사함수 $f : [a,b] \to [c,d]$가 연속이고 $x_0 \in (a,b)$에서 미분가능하다고 하자. $f'(x_0) \neq 0$이면 f^{-1}가 $y_0 := f(x_0)$에서 미분가능하고 $(f^{-1})'(y_0)$는 다음과 같다.

$$(f^{-1})'(y_0) = \frac{1}{f'(x_0)} = \frac{1}{f'(f^{-1}(y_0))}$$

[증명] 먼저 역함수 f^{-1}가 연속함수라는 것을 기억하자. (정리 6.5) f가 $x = x_0$에서 미분가능하므로, 정리 8.3 (iii)에 의해, $x = x_0$에서 연속인 함수 f^*가 존재하여 다음을 만족시킨다.

$$f(x) = f(x_0) + f^*(x)(x - x_0), \quad f^*(x_0) = f'(x_0) \tag{8.11}$$

$y = f(x)$라고 놓으면 (8.11)을 다음과 같이 쓸 수 있다.

$$y - y_0 = f^*(f^{-1}(y))\,[f^{-1}(y) - f^{-1}(y_0)] \tag{8.12}$$

그런데 $f^*(f^{-1}(y_0)) = f'(x_0) \neq 0$이고 $f^* \circ f^{-1}$가 y_0에서 연속이므로 y_0의 적당한 근방에서 $f^*(f^{-1}(y)) \neq 0$이다. 따라서 (8.12)의 양변을 나누면 $f^{-1}(y)$를 다음과 같이 나타낼 수 있다.

$$f^{-1}(y) = f^{-1}(y_0) + \frac{1}{f^*(f^{-1}(y))}(y - y_0)$$

$f^* \circ f^{-1}$가 y_0에서 연속이므로 정리 8.3 (iii)에 의해 f^{-1}는 y_0에서 미분가능하다. 또한 $(f^{-1})'(y_0)$는 다음과 같이 주어진다.

$$(f^{-1})'(y_0) = \frac{1}{f^*(f^{-1}(y_0))} = \frac{1}{f^*(x_0)} = \frac{1}{f'(x_0)} \qquad \square$$

정리 8.6에서 역함수 $y = f^{-1}(x)$의 도함수를 다음과 같이 기억하면 편리하다.

$$y = f^{-1}(x) \Longrightarrow x = f(y), \quad \frac{dy}{dx} = \frac{1}{\frac{dx}{dy}} \tag{8.13}$$

$f : X \to Y$가 역함수를 가질 필요충분 조건은 전단사함수임을 알고 있다. $f : X \to \mathbb{R}$가 일대일 함수인 경우에는 치역을 Y로 택하면 전단수 함수가 되고 역함수를 정의할 수 있다. 예를 들어, 지수함수 e^x는 일대일 함수이고 역함수를 갖는다. 이 경우 양수의 집합 $\mathbb{R}_+ := \{y \,|\, y > 0\}$을 공변역으로 택한다.

예제 8.5 닫힌구간 $[-\frac{\pi}{2}, \frac{\pi}{2}]$에서 정의된 함수 $f(x) = \sin x$에 대해 역함수의 도함수 $(f^{-1})'$를 구하여라.

[풀이] 공역으로 $[-1, 1]$을 택하면 f는 전단사함수이다. 또한, 모든 $x \in (-\frac{\pi}{2}, \frac{\pi}{2})$에서

미분가능하고 $f'(x) = \cos x \neq 0$이다. 따라서 정리 8.6에 의해 역함수 $y = f^{-1}(x) := \sin^{-1} x$는 미분가능하다. 또한 (8.13)으로부터 도함수 $(f^{-1})'$은 다음과 같다.

$$\frac{d}{dx}\sin^{-1} x = \frac{1}{\frac{d}{dy}\sin y} = \frac{1}{\cos y} = \frac{1}{\sqrt{1-x^2}} \quad (-1 < x < 1)$$

마지막 등식을 유도하기위해 $x = \sin y$, $\cos y = \sqrt{1-\sin^2 y} = \sqrt{1-x^2}$ 임을 이용하였다. □

정리 8.6은 함수가 역함수를 가질 때 역함수의 도함수를 다루고 있다. 다음 정리는 국소적으로 역함수의 존재성을 보장한다.

정리 8.7 (역함수의 존재성과 도함수 : 역함수 정리)

f가 $x = x_0$를 포함한 열린구간 I에서 미분가능한 함수라고 하자.

f'이 x_0에서 연속이고 $f'(x_0) \neq 0$이면 x_0를 포함하는 열린구간 I_0와 $y_0 = f(x_0)$를 포함하는 열린구간 J_0가 존재하여 다음이 성립한다.

(a) $f : I_0 \to J_0$는 전단사함수이다.

(b) $f^{-1} : J_0 \to I_0$가 연속함수이다.

(c) f^{-1}가 미분가능하고 모든 $y \in J_0$에 대하여 다음이 성립한다.

$$(f^{-1}(y) = \frac{1}{f'(x)}, \quad f(x) = y$$

[증명] (a) f'이 연속이고 $f'(x_0) \neq 0$이므로 x_0를 포함하는 열린구간 I_0가 존재하여 모든 $x \in I_0$에 대해 $f'(x) \neq 0$이다.

$x_1, x_2 \in I_0$에 대해 $f(x_1) = f(x_2)$이면 $f(x_1) - f(x_2) = f'(c)(x_1 - x_2)$이므로 $x_1 = x_2$임을 알 수 있다. 따라서 f는 일대일 함수이다. f가 연속이고 I_0는 연결집합이므로 $J_0 = f(I_0)$는 y_0를 포함하는 열린구간이다.

(b) 보조정리에 의해 역함수 f^{-1}는 연속함수임을 알 수 있다.

(c) $\eta \in J_0$에 대해 $f^{-1}(\eta) = \xi$라고 두자. f가 ξ에서 미분가능하므로 ξ에서 연속인 함수 f^*가 존재하여 다음을 만족시킨다.

$$f(x) = f(\xi) + f^*(x)(x - \xi), \quad f^*(\xi) = f'(\xi)$$

$f(x) = y$라고 두면 위 식을 다음과 같이 다시 쓸 수 있다.

$$y - \eta = f^*(f^{-1}(y))(f^{-1}(y) - f^{-1}(\eta))$$

$f^* \circ f^{-1}$가 η에서 연속이고 $(f^* \circ f^{-1})(\eta) \neq 0$이므로 η의 적당한 근방에서 $(f^* \circ f^{-1})(y) \neq 0$이다. 따라서 양변을 나누어 다음과 같이 쓸 수 있다.

$$f^{-1}(y) - f^{-1}(\eta) = \frac{1}{f^*(f^{-1}(y))}(y - \eta)$$

그러므로 f^{-1}가 η에서 미분가능하고 $(f^{-1})'$는 다음과 같다.

$$(f^{-1})'(\eta) = \frac{1}{f^*(f^{-1}(\eta))} = \frac{1}{f^*(\xi)} = \frac{1}{f'(\xi)}$$

□

참고 8.1 정리 8.7에서 $f'(x_0) \neq 0$이고 f'이 x_0에서 연속이라는 조건은 역함수의 존재성을 보장하는 충분조건이다. $y = x^{\frac{1}{3}}$의 경우 $x = 0$에서 미분불가능하지만 역함수가 존재한다. 역함수는 $y = x^3$이다.

참고 8.2 정리 8.7에서 f'이 x_0에서 연속이라는 조건은 생략할 수 없다. 다음과 같이 정의된 f는 $x = 0$에서 미분가능하고 $f'(0) \neq 0$이지만 $x = 0$을 포함하는 어떤 열린구간에서도 역함수를 갖지 않는다.

$$f(x) = \begin{cases} x + x^2 \sin(1/x) & x \neq 0 \\ 0 & x = 0 \end{cases}$$

연습문제 8.2

1. 다음 함수가 $x = 0$에서 미분가능한지 조사하여라. 단, $n \geq 1$이다.
   (a) $f(x) = e^{|x|}$ (b) $f(x) = |x|^3$ (c) $f(x) = |x|^{1+\frac{1}{n}}$
   (d) $f(x) = \begin{cases} x^2, & x \in \mathbb{Q} \\ 0, & x \in \mathbb{Q}^c \end{cases}$ (e) $f(x) = \begin{cases} x^2, & x \in \mathbb{Q} \\ -x^2, & x \in \mathbb{Q}^c \end{cases}$
2. 예제 8.3에서 f'이 연속일 조건을 구하여라.
3. $f'(x_0) \neq 0$이면 $\delta > 0$가 존재하여 $|h| < \delta$인 모든 h에 대해 $f(x_0 + h) - f(x_0) \neq 0$임을 증명하여라.
4. $f^{(k)}(x_0) = 0\ (0 \leq k \leq m-1)$, $f^{(m)}(x_0) \neq 0$이면 x_0를 f의 m-중근이라고 한다.
   (a) $p(x) = x^3 + px + q$이 이중근을 가질 조건을 p와 q로 나타내어라.
   (b) $x = 0$이 $f(x) = e^x - 1 - x - \frac{x^2}{2}$의 삼중근임을 설명하여라.
5. 다음 함수 f와 g가 $x = 0$에서 미분가능함을 보여라. 또한 도함수 f'와 g'을 구하여라.

$$f(x) = \begin{cases} 0 & (x \leq 0) \\ e^{-\frac{1}{x}} & (x > 0) \end{cases}, \quad g(x) = \begin{cases} x^2 \sin^2 \frac{1}{c}, & x \neq 0 \\ 0, & x = 0 \end{cases}$$

f'과 g'가 $x=0$에서 연속인가?

6. $p(x)=\sum_{k=0}^{n} c_k(x-a)^k$가 n차 다항식일 때 $c_k=\frac{p^{(k)}(a)}{k!}$임을 보여라.

7. $f\not\equiv 0$일 때 모든 $x, y\in\mathbb{R}$에 대해 $f(x+y)=f(x)f(y)$라고 한다.
   (a) f가 $x=0$에서 미분가능하면 모든 점에서 미분가능함을 증명하여라.
   (b) $f'(0)=k$일 때 $f^{(n)}(1)$을 구하여라.

8. 항등적으로 0은 아닌 함수 f가 모든 $x, y>0$에 대해 등식 $f(xy)=f(x)+f(y)$를 만족시킨다고 한다.
   (a) f가 $x=1$에서 미분가능하면 모든 점에서 미분가능함을 증명하여라.
   (b) $f'(x)=\frac{f'(1)}{x}$임을 보여라. 또한, $f'(1)=1$일 때 $f^{(n)}$을 구하여라.

9. 항등적으로 0은 아닌 함수 $S, C:\mathbb{R}\to\mathbb{R}$가 다음을 만족시킨다고 한다.

$$S(x+y)=S(x)C(y)+C(x)S(y),\ C(x+y)=C(x)C(y)-S(x)S(y)\ \forall x, y\in\mathbb{R}$$

   (a) S, C가 $x=0$에서 미분가능하면 모든 점에서 미분가능함을 증명하여라.
   (b) S, C가 무한번 미분가능함을 보여라.

10. 정리 8.3 (iii)을 이용하여 정리 8.4 (i)–(iv)를 증명하여라.

11. **(라이프니츠 공식)** $f, g: I\to\mathbb{R}$가 n번 미분가능한 함수일 때 다음을 증명하여라.

$$\frac{d^n}{dx^n}fg=\sum_{k=0}^{n}\binom{n}{k}f^{(n-k)}g^{(k)},\quad \binom{n}{k}=\frac{n!}{(n-k)!k!}$$

12. $f:\mathbb{R}\to\mathbb{R}$이 미분가능한 함수라고 하자. $f(x)\neq 0$일 때 $\frac{d}{dx}|f(x)|=\mathrm{sgn}(f(x))f'(x)$임을 보여라. 단, 부호함수 $\mathrm{sgn}(x)$는 다음과 같이 정의된다.

$$\mathrm{sgn}(x)=\begin{cases}1, & x>0\\ 0, & x=0\\ -1, & x<0\end{cases}$$

13. 다항식 $P_n(x)=\frac{1}{n!2^n}\frac{d^n}{dx^n}(x^2-1)^n$을 n차 르장드르(Legendre) 다항식이라고 한다.
   (a) $u=(x^2-1)^n$일 때 $(x^2-1)u'=2nxu$임을 보여라.
   (b) (a)와 연습문제 11을 이용하여 $(x^2-1)P_n''(x)+2xP_n'(x)-n(n+1)P_n(x)=0$임을 보여라.

14. $f:\mathbb{R}\to\mathbb{R}$가 립시츠(Lipschitz) 함수라고 하자. f가 미분가능하면 f'이 유계함수임을 증명하여라.

15. 모든 $x\in\mathbb{R}$에 대해 $|f(x)|\leq x^{\alpha}$일 때 f가 $x=0$에서 미분가능할 조건을 구하여라.

8.3 평균값 정리와 응용

평균값 정리(mean value theorem)는 해석학에서 가장 중요한 정리의 하나로 해석학 관련 거의 모든 분야에서 나타난다. 이 책에서는 함수의 증감 판정, 미적분학의 기본정리 및 테일러 나머지 정리의 증명에 이용되지만 수치해석학에서는 오차의 크기를 추정할 때 없어서는 안되는 도구로 쓰인다.

8.3.1 평균값 정리

이 절에서는 평균값 정리에 대하여 알아보고 응용을 소개한다. 먼저 롤(Rolle)의 정리를 증명한 후 평균값 정리를 증명한다. 롤 정리는 극값의 특성을 이용하고 있다. 먼저 극값에 대해 알아보자.

정의 8.3 (극값)

f가 열린구간 I에서 정의된 함수이고 $x_0 \in I$라고 하자.

양수 δ가 존재하여 모든 $x \in (x_0 - \delta, x_0 + \delta)$에 대해 $f(x) \le f(x_0)$이면 f가 $x = x_0$에서 극대값(local maximum)을 갖는다고 한다.

비슷하게, 양수 δ'이 존재하여 모든 $x \in (x_0 - \delta', x_0 + \delta')$에 대해 $f(x) \ge f(x_0)$이면 f가 $x = x_0$에서 극소값(local minimum)을 갖는다고 한다. 극대값과 극소값을 통틀어 극값(local extremum)이라고 부른다.

수학자 페르마는 다항식 함수의 최대값을 구하는 과정에서 원시적인 미분 개념을 발견하였다. 페르마는 그의 방법을 써서 간단한 다항함수에 대해서 최대값이 발생하는 점을 구하고 있다. 정리 8.8 (i)은 페르마의 아이디어를 현대적으로 새롭게 증명한 것이다.

정리 8.8 (극값의 특성)

I가 열린구간이라고 하자. $f : I \to \mathbb{R}$가 $x_0 \in I$에서 극값을 가지면 다음 중 하나가 성립한다.

(i) **(페르마(Fermat) 정리, 1629)** f가 $x = x_0$에서 미분가능할 때 $f'(x_0) = 0$이다.

(ii) f는 $x = x_0$에서 미분불가능하다.

[증명] f가 x_0에서 미분불가능하면 (ii)이다. 따라서 f가 $x = x_0$에서 극대값을 갖고 미분가능한 경우에 (i)을 증명하면 된다.

먼저, f가 $x = x_0$에서 극대값을 가지면 $x = x_0$를 포함하는 열린구간 $(x_0 - \delta, x_0 + \delta) \subset I$이 존재한다. 극대값의 정의에 의해 속하는 모든 x에 대해 $f(x) \leq f(x_0)$가 성립한다.

양수 h의 값을 충분히 작게 택하여 $x_0 + h$가 $(x_0 - \delta, x_0 + \delta)$에 속하면 다음 부등식이 성립한다.

$$\frac{f(x_0 + h) - f(x_0)}{h} \leq 0 \quad (h > 0)$$

$h \to 0^+$일 때 극한을 구하면 $f'(x_0^+) \leq 0$이다. 비슷하게 음수 h의 값을 충분히 작게 택하여 $x_0 + h$가 $(x_0 - \delta, x_0 + \delta)$에 속하면 다음 부등식이 성립한다.

$$\frac{f(x_0 + h) - f(x_0)}{h} \geq 0 \quad (h < 0)$$

$h \to 0^-$일 때 극한을 구하면 $f'(x_0^-) \geq 0$이다.

그러므로 $f'(x_0) = 0$이다. □

페르마 정리의 역은 성립하지 않는다.

예제 8.6

(a) $f(x) = |x|$는 $x = 0$에서 미분불가능하지만 $x = 0$에서 극소값을 갖는다.

(b) $f'(x_0) = 0$이라고 하더라도 $x = x_0$에서 극값을 가질 필요는 없다. $f(x) = x^3$의 경우 $f'(0) = 0$이지만 $x = 0$에서 극값을 갖지 않는다.

(c) $f(x) = |x^2 - 1|$는 $x = \pm 1$에서 미분가능하지 않지만 $x = \pm 1$에서 극소값을 갖는다. 또한 미분가능한 점 $x = 0$에서 극대값을 갖는다.

$f'(x_0) = 0$이면 x_0를 f의 정점(stationary point)이라고 하고 미분이 불가능한 점은 f의 특이점(singular point)이라고 한다. 정점과 특이점을 합쳐 임계점(critical point)이라고 부르는데 예제 8.6에서 볼 수 있는 것처럼 임계점은 극값이 발생하는 유력한 후보이다.

주어진 임계점에서 실제로 극값이 발생하는지 조사하는 과정에서 아래에서 증명할 평균값 정리가 이용된다.

정리 8.9 (롤[1]정리, Rolle 1690)

함수 $f : [a, b] \to \mathbb{R}$이 연속이고 (a, b)에서 미분가능한 함수라고 하자.
$f(a) = f(b)$이면 $f'(c) = 0$인 점 $c \in (a, b)$가 적어도 하나 존재한다.

[증명] f가 연속함수이므로 최대값 M과 최소값 m을 갖는다.

$m = M$이면 f가 상수함수이므로 모든 $c \in (a, b)$에 대해 $f'(c) = 0$이다.

$M \neq m$이면 f는 (a, b)에 속하는 점 c에서 최대값이나 최소값을 갖는데 극값이어야 한다. 따라서 페르마 정리에 의해 $f'(c) = 0$이므로 증명이 끝난다. □

정리 8.10 (평균값 정리, Lagrange 1797)

함수 $f : [a, b] \to \mathbb{R}$가 연속이고 (a, b)에서 미분가능한 함수라고 하자. 그러면 다음을 만족시키는 점 $c \in (a, b)$가 적어도 하나 존재한다.

$$f(b) - f(a) = (b - a)f'(c) \tag{8.14}$$

[증명] $f(b) = f(a)$이면 롤 정리 8.9에 의해 (8.14)가 성립하는 $c \in (a, b)$가 존재한다.

$f(b) \neq f(a)$이면 다음과 같이 정의된 g는 롤 정리의 가정을 모두 만족시킨다.

$$g(x) = f(x) - \left[\frac{f(b) - f(a)}{b - a}(x - a) + f(a)\right], \quad x \in [a, b]$$

따라서 $g'(c) = 0$인 $c \in (a, b)$가 적어도 하나 존재한다. 이제 $g'(x)$를 구하면

$$g(x) = f'(x) - \frac{f(b) - f(a)}{b - a}$$

이므로 (8.14)가 성립하는 $c \in (a, b)$가 존재한다.

그러므로 평균값 정리가 증명된다 □

평균값 정리는 다음과 같은 기하학적 의미를 갖는다. (8.14)로부터 그래프의 양 끝점을 연결하는 직선과 기울기가 같은 접선이 존재한다는 것이다. (그림 8.1을 참조하기 바란다.)

[1]롤(Michel Rolle, 1652-1719)은 디오판틴 방정식, 대수학, 기하학을 연구한 프랑스 수학자로 n 제곱근을 나타내는 기호 $\sqrt[n]{x}$를 처음으로 사용했다.

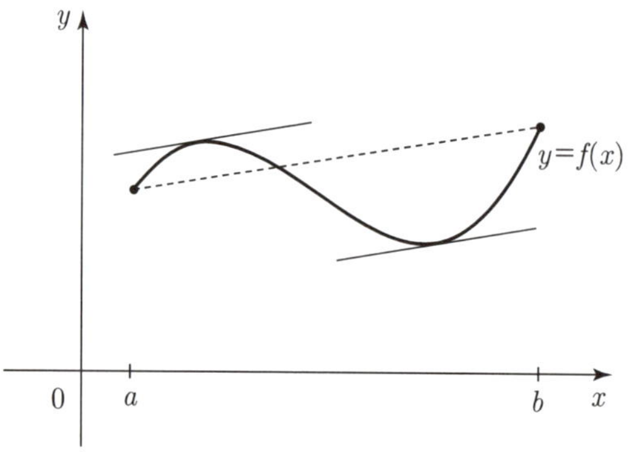

그림 8.1: 평균값 정리의 기하학적 해석

정리 8.11 (일반화된 평균값정리, Cauchy 1821)

함수 f, g가 $[a,b]$에서 연속이고 (a,b)에서 미분가능한 함수라고 하자. 모든 $x \in (a,b)$에 대해 $g'(x) \neq 0$이면 다음을 만족시키는 점 $c \in (a,b)$가 적어도 하나 존재한다.

$$g'(c)[f(b) - f(a)] = f'(c)[g(b) - g(a)] \tag{8.15}$$

[증명] 함수 $F(x) = [g(b) - g(a)]f(x) - [f(b) - f(a)]g(x)$는 롤 정리의 가정을 모두 만족시킨다.

따라서 $F'(c) = 0$인 $c \in (a,b)$가 적어도 하나 존재한다. 그런데

$$F'(x) = [g(b) - g(a)]f'(x) - [f(b) - f(a)]g'(x)$$

이므로 증명이 끝난다. □

정리 8.12 (도함수의 유계성)

I가 구간일 때 $f : I \to \mathbb{R}$이 상수함수가 아니고 미분가능하다고 하자. f'이 유계이면 다음을 만족시키는 상수 $M > 0$이 존재한다.

$$|f(x) - f(y)| \leq M|x - y| \quad {}^{\forall}x, y \in I \tag{8.16}$$

역으로 (8.16)이 성립하면 f'이 유계이다.

[증명] 평균값 정리에 의해 임의의 x, y에 대해 $\xi \in I$가 존재하여 $f(x) - f(y) = (x - y)f'(\xi)$가 성립한다. 그런데 f'이 유계이므로 상수 $M > 0$이 존재하여 모든

$x \in I$에 대해 $|f'(x)| \le M$이다. 그러므로 (8.16)이 성립한다.

역으로, (8.16)이 성립하면 임의의 고정된 $x \in I$에 대해 다음을 알 수 있다.

$$|f'(x)| = \left| \lim_{y \to x} \frac{f(y) - f(x)}{y - x} \right| \le M$$

그러므로 f'이 유계이다. □

f'이 유계이면 (8.16)에 의해 f가 고르게 연속이다.

예제 8.7 $f(x) = \tan^{-1} 2x$가 고르게 연속임을 보여라.

[풀이] $|f'(x)| = \frac{2}{1+4x^2} \le 2$이므로, (8.16)에 의해, 임의의 실수 x, y에 대해 다음이 성립한다.

$$|f(x) - f(y)| < 2|x - y|$$

임의의 양수 ε에 대해 $\delta = \frac{\varepsilon}{2}$이라고 두면 $|x - y| < \delta$일 때 $|f(x) - f(y)| < \varepsilon$이 성립한다. 따라서 f는 고르게 연속이다. □

8.3.2 함수의 증감과 극값 판정

최대최소 정리에 의하면 연속함수 $f : [a, b] \to \mathbb{R}$는 반드시 최대값과 최소값을 갖는다. 최대값이나 최소값은 구간의 끝점에서 발생할 수도 있고 열린구간 (a, b)에 속하는 점에서 발생할 수도 있다. 개구간에 속하는 점 x_0에서 최대값이나 최소값을 가지면 f가 x_0에서 극값을 갖게 되고 x_0는 f의 임계점이다. 따라서 임계점에서 극값이 발생하는지 조사할 필요가 생긴다.

함수의 극값을 구하려면 몇 가지 준비가 필요하다. 다음 정리는 도함수의 부호를 이용하여 함수의 증감을 판별한다.

정리 8.13 (함수의 증감 판정)

$f : (a, b) \to \mathbb{R}$가 미분가능한 함수라고 하자.

(i) 모든 $x \in (a, b)$에 대해 $f'(x) = 0$이면 f는 상수함수이다.

(ii) 모든 $x \in (a, b)$에 대해 $f'(x) > 0$이면 f는 순증가함수이다.

(iii) 모든 $x \in (a, b)$에 대해 $f'(x) < 0$이면 f는 순감소함수이다.

[증명] (i) 평균값 정리를 적용하면 임의의 $x, y \in (a, b)$ $(x < y)$에 대해 $c \in (x, y)$가 존재하여 $f(x) - f(y) = f'(c)(x - y) = 0$임을 알 수 있다. 따라서 f는 상수함수이다.

(ii) $x < y$ 라고 하자. 평균값 정리를 적용하면 $\xi \in (a, b)$ 에 의해 $f(y) - f(x) = f'(\xi)(y - x)$ 이다. 그런데 가정에 의해 $f'(\xi) > 0$ 이므로 $x < y$ 일 때 $f(x) < f(y)$ 이다. 따라서 f 는 순증가함수이다.

(iii) $x < y$ 라고 하자. 평균값 정리에 의해 $\xi \in (a, b)$ 가 존재하여 $f(y) - f(x) = f'(\xi)(y - x)$ 이다. 가정에 의해 $f'(\xi) < 0$ 이므로 $x < y$ 일 때 $f(x) > f(y)$ 이다. 따라서 f 는 순감소함수이다. □

도함수는 함수의 증감을 판정할 때뿐만 아니라 부등식의 증명에서 이용되기도 한다.

예제 8.8 모든 $x > 0$ 에 대해 $e^x > 1 + x > 0$ 임을 보여라.

[풀이] $f(x) = e^x - 1 - x$ 라 두자. 모든 $x > 0$ 에 대해 $f''(x) = e^x > 0$ 이므로 $f'(x)$ 가 순증가함수이다. 그런데 $f'(0) = 0$ 이므로 $f'(x) > f'(0) = 0$ 이다. 모든 $x > 0$ 에 대해 $f'(x) > 0$ 이므로 f 는 순증가함수이다. $f(x) > f(0) = 0$ 이므로 증명이 끝난다. □

이제 함수의 극값을 구하는 문제를 생각해보자. 페르마 정리는 f 가 $x = x_0$ 에서 극값을 가질 필요조건을 서술하고 있으므로 임계점에서 실제로 극값을 갖는다는 것을 보장하지 못한다. 다음 정리는 임계점의 좌우에서 f' 의 부호가 다르면 극값을 갖는다는 것을 설명하고 있다.

정리 8.14 (일계 도함수의 부호와 극값 판정)

$x_0 \in (a, b)$ 가 연속함수 $f : (a, b) \to \mathbb{R}$ 의 고립된(isolated) 임계점[2]이고 f 가 x_0 를 제외한 점에서 미분가능하다고 하자.

(i) $x < x_0$ 일 때 $f'(x) > 0$ 이고 $x > x_0$ 일 때 $f'(x) < 0$ 이면 f 는 $x = x_0$ 에서 극대값을 갖는다.

(ii) $x < x_0$ 일 때 $f'(x) < 0$ 이고 $x > x_0$ 일 때 $f'(x) > 0$ 이면 f 는 $x = x_0$ 에서 극소값을 갖는다.

(iii) $x = x_0$ 의 좌우에서 $f'(x)$ 의 부호가 같으면 f 는 극값을 갖지 않는다.

[증명] $x_0 \in (a, b)$ 가 f 의 고립된 임계점이므로 $\delta > 0$ 가 존재하여 $(x_0 - \delta, x_0 + \delta)$ 가 다른 임계점을 포함하지 않는다.

(i) $x < x_0$ 이면 $f'(x) > 0$ 이므로 f 가 열린구간 $(x_0 - \delta, x_0)$ 에서 증가함수이다. 따라서 모든 $x \in (x_0 - \delta, x_0]$ 에 대해 $f(x) \le f(x_0)$ 이다. 비슷하게, $x > x_0$

[2]어떤 열린구간 $(x_0 - \delta, x_0 + \delta)$ 이 존재하여 이 구간에 속하는 다른 임계점이 없다는 의미이다.

이면 $f'(x) < 0$ 이므로 f 가 열린구간 $(x_0, x_0 + \delta)$ 에서 증가함수이다. 또한 모든 $x \in [x_0, x_0+\delta)$ 에 대해 $f(x) \leq f(x_0)$ 이다. 모든 $x \in (x_0 - \delta, x_0+\delta)$ 에 대해 $f(x) \geq f(x_0)$ 이므로 f 는 $x = x_0$ 에서 극대값을 갖는다.

(ii) (i)과 비슷하게 증명된다.

(iii) $x_0 \in (a, b)$ 가 f 의 고립된 임계점이므로 열린구간 $(x_0 - \delta, x_0 + \delta)$ 에서 순증가이거나 순감소이다. 따라서 f 는 $x = x_0$ 에서 극값을 가질 수 없다. □

예제 8.9 $f(x) = |x^3 - 3x|$ 의 극값을 구하여라.

[풀이] $x^3 - 3x = 0$ 일 때 f 가 미분불가능하므로 특이점은 $x = -\sqrt{3}, 0, \sqrt{3}$ 이다. 한편 f' 은 다음과 같으므로 정점은 $x = \pm 1$ 이다.

$$f'(x) = \begin{cases} 3 - 3x^2, & x < -\sqrt{3} \\ 3x^2 - 3, & -\sqrt{3} < x < 0 \\ 3 - 3x^2, & 0 < x < \sqrt{3} \\ 3x^2 - 3, & x > \sqrt{3} \end{cases}$$

도함수의 부호를 조사하면 특이점에서 극소값이 발생하고 극소값은 $f(\pm\sqrt{3}) = f(0) = 0$ 이다. 극대값은 정점에서 발생하고 극대값은 $f(\pm 1) = 2$ 이다. □

다음 정리는 임계점 주변에서 함수의 증감을 조사하지 않고 극값을 판정하는 방법이다. 2계 도함수의 계산이 쉬운 경우에 매우 효과적이다.

정리 8.15 (2계 도함수의 부호와 극값 판정)

f 가 $x = x_0$ 의 근방에서 정의될 때 f' 과 f'' 이 존재하고 f'' 이 연속이라고 하자.

(i) $f'(x_0) = 0$, $f''(x_0) > 0$ 이면 f 는 $x = x_0$ 에서 극소값을 갖는다.

(ii) $f'(x_0) = 0$, $f''(x_0) < 0$ 이면 f 는 $x = x_0$ 에서 극대값을 갖는다.

[증명] (i)만 증명하기로 하자. $f''(x)$ 가 연속이고 $f''(x_0) >$ 이므로 양수 δ 가 존재하여 모든 $x \in (x_0 - \delta, x_0 + \delta)$ 에 대해 $f''(x) > 0$ 이다.

$(x_0 - \delta, x_0 + \delta)$ 에서 f' 이 증가함수이고 $f'(x_0) = 0$ 이므로 모든 $x \in (x_0 - \delta, x_0)$ 에 대해 $f'(x) < 0$ 이다. 이것은 f 가 구간 $(x_0 - \delta, x_0]$ 에서 감소함수임을 의미한다. 따라서 모든 $x \in (x_0 - \delta, x_0]$ 에 대해 $f(x_0) \leq f(x)$ 이다.

비슷한 논법을 통해, 모든 $x \in [x_0, x_0 + \delta)$ 에 대해 $f(x_0) \leq f(x)$ 임을 보일 수 있다. 그러므로 f 는 $x = x_0$ 에서 극소값을 갖는다. □

예제 8.10 $[-2,3]$에서 정의된 함수 $f(x)=2x^3-3x^2-12x+7$의 극값을 구하여라.

[풀이] f가 미분가능한 함수이고 $f'(x) = 6(x-2)(x+1)$ 임계점은 모두 정점에서 발생한다. 임계점은 $x = -1, 2$이다. 한편, 2계 도함수는 $f''(x) = 12x-6$이다. $f''(2) = 18 > 0$, $f''(-1) = -18$이므로 극소값은 $f(2) = -13$, 극대값은 $f(-1) = 14$임을 알 수 있다. □

연습문제 8.3

1. 연속함수 $f:\mathbb{R}\to\mathbb{R}$의 극소값이 유일하면 이 극소값이 최소값임을 설명하여라.
2. 다음 함수의 극값을 모두 구하여라.
   (a) $2|x+1|+2|x|-|x-3|$ (b) $x^3-6x^2-15x-7$
   (c) $\frac{\ln x}{x}$ (d) xe^{-x}
3. $x\ge 0$일 때 다음 부등식을 증명하여라.
   (a) $e^x \ge 1+x+\frac{x^2}{2}$ (b) $\sin x \le x$ (c) $\cos x \ge 1-\frac{x^2}{2}$
4. 모든 $x,y\in\mathbb{R}$에 대해 $|f(x)-f(y)|\le C|x-y|^2\ (C>0)$인 함수 f를 모두 구하여라.
5. I가 열린구간일 때 $f:I\to\mathbb{R}$이 미분가능한 함수이고 모든 $x\in I$에 대해 $f'(x)\ge 0$이라고 하자. $f'(x)=0$이 유한개의 근을 가지면 f는 순증가 함수임을 증명하여라.
6. n차 다항식 $p(x)=0$이 n개의 서로 다른 실근을 갖는다고 하자. $p'(x)=0$이 서로 다른 $(n-1)$ 개의 실근을 갖고 근이 $p(x)=0$의 근 사이에 있음을 증명하여라.
7. $p,q>0$일 때 삼차방정식 $x^3+px-q=0$이 단 하나의 실근을 가짐을 보여라.
8. $p,q>0$일 때 삼차함수 $f(x)=x^3-px-q$를 생각하자.
   (a) f의 극값을 구하여라.
   (b) 방정식 $f(x)=0$이 이중근(double root)을 가질 조건을 구하여라.
   (c) 방정식 $f(x)=0$이 서로 다른 세 개의 실근을 가질 조건을 구하여라.
9. $x>y>0$일 때 $\sqrt[n]{x}-\sqrt[n]{y}<\sqrt[n]{x-y}$임을 보여라. 단, $n\ge 2$는 자연수이다.
10. 두 점 $P_1(x_1,y_1)$과 $P_2(x_2,y_2)$가 $y=ax^2+c(a\ne 0)$의 그래프 위에 있다고 하자. 어떤 점에서의 접선이 $P_i(i=1,2)$를 지나는 직선과 평행할 때 그 점을 구하여라.
11. 함수 (a) $\ln x\ (x\ge 1)$, (b) $e^{-x}\ (x\ge 0)$가 고르게 연속임을 보여라.
12. 함수 $f:[a,b]\to\mathbb{R}$에 대해 f'이 $[a,b]$에서 연속이고 (a,b)에서 미분가능하다고 하자. $c\in(a,b)$가 존재하여 $f''(c)(f(b)-f(a))=f'(c)(f'(b)-f'(a))$임을 보여라.
13. f가 x_0를 포함하는 열린구간에서 미분가능하고 $\lim_{x\to x_0} f'(x)$이 존재하면 $\lim_{x\to x_0} f'(x) = f'(x_0)$ 임을 보여라.

14. f가 열린구간 I에서 정의된 함수일 때 f'이 $x_0 \in I$에서 연속이고 $f'(x_0) > 0$이라고 하자. 그러면 $\delta > 0$가 존재하여 $(x_0 - \delta, x_0 + \delta)$에서 f가 순증가임을 증명하여라.

15. 연습문문제 14에서 f'가 x_0에서 연속이라는 조건을 약화시킬 수 없음을 다음 함수에 대해 확인하여라.

$$f(x) = \begin{cases} x + x^2 \sin(1/x), & x \neq 0 \\ 0, & x = 0 \end{cases}$$

16. $f : (a,b) \to \mathbb{R}$가 $x_0 \in (a,b)$에서 미분가능하고 $f'(x_0) > 0$이라고 하자. 그러면 $\delta > 0$가 존재하여 모든 $x \in (x_0 - \delta, x_0)$에 대해 $f(x) < f(x_0)$이고 모든 $x \in (x_0, x_0 + \delta)$에 대해 $f(x) > f(x_0)$임을 보여라. 또 이 사실을 연습문제 14 및 연습문제 15와 비교하여라.

17. (**다르부(Darboux) 정리 : 도함수에 대한 중간값정리**) f가 $[a,b]$에서 미분가능한 함수일 때 $f'(a) < k < f'(b)$라고 하자. $c \in (a,b)$가 존재하여 $f'(c) = k$임을 증명하여라. (힌트 : $F(x) = f(x) - k(x-a)$의 최대값이나 최소값을 찾아본다)

18. (**고르게 미분가능**) f가 $[a,b]$에서 정의된 함수라고 하자. 임의의 $\varepsilon > 0$이 주어질 때 $\delta > 0$가 존재하여 $0 < |x-y| < \delta$인 모든 $x, y \in [a,b]$에 대하여 $\left|\frac{f(x)-f(y)}{x-y} - f'(x)\right| < \varepsilon$이면 f가 연속적으로 미분가능한 함수임을 증명하여라.

19. $f : [a,b] \to \mathbb{R}$가 미분가능할 때 $f(a) = 0$이고 $|f'| \leq |f|$라고 하자. 단, $b < a+1$이다.
    (a) $|f|$가 ξ에서 최대값을 가지면 $|f(\xi)| \leq |f(\xi)|\,|\xi - a|$임을 보여라.
    (b) $f \equiv 0$임을 증명하여라.

20. $f : [a,b] \to \mathbb{R}$가 미분가능할 때 $f(a) = 0$이고 $|f'| \leq |f|$이면 $f \equiv 0$임을 증명하여라.

8.4 테일러 정리와 응용

근사값은 일상 생활에서도 자주 나타난다. 예를 들어, 산의 높이, 땅의 넓이나 도로의 길이는 정확한 값(exact value, 참값)이 아니라 근사값(approximate value)이다. 무리수 $\sqrt{3}$의 근사값으로 1.73을 택할 때 참값과 근사값의 차이인 오차(error) e는 $|e| = \left|\sqrt{3} - 1.73\right| < \frac{1}{100}$를 만족시킨다.

함수를 근사시키는 식에 대해서도 오차를 구하거나 오차의 범위를 구할 필요가 생긴다. 17세기 서양에서는 삼각함수나 로그함수를 무한히 많은 단항식 의 합으로 표현하고 근사값을 구하였다. 삼각함수나 다항식과 같이 성질을 잘 알고 있는 이용하여 어떤 함수를 근사시킬 때 오차분석은 수치해석학에서 어렵고도 중요한 주제이다.

이 절에서는 다항식을 이용하여 함수를 근사시킬 때 오차의 크기에 대한 수학적 표현을 구해보고 몇 가지 응용에 대하여 살펴본다.

8.4.1 테일러 나머지 정리

함수 $f : [a, b] \to \mathbb{R}$ 가 $x = x_0 \in (a, b)$에서 $(n + 1)$ 번 미분가능한 함수일 때 다항식

$$P_n(x) = \sum_{k=0}^{n} \frac{f^{(k)}(x_0)}{k!}(x - x_0)^k \tag{8.17}$$

을 $x = x_0$에서 f의 n차 테일러(Taylor) 다항식이라고 한다. $|x - x_0|$가 작거나 n이 클 때 테일러 다항식은 주어진 함수를 잘 근사시킨다.

$\sin x$에 대해 $x = 0$에서의 테일러 다항식의 그래프와 $f(x) = \sin x$의 그래프를 그려보면 이 사실을 확인할 수 있다(그림 8.2). $y = \sin x$의 $2n + 1$차 테일러 다항식은 다음과 같다.

$$P_{2n}(x) = x - \frac{x^3}{3!} + \frac{x^5}{5!} + \cdots + \frac{(-1)^n x^{2n+1}}{(2n+1)!}$$

함수 f를 테일러 다항식을 이용하여 근사시킬 때 $R_{n+1}(x) := f(x) - P_n(x)$를 나머지 항(remainder term)이라고 부르는데 다음 표현식이 알려져 있다.

정리 8.16 (테일러 나머지 정리)

$f : [a, b] \to \mathbb{R}$ 가 $x = x_0 \in (a, b)$에서 $(n + 1)$ 번 미분가능한 함수라고 하면 각 $x \in [a, b]$에 대해 $c_x \in (a, b)$가 적어도 하나 존재하여 다음 등식이 성립한다.

$$R_n(x) = f(x) - P_n(x) = \frac{f^{(n+1)}(c_x)}{(n+1)!}(x - x_0)^{n+1} \tag{8.18}$$

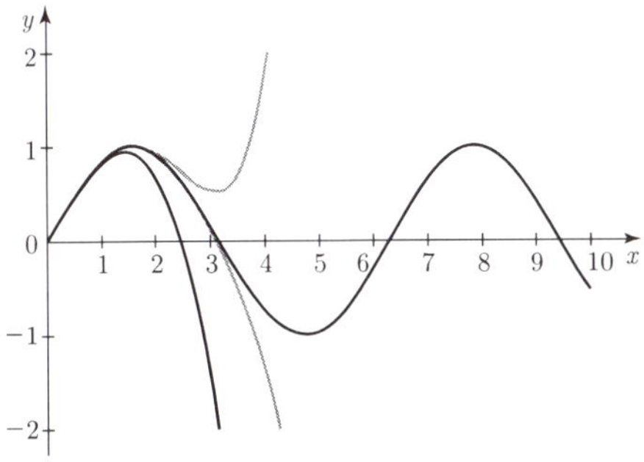

그림 8.2: 테일러 다항식과 함수의 근사

[증명] $R_n(x) = f(x) - \sum_{k=0}^{n} \frac{f^{(k)}(x_0)}{k!}(x-x_0)^k$, $S_n(x) = \frac{(x-x_0)^{n+1}}{(n+1)!}$ 라고 두면 $R_n^{(k)}(x_0) = S_n^{(k)}(x_0) = 0$ $(0 \le k \le n)$이다.

다음으로 $R_n(x)$과 $S_n(x)$에 (일반화된 평균값) 정리 8.11을 적용하면 다음을 만족시키는 $\xi_0 \in I_0$가 존재함을 알 수 있다. 여기서, I_0는 끝 점이 x, x_0인 열린 구간이다.

$$\frac{R_n(x)}{S_n(x)} = \frac{R_n(x) - R_n(x_0)}{S_n(x) - S_n(x_0)} = \frac{R_n'(\xi_0)}{S_n'(\xi_0)}$$

구간 I_0에서 $R_n'(x)$와 $S_n'(x)$에 일반화된 평균값정리를 적용하면 다음을 만족시키는 $\xi_1 \in I_0$가 존재한다.

$$\frac{R_n(x)}{S_n(x)} = \frac{R_n'(\xi_0)}{S_n'(\xi_0)} = \frac{R_n'(\xi_0) - R_n'(x_0)}{S_n'(\xi_0) - S_n'(x_0)} = \frac{R_n''(\xi_1)}{S_n''(\xi_1)}$$

위 과정을 계속하여 자연수 k에 대해 끝점이 x_0, ξ_{k-1}인 열린구간 I_k가 구성되었다고 하자. 구간 I_k에서 두 함수 $R_n^{(k)}(x)$과 $S_n^{(k)}(x)$에 대해 정리 8.11을 적용하면 다음이 성립하는 $\xi_k \in I_k$가 존재한다.

$$\begin{aligned}\frac{R_n(x)}{S_n(x)} = \frac{R_n'(\xi_0)}{S_n'(\xi_0)} &= \cdots = \frac{R_n^{(k)}(\xi_{k-1})}{S_n^{(k)}(\xi_{k-1})} \\ &= \frac{R_n^{(k)}(\xi_{k-1}) - R_n^{(k)}(x_0)}{S_n^{(k)}(\xi_{k-1}) - S_n^{(k)}(x_0)} = \frac{R_n^{(k+1)}(\xi_k)}{S_n^{(k+1)}(\xi_k)}\end{aligned}$$

이 과정을 $k = n$일 때까지 적용하고 $S_n^{(n+1)}(x) = 1$임을 이용하면 증명이 끝난다. □

8.4.2 곡선의 볼록성

함수의 볼록성은 최소값 및 최대값의 존재와 깊은 관련이 있기 때문에 최적화 문제를 비롯한 많은 분야에서 연구되고 있다. 볼록 함수(convex function)는 다음과 같이 정의된다.

정의 8.4 (볼록함수)

f가 구간 I에서 정의된 함수라고 하자.

임의의 $x_1, x_2 \in I$와 임의의 $t \in [0,1]$에 대해 부등식 (8.19)가 성립하면 f가 아래로 볼록(convex downward)하다고 한다. 반면에 부등식 (8.20)이 성립하면 f가 위로 볼록(convex upward)하다고 한다.

$$f((1-t)x_1 + tx_2) \le (1-t)f(x_1) + tf(x_2) \tag{8.19}$$

$$f((1-t)x_1 + tx_2) \ge (1-t)f(x_1) + tf(x_2) \tag{8.20}$$

$x_1 \le x \le x_2\,(x_1 < x_2)$일 때 (8.19)와 (8.20)은 다음 부등식과 동치이다.

$$f(x) \le f(x_1) + \frac{f(x_2) - f(x_1)}{x_2 - x_1}(x - x_1),$$

$$f(x) \ge f(x_1) + \frac{f(x_2) - f(x_1)}{x_2 - x_1}(x - x_1)$$

따라서 위로 (아래로) 볼록한 함수의 그래프 위에 있는 두 점을 연결한 선분이 그래프 아래쪽(위쪽)에 놓인다는 것을 알 수 있다.

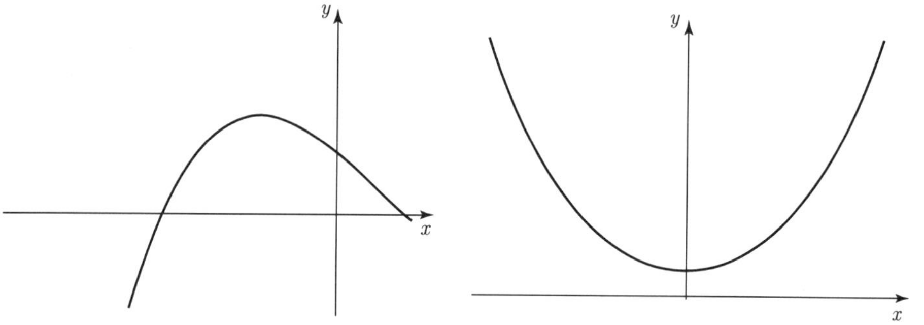

(a) 위로 볼록한 함수　　(b) 아래로 볼록한 함수

그림 8.3: 볼록 함수

주어진 함수가 아래로 (위로) 볼록한지 알기는 쉽지 않다. 다음에 소개하는 정리는 1계(또는 2계)도함수를 이용하여 비교적 쉽게 볼록 여부를 판단할 수 있음을 보여 준다.

정리 8.17 (볼록성 : 1계 도함수의 단조성)

구간 I 에서 정의된 함수 f 가 미분가능하다고 하자. f 가 아래로 (위로) 볼록일 필요충분 조건은 f' 이 단조증가(단조감소)이다.

[증명] f 가 아래로 볼록인 경우만 증명한다.

($\Rightarrow$) $x_1 < x_2$ 일 때 $f'(x_1) \leq f(x_2)$ 임을 보이면 된다. f 가 아래로 볼록이므로 모든 $x \in (x_1, x_2)$ 에 대해 다음 부등식이 성립한다.

$$f(x) \leq f(x_1) + \frac{f(x_2)-f(x_1)}{x_2-x_1}(x-x_1) = f(x_2) + \frac{f(x_2)-f(x_1)}{x_2-x_1}(x-x_2)$$

이 식을 다음과 같이 변형할 수 있다.

$$\frac{f(x)-f(x_1)}{x-x_1} \leq \frac{f(x_2)-f(x_1)}{x_2-x_1} \leq \frac{f(x_2)-f(x)}{x_2-x}$$

이 부등식에 $x \to x_1^+$, $x \to x_1^-$ 인 극한을 취하면

$$f'(x_1) \leq \frac{f(x_2)-f(x_1)}{x_2-x_1} \leq f'(x_2)$$

이므로 $f'(x_1) \leq f(x_2)$ 이다.

($\Leftarrow$) $x_1 < x_2$ 일 때 $x_1 < x < x_2$ 라고 하자. 평균값 정리에 의해 c_1 과 c_2 가 존재하여 다음이 성립한다.

$$f(x) - f(x_1) = f'(c_1)(x-x_1), \quad f(x_2) - f(x) = f'(c_2)(x_2-x)$$

$c_{<}c_2$ 이므로 $f'(c_1) \leq f'(c_2)$ 라는 사실을 이용하면 $\frac{f(x)-f(x_1)}{(x-x_1)} \leq \frac{f(x_2)-f(x)}{x_2-x}$ 임을 알 수 있다. 이 부등식을 $f(x)$ 에 대하여 풀면 다음과 같다.

$$f(x) \leq \frac{x_2-x}{x_2-x_1}f(x_1) + \frac{x-x_1}{x_2-x_1}f(x_2) = f(x_1) + \frac{f(x_2)-f(x_1)}{x_2-x_1}(x-x_1)$$

그러므로 f 는 아래로 볼록한 함수이다. □

다음 정리는 2계 도함수의 부호에 의해 함수의 볼록성을 파악할 수 있음을 보여준다.

정리 8.18 (볼록성 : 2계 도함수의 부호)

I 가 열린구간이고 $f : I \to \mathbb{R}$ 의 2계도함수가 존재한다고 하자.

(i) f 가 아래로 볼록일 필요충분 조건은 모든 $x \in I$ 에 대해 $f''(x) \geq 0$ 이다.

(ii) f 가 위로 볼록일 필요충분 조건은 모든 $x \in I$ 에 대해 $f''(x) \leq 0$ 이다.

[증명] (i)만 증명하기로 한다.

(⇒) 다음 사실을 이용하여 모든 $x_0 \in I$에 대해 $f''(x_0) \geq 0$임을 증명하려고 한다. 증명은 연습문제로 남긴다.

$$f''(x_0) = \lim_{h\to 0} \frac{f(x_0+h) - 2f(a) + f(x_0+h)}{h^2} \tag{8.21}$$

f가 아래로 볼록이고 $x_0 = \frac{1}{2}(x_0+h)+\frac{1}{2}(x_0-h)$이므로 다음 부등식이 성립한다.

$$f(x_0) \leq \frac{1}{2}f(x_0-h) + \frac{1}{2}f(x_0+h)$$

$f(x_0+h) - 2f(a) + f(x_0+h) \geq 0$이므로 (8.21)에 의해 $f''(x_0) \geq 0$임을 알 수 있다.

(⇐) (8.19)를 보이자. $0 < t < 1$일 때 $x_0 := (1-t)x_1 + tx_2$라고 두고 테일러 나머지 정리를 적용하면 다음을 만족시키는 ξ_1, ξ_2가 존재한다.

$$f(x_1) = f(x_0) + f'(x_0)(x_1 - x_0) + \frac{1}{2}f''(\xi_1)(x_1-x_0)^2 \quad \xi_1 \in (x_0, x_1)$$

$$f(x_2) = f(x_0) + f'(x_0)(x_2 - x_0) + \frac{1}{2}f''(\xi_2)(x_2-x_0)^2 \quad \xi_2 \in (x_0, x_2)$$

한편, 위 전개식과 가정을 이용하면 부등식

$$\begin{aligned}
&(1-t)f(x_1) + tf(x_2) \\
&= f(x_0) + \frac{1-t}{2}f''(\xi_1)(x_1-x_0)^2 + \frac{t}{2}f''(\xi_2)(x_2-x_0)^2 \\
&\geq f(x_0) = f((1-t)x_1 + tx_2)
\end{aligned}$$

이 성립함을 확인할 수 있다. 따라서 f가 아래로 볼록이다. □

예제 8.11 e^x은 아래로 볼록한 함수이고 $\ln x$는 위로 볼록한 함수이다.

f의 2계도함수가 존재하고 $f''(x_0) = 0$이라고 하자. x_0의 좌우에서 f''의 부호가 바뀌면 그래프의 볼록성이 달라진다. 이러한 점을 f의 변곡점 (inflection point) 라고 부른다.

예제 8.12 $f(x) = x^3$를 생각하자. $f'(x) = 3x^2$, $f''(x) = 6x$이므로 $x < 0$이면 위로 볼록하고 $x > 0$이면 아래로 볼록하다. 따라서 $x = 0$은 변곡점이다.

아래로 볼록인 함수가 극소값을 가지면 이 극소값은 최소값이다. 마찬가지로, 위로 볼록한 함수가 극대값을 가지면 이 값은 최대값이다.

정리 8.19 (볼록함수의 최대최소)

구간 I 에서 정의된 위로(아래로) 볼록한 함수 f 가 $x = c$ 에서 극대값(극소값)을 가지면 $f(c)$ 는 최대값(최소값)이다.

[증명] f 가 아래로 볼록이고 $x = c$ 에서 극소값을 갖는다고 하자. 그러면 양수 δ 가 존재하여 모든 $x \in (c-\delta, c+\delta)$ 에 대해 $f(c) \le f(x)$ 이다.

$f(c)$ 가 최소값임을 보이려면 임의의 $y \in I$ 에 대해 $f(c) \le f(y)$ 임을 보여야 한다. t 가 1에 충분히 가까우면 $x := tc + (1-t)y$ 가 $(c-\delta, c+\delta)$ 에 속하고 f 가 아래로 볼록하므로 다음 부등식이 성립한다.

$$tf(c) + (1-t)f(y) \ge f(tc + (1-t)y) = f(x) \ge f(c)$$

이 부등식에 의해 $f(y) \ge f(c)$ 임을 알 수 있으므로 $f(c)$ 는 최소값이다. □

볼록함수는 특별한 성질을 갖고있는데 열린구간에서 정의된 볼록 함수는 자동적으로 연속이다.

정리 8.20 (볼록함수의 연속성)

함수 $f : (a,b) \to \mathbb{R}$ 이 위로 (또는 아래로) 볼록한 함수이면 f 는 연속이다.

[증명] f 가 아래로 볼록일 때 임의의 $x \in I$ 에서 연속임을 보이자. 간단한 증명을 위해 $f(0) = 0$ 이라고 가정하고 $x = 0 \in I$ 에서 연속임을 보이겠다.

I 가 열린구간이므로 $[-r, r] \subset I$ 인 양수 r 이 존재한다. 또한 임의의 $x \in [-r, r]$ 를 $x = (1-t)(-r) + tr$ 로 나타낼 수 있다. f 가 아래로 볼록이므로 아래 부등식에 의해 $x = 0$ 근방 $[-r, r]$ 에서 f 는 위로 유계이다.

$$f(x) \le \ (1-t)f(-r) + tf(r) \le \max\{f(-r), f(r)\} := M$$

한편, $\varepsilon \in (0,1)$ 이 임의의 양수일 때 $x \in [-\varepsilon r, \varepsilon r]$ 이라고 하자. $x = (1-\varepsilon)0 + \varepsilon\frac{x}{\varepsilon}$ 라고 쓰면, f 의 볼록성에 의해, $f(x) \le (1-\varepsilon)f(0) + \varepsilon f(x/\varepsilon) \le M\varepsilon$ 이다.

한편, $0 = \frac{1}{1+\varepsilon}x + \frac{\varepsilon}{1+\varepsilon}\left(-\frac{1}{\varepsilon}x\right)$ 으로 쓰면 부등식

$$f(0) \le \frac{1}{1+\varepsilon}f(x) + \frac{\varepsilon}{1+\varepsilon}f(-\frac{x}{\varepsilon})$$

이 성립한다. 이 식으로부터 $f(x) \ge (1+\varepsilon)f(0) - \varepsilon f(-x/\varepsilon) \ge -M\varepsilon$ 임을 알 수 있다.

모든 $x \in [-\varepsilon r, \varepsilon r]$에 대해 $|f(x)| < \varepsilon$이므로 f는 $x = 0$에서 연속이다. □

연습문제 8.4

1. 다음 함수에 대해 위로 볼록한 구간과 아래로 볼록한 구간을 구하여라.
   (a) $x \ln x$ (b) $\tan^{-1} x$ (c) $x^{\frac{4}{3}} - x^{\frac{1}{3}}$
   (d) $\frac{x}{1+x^2}$ (e) $x^4 - 6x^2 - 4$ (f) $|x^2 - 2x - 3|$

2. x^a는 $a \geq 2$이면 아래로 볼록이고, $0 < a < 2$이면 위로 볼록임을 보여라.

3. 구간 I에서 $f^{(n+1)} \equiv 0$이면 f가 n차 이하의 다항식임을 증명하여라.

4. 열린구간 I에서 정의된 함수 f가 두 번 미분가능한 함수이고 f''가 연속이라고 하자. (a)를 증명하고, $h \to 0$일 때 (b), (c)의 극한을 구하여라.
   (a) $f''(x) = \lim\limits_{h \to 0} \frac{f(x+h) - 2f(x) + f(x-h)}{h^2}$
   (b) $b(x,h) = \frac{2h^2 + f(x+h)^2 - 2f(x)^2 + f(x-h)^2}{f(x+h) - 2f(x) + f(x-h)}$
   (c) $r(x,h) = \frac{\sqrt{h^2 + (f(x) - f(x-h))^2}\sqrt{h^2 + (f(x+h) - f(x))^2}\sqrt{4h^2 + (f(x+h) - f(x-h))^2}}{2h(f(x+h) - 2f(x) + f(x-h))}$

5. x_0을 포함하는 열린구간 I에서 정의된 함수 f에 대해 $f', f'', \cdots, f^{(n)}$이 존재하고 연속이라고 하자. 또한 $f'(x_0) = f'(x_0) = \cdots = f^{(n-1)}(x_0) = 0$이지만 $f^{(n)}(x_0) \neq 0$이라고 하자. 다음을 증명하여라.
   (a) n이 짝수이고 $f^{(n)}(x_0) > 0$이면 f가 x_0에서 극소값을 갖는다.
   (b) n이 짝수이고 $f^{(n)}(x_0) < 0$이면 f가 x_0에서 극대값을 갖는다.

6. 함수 $f : [0, \infty) \to \mathbb{R}$가 미분가능하고 위로 볼록하다고 하자. 임의의 $a, b > 0$에 대해 $f(a) + f(b) \geq f(a+b)$임을 보여라.

7. n이 자연수일 때 $a_i > 0\,(1 \leq i \leq n)$이라고 하자. 다음 부등식을 증명하여라.

$$\sqrt[3]{a_1} + \sqrt[3]{a_2} + \cdots + \sqrt[3]{a_n} \geq \sqrt[3]{a_1 + a_2 + \cdots + a_n}$$

8. $f : [a,b] \to \mathbb{R}$이 아래로 볼록한 함수라고 하자. 임의의 $x_i \in [a,b] (1 \leq i \leq n)$에 대해 다음 부등식을 증명하여라.

$$f\left(\frac{x_1 + x_2 + \cdots + x_n}{n}\right) \leq \frac{f(x_1) + f(x_2) + \cdots + f(x_n)}{n}$$

9. I가 구간이고 $f : I \to \mathbb{R}$이 아래로 볼록하다고 하자. 임의의 자연수 n(단, $n \geq 2$)과 $x_i \in I\,(1 \leq i \leq n)$에 대해 다음을 증명하여라.

$$f(\lambda_1 x_1 + \lambda_2 x_2 + \cdots + \lambda_n x_n) \leq \lambda_1 f(x_1) + \lambda_2 f(x_2) + \cdots + \lambda_n f(x_n)$$

단, $0 \le \lambda_i \le 1\,(1 \le i \le n)$이고 $\sum_{i=1}^{n} \lambda_i = 1$이다.

10. I가 열린구간일 때 함수 $f : I \to \mathbb{R}$이 아래로 볼록하고 두번 미분가능하다고 하자. $(\alpha, f(\alpha))$와 $(\beta, f(\beta))$를 지나는 직선의 기울기를 $m(\alpha, \beta)$이라고 할 때 다음을 보여라.
    (a) $a < x < b$일 때 $m(a, x) \le m(a, b) \le m(x, b)$이다.
    (b) $a < x < b$일 때 $m(a, x) \le m(x, b)$이다.
    (c) (접점을 제외하면) 접선은 f의 그래프보다 아래 쪽에 위치한다.
    (d) $a < b$일 때 $f'(a) \le f'(b)$이다.

8.5 음함수의 미분

역함수 정리와 음함수 정리는 순수수학 및 다른 분야에서의 응용에서 가장 많이 이용되는 중요한 정리에 속하지만 증명은 매우 어려운 편에 속한다. 음함수 정리의 증명은 다변수 해석학에 대한 지식을 필요로 하므로 내용만 소개하고 음함수 정리의 역사적 도입 과정에 대해 간단히 알아보기로 한다.

변수 x에 대응하는 함수값 y가 x의 식으로 나타나는 경우 양함수(explicit function)라고 한다. 양함수의 그래프는 일반적으로 평면에서 곡선으로 나타난다. 반면에 방정식 $F(x,y)=0$을 만족시키는 순서쌍 (x,y)를 평면에 도시하면 곡선이 되지만 이 곡선이 일변수 함수의 그래프가 되지는 않는다.

예를 들어, $x^2+y^2-1=0$의 경우 그래프가 단위원이 되는 함수는 존재하지 않는다. 그러나 $x \neq \pm 1$일 때는 원 위에 있는 임의의 점을 택하여도 그 점 주변의 곡선은 어떤 함수의 그래프가 될 수 있다. 한편 $(\pm 1, 0)$ 근처에서는 어떤 함수의 그래프도 될 수 없다.

방정식 $F(x,y)=0$이 어떤 함수를 정의할 때 이 함수를 **음함수**(implicit function)라고 부른다. 간단히 $F(x,y)=0$을 음함수라고 부르기도 한다.

예제 8.13 방정식 $y^5+16y-32x^2+32x=0$은 함수인가?

[풀이] 고정된 x에 대해 $f(y)=y^5+16y-32x^2+32x$라고 두자. f가 연속이고 $\lim_{y\to-\infty} f(y)=-\infty$, $\lim_{y\to\infty} f(y)=\infty$이므로 중간값정리에 의해 $f(y)=0$인 y가 존재한다. 한편, $f'(y)=5y^4+16>0$이므로 f는 순증가 함수이고 $f(y)=0$인 y는 유일하다. 그러므로 방정식 $y^5+16y-32x^2+32x=0$는 유일한 함수를 정의한다. 함수의 그래프는 다음과 같다. □

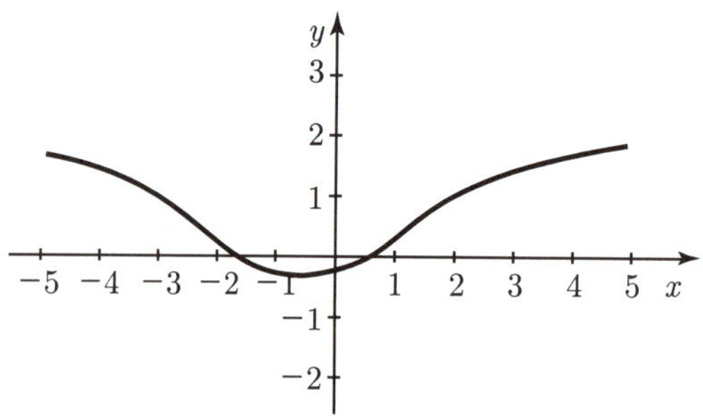

위 예제는 방정식 $F(x,y)=0$이 실수 전체에서 정의된 단 하나의 함수를 나타내고 있음을 보여준다. 일반적으로, 음함수는 국소적으로 존재하고 적당한 조건이 성립하면 음함수의 존재성과 미분가능성이 보장된다.

음함수의 미분에 대한 기원은 미분의 개념이 형성된던 시기로 거슬러 올라간다. 데카르트에 의해 해석기하학이 도입되면서 그리스 수학에서 다루었던 원, 타원, 쌍곡선과 같은 이차곡선은 방정식

$$ax^2 + 2bxy + cy^2 + dx + ey + f = 0$$

을 만족시키는 순서쌍 (x, y) 의 집합이다. 페르마는 이런 방정식을 함수로 파악하고 곡선 $f(x, y) = 0$ 의 접선을 구하는 일반적인 방법을 설명하였다.

음함수의 미분은 뉴턴과 라이프니츠(1684)의 미적분에서 나타난다. 뉴턴은 음함수의 거동을 분석한 최초의 수학자인데 음함수의 존재성보다는 거동이나 활용에 초점을 두어 연구를 하였다.

음함수의 존재성을 처음으로 생각한 프랑스의 수학자 코시(Cauchy)는 수학적으로 엄밀하게 음함수 정리에 접근하였다. 그는 2변수 복소함수에 대한 음함수 정리를 증명하고 음함수를 복소적분으로 표현하였다.

음함수 정리는 처음에는 복소수 변수의 함수에 대해 수학적으로 체계화되었지만 나중에 실변수 함수에 대한 음함수 정리로 발전하였다. 특히, 이탈리아의 수학자 디니(Dini, 1845-1918)는 n 개의 실변수의 실함수에 대한 정리로 일반화하였다.

그후 여러가지 변형된 형태의 음함수 정리가 개발되어 유클리드 공간, 다양체(manifold), 바나흐(Banach) 공간 등의 추상공간으로 확장되었다. 음함수 정리는 대수 기하학, 미분기하학, 위상수학, 함수해석학, 미분위상수학, 부동점 정리, (편)미분방정식 등을 연구할 때 필수적인 도구이다. 특히, 내쉬(John Nash)와 모저(Jorgen Moser)의 음함수 정리는 매우 유명한 정리로 편미분 방정식 이론에서 응용되고 있다.

정리 8.21 (음함수의 존재성 및 도함수)

2변수 함수 F 에 대해 편도함수 F_x 와 F_y 가 (x_0, y_0) 에서 연속이라고 하자. $F(x_0, y_0) = 0$ 이고 $\frac{\partial F}{\partial y}(x_0, y_0) \neq 0$ 이면 x_0 를 포함한 열린구간 I_0, y_0 를 포함한 열린구간 J_0 와 유일한 함수 $y : I_0 \to J_0$ 가 존재하여 다음을 만족시킨다.

(a) $y(x_0) = y_0$

(b) $F(x, y(x)) = 0 \ {}^\forall x \in I_0$

(c) y 가 연속적으로 미분가능하고 도함수 y' 은 다음과 같다.

$$y'(x) = -\frac{\frac{\partial F}{\partial x}(x, y(x))}{\frac{\partial F}{\partial y}(x, y(x))} \tag{8.22}$$

[증명] 증명은 생략한다. 증명에 관심있는 독자는 Hairer와 Wanner의 저서 [7]을 참조

하기 바란다. □

예제 8.14 방정식 $y^2 = x^3 - 2x + 9$은 $F_y = 2y \neq 0$일 때 음함수를 정의한다. 다음 그림을 통해 확인할 수 있다.

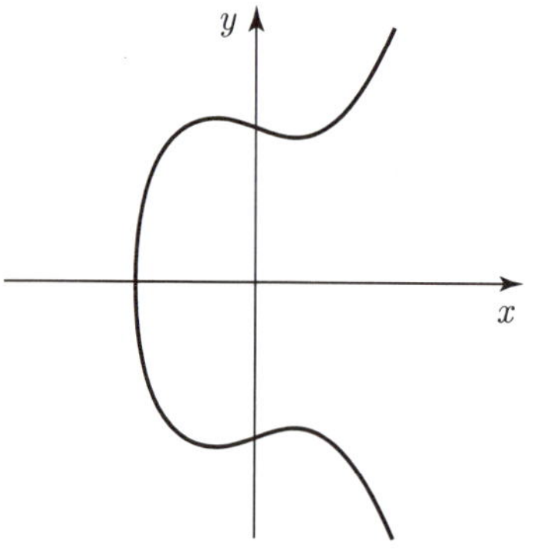

예제 8.15 곡선 $y^5 + 16y - 32x^2 + 32x = 0$ 위에 있는 점 $(1, 0)$에서 접선의 방정식을 구하여라.

[풀이] 음함수 미분법을 적용하면 (8.22)에 의해 도함수는 다음과 같다.

$$y' = -\frac{F_x}{F_y} = \frac{64x - 32}{5y^4 + 16}$$

위 식에서 $x = 1, y = 0$을 대입하면 접선의 기울기는 $m = 2$이고 접선의 방정식은 $y = 2(x - 1)$이다. □

연습문제 8.5

1. 방정식 $y^5 + 4y - x^2 - x + 1 = 0$이 실수 전체에서 함수를 정의하고 있음을 설명하여라. 또 이 함수의 도함수를 구하여라.

2. 평면 위에 있는 곡선 $F : y^2 = x^3 - 9x - 1$을 생각하자.
   (a) E 위에 있는 서로 다른 점 $P(x_1, y_1)$과 $Q(x_2, y_2)$를 지나는 직선이 E와 만나는 점 R의 좌표를 구하여라. 단, $x_1 \neq x_2$이다.
   (b) $y_1 \neq 0$일 때 E 위에 있는 점 (x_1, y_1)에서 그은 접선이 E와 만나는 점 R'의 좌표를 구하여라.

8.6 로피탈 정리와 극한의 계산

5장에서 극한의 성질과 계산에 대해 공부하였다. $\lim_{x\to a} f(x) = A$, $\lim_{x\to a} g(x) = B$일 때 $B \neq 0$이면 다음이 성립한다.

$$\lim_{x\to a}\frac{f(x)}{g(x)} = \frac{A}{B}$$

$B = 0$일 때 극한이 존재하려면 반드시 $A = 0$이어야 한다. $A = B = 0$인 형태의 극한을 보통 $\frac{0}{0}$으로 나타내는데 부정형을 가지는 극한의 일종이다. 다른 형태의 부정형의 극한은 f, g의 거동에 따라 $\frac{\infty}{\infty}$, $\infty - \infty$, $0 \cdot \infty$, 0^0,1^∞, ∞^0 으로 나타낸다.

로피탈 정리는 $\frac{0}{0}$ 또는 $\frac{\infty}{\infty}$ 꼴의 극한을 쉽게 계산하는 기법으로 $a \in \overline{\mathbb{R}}$의 근방에서 $\frac{f}{g}$와 $\frac{f'}{g'}$의 거동(behavior)이 거의 같다는 사실을 이용하고 있다. 다른 부정형의 극한은 적절한 방법으로 $\frac{0}{0}$ 또는 $\frac{\infty}{\infty}$ 꼴로 변형한다. 1696년 로피탈은 저서 《무한소해석》에서 로피탈 정리를 소개하였는데 오일러의 스승인 요한 베르누이가 발견하고 편지로 알려주었다고 한다.

먼저 정리의 증명을 소개한다.

정리 8.22 (로피탈 정리 : $\frac{0}{0}$ 꼴)

f와 g가 $[a, a+\delta]$에서 연속이고 $(a, \beta) \subset [a, a+\delta]$에서 미분가능하다고 하자. 또한 $f(a) = g(a) = 0$이고 모든 $x \in (a, \beta)$에 대해 $g(x) \neq 0$, $g'(x) \neq 0$이라고 가정하자.

(i) $\lim_{x\to a^+}\frac{f'(x)}{g'(x)} = L\,(\in \mathbb{R})$이면 $\lim_{x\to a^+}\frac{f(x)}{g(x)} = L$이다.

(ii) $\lim_{x\to a^+}\frac{f'(x)}{g'(x)} = \pm\infty$이면 $\lim_{x\to a^+}\frac{f(x)}{g(x)} = \pm\infty$이다.

[증명] (i) 임의의 양수 ε이 주어지면 $\delta > 0$가 존재하여 모든 $x \in (a, a+\delta)$에 대해 다음이 성립한다.

$$\left|\frac{f'(x)}{g'(x)} - L\right| < \varepsilon$$

고정된 각각의 $x \in (a, a+\delta)$에 대해 f, g가 $[a, x]$에서 연속이고 (a, x)에서 미분가능하므로, (일반화된 평균값) 정리 8.11에 의해, $\xi_x \in (a, x) \subseteq (a, \beta)$가 존재하여 다음을 만족시킨다.

$$\frac{f(x)}{g(x)} = \frac{f'(\xi_x)}{g'(\xi_x)}$$

모든 $x \in (a, a+\delta)$에 대해 부등식

$$\left|\frac{f(x)}{g(x)} - L\right| = \left|\frac{f'(\xi_x)}{g'(\xi_x)} - L\right| < \varepsilon$$

이 성립하므로 $\lim_{x\to a^+} \frac{f(x)}{g(x)} = L$이다.

(ii) ∞인 경우만 증명한다. 양수 M이 주어지면 $\delta > 0$가 존재하여 모든 $x \in (a, a+\delta)$에 대해 $\frac{f'(x)}{g'(x)} > M$이다.

고정된 각각의 $x \in (a, a+\delta)$에 대해, (일반화된 평균값) 정리 8.11에 의해, $\xi_x \in (a, x) \subseteq (a, \beta)$가 존재하여 다음을 만족시킨다.

$$\frac{f(x)}{g(x)} = \frac{f'(\xi_x)}{g'(\xi_x)} > M$$

그러므로 $\lim_{x\to a} \frac{f(x)}{g(x)} = \infty$이다. □

한편, 정리 8.22의 증명 과정으로부터 로피탈 정리가 좌극한 $\lim_{x\to a^-}$ 또는 극한 $\lim_{x\to a}$의 경우에도 성립함을 알 수 있다.

예제 8.16 극한 $\lim_{x\to 0} \frac{1-\cos x^2}{x^3}$을 구하여라.

[풀이] $\lim_{x\to 0} \frac{(1-\cos x^2)'}{(x^3)'} = \lim_{x\to 0} \frac{2x\sin x^2}{3x^2} = 0$이므로 구하는 극한값은 0이다. □

정리 8.23 (로피탈 정리 : $\frac{\infty}{\infty}$ 꼴)

f와 g가 충분히 큰 모든 x에서 미분가능하고 다음 조건을 만족시킨다고 하자.

(a) $\lim_{x\to\infty} f(x) = \lim_{x\to\infty} g(x) = \infty$

(b) 충분히 큰 모든 x에 대해 $g(x) \neq 0$, $g'(x) \neq 0$

$\lim_{x\to\infty} \frac{f'(x)}{g'(x)} = L\,(\in \mathbb{R})$이면 $\lim_{x\to\infty} \frac{f(x)}{g(x)}$이 존재하고 $\lim_{x\to\infty} \frac{f(x)}{g(x)} = L$이다.

[증명] ε이 주어진 임의의 양수이면 $M > 0$이 존재하여 모든 $x > M$에 대해 부등식

$$\left|\frac{f'(x)}{g'(x)} - L\right| < \frac{\varepsilon}{2}$$

이 성립한다. 구간 $[M, x]$에서 평균값정리를 적용시키면 다음을 유도할 수 있다.

$$\left|\frac{f(x) - f(M)}{g(x) - g(M)} - L\right| < \frac{\varepsilon}{2}$$

여기서 조건 (a), (b)에 의해, 모든 $x > M$에 대해 $f(x) > f(M)$, $g(x) >$

$g(M), g(x) > 0$이고 다음이 성립한다고 가정해도 좋다.

$$\left|\frac{f(x)}{f(x)-f(M)}\frac{g(x)-g(M)}{g(x)}-1\right| < \frac{\varepsilon}{2(|L|+\varepsilon)}$$

위 식은 $\lim_{x\to\infty}\frac{f(x)}{f(x)-f(M)}\frac{g(x)-g(M)}{g(x)}=1$이라는 사실로부터 나온다.

한편, 부등식

$$\begin{aligned}\left|\frac{f(x)}{g(x)}-\frac{f(x)-f(M)}{g(x)-g(M)}\right| &= \left|\frac{f(x)-f(M)}{g(x)-g(M)}\right|\left|\frac{f(x)}{f(x)-f(M)}\frac{g(x)-g(M)}{g(x)}-1\right| \\ &< \left(|L|+\frac{\varepsilon}{2}\right)\frac{\varepsilon}{2(|L|+\varepsilon)} < \frac{\varepsilon}{2}\end{aligned}$$

을 이용하면 모든 $x > M$에 대해 다음을 확인할 수 있으므로 증명이 끝난다.

$$\begin{aligned}\left|\frac{f(x)}{g(x)}-L\right| &\le \left|\frac{f(x)}{g(x)}-\frac{f(x)-f(M)}{g(x)-g(M)}\right| + \left|\frac{f(x)-f(M)}{g(x)-g(M)}-L\right| \\ &< \varepsilon\end{aligned}$$

□

정리 8.23에서 조건 (b)는 필수적이다 (연습문제 3)

예제 8.17 $\lim_{x\to\infty} e^{-x}(2x-3)=0$임을 보여라.

[풀이] $e^{-x}(2x-3)=\frac{2x-3}{e^x}$에서 분모 및 분자의 함수가 정리 8.23의 조건 (i), (ii)를 만족시킨다. 따라서 극한은 다음과 같다.

$$\lim_{x\to\infty} e^{-x}(2x-3)=\lim_{x\to\infty}\frac{(2x-3)'}{(e^x)'}=\lim_{x\to\infty}\frac{2}{e^x}=0$$

□

정리 8.24 (로피탈 정리 : $\frac{\infty}{\infty}$ 꼴)

어떤 구간 (a,β)에서 f, g가 미분가능한 함수일 때 $\lim_{x\to a^+} f(x)=\lim_{x\to a^+} g(x)=\infty$이고 (a,β)에서 $g\neq 0$, $g'\neq 0$이라고 하자.

(i) $\lim_{x\to a^+}\frac{f'(x)}{g'(x)}=L\ (L\in\mathbb{R})$이면 $\lim_{x\to a^+}\frac{f(x)}{g(x)}=L$이다.

(ii) $\lim_{x\to a^+}\frac{f'(x)}{g'(x)}=\pm\infty$이면 $\lim_{x\to a^+}\frac{f(x)}{g(x)}=\pm\infty$이다.

[증명] (i) $x=a+\frac{1}{t}$라고 치환하면 $x\to a^+$이므로 $t\to\infty$이다. 정리 8.23을 적용하면 증명이 끝난다.

(ii) $g'>0$, $\lim_{x\to a^+}\frac{f'(x)}{g'(x)}=\infty$인 경우만 증명하기로 한다. 임의의 $M>0$에 대해 $\delta>0$가 존재하여 $(a,a+\delta)$에서 $f'(x)>Mg'(x)$이다. $h_M(x):=f(x)-Mg(x)$는 $(a,a+\delta)$에서 순증가이다.

한편, $g(x) = h_{M-1}(x) - h_M(x)$로 쓸 수 있는데 양수 r이 존재하여 모든 $x \in (a, a+r) \subset (a, a+\delta)$에 대해 $h_{M-1}(x) > 0$이다. 이런 양수 r이 존재하지 않는다면 a로 수렴하는 감소수열 $\{x_n\}_{n=1}^{\infty} \subset (a, a+\delta)$가 존재하여 모든 $n \in \mathbb{N}$에 대해 $h_{M-1}(x_n) \le 0$인데 $g(x_n) = h_{M-1}(x_n) - h_M(x_n) \le -h_M(x_n) \le -h_M(x_1)$이므로 $\lim_{x \to a^+} g(x) = \infty$라는 사실에 모순이다.

모든 $x \in (a, a+r)$에 대해 $h_{M-1}(x) > 0$이므로 $\frac{f(x)}{g(x)} > M - 1$임을 알 수 있다. 따라서 $\lim_{x \to a^+} \frac{f(x)}{g(x)} = \infty$이다. □

예제 8.18 $\lim_{x \to 0^+} \frac{\ln x}{\ln(1-\cos x)}$을 구하여라.

[풀이] 정리 8.24, 정리 8.22를 적용하면 다음과 같다.

$$\lim_{x \to 0^+} \frac{\ln x}{\ln(1-\cos x)} = \lim_{x \to 0^+} \frac{\frac{1}{x}}{\frac{\sin x}{1-\cos x}} = \lim_{x \to 0^+} \frac{1-\cos x}{x \sin x} = \frac{1}{2}$$ □

다른 형태의 부정형의 극한을 구할 때는 $\frac{0}{0}$꼴이나 $\frac{\infty}{\infty}$꼴로 변형한 후 로피탈 정리를 적용한다.

예제 8.19 다음 극한을 구하여라.

(a) $\lim_{x \to 0^+} \sqrt{x} \ln x$ (b) $\lim_{x \to 0^+} x^x$

[풀이] (a) $0 \cdot \infty$꼴의 부정형의 극한이므로 로피탈 정리를 적용할 수 있도록 $\frac{\infty}{\infty}$꼴로 변형한다.

$$\lim_{x \to 0^+} \frac{\ln x}{x^{-\frac{1}{2}}} = \lim_{x \to 0^+} \frac{1/x}{-x^{-\frac{3}{2}}/2} = -\lim_{x \to 0^+} 2\sqrt{x} = 0$$

이므로 후 정리 8.24를 적용하면 $\lim_{x \to 0^+} \sqrt{x} \ln x = 0$이다.

(b) $y = x^x$이라 두고 양변에 자연로그를 취하면 $\ln y = x \ln x$이므로 $0 \cdot \infty$꼴이다. $\frac{\infty}{\infty}$꼴로 변형하여 $\lim_{x \to 0^+} x \ln x$의 극한을 구하면 다음과 같다.

$$\lim_{x \to 0^+} x \ln x = \lim_{x \to 0^+} \frac{\ln x}{x^{-1}} = \lim_{x \to 0^+} \frac{1/x}{-x^{-2}} = \lim_{x \to 0^+} (-x) = 0$$

$f(x) = e^x$가 $x = 0$에서 연속이므로

$$\lim_{x \to 0^+} y = \lim_{x \to 0^+} f(x \ln x) = f\left(\lim_{x \to 0^+} x \ln x\right) = e^0 = 1$$

이다. □

연습문제 8.6

1. 다음 극한을 구하여라.

(a) $\lim_{x\to0}\frac{e^x-1-x}{x^2}$ (b) $\lim_{x\to0}\frac{\ln(1+x)-x}{x}$ (c) $\lim_{x\to0^+}\frac{\ln(1-x)}{\sin x}$

(d) $\lim_{x\to0}\frac{\tan^{-1}x}{x}$ (e) $\lim_{x\to0^+}\frac{1}{x\ln x}$ (f) $\lim_{x\to0}\frac{x}{\ln\cos x}$

2. $\alpha>0$일 때 다음을 보여라.

(a) $\lim_{x\to0^+}x^\alpha\ln x=0$ (b) $\lim_{x\to\infty}x^\alpha e^{-x}=0$

3. (a) 극한 $\lim_{x\to\infty}\frac{x+\sin x\cos x}{x\sin x+\cos x}$이 존재하지 않음을 보여라.

(b) 극한 $\lim_{x\to\infty}\frac{(x+\sin x\cos x)'}{(x\sin x+\cos x)'}$을 구하여라.

(c) 방정식 $x\sin x+\cos x=0$이 무한히 많은 실근을 가짐을 보여라.

4. $\lim_{x\to\infty}f'(x)=A$이면 $\lim_{x\to\infty}\frac{f(x)}{x}=A$임을 보여라.

5. 다음 극한을 구하여라.

(a) $\lim_{x\to\infty}\frac{\ln x}{x^2}$ (b) $\lim_{x\to\infty}\frac{(\ln x)^2}{\sqrt{x}}$ (c) $\lim_{x\to0^+}\frac{\ln(1-x)}{\sin x}$

(d) $\lim_{x\to\infty}x^{1/x}$ (e) $\lim_{x\to0^+}(\sin x)^{x^2}$ (f) $\lim_{x\to\pi/2^-}(\tan x-\sec x)$

6. p가 다항식이고 $a>1$일 때 $\lim_{x\to\infty}\frac{p(x)}{a^x}=0$임을 증명하여라.

7. 함수 f가 다음과 정의된다고 한다.

$$f(x)=\begin{cases}e^{-\frac{1}{x^2}}, & x\neq0,\\ 0 & 0\end{cases}$$

(a) f가 미분가능한 함수임을 보이고 f'을 구하여라.

(b) 모든 자연수 n에 대해 $f^{(n)}(0)=0$임을 증명하여라.

8. $x=0$을 포함한 열린구간에서 n번 미분가능한 함수 f를 다음과 같이 쓸 수 있다고 한다. $a_k=\frac{f^{(k)}(0)}{k!}$ $(0\le k\le n)$임을 보여라. 단, g는 $x=0$에서 연속인 함수이다.

$$f(x)=a_0+a_1x+a_2x^2+\cdots+a_nx^n+x^{n+1}g(x),\quad a_i\in\mathbb{R}$$

9. $p(x)$가 다항식이라고 하자. $x=a$가 p의 m중근일 필요충분 조건이

$$\lim_{h\to0}\frac{f(a+h)-f(a)}{h^m}=\frac{f^{(m)}(a)}{m!}$$

임을 증명하여라.

10. f가 x_0을 포함하는 열린구간 I에서 미분가능한 함수이고 $f''(x_0)$가 존재할 때 다음을 증명하여라.

$$\lim_{h\to0}\frac{f(x_0+h)-2f(x_0)+f(x_0-h)}{h^2}=f''(x_0)$$

8.7 미분의 응용

미분은 17세기의 기하학, 역학 및 천문학 발전에 중요한 역할을 하였다. 이 절에서는 미분을 응용하는 문제의 예로서 함수의 최대최소와 관련있는 빛의 굴절법칙과 최단강하 문제에 대해 살펴본다. 또한 수학과 관련된 주제로서 방정식의 근에 대한 근사값 계산, 곡선의 곡률, 타원곡선에서의 연산에 대해 알아본다.

8.7.1 빛의 굴절법칙

빛이 균일한 매질을 지나면 직진하지만 서로 다른 매질을 지날 때에는 굴절된다. 이 경우 빛은 시간이 최소가 되도록 경로를 택한다는 것이 알려져 있는데 광학에서의 페르마 원리라고 한다.

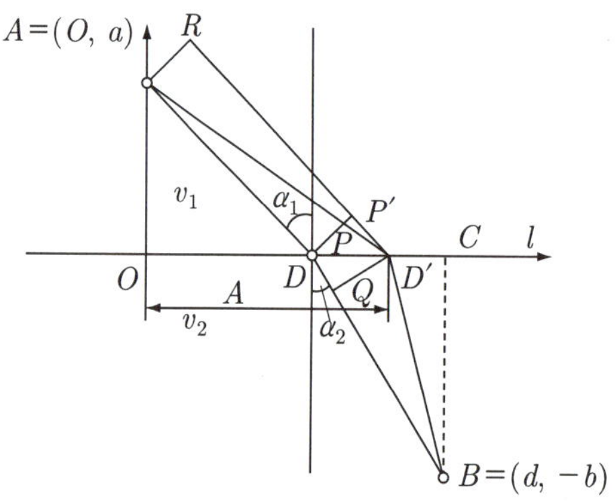

A에서 출발한 빛이 매질의 경계면(x-축)의 점 $D(x, 0)$에서 꺾여서 B에 도달할 때 경로를 구해보자. 이 문제는 빛이 이동할 때 걸리는 시간을 나타내는 함수

$$f(x) = \frac{\sqrt{a^2 + x^2}}{v_1} + \frac{\sqrt{b^2 + (d-x)^2}}{v_2} \; (0 \le x \le d)$$

가 최소가 되는 점 x_0를 찾는 문제와 동일하다. (단, v_i는 각 매질에서 빛의 속도이다) 우선 f'과 f''를 구해보면 다음과 같다.

$$f'(x) = \frac{x}{v_1\sqrt{a^2 + x^2}} - \frac{d-x}{v_2\sqrt{b^2 + (d-x)^2}}$$

$$f''(x) = \frac{a^2}{v_1(a^2 + x^2)^{\frac{3}{2}}} + \frac{d^2}{v_2(b^2 + (d-x)^2)^{\frac{3}{2}}} > 0$$

f'이 순증가함수이고 $f'(0) < 0$, $f'(d) > 0$이므로 $f'(x) = 0$은 단 하나의 근 x_0을 갖는다. 한편, 기하학적 관찰에 의해

$$\sin\alpha_1 = \frac{x_0}{\sqrt{a^2 + x_0^2}}, \quad \sin\alpha_2 = \frac{d - x_0}{\sqrt{b^2 + (d-x_0)^2}}$$

이므로 $f'(x_0) = 0$은 다음 등식과 동치이다.

$$\frac{v_1}{v_2} = \frac{\sin\alpha_1}{\sin\alpha_2} \quad \text{또는} \quad \frac{\sin\alpha_1}{v_1} = \frac{\sin\alpha_2}{v_2} \tag{8.23}$$

즉, 빛은 매질의 경계에서 (8.23)이 성립하도록 꺾이게 된다.

8.7.2 최단시간 강하곡선과 등시곡선

두 점 A와 B가 수직 평면에 있다고 하자. 중력만 작용할 때 질량 M인 물체가 A에서 출발하여 B가 도달할 때 최단시간이 걸리는 경로를 찾는 문제를 최단시간 강하문제(brachistchorone problem)이라고 한다. 이 문제는 요한 베르누이에 의해 1682년에 제기되었고 라이프니츠, 제이콥 베르누이, 로피탈, 뉴턴에 의해 해결되었는데 사이클로이드(cycloid) 곡선과 관계가 있다.

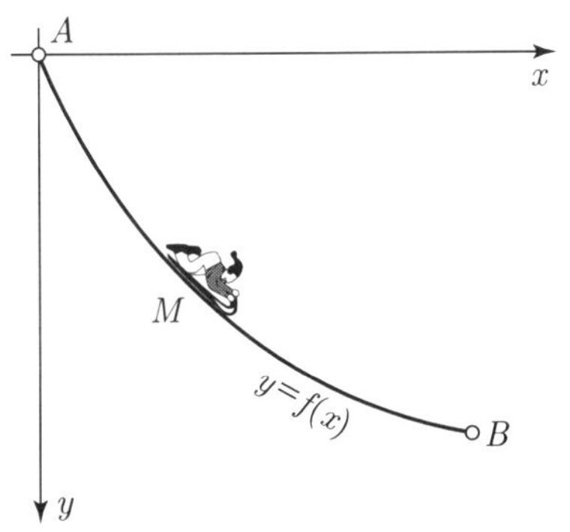

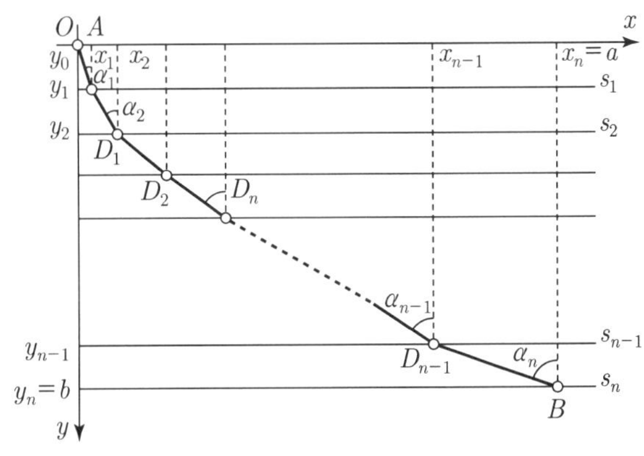

점 A가 원점인 직교좌표계를 선택하여 이 문제에 대한 답으로 곡선 $y = f(x)$를 찾아보자.

먼저, 곡선 위의 점 $(x, f(x))$에서 운동에너지는 $\frac{mv^2}{2}$이고 중력에너지는 $mgf(x)$이므로 물체의 속도는 $v = \sqrt{2gf(x)}$이다.

y축의 구간 $[0, b]$를 n 개의 소구간으로 분할한 점을 $y_0, y_1, \cdots, y_n$, 대응하는 $[0, a]$의 분할을 $x_0, x_1, \cdots, x_n$이라고 하자. 수직면이 n개의 매질로 구성되어 있고 물체를 빛 입자라고 생각하면 (8.23)을 적용하여 다음과 같은 결론을 얻을 수 있다.

$$\frac{\sin\alpha_1}{\sqrt{2gy_1}} = \frac{\sin\alpha_2}{\sqrt{2gy_2}} = \cdots = \frac{\sin\alpha_n}{\sqrt{2gy_n}} = \text{상수} \tag{8.24}$$

$[0, b]$를 촘촘하게 나누고 극한을 취하면 $\frac{\sin\alpha(x)}{\sqrt{2gf(x)}} = \text{상수}$임을 알 수 있다.

한편, $\alpha(x)$는 접선과 y 축이 이루는 각이므로 $f'(x) = \tan(\pi/2 - \alpha(x)) = \frac{\cos\alpha(x)}{\sin\alpha(x)}$이다. 여기서 $\sin\alpha(x) = \frac{1}{\sqrt{1+(f'(x))^2}}$임을 이용하면 $y = f(x)$가 다음 미분방정식을

만족시킴을 알 수 있다.

$$\sqrt{1+(y')^2}\sqrt{y} = \text{상수} = C \iff y' = \sqrt{\frac{C-y}{y}} \tag{8.25}$$

미분방정식 (8.25)를 풀면 매개변수로 표현된 사이클로이드(cycloid) 곡선의 식을 얻는다.

$$x = \frac{C}{2}(t - \sin t) + C_1, \quad y = \frac{C}{2}(1 - \cos t)$$

진자가 움직이는 면을 사이클로이드 곡선이 되게 하면 사이클로이드 위의 어떤 지점에서 출발하더라도 가장 아래 지점까지 진자가 내려오는 데 걸리는 시간은 같아지는 성질을 갖는다. 이런 곡선을 등시곡선(tautochrone)이라고 하는데 네덜란드의 물리학자 호이겐스(1673년)는 이러한 성질을 이용해 진자시계를 만들었다. 이렇게 만들어진 진자시계는 진폭에 관계없이 주기가 일정하다.

8.7.3 방정식의 근사해 : 뉴턴 방법

방정식 $g(x) = 0$의 근을 구하는 문제는 자주 등장하지만 항상 정확한 해(exact solution)를 구할 수 있는 것은 아니다. 4차 이하의 방정식이나 선형연립 방정식의 경우에는 정확한 해를 구할 수 있지만 비선형 방정식이나 미지수가 많은 선형방정식의 경우에는 근사해(approximate solution)를 구할 수 있을 뿐이다. 근사해를 구하는 문제는 수치해석학에서 중요한 주제의 하나인데 근사해를 구하는 대표적인 방법인 고정법 반복법과 뉴턴 방법의 수학적 근거에 대해 알아보기로 하자.

정리 8.25 (부동점 (fixed point) 의 존재성)

$f : [a, b] \to [a, b]$가 연속이면 $\alpha \in [a, b]$가 존재하여 $f(\alpha) = \alpha$이다.

방정식 $g(x) = 0$의 해를 구하는 문제는 $f(x) := x + kg(x)$의 고정점을 구하는 문제와 동일하다. 다음 정리는 고정점을 구하는 알고리즘을 설명한다.

정리 8.26 (고정점 반복법 (fixed point iteration))

연속함수 $f : [a, b] \to [a, b]$가 (a, b)에서 미분가능하고 모든 $x \in (a, b)$에 대해 $|f'(x)| \le \lambda < 1$이라고 하자. 그러면 f는 유일한 부동점 α을 갖는다. 또한 임의의 $x_0 \in [a, b]$에 대해 다음과 같이 정의된 수열 $\{x_n\}_{n=0}^{\infty}$이 부동점 α로 수렴한다.

$$x_{n+1} = f(x_n)(n \ge 0), \quad \forall x_0 \in [a, b]$$

[증명] 정리 8.25에 의해 부동점이 존재한다. c_1과 c_2가 부동점이면, 평균값 정리에 의해, $c \in (a, b)$가 존재하여 다음이 성립한다.

$$c_1 - c_2 = f(c_1) - f(c_2) = f'(c)(c_1 - c_2)$$

가정에 의해 $|f'(c)| < 1$이므로 $c_1 = c_2$이다. 따라서 부동점의 유일성이 증명된다.

부동점을 α라고 하면 각 $n \in \mathbb{N}$에 대해 $\xi_{n-1} \in (a, b)$가 존재하여 다음이 성립한다.

$$x_n - \alpha = f(x_{n-1}) - f(\alpha) = f'(\xi_{n-1})(x_{n-1} - \alpha)$$

이 식과 가정에 의해 $|x_n - \alpha| \le \lambda |x_{n-1} - \alpha|$이므로 $\lim_{n\to\infty} x_n = \alpha$이다. □

정리 8.26은 이론적으로 중요하지만 사용하기 힘들다. 조건을 만족시키는 구간 $[a, b]$를 찾는 것이 쉽지 않기 때문이다.

정리 8.27 (고정점을 포함하는 구간의 존재성)

g와 g'이 $[c, d]$에서 연속이고 고정점 α를 갖는다고 하자. $|g'(\alpha)| < 1$이면 정리 8.26의 가정을 만족시키는 구간 $[a, b]$가 존재한다.

[증명] g'이 α에서 연속이므로 $r > 0$이 존재하여 $|x - \alpha| \le r$일 때 다음이 성립한다.

$$|g'(x) - g'(\alpha)| \le \frac{1 - |g'(\alpha)|}{2}$$

$[a, b] := [\alpha - r, \alpha + r]$이라고 두자. 그러면, 다음 식에 의해, 모든 $x \in [a, b]$에 대해 $|g'(x)| < \lambda < 1$임을 확인할 수 있다.

$$\begin{aligned} |g'(x)| &\le |g'(x) - g'(\alpha)| + |g'(\alpha)| \\ &\le \frac{1 - |g'(\alpha)|}{2} + |g'(\alpha)| = \frac{1 + |g'(\alpha)|}{2} < 1 \end{aligned}$$ □

방정식 $f(x) = 0$의 해 α를 구하기 위해 $F(x) = x - \frac{f(x)}{f'(x)}$라고 두고 정리 8.26을 적용하면 뉴턴 방법 (Newoton method)을 얻는다. 뉴턴 방법에서 수열은 다음과 같이 정의된다.

$$x_{n+1} = x_n - \frac{f(x_n)}{f'(x_n)} \quad (n \ge 0) \tag{8.26}$$

곡선 위의 점 $P_n(x_n, f(x_n))$에서 그은 접선과 x축과 만나는 점의 x-좌표를 구하면 x_{n+1}임을 알 수 있다. 그림 8.4는 이 사실을 설명하고 있다.

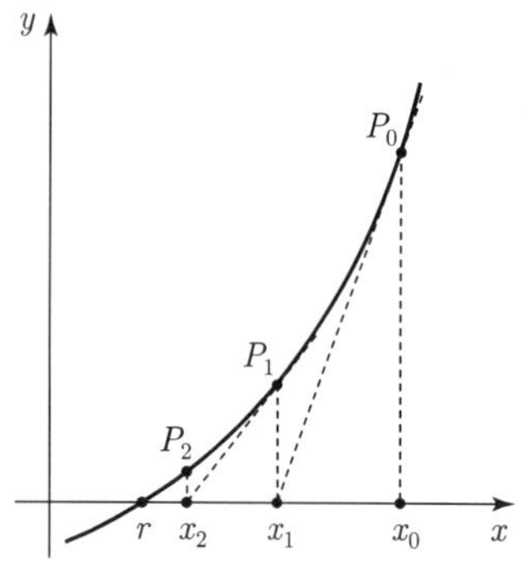

그림 8.4: 뉴턴 방법의 기하학적 해석

뉴턴 방법은 중근이 아닐 때 수렴속도가 빠르다는 장점을 가지고 있다. 테일러 정리를 이용하면 x_n과 α 사이에 c_n이 존재하여 다음이 성립한다.

$$f(\alpha) = f(x_n) + (\alpha - x_n)f'(x_n) + \frac{1}{2}(\alpha - x_n)^2 f''(c_n)$$

$f(\alpha) = 0$와 (8.26)을 이용하면 오차 $\alpha - x_n$에 대한 다음 식을 얻을 수 있다.

$$\alpha - x_{n+1} = -\frac{f''(c_n)}{2f'(x_n)}(\alpha - x_n)^2$$

$(n+1)$번 째 근사값의 오차가 n번 째 근사값의 오차의 제곱에 비례하므로 n이 커질수록 오차가 지수적으로 작아진다.

8.7.4 곡률반경

미분기하학이나 광학에서 곡선을 연구할 때 곡률(curvature) 개념은 매우 중요하고 필수적이다. 곡률을 정의하는 방법에는 여러가지가 있지만 곡선 위에 있는 점에서 접하는 원의 반경(곡률반경, radius of curvature)의 역수로 정의하는 것이 전통적이다. 유도과정이 꽤 복잡한 편인데 미분의 응용으로 곡선 $y = f(x)$의 곡률반경을 구해보기로 하자.

먼저 곡선 위에 있는 세 점 $(x-h, f(x-h))$, $(x, f(x))$, $(x+h, f(x+h))$을 지나는 원의 방정식이 $(x-a)^2 + (y-b)^2 = r^2$라고 하자. 방정식

$$\begin{aligned}(x-h-a)^2 + (f(x-h) - b)^2 &= r^2 \\ (x-a)^2 + (f(x) - b)^2 &= r^2 \\ (x+h-a)^2 + (f(x+h) - b)^2 &= r^2\end{aligned}$$

을 풀면 a, b, r이 다음과 같이 주어진다. 수식의 간략한 표현을 위해 $f(x) = y$, $f(x-$

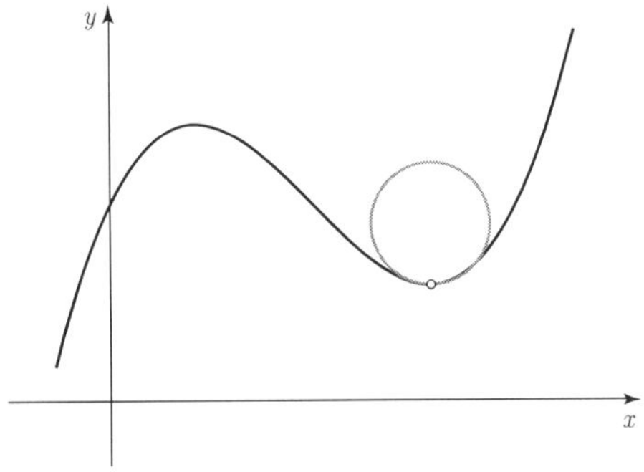

$h) = y_{-h}$, $f(x+h) = y_h$로 쓰겠다.

$$a(x,h) = \frac{y^2(y_h - y_{-h}) + h(2x-h)y_h - y_{-h}^2 y_h}{2h(y_h - 2y + y_{-h})} + \frac{y_{-h}(h^2 + 2hx + y_h) + y(y_{-h}^2 - y_h^2 - 4hx)}{2h(y_h - 2y + y_{-h})}$$

$$b(x,h) = \frac{2h^2 + y_h^2 - 2y^2 + y_{-h}^2}{2(y_h - 2y + y_{-h})}$$

$$r(x,h) = \frac{\sqrt{h^2 + (y - y_{-h})^2}\sqrt{h^2 + (y_h - y)^2}\sqrt{4h^2 + (y_h - y_{-h})^2}}{2h(y_h - 2y + y_{-h})}$$

$h \to 0$인 극한을 취하면 원의 중심과 곡률반경에 대한 다음 식이 얻어진다.

$$a(x) = x - \frac{f'(x)}{f''(x)} - \frac{f'(x)^3}{f''(x)},$$

$$b(x) = f(x) + \frac{1}{f''(x)} + \frac{f'(x)^2}{f''(x)},$$

$$r(x) = \frac{(1 + f'(x)^2)^{\frac{3}{2}}}{f''(x)}$$

8.7.5 타원곡선

현대 암호학에서는 체에서 정의된 타원곡선을 이용하여 암호학적 특성이 우수한 암호체계를 구현한다. 체와 타원곡선을 잘 선택하여 암호체계를 구성할 때 타원곡선 위에서 덧셈 연산을 정의하면 안전성이 높은 암호체계를 만들어낼 수 있는데 이 연산을 정의하는 방법에 대해 알아보자. 체(field)에서 정의된 다음 집합 E를 타원곡선(elliptic curve)이라고 부른다.

$$E := \{(x,y) \in F \times F \mid y^2 + b_1 xy + b_3 y = x^3 + a_2 x^2 + a_1 x + a_0\}, \quad a_i, b_i \in F$$

$F = \mathbb{R}$인 경우의 타원곡선을 살펴보자. $a < 0$일 때 3차 다항식 $f(x) = x^3 + ax + b$

이 중근을 갖지 않을 필요충분 조건은 $4a^3 + 27b^2 \neq 0$이다. 이 조건을 만족시키는 3차 다항식에 대해 E를 도시하면 다음과 같은 형태의 평면곡선으로 나타난다.

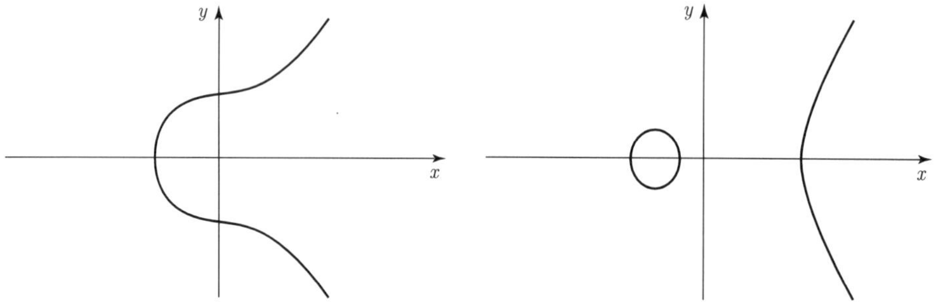

정의 8.5 (타원곡선에서의 연산)

$P(x_1, y_1), Q(x_2, y_2) \in E$일 때 $P + Q := (x_3, y_3)$는 다음과 같이 정의된다.

(i) $x_1 \neq x_2$이면 P, Q를 지나는 직선이 곡선 E와 만나는 점의 x축에 대한 대칭점 $(x_3, -y_3)$를 $P + Q$로 정의한다.

$$x_3 = \left(\frac{y_2 - y_1}{x_2 - x_1}\right)^2 - x_1 - x_2, \quad y_3 = \frac{y_2 - y_1}{x_2 - x_1}(x_1 - x_3) - y_1$$

(ii) $P = Q$이면 P를 지나는 접선이 곡선 E와 만나는 점의 x축에 대한 대칭점을 $P + P := 2P$로 정의한다.

$$x_3 = \left(\frac{3x_1^2 + a}{2y_1}\right)^2 - 2x_1, \quad y_3 = \frac{3x_1^2 + a}{2y_1}(x_1 - x_3) - y_1$$

(iii) $x_1 + x_2 = 0$이면 $P + Q = O$로 정의한다. $O := (x_1, \pm\infty)$는 무한점이다.

위와 같이 정의된 가환군 $(E \cup \{O\}, +)$을 타원곡선군이라고 부른다. 다음 그림은 연산을 보여준다.

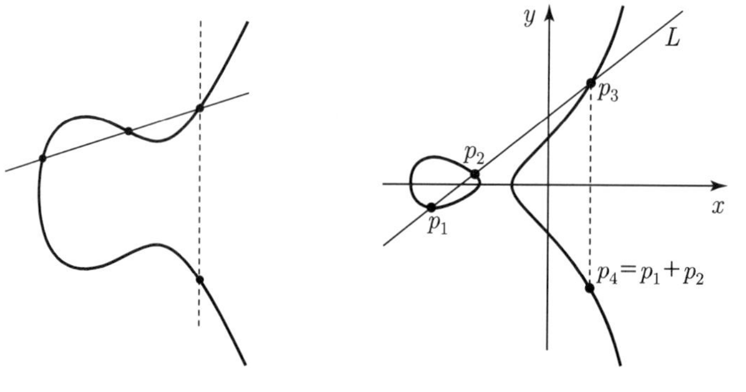

$F = \mathbb{R}$인 타원곡선에서의 연산은 오차가 수반되므로 컴퓨터에서 수행할 수 없다. 따라서 $\mathbb{Z}_p$와 같은 유한체를 이용하여 타원곡선을 정의한다. 연산 $+$는 정의 8.5에서와 같다.

CHAPTER 9

리만적분

해석학에서 배우는 내용 중에서 적분은 역사가 가장 깊다고 볼 수 있다. 도형의 넓이를 구하는 구적법에서 기원을 찾을 있는 적분은 뉴턴과 라이프니츠에 의해 완성되어 물리학이나 기하학에서 응용되었다.

이 장에서는 구적법의 역사와 현대적인 적분이론이 등장하는 배경에 대해 알아본다. 코시에 의해 도입된 함수의 적분이론이 리만과 다르부에 의해 일반화되고 정교해지는 과정을 살펴볼 것이다. 초기 단계에서는 유계인 닫힌구간에서 정의된 연속함수의 적분이 비유계인 구간으로 확장된다. (특이적분이라고 부른다.) 또한 불연속점을 갖는 함수로 확장되는데 적분이론의 역사는 불연속점이 점점 많아질 때 의미를 갖도록 기존의 적분이론을 확장시키는 과정이라고 볼 수 있다.

9.1 구적법의 발전과정

적분은 그리스에서 기원을 찾을 수 있는데 주로 도형의 넓이나 부피를 구하는 공식을 발견하는데 관심을 가졌다. 그리스에서는 넓이를 계산할 때 주어진 도형과 면적이 같아지도록 정사각형을 기하학적으로 (컴퍼스와 자를 써서) 작도하려고 시도하였는데 이러한 주제를 구적법(quadrature)이라고 한다. 중세 유럽에서 구적법은 넓이를 구하는 방법을 통칭한다.

그리스 시대의 구적법은 나름의 수 체계와 극한개념을 바탕으로 발전되었다. 무리수의 발견으로 제기된 두 양을 측정할 때 공통 단위가 없다는 사실(incommmensurable)을 극복하기 위해 개발된 비율론이 유클리드 《원론》에 포함되어 있다. 실진법(착출법, method of exhaustion)은 무한과정의 기원으로서 매우 중요한 의미를 갖고 있다. 또한, 불가분량과 같은 무한소의 개념이나 무한급수 이론도 적분의 발달과 깊은 관련이 있다.

실진법 안티폰(Antiphon)은 원적(squaring the circle) 문제를 연구하는 과정에서 "원에 내접한 정다각형의 변의 수를 2배씩 늘려가면 원과 정다각형의 면적의 차이를 궁극적으로 없앨 수 있고 원과 같은 면적을 갖는 정사각형을 만들 수 있다"고 주장하였다.

유클리드 《원론(element)》은 "ε, a가 동일한 종류의 양이고 $\varepsilon < a$이면 $a < N\varepsilon$인 자연수 N이 존재한다"는 연속성 공리(axiom of continuity)를 포함하고 있다. 한편, $a < N\varepsilon < 2^{N-1}\varepsilon$임을 알 수 있는데 "어떤 양 a에서 절반 이상의 부분을 빼내고 다시 나머지 부분에서 절반 이상의 부분을 빼내는 과정을 계속하면 어떤 정해진 양 ε보다 작은 양만 남길 수 있다"는 것으로 해석할 수 있다. 이것을 실진법이라고 부른다. 유클리드는 실진법을 이용하여 원의 면적은 반지름의 제곱에 비례한다는 것을 증명하였다. 또한 실진법을 원뿔(cone), 피라미드, 원통형 실린더, 구에 적용하여 부피를 계산하였다.

아르키메데스(Archimedes)는 포물선과 현 사이의 면적을 구하였는데 이 과정에서 초항이 1이고, 공비(common ratio) $\frac{1}{4}$인 기하급수가 등장한다. 그는 이중 귀류법[1]에 의해 합이 $\frac{4}{3}$임을 증명하였다.

평형법(method of balance) 아르키메데스는 《방법(method)》이라는 저서에서 평형법을 이용하여 구의 체적을 구하였다. 평형법은 체적소에 대한 모멘트라는 물리적 개념에 바탕에 두고 있다. 불가분량 및 무한소와 관련있는 이 방법은 17세기에 발견된 적분이론의 모태라고 평가된다.

불가분량(indivisible)과 무한소 카발리에리(Cavlalieri, 1598–1647)는 평면도형이 불가분량(폭이 무한히 작아서 더 이상 나눌수 없는 무한히 많은 평행선)으로 이루어져 있다고 생각했다. 평면도형에서 선분 또는 폭이 무한히 작은 직사각형이라고 생각할 수 있다. 입체도형에서 무한소는 높이가 무한히 작은 평행한 조각(slice)이다. $y = f(x)$와 x축 사이의 영역에서 불가분량의 높이가 $f(x)$, 폭이 dx라고 생각하면 전 영역의 넓이는 불가분량의 합 $\int_a^b f(x)dx$이다. 이 기호는 라이프니츠에 의해 도입되었다.

카발리에리는 "두 도형의 높이가 같으면 체적(면적)은 밑넓이(밑면의 길이)에 비례한다"는 불가분량의 원리를 이용하여 평면도형의 면적 및 입체 도형의 체적을 계산하였다.

천문학자였던 케플러(Kepler)는 평면도형의 면적이나 입체의 체적을 무한소의 무한합으로 생각하였다. 원을 꼭지점이 중심에 있고 변이 원주 위에 있는 무한 개의 삼각형으로 간주하였고 구는 무한개의 원뿔이라고 생각하였다. 적분을 무한소의 합으로 생각하는

[1]합을 S라고 할 때 $S < \frac{4}{3}$이거나 $S > \frac{4}{3}$이면 모순임을 증명하였다는 의미이다.

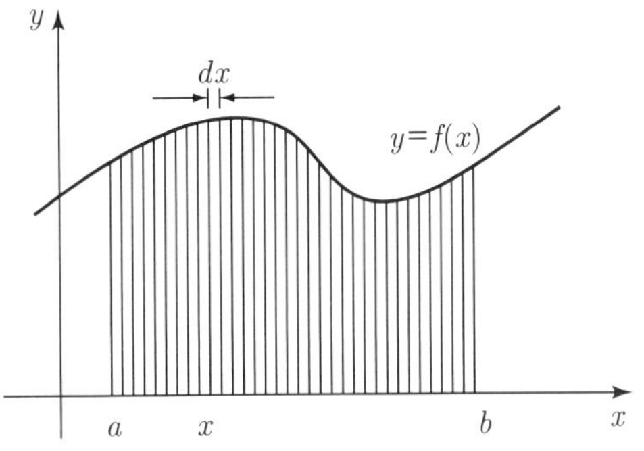

견해는 면적소(area element) dA, 부피소(volume element) dV, 길이소(line element) $d\ell$과 같은 용어에 살아있다.

곡선 사이의 면적 카발리에리는 구간 $[0,1]$을 n등분하여 $y=x^3$의 그래프와 x축 사이의 면적을 직사각형의 면적으로 근사하여 다음과 같은 결과를 얻었다.

$$T_n = \frac{1}{n}\left(\frac{1}{n}\right)^2 + \frac{1}{n}\left(\frac{2}{n}\right)^2 + \cdots + \frac{1}{n}\left(\frac{n}{n}\right)^2 = \left[\frac{1}{2}\left(1+\frac{1}{n}\right)\right]^2 \to \frac{1}{4}$$

그는 $k \le 9$일 때 같은 방법을 써서 $y=x^k$의 넓이를 구하였다.

페르마(Fermat, 1640년 경)는 n이 자연수일 때 $y=x^n$ $(0 \le x \le a)$의 구적 문제를 해결하였는데 구간을 균등하지 않게 분할하는 방법을 사용하였다. $0<r<1$일 때 구간 $[0,a]$를 무한개의 구간 $0,\cdots,ar^k,ar^{k-1},\cdots,ar^2,ar,a$으로 나누고 소구간 $[ar^k,ar^{k-1}]$에서 높이가 각각 $(ar^k)^n$인 작은 직사각형의 면적을 합하여 면적 A_r을 구하였다. 무한 등비급수의 합을 이용하면 A_r은 다음과 같다.

$$\begin{aligned} A_r &= (a-ar)(ar)^n + (ar-ar^2)(ar^2)^n + \cdots + (ar^{k-1}-ar^k)(ar^k)^n + \cdots \\ &= \frac{a^{n+1}r^n(1-r)}{1-r^{n+1}} = a^{n+1}\frac{r^n}{1+r+r^2+\cdots+r^n} \end{aligned}$$

페르마는 실제 곡선과 직사각형의 틈을 줄이기 위해 직사각형의 밑변의 길이를 작게 해야한다고 생각하여 $r\to 1^-$일 때 $A_r \to \frac{a^{n+1}}{n+1}$이라는 결론을 얻었다. 또한 $y=\frac{1}{x^n}(n\ge 2)(a\le x<\infty)$의 면적이 $\frac{a^{n+1}}{n+1}$임을 발견하였다.

x축을 나누어 곡선으로 둘러 쌓인 영역의 넓이를 구하는 방법은 매우 유용하지만 잘 알려진 쌍곡선 $y=\frac{1}{x}$에는 적용되지 않는다. 그레고리우스 셍 벵상(Greoire de Saint-Vincent 1647년)은 쌍곡선의 구적문제를 해결하고 있다.

쌍곡선 $y=f(x)=\frac{1}{x}$, x축, $x=a$과 x=b 사이의 면적을 $A(a,b)$로 나타내자. 그의 접근 방법은 $[a,b]$를 n등분하여 직사각형의 넓이의 합 $T_n[a,b]$로 $A(a,b)$를 근사시킬 수 있다는 아이디어를 이용한다. $[a,b]$와 $[ac,bc]$ $(c>0)$를 n등분한 점을 각

각 $x_k(0 \le k \le n)$, $\xi_k(0 \le k \le n)$라고 하자. 그러면 $\xi_k = cx_k(0 \le k \le n)$이고 $f(\xi_k) = \frac{1}{c}f(x_k)$이므로 다음이 성립한다.

$$T_n[ac, bc] = \sum_{k=0}^{n-1} f(\xi_k)\frac{bc - ac}{n} = T_n[a, b]$$

다음 그림은 $[1, 2]$와 $[2, 4]$에서 $n = 4$일 때 $T_n[a, b]$를 나타낸 것이다.

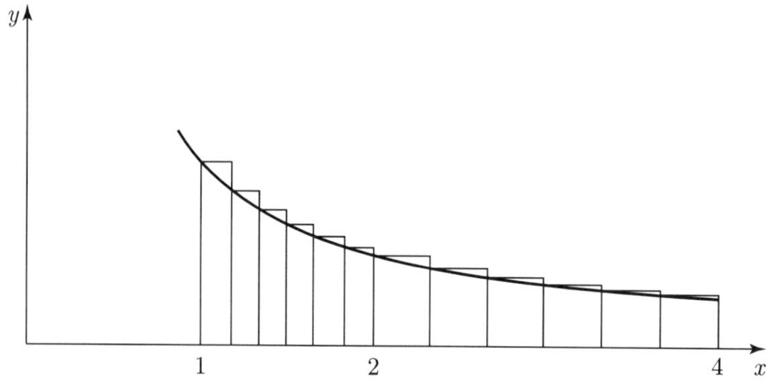

따라서 $c > 0$에 대해 등식 $A(ac, bc) = A(a, b)$이 성립한다. 특히, $x, y > 0$일 때 $A(1, xy) = A(1, x) + A(1, y)$임을 알 수 있다. 그레고리우스는 실제로 $A(1, t) = \ln t$임을 발견했다고 한다. [15]

미적분학의 기본정리 미적분의 기본정리는 미분과 적분을 연결하는 중요한 정리로 적당한 의미에서 미분과 적분이 서로의 역연산임을 보여준다. 서술하면 다음과 같다.

- (부정적분의 존재성) $F(x) = \int_a^x f(t)dt$이면 $F'(x) = f(x)$이다.
- (정적분의 계산) $F'(x) = f(x)$이면 $\int_a^b f(t)dt = F(b) - F(a)$이다.

갈릴레오는 등속운동을 시간과 거리에 대한 그래프를 써서 설명하였는데 움직인 거리가 속도와 시간의 곱이라고 생각하였다. 직사각형이 세로선의 합이고, 세로선은 단위 시간에 움직인 거리라고 주장하였다. 또한 등가속도 운동에서 시간에 대한 속도를 그래프로 나타낼 때 그래프 아래의 면적이 거리와 같다는 것을 증명했는데 $n = 0, 1$일 때 $f(x) = x^n$에 대한 미적분학의 기본정리에 해당된다.

뉴턴의 스승이었던 배로우(Barrow)는 f가 연속인 단조함수일 때 미적분학의 기본정리에 해당하는 내용을 증명하였다.

뉴턴은 함수 $y = f(x)$가 주어질 때 a와 x사이에서 그래프와 x축 사이의 면적을 $F(x) = \int_a^x f(t)dt$라고 할 때 $F'(x) = f(x)$임을 증명하였다.

라이프니츠는 호이겐스(Huygens)가 제시한 급수 $\sum_{n=1}^{\infty} \frac{2}{n(n+1)}$를 단축급수(11장 참조)로 변형하여 합을 구하는 과정에서 단축급수를 만드는 것과 급수의 합을 구하는 것이 서로의 역연산이라는 것을 깨달았다. 그는 적분을 이산합(discrete sum)

$$z_n := f(x_1)\Delta_1 + f(x_2)\Delta_2 + \cdots + f(x_n)\Delta_n$$

으로 간주하고 (단축급수의 합을 구하는 방법을 적용하여) $z_n - z_{n-1} = f(x_n)\Delta_n$으로부터 $\Delta_i \to 0$일 때 $F'(x) = f(x)$라고 추론하였다. 즉, 미분과 적분이 역연산이라고 생각하였다.

9.2 현대적 적분 이론의 배경 : 이산합의 극한

뉴턴과 라이프니츠에 의해 적분학이 소개된 후 적분은 여러 분야에서 응용되어 과학 전반에 많은 발전을 가져왔다. 당시의 적분은 미분의 역과정으로 이해되었다. 정적분 $\int_a^b f(x)dx$를 구할 때 $f(x) = F'(x)$인 함수(역도함수 또는 부정적분) F를 구한 후 $F(b) - F(a)$를 계산하면 충분했다.

역도함수를 구하기 어려운 경우에는 정적분의 근사값을 구할 필요가 있었다. 오일러(Euler)는 이산합 $\sum_{k=1}^{n} f(x_k)(x_k - x_{k-1})$에 의해 $\int_{x_0}^{x_n} f(x)dx$의 근사값의 근사값을 원하는 만큼 가깝게 근사시킬 수 있다고 생각하였다. 복소적분에 관심을 가졌던 포아송(Poisson, 1820)은 정적분 $F(b) - F(a) = \int_a^b f(x)dx$가 ($h$가 작아질 때)이 다음 이산합의 극한임을 증명할 수 있는지 질문을 던지고 테일러 나머지 정리와 부등식를 이용하여 증명하였다.

$$S = \sum_{k=0}^{n-1} hf(x_k), \quad x_k = a + hk,\ h = (b-a)/n$$

역도함수의 존재성, $[a,b]$에서 f'의 유계성, 구간의 등분할을 가정하였지만 포아송은 역도함수를 이용한 정적분과 이산합의 극한이 동치라는 것을 증명하려고 시도한 최초의 인물이다.

푸리에(Fourier, 1807년)는 열 전도를 다룬 논문에서 **임의의** 함수 $f : (-\pi, \pi) \to \mathbb{R}$을 삼각급수

$$f(x) = \frac{1}{2}a_0 + \sum_{n=1}^{\infty}(a_n \cos nx + b_n \sin nx)$$

로 나타낼 수 있고 계수 a_n, b_n을 다음과 같이 나타낼 수 있다고 주장하였다.

$$a_n = \frac{1}{\pi}\int_{-\pi}^{\pi} f(x)\cos nx dx, \quad b_n = \frac{1}{\pi}\int_{-\pi}^{\pi} f(x)\sin nx dx$$

푸리에의 주장은 여러 가지 이유로 인정받지 못하였지만 당대의 수학자들이 이 문제를 해결하는 과정에서 많은 결실을 얻었다. 무한집합론, 적분이론의 정립, 고른수렴과 항별 적분에 대한 연구는 대표적이라고 볼 수 있다. 특히 적분과 관련하여 다음과 같은 질문은 매우 자연스럽게 생겨난다.

"임의의 함수 f에 대한 적분의 의미는 무엇인가?"

기존의 정적분의 개념을 이용한다면 식으로 표현할 수 없는 임의의 함수에 대해서도 원시도함수를 구할 수 없다. 따라서 "임의의 함수에 대한 적분"의 의미를 분명하게 할 필요가 생겨났다. 한편, 푸리에는 적분을 면적으로 해석하였는데 이차원 영역의 넓이를 구하는 문제는 조르단(Jordan)을 비롯한 여러 수학자에 의해 집합의 측도(content, measure) 개념으로 발전한다.

코시는 정적분의 근사값을 구하는 과정을 역으로 이용하여 연속함수에 대해 코시합을 정의하고 이 합이 적절한 조건하에서 어떤 실수로 수렴함을 증명하였다. 코시는 최초로 적분의 존재성에 관심을 가졌고 존재성을 증명한 수학자이다.

연속함수에 대한 적분이 코시에 의해 정의된 후 적분은 리만(Riemann)이나 다르부(Darboux) 등 여러 수학자를 거치면서 엄밀한 정의와 증명이 이루어졌다. 이 과정은 적분가능한 함수의 범위를 넓혀가는 것으로 파악할 수도 있다. 먼저 몇 가지 용어를 도입한다.

- 분할(partition) $P = \{a = x_0 < x_1 < \cdots < x_{n-1} < x_n = b\}$
- 분할의 노름(norm) $\|P\| = \max_{1 \le i \le n} \delta_i$, $\delta_i = x_i - x_{i-1}$.
- $\mathcal{P}_d(a, b) = \{P \in \mathcal{P} \mid \|P\| < d\}$. 여기서 $\mathcal{P}$는 $[a, b]$의 모든 분할을 나타낸다.

9.2.1 코시합의 극한 : 연속함수에 대한 코시적분

코시는 당시의 기준으로는 엄밀하게 (코시) 적분을 정의하고 실제로 적분의 존재성을 증명하였다. 코시(1823년)는 연속함수의 적분을 다음과 같이 정의하였다.

연속함수 $f : [a, b] \to \mathbb{R}$와 구간 $[a, b]$의 분할 $P = \{x_0 < x_1 < \cdots < x_{n-1} < x_n\}$에 대해 다음 코시합(Cauchy sum)을 생각하자.

$$S = \sum_{i=1}^{n} f(x_{i-1})(x_i - x_{i-1}) \qquad (*)$$

f가 연속이면 (필요하다면) 정의구역을 촘촘하게 분할하여 각 분할에 대응하는 코시합의 차이를 임의로 작게 만들 수 있다. 따라서 임의의 코시합은 명백하게 어떤 상수로 접근하는데 이 값을 f의 적분 $\int_a^b f(x)\,dx$ 라고 한다.

따라서 '임의의 함수에 대한 적분의 의미'에 관한 부분적인 답을 제시한 것이 된다.

참고 9.1 코시합에서는 분할된 구간 $[x_{i-1}, x_i]$의 왼쪽 끝점 x_{i-1}에서의 함수값을 이용하므로 해석적인 식이 아닌 현대적인 의미의 함수의 경우에도 코시합을 구할 수 있다.
연속함수에 대한 적분의 존재성을 증명하는 과정은 연속성이 아닌 고른연속성을 이용한다. 또한 코시의 증명과정은 실수의 완비성을 필요로 한다.

부정적분의 존재성을 증명한 후에야 적분과 관련된 여러 가지 성질을 연구할 수 있다고 느낀 코시는 '미적분의 기본정리'라고 부르는 다음 결과를 확립하였다.

(i) $F(x) = \int_a^x f(t)dt$ 는 미분가능하고 $F' = f$ 이다.
(ii) f 의 부정적분은 모두 $\int_a^x f(t)dt + C\,(C \in \mathbb{R})$ 꼴이다. 즉, G' 가 연속이면 $\int_a^x G'(t)dt = G(x) - G(a)$ 이다.
(iii) 모든 $x \in [a, b]$ 에 대해 $f'(x) = 0$ 이면 f 는 상수함수이다.

9.2.2 리만합의 극한 : 리만적분

리만은 'f 가 연속'이라는 조건을 '코시합이 유일한 극한으로 수렴한다'는 좀더 약한 조건으로 바꾸었다. 리만은 코시합이 유일한 극한으로 수렴할 필요충분 조건이

$$\lim_{\|P\|\to 0} \Omega(P) = 0,\ \Omega(P) := \sum_{i=1}^{n} \Delta_i \delta_i \tag{R_1}$$

이라는 것을 당연하게 생각하였다. 여기서 Δ_i 는 구간 $I_i := [x_{i-1}, x_i]$ 에서 함수 f 의 진동(oscilation)을 나타내는데 리만은 (최대값과 상한, 최소값과 하한의 차이를 인식하지 못했기 때문에) 최대값에서 최소값을 뺀 값으로 이해하고 있는 것 같다. 이러한 점은 다르부적분에서 개선된다.

리만은 다음 조건이 (R_1)과 동치라는 것을 보였다.

$$\forall\varepsilon > 0\,\forall\sigma > 0,\ \exists d > 0 \text{ s.t } s(P, \sigma) := \sum_{\Delta_i > \sigma} \delta_i < \varepsilon, \quad \forall P \in \mathcal{P}_d(a, b) \tag{R_2}$$

리만은 함수가 유계라는 조건을 적분가능할 필요조건으로 파악하고 구간 $[a, b]$ 의 분할 P 에 대해 다음과 같은 이산합(Riemann sum)을 생각하였다.

$$S = \sum_{i=1}^{n} f(x_{i-1} + \delta_i \varepsilon_i)\delta_i, \qquad \delta_i = x_i - x_{i-1}, \quad \varepsilon_i \in (0, 1) \cap \mathbb{Q}$$

구간을 점점 세분할 때 x_{i-1}, δ_i 및 ε_i 에 관계없이 리만합이 유일한 실수값 A 로 수렴하면 f 가 $[a, b]$ 에서 적분가능하다고 하고 A 를 f 의 적분으로 정의하였다.

연속함수를 포함하는 유계함수에 대해 적분을 정의하였고, 리만합에서 함수값을 계산하는 점의 자유도도 높아졌다. 코시가 정의한 의미에서 적분이 존재하면 리만이 정의한 적분도 수렴하므로 리만적분은 분명히 코시적분의 확장이다.

리만은 무한히 많은 불연속점을 갖지만 (불연속점의 집합이 $\mathbb{R}$ 에서 조밀한) 적분가능한 함수의 예를 제시하였다. 코시합이 유일한 극한으로 수렴할 필요충분 조건 (R_2)는 '불연속점의 집합이 측도 0인 집합'이라는 사실과 동치이다.

9.2.3 다르부합의 극한 : 다르부적분

다르부(Darboux)는 리만적분의 정의를 확장하였다. 그는 유계함수만을 고려하였고 임의의 폐구간에서 f의 상한과 하한의 존재성을 보였다. 따라서 리만적분이 가능할 조건 (R_1)에 나오는 진동 Δ_i가 의미를 갖게 되고 논리전개가 엄밀해졌다.

그는 주어진 유계함수 f와 $[a, b]$의 분할 P에 대해 상합(upper sum)과 하합(lower sum)을 정의하였다.

분할 P에 대응하는 각 소구간 $I_i = [x_{i-1}, x_i]$에서

$$M_i := \sup_{x \in I_i} f(x), \quad m_i := \inf_{x \in I_i} f(x), \quad \Delta_i := M_i - m_i$$

이라고 둘 때 다르부 상합 $M(n)$과 다르부 하합 $m(n)$은 다음과 같이 정의된다.

$$M(n) := M_1\delta_1 + M_2\delta_2 + \cdots + M_n\delta_n, \quad m(n) := m_1\delta_1 + m_2\delta_2 + \cdots + m_n\delta_n$$

1875년 다르부는 $n \to \infty$, $\delta_i \to 0$ 일 때 이 값들이 유일한 극한값으로 수렴한다는 것을 증명하였다. 토마에(K. Thomae), 아스콜리(G. Ascoli), 스미스(H. J. S. Smith)도 독립적으로 이 결과를 발표하였다. 이 극한을 각각 f의 상적분(upper integral)과 하적분(lower integral)이라고 하는데 1881년에 볼테라(Vito Volterra)가 도입한 용어이다.

다르부는 리만합을 확장한 다르부합

$$S(n, \delta, \theta) = \sum_{i=1}^{n} f(x_{i-1} + \delta_i\theta_i)\delta_i, \quad \theta_i \in [0, 1]$$

을 도입하였다. 다르부는 다르부합이 유일한 극한값을 가질 조건 (적분가능할 필요충분조건)을 서술한 다음 정리를 증명하였다.

정리 9.1 (Darboux, 1875)

(θ와 δ에 관계없이) 다르부합이 유일한 극한값으로 수렴한다 $\iff$ $\Delta(n) = \Delta_1\delta_1 + \Delta_2\delta_2 + \cdots + \Delta_n\delta_n$이 0으로 수렴한다.

이 정리는 하적분과 상적분이 같을 때만 다르부적분이 존재한다는 것을 의미한다. 또한 다르부적분이 리만적분의 확장임을 보여준다. 리만적분과 다르부적분의 결과를 반영한 적분이론은 다음 절에서 소개된다.

9.3 적분의 정의 및 적분가능성

이제 적분의 현대적 정의와 함수가 적분가능한지 판별하는 몇 가지 정리를 살펴보기로 하겠다.

먼저 다르부(Darboux)의 접근에 기반을 둔 적분의 정의부터 살펴보기로 하자. 유계함수 $f : [a, b] \to \mathbb{R}$의 적분을 정의하려면 몇 가지 용어에 대한 설명이 필요하다.

분할 $a = x_0 < x_1 < \cdots < x_{n-1} < x_n = b$일 때 $P := \{x_0, x_1, \ldots, x_{n-1}, x_n\}$을 구간 $[a, b]$의 분할(partition)이라고 한다. 분할 P는 $[a, b]$를 n 개의 소구간 $I_k = [x_{k-1}, x_k]\ (1 \le k \le n)$으로 나눈다. $\mathcal{P}(a, b)$는 닫힌구간 $[a, b]$의 모든 분할의 모임을 나타낸다. 모든 $n \in \mathbb{N}$에 대해 $P_n \in \mathcal{P}(a, b)$일 때 $\{P_n\}_{n=1}^{\infty}$를 분할열(sequence of partitions)이라고 부른다.

분할의 노름 $[a, b]$의 분할 P에 대해 I_k의 길이를 $\delta_k = x_k - x_{k-1}$라고 할 때 $\|P\| := \max\limits_{1 \le k \le n} \delta_k$을 분할의 노름(norm)이라고 한다. 모든 k에 대해 δ_k가 같으면 등분할(partition of equal length)이라고 부른다. 노름이 δ보다 작은 분할들의 집합은 $\mathcal{P}_\delta(a, b) := \{P \in \mathcal{P}(a, b) \mid \|P\| < \delta\}$로 나타낸다.

세분 P, Q가 $[a, b]$의 분할일 때 $P \subset Q$이면 Q를 P의 세분(refinement)이라고 한다. Q에 의해 만들어진 소구간은 P에 의해 만들어진 소구간에 포함되므로 길이가 같거나 더 작아진다.

예제 9.1 구간 $[0, 2]$을 생각하자.

(a) $P = \{0, \frac{1}{4}, \frac{1}{3}, \frac{1}{2}, \frac{3}{2}, 2\}$와 $Q = \{0, \frac{1}{6}, \frac{1}{4}, \frac{1}{3}, \frac{1}{2}, \frac{5}{4}, \frac{3}{2}, \frac{7}{4}, 2\}$는 분할이다. 또한 Q는 P의 세분이다. 한편 $\|P\| = 1$이고 $\|Q\| = \frac{1}{2}$이다.

(b) 자연수 n에 대해 $x_k = \frac{2k}{n}$일 때 분할 $P_n = \{x_0, x_1, \ldots, x_n\}$은 등분할이다. 또한 $\|P_n\| = \frac{2}{n}$이다.

정의 9.1 (상합과 하한)

$f : [a, b] \to \mathbb{R}$가 유계함수라고 하자. $[a, b]$의 분할 P에 대응하는 상합(upper sum) $U(P, f)$와 하합(lower sum) $L(P, f)$는 다음과 같이 정의된다.

$$U(P, f) = \sum_{k=1}^{n} M_k \delta_k = \sum_{k=1}^{n} M_i (x_k - x_{k-1}), \quad M_k = \sup_{x \in I_k} f(x)$$

$$L(P, f) = \sum_{k=1}^{n} m_k \delta_k = \sum_{k=1}^{n} m_i (x_k - x_{k-1}), \quad m_k = \inf_{x \in I_k} f(x)$$

다음 그림은 $[-2, 3]$을 10등분할 때 분할에 대응하는 $f(x) = \frac{1}{4}(x^3 - 3x + 4)$의 상합과 하합을 도시한 것이다.

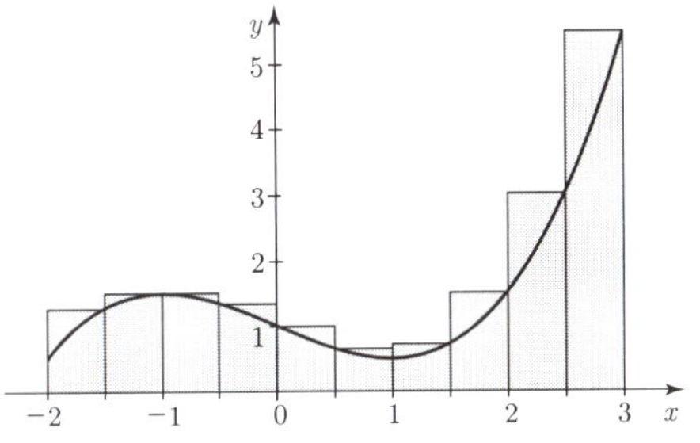

$f(x)=\frac{1}{4}(x^3-3x+4)$의 상합

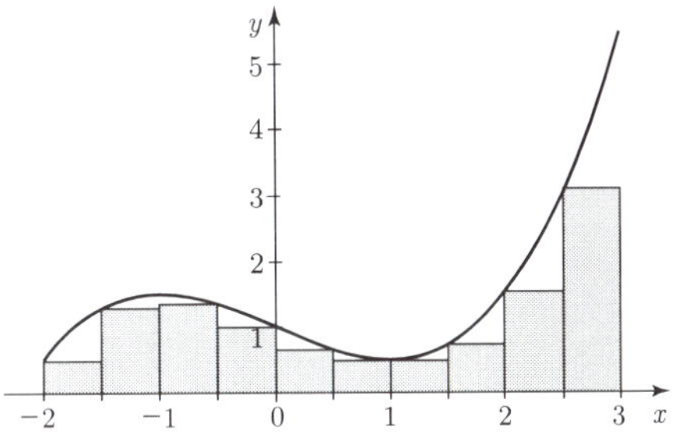

$f(x)=\frac{1}{4}(x^3-3x+4)$의 하합

상합과 하합은 다음과 같은 성질을 갖고 있다.

보조정리 9.2 (상합과 하합의 관계)

$f : [a, b] \to \mathbb{R}$가 유계이면 임의의 분할 $P \in \mathcal{P}(a, b)$에 대해 다음이 성립한다.

$$m(b-a) \le L(P, f) \le U(P, f) \le M(b-a) \tag{9.1}$$

단, $M = \sup_{x\in[a,b]} f(x)$, $m = \inf_{x\in[a,b]} f(x)$이다.

[증명] $P = \{x_0, x_1, \cdots, x_n\}$이라고 하면, 모든 자연수 k에 대해 $m \le m_k \le M_k \le M$이므로

$$m\delta_k \le m_k\delta_k \le M_k\delta_k \le M\delta_k$$

이다. 한편, k에 대한 합을 구하고 $\sum_{k=1}^{n} \delta_k = b - a$임을 이용하면 (9.1)이 나온다. □

보조정리 9.3 (세분에 대한 상합과 하합의 성질)

$f : [a, b] \to \mathbb{R}$가 유계함수일 때 임의의 분할$P, Q \in \mathcal{P}(a, b)$에 대해 다음이 성립한다.

(i) $P \subset Q$이면 $L(P, f) \le L(Q, f) \le U(Q, f) \le U(P, f)$이다.

(ii) $L(P, f) \le U(Q, f)$

[증명] (i) 분할 $Q = \{y_0, y_1, y_2, \cdots, y_m\}$가 분할 $P = \{x_0, x_1, x_2, \cdots, x_n\}$보다 단 하나의 점을 더 포함한다고 하자. 이 경우 $Q = \{x_0, y, x_1, x_2, \cdots, x_n\}$라고 가정해도 일반성을 잃지 않는다.

분할 P와 Q에 결정되는 소구간에서 f의 하한을 각각 $m_k, \tilde{m}_k$라고 하고, 상한을 $M_k, \tilde{M}_k$라고 하자. 그러면 $m_k = \tilde{m}_{k+1}$ $(2 \le k \le n)$, $M_k = \tilde{M}_{k+1}$ $(2 \le k \le n)$임을 알 수 있다. 한편, 분할 P에서 생성된 소구간 $[x_0, x_1]$과 Q에서 생성된 소구간 $[x_0, y]$와 $[y, x_1]$에서 f의 상한과 하한은 다음 부등식을 만족시킨다.

$$\tilde{M}_1 = \sup_{x \in [x_0, y]} f(x) \le M_1, \qquad \tilde{M}_2 = \sup_{x \in [y, x_1]} f(x) \le M_1$$

$$\tilde{m}_1 = \inf_{x \in [x_0, y]} f(x) \ge m_1, \qquad \tilde{m}_2 = \inf_{x \in [y, x_1]} f(x) \ge m_1$$

따라서 $U(Q, f)$와 $U(P, f)$ 사이에 다음 관계가 성립한다.

$$\begin{aligned} U(Q, f) &= \sum_{k=1}^{n+1} \tilde{M}_k \tilde{\delta}_k = \tilde{M}_1 \tilde{\delta}_1 + \tilde{M}_1 \tilde{\delta}_2 + \sum_{k=2}^{n} \tilde{M}_{k+1} \tilde{\delta}_{k+1} \\ &\le M_1(\tilde{\delta}_1 + \tilde{\delta}_2) + \sum_{k=2}^{n} M_k \tilde{\delta}_{k+1} \\ &= M_1 \delta_1 + \sum_{k=2}^{n} M_k \delta_k = U(P, f) \end{aligned}$$

비슷하게, $L(Q, f) \ge L(P, f)$이다.

분할 Q가 P보다 k 개 이상의 점을 더 포함하면 수학적 귀납법을 적용하여 (i)이 성립함을 보일 수 있다. 그러므로 증명이 끝난다.

(ii) $P \cup Q$가 P와 Q의 세분이므로, 보조정리 9.2와 보조정리 9.3 (i)에 의해 다음 부등식이 성립한다.

$$L(P, f) \le L(P \cup Q, f) \le U(P \cup Q, f) \le U(Q, f)$$

그러므로 증명이 끝난다. □

보조정리 9.2로부터 상합의 집합 $S := \{U(P, f) | P \in \mathcal{P}(a, b)\}$는 아래로 유계이다. 마찬가지로 하합의 집합 하합의 집합 $T := \{L(P, f) | P \in \mathcal{P}(a, b)\}$은 위로 유계임을 알 수 있다. 또한, 적분구간을 세분할수록 상합은 작아지고 하합은 커짐을 관찰할 수 있다. (보조정리 9.3) 따라서 $\inf S$와 $\sup T$가 존재한다.

이 사실을 이용하여 상적분(upper integral) $\overline{\int_a^b} f(x)dx$과 하적분(lower integral) $\underline{\int_a^b} f(x)dx$을 다음과 같이 정의한다.

정의 9.2 (상적분과 하적분)

유계함수 $f : [a, b] \to \mathbb{R}$에 대해 상적분과 하적분은 다음과 같이 정의된다.

$$\overline{\int_a^b} f(x)dx := \inf\{U(P, f) | P \in \mathcal{P}(a, b)\} = \inf_{P \in \mathcal{P}(a,b)} U(P, f) \tag{9.2}$$

$$\underline{\int_a^b} f(x)dx := \sup\{L(P, f) | P \in \mathcal{P}(a, b)\} = \sup_{P \in \mathcal{P}(a,b)} L(P, f) \tag{9.3}$$

예제를 통해 상적분과 하적분을 계산하여 보자.

예제 9.2 (상수함수의 상적분과 하적분) c가 상수일 때 함수 $f(x) = c\,(a \leq x \leq b)$의 상적분과 하적분을 구하여라.

[풀이] $P = \{x_0, x_1, \ldots, x_{n-1}, x_n\}$이 $[a, b]$의 분할이라고 하자. f가 상수함수이므로 $M_k = c$, $m_k = c$이다. 또한 상합은 $U(P, f) = c(b - a)$, 하합은 $L(P, f) = c(b - a)$이다. 따라서 상적분과 하적분은 다음과 같다.

$$\overline{\int_a^b} f(x)dx = \inf_{P \in \mathcal{P}(a,b)} U(P, f) = c(b - a),$$

$$\underline{\int_a^b} f(x)dx = \sup_{P \in \mathcal{P}(a,b)} L(P, f) = c(b - a)$$

□

예제 9.3 (Dirichlet 함수의 상적분과 하적분) 다음 함수 $f : [0, 1] \to \mathbb{R}$의 상적분과 하적분을 구하여라.

$$f(x) = \begin{cases} 1, & x \in \mathbb{Q} \\ 0, & x \in \mathbb{Q}^c \end{cases}$$

[풀이] $P = \{x_0, x_1, \ldots, x_{n-1}, x_n\}$이 $[0, 1]$의 임의의 분할이라고 하자.
각 소구간 $[x_{k-1}, x_k]$가 유리수와 무리수를 포함하므로 $M_k = 1$, $m_k = 0$이다.
임의의 분할 P에 대해 $L(P, f) = 0$, $U(P, f) = 1$이다. 따라서 상적분은

$$\overline{\int_0^1} f(x)dx = \inf_{P \in \mathcal{P}(a,b)} U(P, f) = 1$$

이고 하적분은

$$\underline{\int_0^1} f(x)dx = \sup_{P \in \mathcal{P}(a,b)} L(P, f) = 0$$

이다. □

보조정리 9.4 (상적분과 하적분의 특성)

$f : [a,b] \to \mathbb{R}$이 유계라고 하자. 그러면 임의의 양수 ε에 대해 $\delta > 0$가 존재하여 모든 분할 $P \in \mathcal{P}_\delta(a,b)$에 대해 다음이 성립한다.

$$\underline{\int_a^b} f(x)dx - \varepsilon < L(P,f) \le U(P,f) < \overline{\int_a^b} f(x)dx + \varepsilon \tag{9.4}$$

[증명] ε이 주어진 양수이고 $K = \sup\{|f(x)|\,|x \in [a,b]\}$라고 하자. 그러면 분할 $P_1 \in \mathcal{P}(a,b)$가 존재하여 $U(P_1,f) < \overline{\int_a^b} f(x)dx + \frac{\varepsilon}{2}$이다. $P_1 \backslash \{a,b\}$의 원소의 수가 N일 때 $\delta > 0$을 $\delta_1 < \frac{\varepsilon}{4nK}$가 되도록 택하자.

임의의 $P \in \mathcal{P}_{\delta_1}(a,b)$에 대해 $Q := P \cup P_1$는 P와 P_1의 세분이므로 다음 부등식이 성립한다.

$$U(Q,f) \le U(P_1,f) < \overline{\int_a^b} f(x)dx + \frac{\varepsilon}{2}$$

한편, $Q \backslash P$가 기껏해야 N개의 점을 포함하므로

$$U(P,f) - U(Q,f) \le 2NK\,\|P\| < \frac{\varepsilon}{2}$$

이다. (연습문제 1) 따라서 임의의 $P \in \mathcal{P}_{\delta_1}(a,b)$에 대해 다음이 성립한다.

$$U(P,f) \le U(Q,f) + \frac{\varepsilon}{2} < \overline{\int_a^b} f(x)dx + \varepsilon$$

비슷하게 $\delta_{>}0$가 존재하여 모든 $P \in \mathcal{P}_{\delta_1}(a,b)$에 대해

$$L(P,f) > \underline{\int_a^b} f(x)dx - \varepsilon$$

임을 보일 수 있다. $\delta = \min\{\delta_1, \delta_2\}$로 두면 증명이 끝난다. □

다음 보조정리는 임의의 유계함수에 대해 상적분이 하적분보다 크거나 같음을 보여준다.

보조정리 9.5 (상적분과 하적분의 관계)

$f : [a,b] \to \mathbb{R}$가 유계이면 $\underline{\int_a^b} f(x)dx \le \overline{\int_a^b} f(x)dx$이다.

[증명] P, Q가 임의의 분할이라고 하자. 그러면 보조정리 9.3 (ii)에 의해 다음 부등식이 성립한다.

$$L(P,f) \le U(Q,f) \tag{9.5}$$

(9.5)에서 P를 고정시키고 Q에 대한 하한을 구하면 다음이 성립한다.

$$L(P,f) \le \inf_{P\in\mathcal{P}(a,b)} U(Q,f) = \overline{\int_a^b} f(x)dx \tag{9.6}$$

비슷하게 (9.6)에서 P에 대한 상한을 구하면 다음 부등식이 성립한다.

$$\underline{\int_a^b} f(x)dx = \sup_{P\in\mathcal{P}(a,b)} L(P,f) \le \overline{\int_a^b} f(x)dx$$

그러므로 증명이 끝난다. □

일반적으로 유계함수에 대해 상적분과 하적분은 같지 않다. 상적분의 값이 하적분의 값과 같은 함수는 적분이론에서 관심의 대상으로 적분가능한 함수라고 부른다.

정의 9.3 (정적분의 정의)

$f : [a,b] \to \mathbb{R}$가 유계함수라고 하자.

(i) $\overline{\int_a^b} f(x)dx = \underline{\int_a^b} f(x)dx$이면 f가 적분가능하다(integrable)고 한다. f가 적분가능할 때 상적분과 하적분의 공통값을 f의 정적분이라고 하고 다음과 같이 나타낸다.

$$\int_a^b f(x)dx = \overline{\int_a^b} f(x)dx = \underline{\int_a^b} f(x)dx$$

(ii) 적분하한이 적분상한보다 크거나 같은 경우는 다음과 같이 정의한다.

$$\int_b^a f(x)dx := -\int_a^b f(x)dx \ (a<b), \quad \int_a^a f(x)dx := 0$$

이제부터는 주어진 유계함수가 적분가능한지 판정하는데 초점을 맞춘다. 특정함수가 적분가능한지 알아내려면 모든 분할에 대해 상합과 하합을 구한 후 상적분과 하적분이 일치하는지 조사해야 한다. 그러나 이것은 거의 불가능하다. 아래에 소개할 몇 가지 정리는 분할의 범위를 좁혀 적분가능성을 조사하는 과정이라고 볼 수 있다.

정리 9.6 (적분가능성 : Riemann 조건)

유계함수 $f : [a,b] \to \mathbb{R}$가 적분가능할 조건은 임의의 양수 ε에 대응하는 분할 $P_\varepsilon \in \mathcal{P}(a,b)$이 존재하여 다음 부등식이 성립하는 것이다.

$$U(P_\varepsilon, f) - L(P_\varepsilon, f) < \varepsilon \tag{9.7}$$

[증명] (⇒) f가 적분가능하다고 가정하자. 임의의 양수 ε에 대해 다음을 만족시키는

분할 P_1과 P_2가 존재한다.

$$\overline{\int_a^b} f(x)dx \le U(P_1, f) < \overline{\int_a^b} f(x)dx + \frac{\varepsilon}{2},$$

$$\underline{\int_a^b} f(x)dx - \frac{\varepsilon}{2} < L(P_2, f) \le \underline{\int_a^b} f(x)dx$$

분할 $P_\varepsilon := P_1 \cup P_2$가 P_1과 P_2의 세분이라는 사실과 가정으로부터 다음을 알 수 있다.

$$\begin{aligned} U(P, f) - L(P, f) &\le U(P_1, f) - L(P_2, f) \\ &< \left(\int_a^b f(x)dx + \frac{\varepsilon}{2}\right) - \left(\int_a^b f(x)dx - \frac{\varepsilon}{2}\right) = \varepsilon \end{aligned}$$

($\Leftarrow$) 임의의 양수 ε에 대해 (9.7)을 만족시키는 분할을 P_ε이라고 하자. 그러면 다음이 성립한다.

$$0 \le \overline{\int_a^b} f(x)dx - \underline{\int_a^b} f(x)dx \le U(P_\varepsilon, f) - L(P_\varepsilon, f) < \varepsilon$$

임의의 양수 ε에 대해 $0 \le \overline{\int_a^b} f(x)dx - \underline{\int_a^b} f(x)dx < \varepsilon$이므로

$$\overline{\int_a^b} f(x)dx = \underline{\int_a^b} f(x)dx$$

이다. 따라서 f는 적분가능하다. □

정리 9.6은 임의의 양수 ε에 대응하는 특별한 분할의 존재성을 이용하여 적분가능성을 설명할 수 있음을 말해준다. 무한히 많은 임의의 양수 ε에 대해 (9.7)을 만족시키는 분할을 찾아야한다는 점에서 실용적인 장점은 없어보이지만 적분이론의 전개에서는 매우 중요한 역할을 한다.

예제 9.4 다음과 같이 정의된 함수 $f : [0, 1] \to \mathbb{R}$는 적분가능하다.

$$f(x) = \begin{cases} \frac{1}{q}, & x = 0 \text{ 또는 } \frac{p}{q} \text{ (p,q는 서로소인 자연수)} \\ 0, & x\text{는 무리수} \end{cases}$$

[풀이] ε이 임의로 주어진 양수일 때 $S := \{x \in [0, 1] | f(x) \ge \frac{\varepsilon}{2}\}$이 유한집합이다. S의 원소를 $\xi_1, \xi_2, \ldots, \xi_{n_0}$라고 하자. 또한 분할 $P_\varepsilon := \{x_0, x_1, \ldots, x_n\}$을 $\|P_\varepsilon\| < \frac{\varepsilon}{4n_0}$이 되게 택하자. P_ε에 의해 만들어지는 각 소구간 $I_k = [x_{k-1}, x_k]$에서 f의 함수값을 관찰하면 상합과 하합에 대한 몇 가지 사실을 알아낼 수 있다.

- $m_k = 0$

- $I_k \cap S = \varnothing$ 이면 $M_k < \frac{\varepsilon}{2}$ 이다. $I_k \cap S \neq \varnothing$ 인 소구간은 기껏해야 $2n_0$ 개 존재하는데 이런 소구간에서 $M_k < 1$ 이므로 M_k 는 다음 부등식을 만족시킨다.

$$M_k < \begin{cases} \frac{\varepsilon}{2}, & I_k \cap S = \varnothing \\ 1, & I_k \cap S \neq \varnothing \end{cases}$$

이 부등식에 의해 다음이 성립한다.

$$U(P_\varepsilon, f) = \sum_{I_k \cap S \neq \varnothing} M_k \delta_k + \sum_{I_k \cap S = \varnothing} M_k \delta_k < 1 \cdot \frac{\varepsilon}{4n_0} \cdot 2n_0 + \frac{\varepsilon}{2} \sum_{k=1}^{n} \delta_k < \varepsilon$$

$U(P_\varepsilon, f) - L(P\varepsilon, f) = \varepsilon$ 이므로, 정리 9.6에 의해, f 는 적분가능하다. □

다음 정리는 적분가능성을 설명할 때 고려해야할 분할의 수를 줄여주는데 어떤 분할열(sequence of partitions)의 존재성이 적분가능성과 동치임을 주장한다. 또한 이 분할열에 대한 상합과 하합의 극한이 정적분임을 보여준다.

정리 9.7 (적분가능성과 분할열의 존재성)

유계함수 $f : [a, b] \to \mathbb{R}$ 에 대해 다음 명제는 동치이다.

(i) f 가 적분가능하다.

(ii) 분할열 $\{P_n\}_{n=1}^{\infty}$ 이 존재하여 다음을 만족시킨다.

$$\lim_{n\to\infty} [U(P_n, f) - L(P_n, f)] = 0 \tag{9.8}$$

더 나아가, (ii) 가 성립할 때 $\int_a^b f(x)dx$ 는 다음과 같다.

$$\int_a^b f(x)dx = \lim_{n\to\infty} U(P_n, f) = \lim_{n\to\infty} L(P_n, f) \tag{9.9}$$

[증명] (i)⇒(ii) 각 자연수 n 에 대해 $\varepsilon = \frac{1}{n}$ 이라고 두자. 정리 9.6을 적용할 때 (9.7)을 만족하는 분할을 P_n 이라고 하면 모든 자연수 n 에 대해 $0 \le U(P_n, f) - L(P_n, f) < \frac{1}{n}$ 이다. 조임 정리에 의해 (9.9)가 얻어지므로 (ii) 가 증명되었다.

(ii)⇒(i) 임의의 양수 ε 에 대해 자연수 N 이 존재하여 모든 $n \ge N$ 에 대해 다음 부등식이 성립한다.

$$|U(P_n, f) - L(P_n, f)| = U(P_n, f) - L(P_n, f) < \varepsilon \tag{9.10}$$

정리 9.6에 의해 f 는 적분가능하고

$$\overline{\int_a^b} f(x)dx = \underline{\int_a^b} f(x)dx = \int_a^b f(x)dx \tag{9.11}$$

임을 알 수 있다.

한편, $U(P_n, f) - \int_a^b f(x)dx \geq 0$ 이라는 사실과 (9.10), (9.11)을 이용하면 $n \geq N$ 일 때 다음이 성립함을 알 수 있다.

$$\left|U(P_n, f) - \int_a^b f(x)dx\right| < (L(P_n, f) + \varepsilon) - \underline{\int_a^b} f(x)dx < \varepsilon$$

그러므로 $\lim_{n\to\infty} U(P_n, f) = \int_a^b f(x)dx$ 임을 알 수 있다.

비슷한 방법으로 $\lim_{n\to\infty} L(P_n, f) = \int_a^b f(x)dx$ 임을 증명할 수 있다. 자세한 설명은 생략한다. □

예제 9.5 $f(x) = x^2\ (0 \leq x \leq 1)$ 가 적분가능함을 보이고 $\int_0^1 x^2 dx$ 를 구하여라.

[풀이] $x_k = \frac{k}{n}$ 일 때 분할 $P_n = \{x_0, x_1, \cdots, x_n\}$ 을 생각하자. f 가 $[x_{k-1}, x_k]$ 에서 단조증가 함수이므로

$$M_k = x_k^2 = \frac{k^2}{n^2}, \quad m_k = x_{k-1}^2 = \frac{(k-1)^2}{n^2}$$

임을 알 수 있다. 따라서 상합과 하합은 다음과 같다.

$$\begin{aligned} U(P_n, f) &= \sum_{k=1}^{n} M_k \delta_k = \frac{1}{n}\sum_{k=1}^{n} \frac{k^2}{n^2} \\ &= \frac{n(n+1)(2n+1)}{6n^3} = \frac{1}{6}\left(2 + \frac{3}{n} + \frac{1}{n^2}\right) \\ L(P_n, f) &= \sum_{k=1}^{n} m_k \delta_k = \frac{1}{n}\sum_{k=1}^{n} \frac{(k-1)^2}{n^2} \\ &= \frac{n(n-1)(2n-1)}{6n^3} = \frac{1}{6}\left(2 - \frac{3}{n} + \frac{1}{n^2}\right) \end{aligned}$$

$\lim_{n\to\infty} [U(P_n, f) - L(P_n, f)] = \lim_{n\to\infty} \frac{1}{n} = 0$ 이므로 정리 9.7에 의해 $f(x) = x^2$ 은 적분가능하다. 한편 (9.9)에 의해 $\int_0^1 x^2 dx$ 를 다음과 같이 계산할 수 있다.

$$\int_0^1 x^2 dx = \lim_{n\to\infty} U(P_n, f) = \lim_{n\to\infty} \frac{n(n+1)(2n+1)}{6n^3} = \frac{1}{3}$$ □

예제 9.6 다음 함수 f 가 적분가능하다는 것을 보이고 $\int_0^1 f(x)dx$ 를 구하여라.

$$f(x) = \begin{cases} x, & 0 \leq x < 1 \\ -2, & x = 1 \end{cases}$$

[풀이] $[0,1]$을 n등분한 분할 $P_n = \{x_0, x_1, \cdots, x_n\}$을 생각하자. $x = 1$을 포함하지 않은 구간 $[x_{k-1}, x_k]$에서 f가 단조증가 함수이므로 $M_k = \frac{k}{n}$, $m_k = \frac{k-1}{n}$임을 알 수 있다. 또한, 구간 $[x_{n-1}, x_n]$에서 $M_n = \frac{n}{n}$, $m_n = -2$이다. 따라서 상합과 하합은 다음과 같다.

$$U(P_n, f) = \frac{1}{n}\sum_{k=1}^{n}\frac{k}{n} = \frac{1}{2} + \frac{1}{2n},$$

$$L(P_n, f) = \frac{1}{n}\sum_{k=1}^{n-1}\frac{k-1}{n} - \frac{2}{n} = \frac{1}{2} - \frac{7}{2n} + \frac{1}{n^2}$$

$\lim_{n\to\infty}[U(P_n, f) - L(P_n, f)] = \lim_{n\to\infty}\left(\frac{4}{n} - \frac{1}{n^2}\right) = 0$이므로, 정리 9.7에 의해, f는 적분가능하다. 한편 (9.9)에 의해 $\int_0^1 f(x)dx = \frac{1}{2}$이다. □

정리 9.8 (Darboux, 1875)

유계함수 $f : [a, b] \to \mathbb{R}$에 대해 다음은 동치이다.

(i) f가 적분가능하다.

(ii) $\lim_{\|P\|\to 0}[U(P, f) - L(P, f)] = 0$. 즉, 임의의 양수 ε에 대해 양수 δ가 존재하여 모든 분할 $P \in \mathcal{P}_\delta([a, b])$에 대하여 $U(P, f) - L(P, f) < \varepsilon$이다.

[증명] (i)⇒(ii) $\underline{\int_a^b} f(x)dx = \overline{\int_a^b} f(x)dx = \int_a^b f(x)dx$라는 사실과 보조정리 9.4를 적용하면 (ii)가 나온다.

(ii)⇒(i) 정리 9.6을 적용하면 (i)이 바로 나온다. □

정리 9.7에 의해 (9.8)이 성립하는 분할열이 존재한다는 것을 알 수 있었다. 실제로 예제 9.5와 예제 9.6에서는 분할열을 구성하여 특정함수가 적분가능하다는 것을 보였다.

정리 9.8의 간단한 응용으로 얻어지는 정리 9.9는 적분가능한 함수에 대해 (9.8)이 성립하는 분할열의 예와 적분을 계산할 수 있는 방법을 제시한다. 등분할열은 이런 분할열의 전형적인 예이다.

정리 9.9 (적분가능한 함수의 특성)

$f : [a,b] \to \mathbb{R}$이 적분가능한 함수라고 하자. 그러면 $\lim_{n\to\infty} \|P_n\| = 0$인 임의의 분할열 $\{P_n\}_{n=1}^{\infty} \subset \mathcal{P}(a,b)$에 대해 다음이 성립한다.

$$\lim_{n\to\infty} (U(P_n, f) - L(P_n, f)) = 0 \tag{9.12}$$

$$\int_a^b f(x)dx = \lim_{n\to\infty} U(P_n, f) = \lim_{n\to\infty} L(P_n, f) \tag{9.13}$$

[증명] 임의의 $\varepsilon > 0$에 대해, 정리 9.8 (ii)에 의해, $\delta > 0$가 존재하여 모든 $P \in \mathcal{P}_\delta([a,b])$에 대하여 $U(P,f) - L(P,f) < \varepsilon$이다. 가정에 의해 $\lim_{n\to\infty} \|P_n\| = 0$이므로 자연수 N이 존재하여 모든 $n \geq N$에 대해 $|P_n| < \delta$이고 $U(P_n, f) - L(P_n, f) < \varepsilon$이다. 따라서 (9.12)가 증명된다.

한편 (9.12)가 성립하므로 정리 9.7 (ii)를 적용할 수 있고 따라서 (9.13)이 얻어진다. □

연습문제 9.3

1. $f : [a,b] \to \mathbb{R}$가 유계일 때 $M = \sup\{|f(x)| \,|x \in [a,b]\}$라고 하자. Q가 $P \in \mathcal{P}(a,b)$의 세분이고 $Q \backslash P$가 N개의 점을 포함할 때 다음을 보여라.
   (a) $U(P,f) - U(Q,f) \leq 2NM\|P\|$ (b) $L(Q,f) - L(P,f) \leq 2NM\|P\|$
2. c가 상수일 때 다음과 같이 정의된 $f_{\alpha,\beta} : [a,b] \to \mathbb{R}$를 생각하자. 임의의 α와 β에 대해 $f_{\alpha,\beta}$가 적분가능하고 $\int_a^b f_{\alpha,\beta}(x)dx = c(b-a)$임을 보여라.

$$f_{\alpha,\beta}(x) = \begin{cases} \alpha, & x = a \\ c, & a < x < b \\ \beta, & x = b \end{cases}$$

3. $f(x) = x^3$이 $[a,b]$에서 적분가능함을 보이고 $\int_a^b x^3 dx$을 구하여라.
4. 유계함수 $f : [a,b] \to \mathbb{R}$와 임의의 분할 $P \in \mathcal{P}(a,b)$에 대해 다음을 증명하여라.
   (a) $U(P,-f) = -L(P,f)$, $L(P,-f) = -U(P,f)$
   (b) $\underline{\int}_a^b (-f(x))dx = -\overline{\int}_a^b f(x)dx$, $\overline{\int}_a^b (-f(x))dx = -\underline{\int}_a^b f(x)dx$
5. 유계함수 $f, g : [a,b] \to \mathbb{R}$와 $[a,b]$의 분할 $P = \{x_0, x_1, \ldots, x_n\}$에 대해 다음을 증명하여라. 단, $M_k(f) = \sup\{f(x)|x_{k-1} \leq x \leq x_k\}$, $m_k(f) = \inf\{f(x)|x_{k-1} \leq x \leq x_k\}$이다.

(a) $M_k(f+g) \le M_k(f) + M_k(g)$, $m_k(f+g) \ge m_k(f) + m_k(g)$

(b) $U(P, f+g) \le U(f, P) + U(P, g)$, $L(P, f+g) \ge L(f, P) + L(P, g)$

6. 유계함수 $f, g : [a, b] \to \mathbb{R}$에 대해 다음을 증명하여라.

(a) $\underline{\int_a^b}[f(x)+g(x)]dx \ge \underline{\int_a^b} f(x)dx + \underline{\int_a^b} g(x)dx$

(b) $\overline{\int_a^b}[f(x)+g(x)]dx \le \overline{\int_a^b} f(x)dx + \overline{\int_a^b} g(x)dx$

7. $f : [a, b] \to \mathbb{R}$가 주어진 함수이고 $P = \{x_0, x_1, \ldots, x_n\}$가 $[a, b]$의 분할이라고 하자.

(a) f가 단조증가 함수이면 다음 부등식이 성립함을 보여라.

$$U(P, f) - L(P, f) \le \|P\| \, [f(b) - f(a)]$$

(b) f가 유계함수일 때 $M = \sup f(x)$, $m = \inf f(x)$라고 두자. $U(P, f) - L(P, f) \le (M - m)\|P\|$임을 보여라.

8. (**상적분과 하적분의 계산**)$f : [a, b] \to \mathbb{R}$이 유계이고 각 자연수 n에 대해 $P_n \in \mathcal{P}(a, b)$라고 하자. $\lim_{n\to\infty} \|P_n\| = 0$일 때 다음을 증명하여라. (힌트 : 보조정리 9.4)

$$\lim_{n\to\infty} L(P_n, f) = \underline{\int_a^b} f(x)dx, \quad \lim_{n\to\infty} U(P_n, f) = \overline{\int_a^b} f(x)dx$$

9. 연습문제 8을 이용하여 다음과 같이 정의된 함수 $f : [a, b] \to \mathbb{R}$의 상적분과 하적분을 계산하여라. f가 적분가능한가?

(a) $f(x) = \begin{cases} x, & x \in \mathbb{Q} \\ -x, & x \in \mathbb{Q}^c \end{cases}$ (b) $f(x) = \begin{cases} x, & x \in \mathbb{Q} \\ 0, & x \in \mathbb{Q}^c \end{cases}$

10. $g_n, h_n : [a, b] \to \mathbb{R}$이 적분가능한 함수일 때 $\lim_{n\to\infty} \int_a^b g_n(x)dx = \lim_{n\to\infty} \int_a^b h_n(x)dx = A$이고 모든 $x \in [a, b]$에 대해 $g_n(x) \le f(x) \le h_n(x)$라고 하자. $f : [a, b] \to \mathbb{R}$가 적분가능함을 증명하여라. 또한 $\int_a^b f(x)dx = A$임을 보여라.

11. 임의의 자연수 m에 대해 $f(x) = x^m$이 $[a, b]$에서 적분가능함을 보이려고 한다. 단, $a > 0$이다.

(a) 임의의 분할 $P = \{x_0, x_1, \ldots, x_n\}$에 대해 $U(P, f) - L(P, f) < mb^{m-1} \sum_{k=1}^{n} \delta_k$임을 보여라. 단, $\delta_k = x_k - x_{k-1}$이다.

(b) 임의의 양수 ε에 대해 $U(P, f) - L(P, f) < \varepsilon$인 분할 P가 존재함을 보여라.

9.4 적분가능한 함수와 적분의 성질

이 절에서는 적분가능한 함수와 정적분의 성질에 대해 살펴본다. 적분가능성이 함수의 사칙연산과 합성에 대해 닫혀있다는 것을 증명하고 적분의 부등식에 대한 정리를 유도하겠다.

9.4.1 적분가능한 함수

먼저 연속함수와 단조함수가 적분가능함을 증명한다.

정리 9.10 (적분가능한 함수 : 연속함수)

연속함수 $f : [a, b] \to \mathbb{R}$는 적분가능하다.

[증명] 임의의 양수 ε이 주어질 때 분할 P가 존재하여 $U(P, f) - L(P, f) < \varepsilon$이면 보이면 된다. f 가 고르게 연속이므로 다음을 만족시키는 양수 δ가 존재한다.

$$x, y \in [a, b],\ |x - y| < \delta \longrightarrow |f(x) - f(y)| < \frac{\varepsilon}{b - a} \tag{9.14}$$

임의의 분할 $P \in \mathcal{P}_\delta(a, b)$를 택하고 $P = \{x_0, x_1, \cdots, x_n\}$이라고 두자. 그러면 $M_k = f(\xi_k)$, $m_k = f(\eta_k)$인 점 $\xi_k, \eta_k \in [x_{k-1}, x_k]$가 존재한다. 분명히 $|\xi_k - \eta_k| \le x_k - x_{k-1} < \delta$이므로 (9.14)에 의해 다음 식이 성립한다.

$$\begin{aligned} U(P, f) - L(P, f) &= \sum_{k=1}^{n} (M_k - m_k)(x_k - x_{k-1}) \\ &= \sum_{k=1}^{n} (f(\xi_k) - f(\eta_k))(x_k - x_{k-1}) \\ &< \sum_{k=1}^{n} \frac{\varepsilon}{b - a}(x_k - x_{k-1}) = \varepsilon \end{aligned}$$

그러므로, 정리 9.8(또는 정리 9.6)에 의해, f는 적분가능하다. □

정리 9.11 (적분가능한 함수 : 단조함수)

유계인 단조함수 $f : [a, b] \to \mathbb{R}$는 적분가능하다.

[증명] f가 단조증가 함수인 경우만 증명하기로 한다. 구간 $[a, b]$를 n등분한 분할을 $P_n = \{x_0, x_1, \cdots, x_n\}$이라고 하자. f가 $[x_{i-1}, x_i]$에서 단조증가 함수이므로 $M_i = f(x_i)$, $m_i = f(x_{i-1})$이다. 따라서 P_n에 대응하는 상합과 하합은 다음과

같다.

$$U(P_n, f) = \frac{b-a}{n}\sum_{i=1}^{n} f(x_i), \quad L(P_n, f) = \frac{b-a}{n}\sum_{i=1}^{n} f(x_{i-1})$$

$\lim_{n\to\infty}[U(P_n,f) - L(P_n,f)] = \lim_{n\to\infty}\frac{b-a}{n}[f(b)-f(a)] = 0$ 이므로 정리 9.7에 의해 f는 적분가능하다. □

연속함수의 합성함수는 연속함수이다. 또한 미분가능한 함수의 합성함수도 미분가능한 함수이다. 따라서 두 적분가능한 함수의 합성함수가 적분가능할 것이라고 예측할 수 있다. 그러나 적분가능한 함수의 합성함수가 항상 적분가능하지는 않다.

예제 9.7 다음과 같이 정의된 함수 $f, g : [0,1] \to [0,1]$에 대해 합성함수 $g \circ f$는 적분불가능하다.

$$f(x) = \begin{cases} \frac{1}{q}, & x = \frac{p}{q}\ (p, q\text{는 서로소인 자연수}) \\ 0, & x\text{는 무리수} \end{cases}, \qquad g(x) = \begin{cases} 0 & x = 0 \\ 1 & x \neq 0 \end{cases}$$

[풀이] 예제 9.4에 의해 f는 적분가능한 함수이다. g의 적분가능성을 설명하기위해 등분할 P_n을 생각하자. $U(P_n, f) = 1$, $L(P_n, f) = 1$이므로

$$\lim_{n\to\infty}(U(P_n,f) - L(P_n,f)) = 0$$

임은 당연하다. 따라서 g는 적분가능하다. (정리 9.7)

한편 $g \circ f$는 다음과 같다.

$$(g \circ f)(x) = \begin{cases} 1, & x\text{는 유리수} \\ 0, & \text{는 무리수} \end{cases}$$

그러나 $g \circ f$는 적분불가능하다. (예제 9.3 참조) □

정리 9.12 (적분가능한 함수 : 합성함수)

유계함수 $f : [a,b] \to [c,d]$가 적분가능하고 $g : [c,d] \to \mathbb{R}$가 연속함수라고 하자. 그러면 합성함수 $g \circ f$도 적분가능하다.

[증명] $K = \sup_{x\in[c,d]} |g(x)|$이라고 두자. g가 고르게 연속이므로 임의의 양수 ε에 대해 다음을 만족시키는 양수 $\delta < \frac{\varepsilon}{b-a+2K}$가 존재한다.

$$|u - v| < \delta \longrightarrow |g(u) - g(v)| < \frac{\varepsilon}{b-a+2K}$$

또한, f가 적분가능하므로 구간 $[a, b]$의 분할 $P = \{x_0, x_1, \cdots, x_n\}$이 존재하여 부등식 $U(P, f) - L(P, f) < \delta^2$ 을 만족시킨다. 이 분할 P에 대해 $U(P, g \circ f) - L(P, g \circ f) < \varepsilon$ 임을 보이자.

소구간 $[x_{k-1}, x_k]$에서 f의 상한과 하한을 M_k, m_k라고 하고, $g \circ f$의 상한과 하한을 각각 $\tilde{M}_k, \tilde{m}_k$라고 하자. 분할 P에 의해 생성된 소구간을 다음과 같이 두 그룹으로 나누자.

$$A = \{k \mid M_k - m_k < \delta\}, \quad B = \{k \mid M_k - m_k \geq \delta\}$$

$k \in A$이면 모든 $x, y \in [x_{k-1}, x_k]$에 대해 $|f(x) - f(y)| < \delta$이므로 부등식

$$|(g \circ f)(x) - (g \circ f)(y)| < \frac{\varepsilon}{b - a + 2K}, \quad \tilde{M}_k - \tilde{m}_k < \frac{\varepsilon}{b - a + 2K}$$

이 성립한다. 이 사실로부터 다음은 분명하다.

$$\sum_{k \in A} (\tilde{M}_k - \tilde{m}_k)\delta_k < \frac{(b - a)\varepsilon}{b - a + 2K} \tag{9.15}$$

반면에 $k \in B$이면 부등식

$$\begin{aligned} \sum_{k \in B} \delta_k &\leq \frac{1}{\delta} \sum_{k \in B} (M_k - m_k)\delta_k \\ &\leq \frac{1}{\delta} [U(P, f) - L(P, f)] < \delta < \frac{\varepsilon}{b - a + 2K} \end{aligned}$$

이 성립한다. 이 부등식과 $\tilde{M}_k - \tilde{m}_k \leq 2K$ 임을 이용하면 다음이 성립한다.

$$\sum_{k \in B} (\tilde{M}_k - \tilde{m}_k)\delta_k < 2K \sum_{k \in B} \delta_k < \frac{2K\varepsilon}{b - a + 2K} \tag{9.16}$$

따라서 (9.15), (9.16)에 의해

$$\begin{aligned} U(P, g \circ f) - L(P, g \circ f) &= \sum_{k \in A} (\tilde{M}_k - \tilde{m}_k)\delta_k + \sum_{k \in B} (\tilde{M}_k - \tilde{m}_k)\delta_k \\ &< \frac{(b - a)\varepsilon}{b - a + 2K} + \frac{2K\varepsilon}{b - a + 2K} = \varepsilon \end{aligned}$$

임을 알 수 있다. 그러므로 $g \circ f$는 적분가능하다. □

다음 정리는 적분가능한 함수에 대수적 연산을 적용하여 적분가능한 함수를 생성할 수 있음을 보여주고 있다. 역으로 적분가능한 함수로부터 유한번의 사칙연산을 적용하여 얻어진 함수는 적분가능하다는 것을 보여준다.

정리 9.13 (적분가능한 함수와 대수적 연산)

유계함수 $f, g : [a,b] \to \mathbb{R}$가 적분가능하다고 하자. 그러면 다음이 성립한다.

(i) $f+g$도 적분가능하고 $\int_a^b [f(x)+g(x)]dx = \int_a^b f(x)dx + \int_a^b g(x)dx$이다.

(ii) 임의의 실수 k에 대해 kf가 적분가능하고 $\int_a^b kf(x)dx = k\int_a^b f(x)dx$이다.

(iii) fg도 적분가능하다.

(iv) 실수 $c > 0$가 존재하여 모든 $x \in [a,b]$에 대해 $|g(x)| \geq c$이면 $\dfrac{f}{g}$도 적분가능하다.

[증명] (i) ε이 임의의 양수라고 하자. 리만 조건(정리 9.6)에 의해 다음을 만족시키는 분할 $P_1, P_2 \in \mathcal{P}(a,b)$가 존재한다.

$$U(P_1, f) - L(P_1, f) < \frac{\varepsilon}{2}, \quad U(P_2, g) - L(P_2, g) < \frac{\varepsilon}{2}$$

여기서 $P_\varepsilon := P_1 \cup P_2 = \{x_0, x_1, \ldots, x_n\}$이라고 두자. 그러면 P_ε이 P_1, P_2의 세분이므로

$$U(P_\varepsilon, f) - L(P_\varepsilon, f) < \frac{\varepsilon}{2}, \quad U(P_\varepsilon, g) - L(P_\varepsilon, g) < \frac{\varepsilon}{2}$$

임을 알 수 있다. 또한 각 소구간 $I_k = [x_{k-1}, x_k]$에서 다음이 성립한다.

$$M_k(f+g) \leq M_K(f) + M_k(f), \quad m_k(f+g) \geq m_k(f) + m_k(g) \tag{9.17}$$

단, $M_k(h) := \sup_{x \in I_k} h(x)$, $m_k(h) := \inf_{x \in I_k} h(x)$이다.

식 (9.17)을 이용하면 상합과 하합의 정의에 의해

$$U(P_\varepsilon, f+g) \leq U(P_\varepsilon, f) + U(P_\varepsilon, g),$$
$$L(P_\varepsilon, f+g) \geq L(P_\varepsilon, f) + L(P_\varepsilon, g)$$

임을 알 수 있다. 한편, 다음 부등식과 리만조건에 의해 $f+g$는 적분가능함을 알 수 있다.

$$\begin{aligned} U(P_\varepsilon, f+g) - L(P_\varepsilon, f+g) &< [U(P_\varepsilon, f) - L(P_\varepsilon, f)] \\ &\quad + [U(P_\varepsilon, g) - L(P_\varepsilon, g) < \varepsilon \end{aligned}$$

한편, 9.3절의 연습문제 6번을 참조하면 $\int_a^b [f(x)+g(x)]dx = \int_a^b f(x)dx + \int_a^b g(x)dx$임을 쉽게 보일 수 있다.

(ii) $k \geq 0$이면 임의의 $P \in \mathcal{P}(a,b)$에 대해

$$U(P, kf) = kU(P, f), \quad L(P, kf) = kL(P, f)$$

이다. 반면에 $k < 0$이면

$$U(P, kf) = kL(P, f), \quad L(P, kf) = kU(P, f)$$

이다. f가 적분가능하므로 kf는 적분가능하고 $\int_a^b kf(x)dx = k\int_a^b f(x)dx$이다.

(iii) f가 적분가능할 때 f^2이 적분가능함을 보이면 충분하다 (왜?). f가 유계함수이므로 상수 $K > 0$가 존재하여 모든 $x \in [a, b]$에 대해 $|f(x) \leq K$이다. 또한 $g(y) = y^2$이 $[-K, K]$에서 연속함수이다. 한편 $f^2 = g \circ f$이므로 정리 9.12에 의해 f^2은 적분가능하다.

(iv) g가 적분가능할 때 $\frac{1}{g}$가 적분가능함을 보이면 충분하다. $|g|$도 유계함수이므로 상한 M이 존재하여 모든 $x \in [a, b]$에 대해 $c \leq g(x) \leq M$이다. $G(y) = \frac{1}{y}$ $(c \leq y \leq M)$라고 두면 $\frac{1}{g} = G \circ g$이다. 따라서 정리 9.12에 의해 $\frac{1}{g}$는 적분가능하다. □

9.4.2 적분 구간의 분할

먼저 적분구간을 나눠서 적분할 수 있다는 것을 증명하고 적분과 관련된 부등식에 대해 알아보자.

정리 9.14 (적분구간을 나눔)

유계함수 $f : [a, b] \to \mathbb{R}$가 적분가능하면 f는 임의의 닫힌구간 $[c, d] \subseteq [a, b]$에서 적분가능하다. 또한 임의의 $c \in (a, b)$에 대해 다음이 성립한다.

$$\int_a^b f(x)dx = \int_a^c f(x)dx + \int_c^b f(x)dx \tag{9.18}$$

[증명] 임의의 ε에 대해 $[a, b]$의 분할 P를 조건

$$U(P, f) - L(P, f) < \varepsilon$$

이 성립하도록 택하고 $Q = (P \cap [c, d]) \cup \{c, d\}$라고 두자. 그러면 $Q \in \mathcal{P}(c, d)$이고 Q에 속하는 모든 점이 $P \cup \{c, d\} \in \mathcal{P}(a, b)$에 포함된다. 한편, $P \cup \{c, d\}$가 P의 세분이므로 다음이 성립한다.

$$\begin{aligned} U(Q, f) - L(Q, f) &\leq U(P \cup \{c, d\}, f) - L(P \cup \{c, d\}, f) \\ &\leq U(P, f) - L(P, f) < \varepsilon \end{aligned}$$

따라서 f는 임의의 닫힌구간 $[c, d]$에서 적분가능하다.

이제 (9.18)을 증명하자. 임의의 분할 $P \in \mathcal{P}(a, b)$를 택하고 $P_1 = (P \cup \{c\}) \cap [a, c]$, $P_2 = (P \cup \{c\}) \cap [c, b]$라고 두면 $P_1 \in \mathcal{P}[a, c]$, $P_2 \in \mathcal{P}[c, b]$이다. 또한, $P = P_1 \cup P_2$이고 $P_1 \cap P_2 = \{c\}$이므로 다음 부등식이 성립한다.

$$\begin{aligned} U(P, f) &\geq U(P \cup \{c\}, f) \\ &= U(P_1, f) + U(P_2, f) \\ &\geq \overline{\int_a^c} f(x)dx + \overline{\int_c^b} f(x)dx \end{aligned}$$

P에 대한 하한을 구하고 f가 $[a, b]$, $[a, c]$ 및 $[c, b]$에서 적분가능하다는 사실을 이용하면

$$\int_a^b f(x)dx \geq \int_a^c f(x)dx + \int_c^b f(x)dx$$

임을 알 수 있다. 비슷하게 부등식

$$\begin{aligned} L(P, f) &\leq L(P \cup \{c\}, f) \\ &= L(P_1, f) + L(P_2, f) \\ &\leq \underline{\int_a^c} f(x)dx + \underline{\int_c^b} f(x)dx \end{aligned}$$

을 이용하여 다음이 성립함을 확인할 수 있다.

$$\int_a^b f(x)dx \leq \int_a^c f(x)dx + \int_c^b f(x)dx$$

그러므로 (9.18)의 증명이 끝난다. □

f가 a, b, c를 모두 포함한 구간에서 적분가능하면 a, b, c의 대소에 관계없이 (9.18)이 성립한다. 정리 9.14는 유한개의 불연속점을 갖는 함수로 확장될 수 있다.

정리 9.15 (유한개의 불연속점을 갖는 함수의 적분)

유계함수 $f : [a, b] \to \mathbb{R}$에 대해 $a < c_1 < c_2 < \cdots < c_n < b$라고 하자.

f가 $(a, c_1), (c_1, c_2), \cdots, (c_n, b)$에 포함되는 임의의 닫힌구간에서 적분가능하면 f도 적분가능하다. 또한 다음이 성립한다.

$$\int_a^b f(x)dx = \int_a^{c_1} f(x)dx + \int_{c_1}^{c_2} f(x)dx + \cdots + \int_{c_n}^b f(x)dx \tag{9.19}$$

[증명] $n = 1$인 경우만 증명한다. 일반적인 경우는 수학적 귀납법에 의해 증명할 수 있다.

먼저 $m = \inf_{x\in[a,b]} f(x)$, $M = \sup_{x\in[a,b]} f(x)$라고 두자. $\varepsilon > 0$이 임의로 주어질 때 a_1과 b_1을 다음 조건이 만족되도록 택하자.

$$a < a_1 < c_1 < b_1 < b, \quad b_1 - a_1 < \frac{\varepsilon}{3(M-m)}$$

f가 $[a, a_1]$과 $[b_1, b]$에서 적분가능하므로 분할 $P \in \mathcal{P}(a, a_1)$와 $Q \in \mathcal{P}(b_1, b)$가 존재하여 다음을 만족시킨다.

$$U(P, f) - L(P, f) < \frac{\varepsilon}{3}, \quad U(Q, f) - L(P, Q) < \frac{\varepsilon}{3}$$

이제 $P_\varepsilon := P \cup Q \in \mathcal{P}(a, b)$에 대한 f의 상합 $U(P_\varepsilon, f)$와 하합 $L(P_\varepsilon, f)$의 차를 구해보면 다음을 만족시킨다. 단, $m^* = \inf_{x\in[a_1,b_1]} f(x)$, $M^* = \sup_{x\in[a_1,b_1]} f(x)$이다.

$$\begin{aligned}
&U(P_\varepsilon, f) - L(P_\varepsilon, f) \\
&= [U(P, f) - L(P, f)] + (M_* - m_*)(b_1 - a_1) + [U(Q, f) - L(Q, f)] \\
&< \frac{\varepsilon}{3} + (M^* - m^*)\frac{\varepsilon}{3(M-m)} + \frac{\varepsilon}{3} < \varepsilon
\end{aligned}$$

따라서 f는 정리 9.6에 의해, 적분가능한다. 한편, 정리 9.18를 적용하면 (9.19)가 성립함을 쉽게 확인할 수 있다. □

정리 9.15에서 f의 유계성은 빠뜨릴 수 없다. 정리 9.15는 다양한 상황을 포괄하여 설명하고 있다. c_i에서 f가 연속일 수도 있고, c_i가 f의 (도약)불연속점일 수도 있다. 유계인 함수가 유한개의 불연속점을 갖는 경우 불연속점을 포함하지않는 임의의 구간에서 적분가능하면 f가 전구간에서 적분가능할 뿐아니라 (9.19)를 이용하여 적분값을 계산할 수 있음을 보여주고 있다. 계단함수[2]나 유한개의 불연속점을 갖는 구간연속 함수는 정리 9.15의 가정을 만족시키는 전형적인 함수이다.

예제 9.8 다음 함수는 모두 적분가능하다.

(a) $f(x) = \begin{cases} 1, & 0 < x \le 2 \\ -1, & -2 \le x \le 0 \end{cases}$ (b) $g(x) = \begin{cases} 1 - 2x, & 1 < x \le 5 \\ x^3 + 1, & -3 \le x \le 1 \end{cases}$

9.4.3 적분과 관련된 부등식

다음 정리는 적분과 관련된 부등식을 증명하는데 이용되는 몇 가지 사실을 서술한다.

[2] $P := \{x_0, x_1, \ldots, x_n\}$가 $[a, b]$의 분할일 때 각 소구간 (x_{k-1}, x_k)에서 함수값이 상수 c_k이고 $f(x_k) = c_k$ 또는 c_{k+1}인 함수를 계단함수(step function)라고 한다. 예제 9.8에서 f는 계단함수이다.

정리 9.16 (부등식 : 적분의 비교)

유계함수 $f, g : [a, b] \to \mathbb{R}$가 적분가능한 함수라고 하자.

(i) 모든 $x \in [a, b]$에 대해 $f(x) \le g(x)$이면 $\int_a^b f(x)dx \le \int_a^b g(x)dx$이다.

(ii) 모든 $x \in [a, b]$에 대해 $f(x) \ge 0$이고 $[c, d] \subseteq [a, b]$이면 부등식 $\int_c^d f(x)dx \le \int_a^b f(x)dx$이 성립한다.

[증명] (i) $h = g - f$라고 두자. $[a, b]$의 임의의 분할 P에 대해 $U(P, h) \ge 0$고 f가 적분가능하므로 $\int_a^b h(x)dx = \overline{\int_a^b} h(x)dx = \inf U(P, f) \ge 0$이다. 정리 9.13에 의해 $\int_a^b h(x)dx = \int_a^b g(x)dx - \int_a^b f(x)dx$이므로 증명이 끝난다.

(ii) 다음과 같이 정의된 함수 $g : [a, b] \to \mathbb{R}$은 적분가능하다.

$$g(x) = \begin{cases} f(x), & x \in [c, d] \\ 0, & x \notin [c, d] \end{cases}$$

정리 9.14에 의해 $\int_a^b g(x)dx = \int_c^d f(x)dx$이고 모든 $x \in [a, b]$에 대해 $g(x) \le f(x)$이므로 (i)을 적용하면 (ii)가 나온다. □

아래에 소개할 부등식은 해석학에서 자주 사용되는 매우 중요한 정리이다.

정리 9.17 (적분의 어림치)

유계함수 $f : [a, b] \to \mathbb{R}$가 적분가능하면 $|f|$도 적분가능하고 다음 부등식이 성립한다.

$$\left| \int_a^b f(x)dx \right| \le \int_a^b |f(x)|\, dx \tag{9.20}$$

[증명] 모든 $x \in [a, b]$에 대해 $|f(x)| \le M$이라고 하자. 이제 $g(x) = |x|$ $(-M \le x \le M)$라고 두면 $|f|(x) = g \circ f(x)$이다. 따라서 $|f|$는 적분가능하다. 한편 모든 $x \in [a, b]$에 대해 $-|f(x)| \le f(x) \le |f(x)|$이므로 정리 9.16 (i)에 의해 부등식 (9.20)이 성립한다. □

정리 9.18 (코시-슈바르츠 부등식)

유계함수 $f, g : [a, b] \to \mathbb{R}$가 적분가능하면 f, g는 다음 코시-슈바르츠 부등식을 만족시킨다.

$$\left|\int_a^b f(x)g(x)dx\right| \le \left(\int_a^b f^2(x)dx\right)^{\frac{1}{2}} \left(\int_a^b g^2(x)dx\right)^{\frac{1}{2}}$$

[증명] $h(x) := (tf(x) + g(x))^2$는 적분가능하고 모든 실수 t에 대해 $\int_a^b h(x)dx \ge 0$이다. 즉, 모든 실수 t에 대해 다음 부등식이 성립한다.

$$t^2 \int_a^b f^2(x)dx + 2t \int_a^b f(x)g(x)dx + \int_a^b g^2(x)dx \ge 0$$

이차방정식에 대한 판별식이 0보다 작거나 같아야 하므로 증명이 끝난다. □

연습문제 9.4

1. 유계함수 $f, g : [a, b] \to \mathbb{R}$에 대해 다음 명제를 증명하거나 반례를 제시하여라.
   (a) f^2이 적분가능하면 f가 적분가능하다.
   (b) f^3이 적분가능하면 f도 적분가능하다.
   (c) $|g|$가 적분가능하면 g가 적분가능하다.
2. $f : [a, b] \to \mathbb{R}$가 유계함수라고 하자. f가 임의의 닫힌구간 $[\alpha, \beta] \subset (a, b]$에서 적분가능하면 f가 적분가능하다는 것을 증명하여라.
3. $f(x) = \lfloor x \rfloor (0 \le x \le 4)$가 적분가능함을 보이고 $\int_0^5 f(x)dx$를 구하여라.
4. $f_k : [a, b] \to \mathbb{R}\,(1 \le k \le n)$가 적분가능한 함수라고 하자. $a_k (1 \le k \le n)$가 실수일 때 $\sum_{k=1}^n a_k f_k$와 $\prod_{k=1}^n f_k$가 적분가능함을 보여라.
5. $f : [a, b] \to \mathbb{R}$가 유계함수라고 하자. 분할 $P = \{x_0, x_1, \ldots, x_n\}$이 존재하여 각 열린구간 (x_{k-1}, x_k)에서 f가 단조함수이면 f가 적분가능하다는 것을 증명하여라.
6. $f : [a, b] \to \mathbb{R}$이 적분가능하고 모든 $x \in [a, b]$에 대해 $f(x) \ge 0$이라고 하자. $k \ge 2$가 자연수일 때 $f^{\frac{1}{k}}$가 적분가능함을 보여라.
7. $f : [a, b] \to \mathbb{R}$이 적분가능하고 모든 $x \in [a, b]$에 대해 $f(x) \ge 0$이라고 하자. f가 연속이고 $\int_a^b f(x)dx = 0$이면 $f \equiv 0$임을 증명하여라.
8. 함수 $f, g : [a, b] \to \mathbb{R}$에 대해 $\max\{f, g\}$와 $\min\{f, g\}$를 다음과 같이 정의하자.

$$\max\{f, g\}(x) = \max\{f(x), g(x)\}, \quad \min\{f, g\}(x) = \min\{f(x), g(x)\}$$

(a) $f^+(x) := \max\{f(x), 0\}$, $f^-(x) := \max\{-f(x), 0\}$ 라고 할 때 $f = f^+ - f^-$, $|f| = f^+ + f^-$ 임을 보여라. 또 f가 적분가능하면 f^+와 f^-가 적분가능함을 증명하여라.

(b) $\max\{f, g\} = \frac{f+g+|f-g|}{2}$, $\min\{f, g\} = \frac{f+g-|f-g|}{2}$ 임을 보여라.

(c) f, g가 적분가능하면 $\max\{f, g\}$와 $\min\{f, g\}$가 적분가능함을 증명하여라.

9. $f : [a, b] \to \mathbb{R}$이 적분가능할 때 함수 $g : [a, b] \to \mathbb{R}$에 대해 $\{x \in [a, b] | g(x) \neq f(x)\}$이 유한집합이라고 하자. g가 적분가능함을 보이고 $\int_a^b g(x) = \int_a^b f(x)dx$ 임을 보여라.

10. $f : [a, b] \to \mathbb{R}$가 유계일 때 $[a, b]$의 분할 $\{x_0, x_1, \ldots, x_n\}$에 대해 다음과 같이 정의된 계단함수 ψ와 φ를 생각하자. 단, M_i와 m_i는 $[x_{i-1}, x_i]$에서 f의 상한과 하한이다.

$$\varphi(x) = m_i, \quad \psi(x) = M_i \qquad (x_{i-1} < x < x_i)$$

(a) ψ와 φ가 적분가능함을 보이고 적분을 구하여라.

(b) f가 적분가능할 필요충분조건이 $\sup\limits_{\varphi \leq f} \int_a^b \varphi(x)dx = \inf\limits_{\psi \geq f} \int_a^b \psi(x)dx$ 임을 보여라.

11. f가 $[a, b]$에서 연속함수일 때 $F(x) = \int_a^x f(t)dt$ 라고 두자. $[a, b]$의 분할 $\{x_0, x_1, \ldots, x_n\}$에 대해 다음을 증명하여라.

$$\sum_{i=1}^{n} |F(x_i) - F(x_{i-1})| \leq \left| \int_a^b |f(t)|\, dt \right|$$

12. (**휠더 (Hölder) 부등식**) $p, q > 1$일 때 $\frac{1}{p} + \frac{1}{q} = 1$이라고 하자.

(a) $y = x^{p-1}$의 역함수가 $y = x^{q-1}$임을 보여라. 또 적분과 넓이의 관계를 고려하여 $a, b \geq 0$일 때 부등식 $ab \leq \frac{a^p}{p} + \frac{b^q}{q}$을 유도하여라. 또 등호가 성립할 조건을 구하여라.

(b) $a_k, b_k \geq 0 (1 \leq k \leq n)$에 대해 $x_k = \frac{a_k}{A}$, $y_k = \frac{b_k}{B}$라 두고 부등식 $\sum\limits_{k=1}^{n} x_k y_k \leq 1$을 유도하여라. 단, $A = \left(\sum_{k=1}^n a_k^p\right)^{1/p}$, $B = \left(\sum_{k=1}^n b_k^q\right)^{1/q}$이다.

(c) 휠더 부등식 $\sum_{k=1}^n a_k b_k \leq \left(\sum_{k=1}^n a_k^p\right)^{1/p} \left(\sum_{k=1}^n b_k^q\right)^{1/q}$을 유도하여라.

13. 적분가능한 유계함수 $f : [a, b] \to \mathbb{R}$와 양수 ε이 주어질 때 다음을 증명하여라.

(a) 계단함수 $s : [a, b] \to \mathbb{R}$가 존재하여 $\int_a^b |f(x) - s(x)|\, dx < \varepsilon$이다.

(b) 연속함수 $g : [a, b] \to \mathbb{R}$가 존재하여 $\int_a^b |f(x) - g(x)|\, dx < \varepsilon$이다.

14. f가 $[a, b]$에서 유계이고 임의의 구간 $[\alpha, \beta] \subsetneq [a, b]$ $(a < \alpha < \beta < b)$에서 적분가능하다고 하자. 모든 $n \in \mathbb{N}$에 대해 $a < a_n < b_n < b$일 때 $\gamma_n = \int_{a_n}^{b_n} f(x)dx$라고 두자. $\lim\limits_{n\to\infty} a_n = a$, $\lim\limits_{n\to\infty} b_n = b$이면 수열 $\{\gamma_n\}_{n=1}^{\infty}$이 수렴하는 부분수열을 가짐을 보여라.

9.5 미적분학의 기본정리와 정적분의 계산

이 절에서는 정적분을 쉽게 계산할 수 있게 해주는 미적분학의 기본정리를 소개한다. 이 정리는 독립적으로 발전한 미분학과 적분학을 연결하는 매우 중요한 정리로 정적분의 계산이 미분의 역과정임을 보여주고 있다.

9.5.1 미적분학의 기본정리

미적분학의 기본정리는 연속함수가 부정적분을 갖는다는 것을 보장해준다. 또한 부정적분이 존재할 때 정적분을 계산하는 좋은 방법을 제시해준다.

주어진 함수 f에 대해 $F' = f$일 때 F를 f의 부정적분(indefinite integral) 또는 역도함수(anti-derivative)라고 부른다. 예를 들어, $\cos x$는 $\sin x$의 부정적분이다. 주어진 함수의 부정적분은 (존재한다면) 무한히 많다.

F, G가 f의 부정적분이면 $(G-F)' = 0$이므로 $G-F$는 상수함수이다. 이 상수를 C라고 하면 $G = F + C$라고 쓸 수 있다. 따라서 f의 부정적분 중의 하나를 구할 수 있다면 모든 부정적분은 $F + C$ 꼴이다. 단, C는 임의의 상수를 나타내는데 적분상수(constant of integration)라고 부른다. 이 사실을 다음과 같이 나타낸다.

$$\int f(x)dx = F(x) + C$$

다음 정리는 연속함수의 부정적분이 존재함을 보장해준다.

정리 9.19 (정적분에 의해 정의된 함수의 연속성 및 미분가능성)

적분가능한 유계함수 $f : [a,b] \to \mathbb{R}$에 대해 함수 F를 다음과 같이 정의하자.

$$F(x) = \int_a^x f(t)dt, \quad x \in [a,b]$$

그러면 F는 다음을 만족시킨다.

(i) F는 $[a,b]$에서 고르게 연속이다.

(ii) f가 $c \in (a,b)$에서 연속이면 F가 $x = c$에서 미분가능하고 $F'(c) = f(c)$이다.

(iii) f가 $[a,b]$에서 연속이면 모든 $x \in [a,b]$에 대해 $F'(x) = f(x)$이다.

[증명] (i) $|f(x)|$의 상계를 M이라고 하면, 정리 9.14와 정리 9.17에 의해, 다음 부등식이 성립한다.

$$|F(y) - F(x)| = \left| \int_x^y f(t)dt \right| \leq M|y-x|$$

따라서 F가 고르게 연속인 함수이다.

(ii) f가 $c \in (a,b)$에서 연속이므로 임의의 양수 ε에 대해 $\delta > 0$가 존재하여 $|h| < \delta$일 때 $|f(c+h)-f(c)| < \varepsilon$이다. 한편, 다음 식에 의해 $F'(c) = f(c)$이다.

$$\begin{aligned}\left|\frac{F(c+h)-F(c)}{h} - f(c)\right| &= \left|\frac{1}{h}\int_c^{c+h}[f(t)-f(c)]dt\right| \\ &\le \frac{1}{|h|}\int_c^{c+|h|}|f(t)-f(c)|\,dt \\ &\le \frac{1}{|h|}\int_c^{c+|h|}\varepsilon dt = \varepsilon\end{aligned}$$

(iii) (ii)에 의해 자명하다. □

f가 적분가능하더라도 정의에 입각해 정적분 $\int_a^b f(x)dx$를 계산하는 것은 쉽지 않다. 다음에 소개할 미적분학의 기본정리는 정적분의 값이 부정적분의 함수값의 차이로 주어짐을 말해준다. 이러한 의미에서 정적분을 미분의 역과정이라고 부르기도 한다.

수학의 역사를 살펴보면 미분학(differential calculus)과 적분학(integral calculus)은 서로 독립적으로 발전해 왔는데 미적분학의 기본정리를 통해 미분학과 적분학이 통합되었다고 볼 수 있다.

정리 9.20 (연속함수에 대한 미적분학의 기본정리 1)

$f;[a,b] \to \mathbb{R}$가 연속이라고 하자. 미분가능한 함수 $F : [a,b] \to \mathbb{R}$가 존재하여 $F' = f$이면 다음이 성립한다.

$$\int_a^b f(x)dx = [F(x)]_a^b := F(b) - F(a)$$

[증명] $G(x) = \int_a^x f(t)dt$는 미분가능한 함수이고 $G'(x) = f(x)$이다. 또한 모든 $x \in [a,b]$에 대해 $\dfrac{d}{dx}[F(x) - G(x)] = 0$이므로 $F(x) = G(x) + k$이다. 단, k는 상수이다.

한편, $G(a) = 0$이므로 $G(x) = F(x) - F(a)$라고 쓸 수 있다. 이제 $x = b$라고 두면 증명이 끝난다. □

미적분학의 기본정리는 피적분함수의 부정적분을 이용하여 정적분을 쉽게 계산할 수 있음을 말해준다.

예제 9.9 n이 자연수일 때 $\int_a^b x^n dx$를 구하여라.

[풀이] $f(x) = x^n$ 이 연속함수이고 $\frac{d}{dx}\frac{x^{n+1}}{n+1} = x^n = f(x)$ 이므로 적분은 다음과 같다.

$$\int_a^b x^n dx = \frac{b^{n+1}}{n+1} - \frac{a^{n+1}}{n+1}$$ □

정리 9.21 (적분가능한 함수와 미적분학의 기본정리 2: 다르부, 1875년)

$f : [a, b] \to \mathbb{R}$ 가 적분가능하다고 하자. 미분가능한 함수 $F : [a, b] \to \mathbb{R}$ 가 존재하여 $F' = f$ 이면 다음이 성립한다.

$$\int_a^b f(x)dx = F(b) - F(a) \tag{9.21}$$

[증명] 임의의 $\varepsilon > 0$ 에 대해 $[a, b]$ 의 분할 $P = \{x_0, x_1, \cdots, x_n\}$ 가 존재하여 $U(P, f) - L(P, f) < \varepsilon$ 이다. F 에 평균값정리를 적용하면 $\xi_k \in [x_{k-1}, x_k]\ (1 \leq k \leq n)$ 가 존재하여 다음 등식이 성립한다.

$$\sum_{k=1}^{n}(F(x_k) - F(x_{k-1})) = \sum_{k=1}^{n} f(\xi_k)(x_k - x_{k-1}) = F(b) - F(a)$$

한편, 부등식 $m_k \leq f(\xi_k) \leq M_k$ 에 의해 $L(P, f) \leq F(b) - F(a) \leq L(P, f)$ 임은 분명하다. 또한 $L(P, f) \leq \int_a^b f(x)dx \leq L(P, f)$ 이므로 다음 부등식이 성립함을 확인할 수 있다.

$$\left|\int_a^b f(x)dx - [F(b) - F(a)]\right| \leq U(P, f) - L(P, f) < \varepsilon$$

그러므로 $\int_a^b f(x)dx = F(b) - F(a)$ 이다. □

예제 9.10 다음 불연속 함수 $f : [-2, 1] \to \mathbb{R}$ 에 대해 $\int_{-1}^{1} f(x)dx$ 를 구하여라.

$$f(x) = \begin{cases} 2x\sin\frac{\pi}{x} - \pi\cos\frac{\pi}{x} & (x \neq 0) \\ 0 & (x = 0) \end{cases}$$

[풀이] $F : [-2, 1] \to \mathbb{R}$ 를 다음과 같이 정의하자. 그러면 F 는 미분가능하고 $F' = f$ 이다.

$$F(x) = \begin{cases} x^2\sin\frac{\pi}{x} & (x \neq 0) \\ 0 & (x = 0) \end{cases}$$

정리 9.15에 의해 f가 적분가능하다. 정리 9.21을 적용하면 $\int_{-2}^{1} f(x)dx = F(1) - F(-2) = 4$이다. □

미적분의 기본정리는 적분과 미분이 서로의 역연산임을 말해준다. F'이 적분가능하면 등식 $\int_a^b F'(x)dx = F(b) - F(a)$이 성립하지만 도함수가 적분가능하지 않은 경우에는 성립하지 않는다.

실제로 적분가능하지 않은 유계인 도함수를 갖는 함수가 존재하므로([4]) 리만적분과 미분이 서로의 역연산이라는 서술은 옳지 않다. 미분과 적분의 서로의 역연산이어야 한다는 생각은 르베그(Lebesgue) 적분이 형성된 동기 중의 하나이다.

9.5.2 부분적분과 치환적분

이 절에서는 적분의 계산에 자주 사용되는 부분적분(integration by parts), 치환적분(integration by substitution) 및 적분변수 변환(change of variable)과 같은 적분기법을 소개하기로 한다.

정리 9.22 (부분적분)

f, g가 $[a, b]$에서 미분가능하고 f', g'이 연속이면 다음이 성립한다.

$$\int_a^b f'(x)g(x)dx = [f(b)g(b) - f(a)g(a)] - \int_a^b f(x)g'(x)dx$$

[증명] $h = fg$라고 두면 $h' = f'g + fg'$은 연속함수이므로 적분가능하다. 따라서 정리 9.20에 의해 다음이 성립하므로 증명이 끝난다.

$$\begin{aligned}\int_a^b [f'(x)g(x) + f(x)g'(x)]\,dx &= \int_a^b h'(x)dx = [h(x)]_a^b \\ &= f(b)g(b) - f(a)g(a)\end{aligned}$$

□

정리 9.23 (치환적분)

$g : [\alpha, \beta] \to \mathbb{R}$가 미분가능하고 g'이 $[\alpha, \beta]$에서 연속이라고 하자. f가 $g([a, b])$에서 연속이면 다음이 성립한다.

$$\int_\alpha^\beta f(g(x))g'(x)dx = \int_{g(\alpha)}^{g(\beta)} f(t)dt$$

[증명] f가 연속이므로 $F(u) = \int_a^u f(t)dt$는 미분가능한 함수이다. 또한 합성함수 $F \circ g$도 미분가능고 $(F \circ g)'$는 다음과 같다.

$$\frac{d}{dx}F(g(x)) = F'(g(x))g'(x) = f(g(x))g'(x)$$

미적분학의 기본정리 9.20에 의해

$$\int_\alpha^\beta f(g(x))g'(x)dx = F(g(\beta)) - F(g(\alpha)) = \int_{g(\alpha)}^{g(\beta)} f(t)dt$$

이므로 증명이 끝난다. □

다음 따름정리는 정리 9.23을 적용하면 쉽게 증명할 수 있는 정리로 우함수와 기함수의 적분할 때 유용하다. 증명은 생략한다.

따름정리 9.24 (우함수와 기함수의 적분)

함수 $f : [-a, a] \to \mathbb{R}$가 적분가능하다고 하자.

(a) f가 기함수이면 $\int_{-a}^a f(x)dx = 0$이다.

(b) f가 우함수이면 $\int_{-a}^a f(x)dx = 2\int_0^a f(x)dx$이다.

다음 정리는 적분변수를 변환하여 계산하는 요령을 설명하고 있다.

정리 9.25 (적분변수 변환, change of variable)

전단사함수 g가 연속적으로 미분가능하고 모든 $t \in [\alpha, \beta]$에 대해 $g'(t) \neq 0$라고 하자. f가 $g([\alpha, \beta])$에서 연속이면 다음이 성립한다.

$$\int_\alpha^\beta f(g(t))dt = \int_{g(\alpha)}^{g(\beta)} f(x)\frac{dt}{dx}dx \quad (\text{단, } x = g(t)\text{이다.})$$

[증명] 모든 $t \in [\alpha, \beta]$에 대해 $g'(t) \neq 0$이므로 $x = g(t)$의 역함수 $t = \psi(x)$가 존재하고 $\frac{dt}{dx} = \psi'(x)$은 연속이다 (why?) 한편, $f \circ g$의 부정적분을 F라고 하면 $F \circ \psi$는 미분가능하고 $(F \circ \psi)'(x)$는 다음과 같다.

$$(F \circ \psi)'(x) = F'(\psi(x))\psi'(x) = (f \circ g)(\psi(x))\psi'(x) = f(x)\psi'(x)$$

미적분학의 기본정리를 적용하면 다음을 확인할 수 있으므로 증명이 끝난다.

$$\begin{aligned}\int_{g(\alpha)}^{g(\beta)} f(x)\psi'(x)dx &= (F \circ \psi)(g(\beta)) - (F \circ \psi)(g(\alpha)) \\ &= F(\beta) - F(\alpha) = \int_\alpha^\beta f(g(t))dt\end{aligned}$$

□

치환적분 공식과 변수변환 공식은 합성함수 $f \circ g$와 관련되어 있다는 점에서 비슷해 보이지만 본질적으로 다르다. 치환적분은 피적분 함수에서 $g'(x)$를 찾을 수 있는 경우에 사용할 수 있고 g'이 연속이기만 하면 적용할 수 있다.

반면에 변수변환 공식은 g가 연속적으로 미분가능한 단사함수일 때만 적용할 수 있다. $x = g(t)$에 대한 역함수 계산과 변환된 후의 적분 계산이 쉽다면 변수변환 공식은 매우 유용하다.

예제 9.11 적분 $\int_4^9 \frac{1}{1+\sqrt{t}} dt$을 계산하여라.

[풀이] $x = g(t) = \sqrt{t}$라고 두면 모든 $t \in [4, 9]$에 대해 $g'(t) \neq 0$이다. 한편, $t = x^2$이므로 $\dfrac{dt}{dx} = 2x$이다. 적분변환 공식에 의해 주어진 적분은 다음과 같다.

$$\int_4^9 \frac{1}{1+\sqrt{t}} dt = \int_2^3 \frac{2x}{1+x} dx = 2 + \ln \frac{9}{16}$$ □

9.5.3 유리함수의 적분

마지막으로 유리함수의 적분 $\int \frac{p(x)}{q(x)} dx$을 생각하자. 단, $\deg p < \deg q$이다. 유리함수를 적분하는 과정은 (i) $q(x)$의 인수분해, (ii) $p(x)/q(x)$의 부분분수 분해, (iii) 부분분수를 적분하는 과정으로 이루어진다.

먼저, $q(x)$가 다음과 같은 형태로 인수분해된다고 하자.

$$q(x) = \prod_{i=1}^{k} (x - a_i)^{n_i} \prod_{i=1}^{\ell} \left((x - \xi_i)^2 + \eta_i^2\right)^{m_i}, \quad a_i \neq a_j (i \neq j), \eta_i \neq 0$$

그러면 $\deg p < \deg q$인 모든 다항식 $p(x)$에 대해 유일한 상수 $a_{i,j}$, $c_{i,j}$ 및 $d_{i,j}$가 존재하여 다음이 성립한다[9].

$$\frac{p(x)}{q(x)} = \sum_{i=1}^{k} \sum_{j=1}^{n_i} \frac{a_{i,j}}{(x - a_i)^j} + \sum_{i=1}^{\ell} \sum_{j=1}^{m_i} \frac{c_{i,j} + (x - \xi_i) d_{i,j}}{\left((x - \xi_i)^2 + \eta_i^2\right)^j} \tag{9.22}$$

식 (9.22)를 유리함수의 부분분수 분해(partial fraction decomposition)라고 한다. 유리함수의 적분에서는 미지의 상수 $a_{i,j}$, $c_{i,j}$ 및 $d_{i,j}$를 구하는 과정이 핵심적이고 많은 계산을 요구한다.

부분분수 분해의 각 항을 적분하는 과정에서 다음 적분 I_n을 계산할 수 있다면 유리함수를 적분하는 문제가 해결된다. (연습문제 10번)

$$I_n := \int \frac{1}{(x^2 + a^2)^n} dx \tag{9.23}$$

예제 9.12 다음 부정적분을 구하여라.

$$\int \frac{x+1}{x^3-4x^2+5x-2}dx$$

[풀이] $x^3-4x^2+5x-2=(x-1)^2(x-2)$ 이므로 부분분수의 형태는 다음과 같다.

$$\frac{x+1}{(x-1)^2(x-2)}=\frac{a}{x-1}+\frac{b}{(x-1)^2}+\frac{c}{x-2}$$

양변에 $(x-1)^2(x-2)$을 곱한 후 수치대입법이나 계수비교법을 적용하면 $a=-3, b=-2, c=3$이다. 따라서 구하는 적분은 다음과 같다.

$$\begin{aligned}\int \frac{x+1}{x^3-4x^2+5x-2} &= \int \left(-3\frac{1}{x-1}-2\frac{1}{(x-1)^2}+3\frac{1}{x-2}\right)dx \\ &= -3\ln|x-1|+\frac{2}{x-1}+3\ln|x-2|+C \qquad \square\end{aligned}$$

예제 9.13 다음 적분을 계산하여라.

$$\int_0^1 \frac{2x^2+3x+1}{x^4+2x^2+1}dx$$

[풀이] 유리함수를 인수분해하면 $(x^2+1)^2$ 이므로 피적분함수의 부분분수 분해는 다음과 같은 형태를 갖는다.

$$\frac{2x^2+3x+1}{x^4+2x^2+1}=\frac{ax+b}{x^2+1}+\frac{cx+d}{(x^2+1)^2}$$

양변에 $(x^2+1)^2$를 곱한 후 수치대입법이나 계수비교법을 이용하면 $a=0, b=2, c=3, d=-1$ 임을 알 수 있다. 따라서 주어진 적분은 다음과 같다. (연습문제 10번 참조)

$$\begin{aligned}\int_0^1 \frac{2x^2+3x+1}{x^4+2x^2+1}dx &= \int_0^1 \left(\frac{2}{x^2+1}+\frac{3x}{(x^2+1)^2}-\frac{1}{(x^2+1)^2}\right)dx \\ &= \left[\frac{3}{2}\tan^{-1}x-\frac{3}{2}\frac{1}{x^2+1}-\frac{x}{2(x^2+1)}\right]_0^1=\frac{1}{2}+\frac{3\pi}{8} \ \square\end{aligned}$$

연습문제 9.5

1. 다음 함수에 대해 y'을 구하여라.
   (a) $y=\int_0^x \sin(t^2)dt$
   (b) $y=\int_x^{-3} e^{-t^2}dt$
   (c) $y=\int_{x^2}^x \frac{1}{1+e^{x^2}}dt$
   (d) $y=\int_x^{\sin x} \sqrt{1+t^2}dt$

2. 다음 정적분을 계산하여라. 단, n은 자연수이다.
   (a) $\int_{-\pi}^{\pi} x^2 \cos x dx$ (b) $\int_0^3 xe^{-x^2} dx$ (c) $\int_1^{e^2} \frac{(\ln t)^2}{t} dt$
   (d) $\int_0^{\frac{\pi}{2}} \sin^n x dx$ (e) $\int_{-\pi/2}^{\pi/2} \cos^n x dx$ (f) $\int_0^{\frac{1}{2}} (1-x^2)^{-\frac{3}{2}} dx$

3. 적분변수 변환을 이용하여 다음 적분을 구하여라.
   (a) $\int_0^4 \frac{\sqrt{x}}{2+\sqrt{x}} dx$ (b) $\int_1^2 \frac{\sqrt{x-1}}{x} dx$ (c) $\int_3^8 \frac{1}{x\sqrt{x+1}} dx$
   (d) $\int_0^1 \frac{1}{e^{2x}+1} dx$ (e) $\int_0^{\frac{1}{4}} \frac{x}{\sqrt{1-4x^2}} dx$ (f) $\int_0^1 x^3\sqrt{1-x^4} dx$

4. **(역함수의 적분)** $f, f', f^{-1}, (f^{-1})'$이 연속일 때 $\int f^{-1}(y)dy = xf(x) - \int f(x)dx$임을 증명하여라. 이 공식을 이용하여 다음 적분을 구하여라.
   (a) $\int \cos^{-1} x dx$ (b) $\int \ln x dx$ (c) $\int \tan^{-1} x dx$

5. $f : a[, b] \to \mathbb{R}$이 연속함수일 때 모든 $x \in [a, b]$에 대해 다음이 성립함을 증명하여라.

$$\int_a^x \left(\int_a^\xi f(t)dt \right) d\xi = \int_a^x (x-\xi)f(\xi)d\xi$$

6. f가 연속인 주기함수라고 하자. 주기가 p일 때 임의의 $a \in \mathbb{R}$에 대해 $\int_a^{a+p} f(x)dx = \int_0^p f(x)dx$임을 보여라.

7. **(적분을 이용한 로그 함수의 정의)** $x > 0$일 때 함수 $f(x) = \int_1^x \frac{1}{t} dt$라고 하자. 적절한 적분변수 변환을 이용하여 다음을 증명하여라. 단, $x, y > 0$이고 n은 정수이다.
   (a) $f(xy) = f(x) + f(y)$ (b) $f(1/x) = (-1)f(x)$ (c) $f(x^n) = nf(x)$

8. 자연수 n에 대해 함수 y_n이 다음과 같이 정의될 때 y_n을 구하여라.

$$y_n(x) = 1 + \int_0^x y_{n-1}(t) \cos t dt, \quad y_0(x) = 1$$

9. $n \geq 2$일 때 다음을 유도하여라.
   (a) $\int_a^b \sin^n x dx = \left[-\frac{1}{n} \sin^{n-1} x \cos x \right]_a^b + \frac{n-1}{n} \int_a^b \sin^{n-2} x dx$
   (b) $\int_a^b \cos^n x dx = \left[\frac{1}{n} \cos^{n-1} x \sin x \right]_a^b + \frac{n-1}{n} \int_a^b \cos^{n-2} x dx$

10. 부분적분을 이용하여 (9.23)에서 정의된 I_n이 다음을 만족시킴을 증명하여라.

$$I_{n+1} = \frac{x}{2na^2(x^2+a^2)^n} + \frac{2n-1}{2na^2} I_n$$

11. n이 자연수일 때 $\int_0^1 (1-x^2)^n dx = \frac{2\cdot4\cdot6\cdots(2n)}{3\cdot5\cdot7\cdots(2n+1)}$임을 보여라.

12. $I_{m,n} = \int_0^1 x^m(1-x)^n dx$에 대해 다음을 보여라. 단, $m, n \geq 0$은 정수이다.
   (a) $I_{m+n,0} = \frac{1}{m+n+1}$ (b) $I_{m,n} = \frac{n}{m+1} I_{m+1,n-1}$ (c) $I_{m,n} = \frac{m!n!}{(m+n+1)!}$

13. $f : [a, b] \to \mathbb{R}$가 연속함수일 때 $F(x) = \int_a^x f(t)dt \, (x \in [a, b])$라고 두자.
   (a) 모든 $x \in [a, b]$에 대해 $f(x) > 0$이면 F가 순증가함수임을 보여라.

(b) f가 순증가함수이면 F가 아래로 볼록한 함수임을 보여라.

14. (**적분에 대한 평균값 정리**) $f : [a,b] \to \mathbb{R}$가 연속이라고 하자.
   (a) $\int_a^b f(x)dx = (b-a)f(c)$인 $c \in [a,b]$가 존재함을 증명하여라.
   (b) 유계함수 $g : [a,b] \to \mathbb{R}$가 적분가능하고 모든 $x \in [a,b]$에 대해 $g(x) \geq 0$이면 다음을 만족하는 $c \in [a,b]$가 존재함을 증명하여라.

$$\int_a^b f(x)g(x)dx = f(c)\int_a^b g(x)dx$$

15. (**테일러 나머지 정리**) $f : [a,b] \to \mathbb{R}$에 대해 $f', f'', \ldots, f^{(n+1)}$이 연속이라고 하자. 부분적분과 적분에 대한 평균값정리를 이용하여 다음을 증명하여라.
   (a) $f(x) = \sum\limits_{k=0}^{n} \frac{f^{(k)}(a)}{k!}(x-a)^k + \frac{1}{n!}\int_a^x (x-t)^n f^{(n+1)}(t)dt$
   (b) $f(x) = \sum\limits_{k=0}^{n} \frac{f^{(k)}(a)}{k!}(x-a)^k + \frac{f^{(n+1)}(c)}{(n+1)!}(x-a)^{n+1}$ (c는 a와 x 사이의 실수이다)

16. $f : [a,b] \to \mathbb{R}$이 연속함수일 때 $[a,b]$의 분할 $P = \{x_0, x_1, \ldots, x_n\}$에 대해 다음을 만족하는 중간점 $\xi_k \in [x_{k-1}, x_k]$가 존재함을 보여라. 또 x, x^2, x^3에 대해 ξ_k를 구하여라.

$$\int_a^b f(x)dx = \sum_{k=1}^{n} f(\xi_k)(x_k - x_{k-1})$$

17. 적절한 부등식과 적분의 성질을 이용하여 $x > 0$일 때 다음을 증명하여라.
   (a) $1 - x + \frac{x^2}{2} - \frac{x^3}{6} < e^{-x} < 1 - x + \frac{x^2}{2}$ (b) $x - \frac{x^3}{6} < \sin x < x - \frac{x^3}{6} + \frac{x^5}{120}$

18. $f : [a,b] \to \mathbb{R}$이 연속일 때 $x_i = a + ih(0 \leq i \leq n)$라고 하자. 단, $h = \frac{b-a}{n}$이다.
   (a) $(x_i, f(x_i))\,(0 \leq i \leq n)$를 지나는 다항식 P가 다음과 같이 주어짐을 보여라.

$$P(x) = \sum_{i=0}^{n} f(x_i)L_i(x), \quad L_i(x) = \prod_{\substack{k=0 \\ k \neq i}}^{n} \frac{x - x_k}{x_i - x_k}$$

   (b) $Q(f;n) := \int_a^b P(x)dx = h\sum\limits_{i=0}^{n} w_i f(x_i)$임을 보여라. 단, $w_i = \int_0^n \prod\limits_{\substack{i=0 \\ k\neq i}}^{n} \frac{t-k}{i-k}dt$이다.
   (c) $Q(f;1) = (b-a)\left[\frac{f(a)}{2} + \frac{f(b)}{2}\right]$를 유도하고 $m = 0, 1$일 때 $\int_a^b x^m dx = Q(x^m;1)$임을 보여라.
   (d) $Q(f;2) = \frac{b-a}{6}\left[f(a) + 4f\left(\frac{a+b}{2}\right) + f(b)\right]$임을 보여라. 또, $m = 0,1,2,3$일 때 $\int_a^b x^m dx = Q(x^m;2)$임을 보여라.
   (e) $\int_a^b x^m dx = Q(x^m;3)$이 성립하는 가장 큰 정수 m을 구하여라.

19. $f : [a,b] \to \mathbb{R}$가 연속이고 모든 $x \in [a,b]$에 대해 $\int_a^x f(t)dt = \int_x^b f(t)dt$라고 하자. $f \equiv 0$임을 보여라.

9.6 리만합과 적분의 관계

이 절에서는 정적분의 정의와 코시, 리만 및 다르부가 생각한 이산합과 적분의 사이에 어떤 관계가 있는지 살펴보려고 한다. 결론적으로 말하면 리만합의 수렴과 유계함수의 적분가능성은 동치이고, 현대의 적분은 코시적분과 리만적분의 확장임을 보이게 된다.

초기의 적분이론에서는 분할에 의해 생성된 소구간에 속하는 점에서의 함수값을 사용하여 이산합을 구한 후 이산합의 극한을 적분이라고 정의하였다. 코시는 소구간의 왼쪽 끝점에서의 함수값을 사용하였지만 다르부(리만)는 소구간에 속하는 임의의 점에서의 함수값을 이용하여 다음 리만합 (Riemann sum, 엄밀하게는 다르부합) $S(P, f, \xi)$을 생각하였다.

$$S(P, f, \xi) = \sum_{i=1}^{n} f(\xi_i)(x_i - x_{i-1}), \quad \xi_i \in [x_{i-1}, x_i]$$

함수값이 계산되는 점의 집합 $\xi := \{\xi_1, \xi_2, \cdots, \xi_n\}$은 중간점(intermediate points)이라고 부른다. 다르부의 리만합 $S(P, f, \xi)$은 코시나 리만이 생각한 이산합을 포함한다.

리만합의 수렴과 유계함수의 적분가능성이 동치라는 것을 증명하려면 다음과 같은 리만합의 성질에 대해 관찰할 필요가 있다. 증명은 생략한다.

보조정리 9.26 (리만합의 성질)

$f : [a, b] \to \mathbb{R}$가 유계이고 $P \in \mathcal{P}([a, b])$라고 하자.

(i) $L(P, f) \le S(P, f, \xi) \le U(P, f)$

(ii) 임의의 $\varepsilon > 0$에 대해 중간점 $\xi = \{\xi_i\}_{i=1}^n$와 $\eta = \{\eta_i\}_{i=1}^n$가 존재하여 다음을 만족시킨다.

$$U(P, f) - S(P, f, \xi) < \varepsilon, \quad S(P, f, \eta) - L(P, f) < \varepsilon$$

먼저 리만합의 극한을 정의해보자.

정의 9.4 (리만합의 극한)

γ가 실수이고 함수 $f : [a, b] \to \mathbb{R}$이 유계라고 하자. 임의의 양수 ε에 대해 양수 δ가 존재하여 임의의 분할 $P \in \mathcal{P}_\delta(a, b)$와 임의의 중간점 ξ에 대응하는 리만합 $S(P, f, \xi)$이 부등식 $|S(P, f, \xi) - \gamma| < \varepsilon$을 만족하면

"$\|P\| \to 0$일 때 리만합 $S(P, f, \xi)$이 γ로 수렴한다"

고 한다. 기호로 다음과 같이 나타낸다.

$$\lim_{\|P\| \to 0} S(P, f, \xi) = \gamma$$

정리 9.27 (리만합의 극한과 적분가능성)

함수 $f : [a, b] \to \mathbb{R}$이 유계함수라고 하자.

(i) f가 적분가능하면 $\lim_{\|P\| \to 0} S(P, f, \xi) = \int_a^b f(x)dx$이다.

(ii) $\lim_{\|P\| \to 0} S(P, f, \xi) = \gamma$이면 f가 적분가능하고 $\lim_{\|P\| \to 0} S(P, f, \xi) = \int_a^b f(x)dx$ 이다.

[증명] (i) f가 적분가능하면, 정리 9.8에 의해, 임의의 양수 ε이 주어질 때 양수 δ가 존재하여 임의의 $P \in \mathcal{P}_\delta(a, b)$에 대해 $U(P, f) - L(P, f) < \varepsilon$이다. 임의의 중간점 ξ을 택하면 보조정리 9.26 (i)에 의해 다음 부등식이 성립한다.

$$S(P, f, \xi) \le U(P, f) < L(P, f) + \varepsilon \le \int_a^b f(x)dx + \varepsilon$$

$$S(P, f, \xi) \ge L(P, f) > U(P, f) - \varepsilon \ge \int_a^b f(x)dx - \varepsilon$$

임의의 $\varepsilon > 0$에 대해 $\left|S(P, f, \xi) - \int_a^b f(x)dx\right| < \varepsilon$이므로 증명이 끝난다.

(ii) $\lim_{\|P\| \to 0} S(P, f, \xi) = \gamma$이므로 임의의 양수 ε에 대해 δ가 존재하여 임의의 분할 $P \in \mathcal{P}_\delta(a, b)$와 임의의 중간점 ξ에 대응하는 리만합 $S(P, f, \xi)$이 다음 부등식을 만족시킨다.

$$|S(P, f, \xi) - \gamma| < \frac{\varepsilon}{4} \quad \text{또는} \ \gamma - \frac{\varepsilon}{4} < S(P, f, \xi) < \gamma + \frac{\varepsilon}{4} \tag{9.24}$$

모든 분할 $P \in \mathcal{P}_\delta(a, b)$에 대해 $U(P, f) - L(P, f) < \varepsilon$임을 보이면 f가 적분가능함을 보인 것이 된다. (정리 9.8)

보조정리 9.26 (ii)에 의해 중간점 ξ_0와 η_0가 존재하여 다음을 만족시킨다.

$$U(P, f) - S(P, f, \xi_0) < \frac{\varepsilon}{4}, \quad S(P, f, \eta_0) - L(P, f) < \frac{\varepsilon}{4} \tag{9.25}$$

부등식 (9.24)는 중간점 ξ_0와 η_0에 대해해서도 성립하므로, (9.25)를 이용하여, 다음이 성립함을 확인할 수 있다.

$$\begin{aligned} U(P, f) - L(P, f) &< \left(S(P, f, \xi_0) + \frac{\varepsilon}{4}\right) + \left(\frac{\varepsilon}{4} - S(P, f, \eta_0)\right) \\ &< \left(\gamma + \frac{\varepsilon}{4} + \frac{\varepsilon}{4}\right) + \left(\frac{\varepsilon}{4} + \frac{\varepsilon}{4} - \gamma\right) = \varepsilon \end{aligned}$$

따라서 f는 적분가능한 함수이다.

또한 f가 적분가능하므로 (i)에 의해 다음을 확인할 수 있다.

$$\lim_{\|P\|\to 0} S(P,f,\xi) = \int_a^b f(x)dx \qquad \square$$

리만합의 극한은 임의의 분할 및 구간 $[x_{i-1}, x_i]$에 속하는 임의의 중간점에 대한 모든 정보를 요구하고 있다. 다음 정리는 특정 분할열과 임의의 중간점을 사용한 리만합을 관찰하여 유계함수의 적분가능성을 판별할 수 있다고 주장한다.

정리 9.28 (어떤 분할열에 대한 리만합의 극한과 적분가능성)

함수 $f:[a,b]\to\mathbb{R}$이 유계일 때 분할열 $\{P_n\}_{n=1}^{\infty}\subset\mathcal{P}(a,b)$이 존재하여 임의의 중간점 열 $\{\xi^n\}_{n=1}^{\infty}$에 대해 다음이 성립한다고 하자.

$$\lim_{n\to\infty} S(P_n,f,\xi^n) = \gamma$$

그러면 f는 적분가능하고 $\lim\limits_{n\to\infty} S(P_n,f,\xi^n) = \int_a^b f(x)dx$이다.

[증명] 임의의 $\varepsilon > 0$에 대해 자연수 N이 존재하여 모든 자연수 $n\geq N$과 임의의 중간점 ξ에 대해 $\gamma - \frac{\varepsilon}{4} < S(P_n,f,\xi^n) < \gamma + \frac{\varepsilon}{4}$이다. 또한 보조정리 9.26 (ii)에 의해 (고정된) 자연수 $n\geq N$에 대해 중간점 ξ_0^n와 η_0^n가 존재하여 다음을 만족시킨다.

$$U(P_n,f) - S(P_n,f,\xi_0^n) < \frac{\varepsilon}{4}, \quad S(P_n,f,\eta_0^n) - L(P_n,f) < \frac{\varepsilon}{4}$$

모든 자연수 $n\geq N$에 대해 다음 부등식

$$\begin{aligned} U(P_n,f) - L(P_n,f) &< \left(S(P_n,f,\xi_0^n) + \frac{\varepsilon}{4}\right) + \left(\frac{\varepsilon}{4} - S(P_n,f,\eta_0^n)\right) \\ &< \left(\gamma + \frac{\varepsilon}{4} + \frac{\varepsilon}{4}\right) + \left(\frac{\varepsilon}{4} + \frac{\varepsilon}{4} - \gamma\right) = \varepsilon \end{aligned}$$

이 성립하므로 $\lim\limits_{n\to\infty}(U(P_n,f) - L(P_n,f)) = 0$이다. 따라서 정리 9.7에 의해 f는 적분가능하다.

한편 모든 자연수 $n\geq N$에 대해

$$S(P_n,f,\xi^n) \leq U(P_n,f) < L(P_n,f) + \varepsilon \leq \int_a^b f(x)dx + \varepsilon$$

$$S(P_n,f,\xi^n) \geq L(P_n,f) > U(P_n,f) - \varepsilon \geq \int_a^b f(x)dx - \varepsilon$$

이므로 $\left|S(P_n,f) - \int_a^b f(x)dx\right| < \varepsilon$이다. 따라서 다음이 성립한다.

$$\lim_{n\to\infty} S(P_n,f,\xi) = \int_a^b f(x)dx \qquad \square$$

다음 정리는 적분가능한 함수에 대해 분할 노름이 0으로 수렴할 때 리만합을 써서 적분을 계산하는 방법을 제시한다.

정리 9.29 (적분가능한 함수와 리만합을 이용한 적분의 계산)

$f : [a,b] \to \mathbb{R}$가 적분가능하다고 하자. 그러면 $\lim_{n\to\infty} \|P_n\| = 0$인 임의의 분할열 $\{P_n\}_{n=1}^{\infty} \subset \mathcal{P}(a,b)$와 임의의 중간점열 $\{\xi^n\}_{n=1}^{\infty}$에 대해 다음이 성립한다.

$$\lim_{n\to\infty} S(P_n, f, \xi^n) = \int_a^b f(x)dx \tag{9.26}$$

[증명] 정리 9.26 (i)과 부등식 $L(P_n, f) \le \int_a^b f(x)dx \le U(P_n, f)$을 적용하면 다음 부등식을 유도할 수 있다.

$$L(P_n, f) - U(P_n, f) \le S(P_n, f, \xi^n) - \int_a^b f(x)dx \le U(P_n, f) - L(P_n, f)$$

이 부등식은 $\left|S(P_n, f, \xi^n) - \int_a^b f(x)dx\right| \le U(P_n, f) - L(P_n, f)$임을 의미한다. 정리 9.9에 의해, $\lim_{n\to\infty} [U(P_n, f) - L(P_n, f)] = 0$이므로 증명이 끝난다. □

참고 9.2 (고등학교 과정에서 적분의 초등적 정의) 고교과정에는 연속함수 $f : [a,b] \to \mathbb{R}$에 대해 정적분 $\int_a^b f(x)dx$를 다음과 같이 정의한다.

$$\int_a^b f(x)dx := \lim_{n\to\infty} \frac{b-a}{n} \sum_{i=1}^{n} f(x_i) \text{ 또는 } \lim_{n\to\infty} \frac{b-a}{n} \sum_{i=1}^{n} f(x_{i-1}),\ x_i = a + \frac{b-a}{n} i \tag{9.27}$$

(9.27)의 우변은 등분할 $P_n := \{x_1, x_2, \ldots, x_n\}$에서 중간점이 $\xi_i = x_i$ 또는 $\xi_i = x_{i-1}$인 리만합의 극한이다. 이런 리만합을 각각 우합(right sum) 또는 좌합(left sum)이라고 한다. 다음 그림은 좌합과 우합의 예를 보여주고 있다.

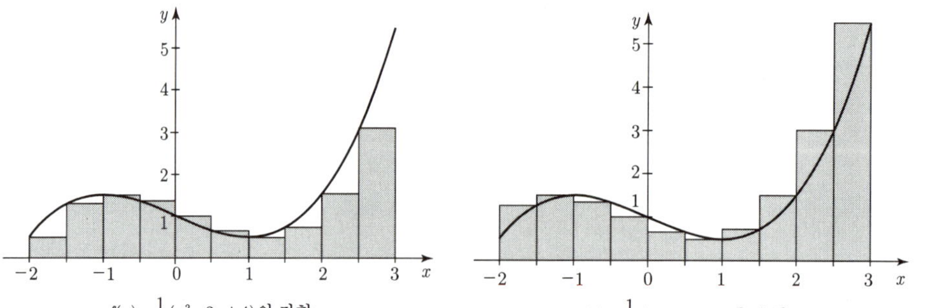

$f(x) = \frac{1}{4}(x^3 - 3x + 4)$의 좌합

$f(x) = \frac{1}{4}(x^3 - 3x + 4)$의 우합

다행히도 f가 적분가능하고 $\|P_n\| \to 0$이므로, 정리 9.29에 의해, (9.27)에서 우변의 극한은 모두

$\int_a^b f(x)dx$ 으로 수렴한다.
한편 (9.27)에서 우변의 극한이 존재하더라도 f가 적분가능한 것은 아니다. 예제 9.3의 디리클레 함수는 적분불가능하지만 (9.27)에서 우변의 극한은 모두 존재한다.

연습문제 9.6

1. 유계함수 $f : [a,b] \to \mathbb{R}$의 상한을 M, 하한을 m이라고 하자. 임의의 $\varepsilon > 0$에 대해 $\xi, \eta \in [a,b]$가 존재하여 $M(b-a) - f(\xi)(b-a) < \varepsilon$, $f(\eta)(b-a) - m(b-a) < \varepsilon$임을 보여라. 이 사실을 이용하여 보조정리 9.26 (ii)를 증명하여라.

2. $f : [a,b] \to \mathbb{R}$이 연속이라고 하자. $[a,b]$의 임의의 분할 $P = \{x_0, x_1, \cdots, x_n\}$에 대해 중간점 $\xi = (\xi_1, \xi_2, \cdots, \xi_n)$와 $\eta = (\eta_1, \eta_2, \cdots, \eta_n)$가 존재하여 $U(P,f) = S(P,f,\xi)$, $L(P,f) = S(P,f,\eta)$임을 보여라.

3. 유계함수 $f : [a,b] \to \mathbb{R}$가 적분가능할 때 임의의 $\varepsilon > 0$에 대해 분할 $P_\varepsilon \in \mathcal{P}(a,b)$가 존재하여 임의의 중간점 ξ, η에 대해 $|S(P,f,\xi) - S(P,f,\eta)| < \varepsilon$임을 보여라.

4. 유계함수 $f, g : [a,b] \to \mathbb{R}$에 대해 $\lim\limits_{\|P\| \to 0} S(P,f,\xi) = \alpha$, $\lim\limits_{\|P\| \to 0} S(P,g,\xi) = \beta$ 일 때 다음을 증명하여라.
   (a) $\lim\limits_{\|P\| \to 0} [S(P,f,\xi) + S(P,g,\xi)] = \alpha + \beta$ (b) $\lim\limits_{\|P\| \to 0} kS(P,f,\xi) = k\alpha$

5. 다음 수열의 극한을 정적분으로 표현하여라.
   (a) $\sum\limits_{k=1}^{n} \dfrac{1}{n+k}$ (b) $\dfrac{a^m}{n^{m+1}} \sum\limits_{k=1}^{n} k^m$ (c) $\sum\limits_{k=1}^{n} \dfrac{n}{n^2+k^2}$
   (d) $\dfrac{1}{n\sqrt{n}} \sum\limits_{k=1}^{n} \sqrt{k}$ (e) $\dfrac{(n!)^{1/n}}{n}$ (f) $\sum\limits_{k=1}^{n} \dfrac{k^r}{n^{k+1}}$
   (g) $\dfrac{1}{n} \sum\limits_{k=1}^{n} \sin \frac{k\pi}{n}$ (h) $\dfrac{1}{n} \sum\limits_{k=1}^{n} e^{\frac{k}{n}}$ (i) $\dfrac{1}{n} \sum\limits_{k=1}^{n} \left(\frac{2k-1}{2n}\right)^3$

6. **(젠센 (Jensen) 부등식)** $\phi : [c,d] \to \mathbb{R}$이 아래로 볼록하고 $f : [0,1] \to [c,d]$가 적분가능하다고 하자. 연습문제 8.4의 8번 문제를 참조하여 다음 부등식을 증명하여라.

$$\phi\left(\int_0^1 f(x)dx\right) \le \int_0^1 \phi(f(x))dx$$

7. **(리만합의 오차)** $f : [a,b]$가 연속적으로 미분가능한 함수라고 하자. $[a,b]$의 분할 $P := \{x_0, x_1, \ldots, x_n\}$에 대해 리만합과 적분의 오차 e는 다음과 같이 주어진다.

$$e := \sum_{k=1}^{n} e_k, \quad e_k := \int_{x_{k-1}}^{x_k} f(x)dx - f(x_k^*)(x_k - x_{k-1}) = \int_{x_{k-1}}^{x_k} [f(x) - f(x_k^*)]dx$$

이때 다음을 증명하여라.

(a) $|e_k| \le M' \int_{x_{k-1}}^{x_k} |x - x_k^*|\, dx \le \frac{M'}{2}(x_k - x_{k-1})^2$ 단, $M' := \max_{x \in [a,b]} |f'(x)|$ 이다.

(b) $|e| \le \frac{M'(b-a)}{2} \|P\|$

(c) 구간 $[0, 1]$ 에서 $f(x) = x$ 을 생각하자. n 등분하는 분할에 대한 좌합과 우합를 사용할 때 오차를 구하여라.

8. **(중간점합(midpoint sum)의 오차)** f, f', f'' 이 $[a, b]$ 에서 연속이라고 하자. $[a, b]$ 의 분할 $P := \{x_0, x_1, \ldots, x_n\}$ 에 대해 중간점 $x_k^* = (x_{k-1} + x_k)/2$ 을 사용한 리만합에서 오차를 추정해보려고 한다. 오차가 문제 7에서 같이 정의될 때 다음을 증명하여라.

(a) $|e_k| \le \frac{M''}{2} \int_{x_{k-1}}^{x_k} (x - x_k^*)^2 dx \le \frac{M''}{24}(x_k - x_{k-1})^3$ 단, $M'' := \max_{x \in [a,b]} |f''(x)|$ 이다. (힌트 : 테일러 정리)

(b) $|e| \le \frac{M''(b-a)}{24} \|P\|^2$

(c) $f(x) = x^2\ (0 \le x \le 1)$ 에 대해 n 등분한 분할과 중간점합을 사용할 때 오차를 구하여라.

9.7 특이적분

지금까지 살펴본 적분은 유한 닫힌구간에서 유계인 함수만을 다루었다. 유한구간에서 정의된 함수가 유계가 아니거나 적분구간이 유한하지 않을 경우에는 다음과 같이 적분 개념을 확장할 수 있다. 이러한 적분을 특이적분(이상적분, improper integral)이라고 한다.

먼저 적분구간이 유한할 때 비유계 함수의 특이적분에 대해 살펴보자.

정의 9.5 (유한구간에서의 특이적분)

유계함수 $f:(a,b] \to \mathbb{R}$가 임의의 $c \in (a,b)$에 대해 $[c,b]$에서 적분가능다고 하자. 극한

$$\lim_{c \to a^+} \int_c^b f(x)dx \tag{9.28}$$

이 존재하면 특이적분 $\displaystyle\int_a^b f(x)dx$이 수렴한다고 한다. 특이적분이 수렴하면

$$\int_a^b f(x)dx = \lim_{c \to a^+} \int_c^b f(x)dx$$

로 나타낸다.

극한 (9.28)이 발산하면 특이적분이 발산한다고 하다.

특이적분의 정의 (9.28)은 f가 $x=a$에서 정의되지 않거나, 정의되더라도 $x=a$의 근방에서 유계가 아닌 경우를 염두에 두고 있다.

예제 9.14 다음 특이적분이 수렴하는지 조사하여라.

(a) $\displaystyle\int_0^1 \frac{1}{\sqrt{x}}dx$ (b) $\int_0^e x\ln x dx$

[풀이] (a) 임의의 $0<c<1$에 대해 $\int_c^1 \frac{1}{\sqrt{x}}dx = 2-2\sqrt{c}$이므로 특이적분은 다음과 같다.

$$\int_0^1 \frac{1}{\sqrt{x}}dx = \lim_{c \to 0^+} \int_c^1 \frac{1}{\sqrt{x}}dx = \lim_{c \to 0^+}(2-2\sqrt{c}) = 2$$

(b) 임의의 $0<c<1$에 대해 $\int_c^e x\ln x dx$은 다음과 같다.

$$\int_c^e x\ln x dx = \left[\frac{x^2 \ln x}{2} - \frac{x^2}{4}\right]_c^e = \frac{e^2}{4} + \frac{c^2}{4} - \frac{c^2 \ln c}{2}$$

로피탈 정리에 의해 $\displaystyle\lim_{c \to 0^+} c^2 \ln c = 0$이므로 특이적분은 수렴하고 값은 다음

과 같다.

$$\int_c^e x\ln x dx = \lim_{c\to 0^+}\int_c^e x\ln x dx = \lim_{c\to 0^+}\left(\frac{e^2}{4}+\frac{c^2}{4}-\frac{c^2\ln c}{2}\right)=0 \quad \square$$

f가 $x=b$에서 연속이 아니지만 임의의 $c\in(a,b)$에 대해 $[a,c]$에서 적분가능하면 특이적분을 다음과 같이 정의한다.

$$\int_a^b f(x)dx := \lim_{c\to b^-}\int_a^c f(x)dx$$

다음 정리는 수렴여부를 알고 있는 특이적분과 비교하여 주어진 특이적분의 수렴성을 판정하는 방법을 설명한다.

정리 9.30 (특이적분에 대한 비교판정)

모든 $c\in(a,b)$에 대해 $[c,b]$에서 f와 g가 적분가능하고 $0\le f(x)\le g(x)$ $(a< x\le b]$라고 하자.

(i) 특이적분 $\int_a^b g(x)dx$가 수렴하면 $\int_a^b f(x)dx$가 수렴한다.

(ii) 특이적분 $\int_a^b f(x)dx$가 발산하면 $\int_a^b g(x)dx$가 발산한다.

[증명] (i) $A=\int_a^b g(x)dx$라고 두면 임의의 양수 ε을 택하자. 그러면 양수 δ가 존재하여 $a<c<a+\delta$일 때 부등식 $\left|\int_c^b g(x)dx-A\right|<\varepsilon$이 성립한다. 따라서 $\int_c^b f(x)dx\le\int_c^b g(x)dx<A+\varepsilon$이므로 집합 $\left\{\int_c^b f(x)dx|c\in(a,b)\right\}$가 위로 유계이고 상한 u를 갖는다. 이제 $u=\int_a^b f(x)dx$임을 보이자.

상한의 정의에 의해 $c_\varepsilon\in(a,b)$이 존재하여 다음이 성립한다.

$$u-\varepsilon<\int_{c_\varepsilon}^b f(x)dx\le u$$

또한 $f\ge 0$이므로 모든 $c\in(a,c_\varepsilon)$에 대해

$$u-\varepsilon<\int_{c_\varepsilon}^b f(x)dx\le\int_c^b f(x)dx\le u<u+\varepsilon$$

이다. $\delta=c_\varepsilon-a$라고 두면 $a<c<a+\delta$일 때 위 부등식이 성립하므로 $\lim_{c\to a^+}\int_c^b f(x)dx=u$이다. 따라서 증명이 끝난다.

(ii) (i)의 대우명제이므로 당연히 성립한다. $\square$

이제 무한구간에서의 특이적분에 대해 알아보자.

정의 9.6 (무한구간에서의 특이적분)

함수 $f : [a, \infty) \to \mathbb{R}$가 모든 $M > a$에 대해 $[a, M]$에서 적분가능할 때 f의 특이적분은 다음과 같이 정의된다.

$$\int_a^\infty f(x)dx := \lim_{M\to\infty} \int_a^M f(x)dx$$

비슷하게, 함수 $g : (-\infty, b] \to \mathbb{R}$가 모든 $N < b$에 대해 $[N, b]$에서 적분가능할 때 g의 특이적분은 다음과 같이 정의된다.

$$\int_{-\infty}^b g(x)dx := \lim_{N\to-\infty} \int_N^b g(x)dx$$

또한 $\mathbb{R}$에서 정의된 함수 f의 (특이) 적분은 다음과 같이 정의된다.

$$\int_{-\infty}^\infty f(x) = \int_{-\infty}^c f(x)dx + \int_c^\infty f(x)dx \quad {}^\forall c \in \mathbb{R}$$

예제 9.15 특이적분 $\int_0^\infty e^{-x}dx$을 계산하여라.

[풀이] 임의의 $M > 0$에 대해 $\int_0^M e^{-x}dx = 1 - e^{-M}$이므로 특이적분을 계산하면 다음과 같다.

$$\int_0^\infty e^{-x}dx = \lim_{M\to\infty} \int_0^M e^{-x}dx = \lim_{M\to\infty} \left(1 - e^{-M}\right) = 1$$ □

정리 9.31 (특이적분에 대한 비교판정)

$f, g : [a, \infty) \to \mathbb{R}$가 연속함수이고 모든 $x \in [a, \infty)$에 대해 $0 \le f(x) \le g(x)$라고 하자.

(i) 특이적분 $\int_a^\infty g(x)dx$가 수렴하면 $\int_a^\infty f(x)dx$가 수렴한다.

(ii) 특이적분 $\int_a^\infty f(x)dx$가 발산하면 $\int_a^\infty g(x)dx$가 발산한다.

[증명] 정리 9.30의 증명과 비슷하므로 생략한다. 독자가 직접 증명하기 바란다. □

아래에서는 특이적분에 의해 정의되는 감마함수와 라플라스 변환에 대해 간단히 알아보기로 한다. 감마함수(Gamma function) $\Gamma : (0, \infty) \to \mathbb{R}$는 다음과 같은 특이적분에 의해 정의된다.

$$\Gamma(x) = \int_0^\infty e^{-t}t^{x-1}dt \tag{9.29}$$

$x > 0$이면 감마함수 $\Gamma(x)$를 정의하는 특이적분 (9.29)는 수렴한다. 연습문제 10번을 참조하기 바란다.

준정리 9.32 (감마함수의 성질)

감마함수는 다음 성질을 만족시킨다.

(i) $\Gamma(1) = 1$ (ii) $\Gamma(x+1) = x\Gamma(x)$ 단, $x > 0$.

(iii) $\Gamma(n+1) = n!$ 단, n은 자연수이다.

(iv) $\Gamma\left(\frac{1}{2}\right) = \sqrt{\pi}$

[증명] (i) $\Gamma(1) = \int_0^\infty e^{-t}dt = \lim_{M\to\infty} \int_0^M e^{-t}dt = 1$

(ii) 부분적분과 특이적분의 정의를 이용하면 다음을 유도할 수 있다.

$$\begin{aligned}\Gamma(x+1) &= \lim_{M\to\infty}\int_0^M e^{-t}t^x dt \\ &= \lim_{M\to\infty}\left[-e^{-t}t^x\right]_0^M + \lim_{M\to\infty}\int_0^M xe^{-t}t^{x-1}dt \\ &= x\Gamma(x)\end{aligned}$$

(iii) $\Gamma(n+1) = n\Gamma(n) = n(n-1)\Gamma(n-1) = \cdots = n(n-1)\cdots 2\Gamma(1) = n!$

(iv) 연습문제 12번을 참조하여라. □

감마함수는 $x > 0$일 때만 정의되고 있다. 그러나 $-1 < x < 0$일 때 $\Gamma(x+1)$가 정의될 수 있음을 알 수 있다. 따라서 성질 (a)에서 얻어지는 등식

$$\Gamma(x) = \frac{\Gamma(x+1)}{x} \tag{9.30}$$

을 사용하면 $\Gamma(x)$가 $-1 < x < 0$을 포함한 집합에서 정의될 수 있다. 이러한 과정을 반복하면 0과 음의 정수가 아닌 모든 x에 대해 $\Gamma(x)$를 정의할 수 있다.

이렇게 정의구역이 확장된 감마함수의 그래프는 다음과 같다.

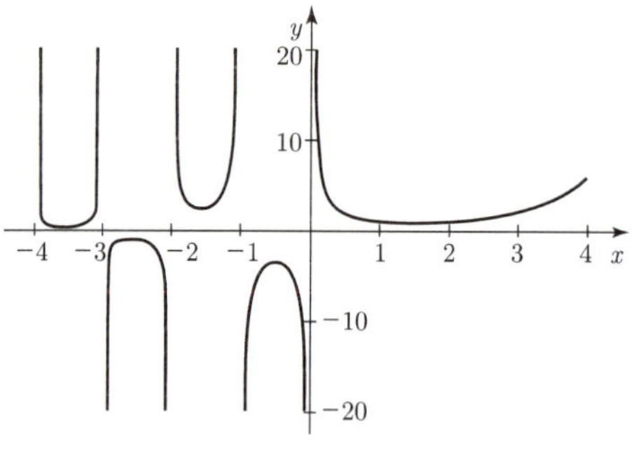

수학에서는 어려운 문제를 적당한 방법을 이용하여 쉬운 문제로 변형하여 푸는 전략을 사용하는 경우가 많다. 라플라스 변환(Laplace transform)은 미분방정식을 대수방정식으로 변형하여 해를 구한 후 역변환을 통해 미분방정식의 해를 구할 때 사용된다. 주로 계수가 상수인 선형미분방정식의 해를 구하거나 입력에 대한 반응을 구하는 공학 분야에서 자주 사용되는데 적분변환(integral transform)에 속한다.

함수 $f:[0,\infty)\to\mathbb{R}$의 라플라스 변환은 다음과 같이 정의된다.

$$F(s) := \mathcal{L}[f(t);s] = \int_0^\infty e^{-ts}f(t)dt \tag{9.31}$$

정리 9.33 (라플라스 변환의 존재성)

함수 $f:[0,\infty)\to\mathbb{R}$가 구간마다 연속이고[3] $t>T$일 때 $|f(t)|\le Me^{\alpha t}$라고 하자. 그러면 $s>\alpha$에 대해 라플라스 변환 $\mathcal{L}[f(t);s]$이 정의된다.

[증명] $\int_T^\infty e^{-ts}f(t)dt$가 수렴하다는 것을 보이면 충분하다. 가정 $|f(t)|\le Me^{\alpha t}$을 이용하여 다음을 유도할 수 있다.

$$\begin{aligned}\left|\int_T^\infty e^{-ts}f(t)dt\right| &\le \int_T^\infty e^{-ts}|f(t)|dt\\ &\le M\int_T^\infty e^{-(s-\alpha)t}dt = \frac{Me^{-(s-\alpha)T}}{s-\alpha}\end{aligned}$$ □

연습문제 9.7

1. 다음 특이적분을 구하여라.
   (a) $\int_0^1 \ln x dx$ (b) $\int_{-\infty}^0 xe^x dx$ (c) $\int_0^\infty \frac{1}{x^2+1}dx$
   (d) $\int_{-\infty}^\infty \frac{1}{x^2+x+1}dx$ (e) $\int_0^\infty e^{-x}\sin x dx$ (f) $\int_0^\infty xe^{-x^2}dx$
2. 다음 적분이 수렴하는지 발산하는지 조사하여라.
   (a) $\int_0^1 \frac{1}{x^2+\sqrt{x}}dx$ (b) $\int_{-1}^1 \frac{1}{\sqrt{1-x^2}}dx$ (c) $\int_0^1 (x^2-3)\ln x dx$
   (d) $\int_2^\infty \frac{1}{x(\ln x)^2}dx$ (e) $\int_0^\infty \frac{x^2}{x^5+1}dx$ (f) $\int_1^2 \frac{1}{\sqrt{1-x}}dx$
3. n이 자연수일 때 다음을 증명하여라.

$$\int_0^1 (x\ln x)^n dx = \frac{(-1)^n n!}{(n+1)^{n+1}}$$

---

[3] f가 기껏해야 유한개의 불연속점을 갖고 각 불연속점에서 좌극한과 우극한이 존재하면 구간마다 연속(piecewise continuous)이라고 부른다.

4. 유계함수 $f : [a, b] \to \mathbb{R}$가 임의의 $c \in (a, b)$에 대해 $[c, b]$에서 적분가능하다고 하자.
   (a) f가 $[a, b]$에서 적분가능함을 증명하여라.
   (b) $\int_a^b f(t)dt = \lim_{c \to a^+} \int_c^b f(t)dt$ 임을 증명하여라.

5. 특이적분 $\int_0^a \frac{1}{x^p} dx$은 $0 \leq p < 1$일 때만 수렴함을 보여라. 단, $a > 0$.

6. 특이적분 $\int_1^\infty \frac{1}{x^p} dx$가 수렴할 필요충분 조건은 $p > 1$임을 보여라.

7. 특이적분 $\int_0^\infty \frac{1}{1+x^a} dx$은 $a > 1$일 때만 수렴함을 증명하여라.

8. $f, g : [a, \infty) \to \mathbb{R}$가 임의의 구간 $[a, M]$에서 적분가능하고 $|f(x)| \leq g(x)$라고 하자. $\int_a^\infty g(x)dx$가 수렴하면 $\int_a^\infty f(x)dx$도 수렴함을 증명하여라.

9. $f, g : [a, \infty) \to (0, \infty)$가 임의의 구간 $[a, M]$에서 적분가능하다고 하자. $\lim_{x \to \infty} \frac{f(x)}{g(x)} \neq 0$이면 $\int_a^\infty g(x)dx$와 $\int_a^\infty f(x)dx$는 동시에 수렴하거나 발산함을 증명하여라.

10. $x > 0$일 때 (9.29)에서 정의된 $\Gamma(x)$를 생각하자.
    (a) $0 < x < 1$일 때 특이적분 $\int_0^1 e^{-t} t^{x-1} dt$과 $\int_1^\infty e^{-t} t^{x-1} dt$이 수렴함을 증명하여라.
    (b) $x > 1$일 때 $\lim_{t \to \infty} e^{-\frac{t}{2}} t^{x-1} = 0$임을 증명하여라. 고정된 $x > 1$에 대해 실수 M_x가 존재하여 $t > M_x$일 때 $e^{-\frac{t}{2}} t^{x-1} < 1$이 성립함을 보여라.
    (c) 특이적분 $\int_{M_x}^\infty e^{-t} t^{x-1} dt$가 수렴함을 증명하여라.

11. n이 자연수일 때 $\int_0^1 (-\ln x)^n dx = n!$임을 증명하여라.

12. $\Gamma(\frac{1}{2}) = \sqrt{\pi}$임을 보이려고 한다.
    (a) 적분변수를 변환하여 $\int_0^\infty e^{-x^2} dx = \frac{1}{2}\Gamma(\frac{1}{2})$임을 보여라.
    (b) 극좌표 변환을 이용하여 $\int_{\mathbb{R}^2} e^{-x^2-y^2} dxdy = \pi$임을 증명하여라.
    (c) $\Gamma(\frac{1}{2}) = \sqrt{\pi}$임을 증명하여라.
    (d) $\Gamma(-3/2)$, $\Gamma(-7/2)$를 구하여라.

13. n이 자연수일 때 다음을 유도하여라.

$$\Gamma\left(n + \frac{1}{2}\right) = \frac{1 \cdot 3 \cdot (2n-1)}{2^n} \sqrt{\pi}$$

14. $\mathcal{L}[e^t; s]$, $\mathcal{L}[\sin at; s]$ 및 $\mathcal{L}[\cos at; s]$를 구하여라.

15. $a > 0$일 때 $\mathcal{L}[t^a; s]$를 구하여라.

9.8 불연속점과 적분가능성

적분이론의 발전 과정은 함수 f가 불연속점을 가질 때 적분가능한지 조사하는 과정과 깊은 관련이 있다. 결론적으로, 유계함수 f에 대해 불연속점의 집합이 적당히 작으면 적분가능하다. 먼저 몇 가지 개념을 살펴보고 결과를 서술해보기로 한다.

6.1절에서 유계함수 $f : [a,b] \to \mathbb{R}$에 대해 집합 $A \subset [a,b]$에서의 진동과 한 점 $x_0 \in [a,b]$에서의 진동(oscillation)은 다음과 같이 정의되었다.

$$\varphi_f(A) = \sup_{x\in A} f(x) - \inf_{x\in A} f(x), \quad \omega_f(x_0) = \inf_{\delta>0} \varphi_f([x_0-\delta, x_0+\delta])$$

보조정리 9.34 (진동의 특성)

함수 $f : [a,b] \to \mathbb{R}$가 유계이고 $\varepsilon > 0$이라고 하자.

(i) 임의의 $x \in [a,b]$에 대해 $\omega_f(x) \geq 0$이다.

(ii) 모든 $x \in [a,b]$에 대해 $|f(x)| \leq M$이면 $\omega_f(x) \leq 2M$이다.

(iii) 모든 $x \in [a,b]$에 대해 $\omega_f(x) < \varepsilon$이면 실수 $\delta > 0$가 존재하여 $d - c < \delta$인 모든 닫힌구간 $[c,d] \subset [a,b]$에 대해 $\varphi_f([c,d]) < \varepsilon$이다.

[증명] (i), (ii)의 증명은 생략한다.

(iii) 모든 $x \in [a,b]$에 대해 $\omega_f(x) < \varepsilon$이라고 가정하자. 그러면 각 x에 대해 양수 δ_x가 존재하여 $\varphi_f([x-\delta_x, x+\delta_x]) < \varepsilon$이다. 열린구간의 집합 $\{(x-\frac{\delta_x}{2}, x+\frac{\delta_x}{2})\}_{x\in[a,b]}$가 컴팩트 집합 $[a,b]$의 열린덮개이므로, 컴팩트 집합의 정의에 의해, 유한 열린덮개 $\{(x_k - \frac{1}{2}\delta_{x_k}, x_k + \frac{1}{2}\delta_{x_k})\}_{k=1}^{N}$이 존재한다.

이제 $\delta = \min_{1\leq k\leq N} \frac{1}{2}\delta_{x_k}$라고 두고 $d - c < \delta$인 임의의 닫힌구간 $[c,d] \subset [a,b]$을 생각하자. c를 포함하는 구간 $(x_n - \frac{1}{2}\delta_{x_n}, x_n + \frac{1}{2}\delta_{x_n})$을 택하면, $d - c < \delta < \frac{1}{2}\delta_n$이므로, $[c,d] \subset [x_n - \delta_{x_n}, x_n + \delta_{x_n}]$임을 알 수 있다. 따라서 (iii)이 증명된다. □

진동을 이용하면 함수 f의 불연속점의 집합 D_f를 다음과 같이 표현할 수 있다. (정리 6.8)

$$D_f = \{x \in [a,b] |\ \omega_f(x) > 0\} = \bigcup_{n=1}^{\infty} \left\{x \in [a,b] |\ \omega_f(x) \geq \frac{1}{n}\right\} \tag{9.32}$$

함수의 진동은 적분의 정의와 깊은 관련이 있다. 구간 $[a,b]$의 분할 $P = \{x_0, x_1,$

$\ldots, x_n\}$에 대해 상합과 하합의 차를 다음과 같이 나타낼 수 있다.

$$U(P, f) - L(P, f) = \sum_{k=1}^{n}(M_k - m_k)(x_k - x_{k-1}) = \sum_{k=1}^{n}\varphi_f(I_k)(x_k - x_{k-1})$$

함수가 적분가능하려면 상합과 하합의 차이가 임의의 양수보다 작아져야 한다. 유계 함수에 대해 불연속점의 진동이 유계(보조정리 9.34 (ii))라는 사실을 이용하면 불연속점을 포함한 구간의 길이의 합이 임의의 양수보다 작아질 때 함수가 적분가능할 것이라고 기대할 수 있다. 불연속점의 집합 D_f의 크기(measure)가 임의의 양수보다 작다는 것을 다음과 같이 정의한다.

정의 9.7 (측도 0인 집합)

E가 $\mathbb{R}$이고 $E \neq \varnothing$이라고 하자. 임의의 양수 ε에 대해 가산개의 열린구간 $\{I_n\}_{n=1}^{\infty}$이 존재하여 다음이 성립하면 E가 측도 0 (measure zero)인 집합이라고 한다.

$$\sum_{n=1}^{\infty}\ell(I_n) < \varepsilon, \quad E \subset \bigcup_{n=1}^{\infty} I_n$$

$I = (a, b)$일 때 $\ell(I) := b - a$는 구간 I의 길이를 나타낸다.

예제 9.16 (a) 모든 유한집합은 측도 0인 집합이다.
(b) 모든 가산집합은 측도 0인 집합이다.

[풀이] ε이 임의의 양수라고 하자.

(a) $E = \{x_1, x_2, \ldots, x_n\}$라고 하자. 각 자연수 k에 대해 열린구간 $I_k = (x_k - \frac{\varepsilon}{3n}, x_k + \frac{\varepsilon}{3n})$을 택하면 분명히 $E \subset \bigcup_{k=1}^{n} I_k$이다. 또한

$$\sum_{k=1}^{n}\ell(I_k) = n\frac{2\varepsilon}{3n} = \frac{2\varepsilon}{3} < \varepsilon$$

이므로 E는 측도 0인 집합이다.

(b) $E = \{x_1, x_2, \ldots, x_n, \ldots\}$라고 하자. 각 자연수 n에 대해 열린구간 $I_n = (x_n - \frac{\varepsilon}{4^n}, x_n + \frac{\varepsilon}{4^n})$을 택하면 $E \subset \bigcup_{n=1}^{\infty} I_n$이다. 또한

$$\sum_{n=1}^{\infty}\ell(I_n) = \sum_{n=1}^{\infty}\frac{2\varepsilon}{4^n} = \frac{2\varepsilon}{3} < \varepsilon$$

이므로 E는 측도 0인 집합이다. □

보조정리 9.35 (가산개의 측도 0인 집합의 합집합)

각 자연수 n에 대해 E_n이 측도 0인 집합이면 $\bigcup_{n=1}^{\infty} E_n$도 측도 0인 집합이다.

[증명] ε이 주어진 양수라고 하자.

E_n이 측도 0인 집합이므로 가산개의 개구간 $\{I_{n,k}\}_{k=1}^{\infty}$이 존재하여

$$E_n \subset \bigcup_{k=1}^{\infty} I_{n,k}, \quad \sum_{k=1}^{\infty} \ell(I_{n,k}) < \frac{\varepsilon}{2^n}$$

이다. 분명히

$$\bigcup_{n=1}^{\infty} E_n \subset \bigcup_{n=1}^{\infty} \left(\bigcup_{k=1}^{\infty} I_{n,k} \right), \quad \sum_{n=1}^{\infty} \sum_{k=1}^{\infty} \ell(I_{n,k}) < \sum_{n=1}^{\infty} \frac{\varepsilon}{2^n} = \varepsilon$$

이므로 $\bigcup_{n=1}^{\infty} E_n$은 측도 0인 집합이다. □

이제 측도 0인 집합이 아닌 집합이 존재함을 설명한다.

정리 9.36 (측도 0이 아닌 집합의 존재성)

$a < b$일 때 닫힌구간 $[a,b]$는 측도 0인 집합이 아니다.

[증명] $[a,b]$는 측도 0인 집합이라고 가정하자. 양수 $\varepsilon = \frac{b-a}{2}$이면 가산개의 열린구간 $\{I_n\}_{n=1}^{\infty}$가 존재하여 다음이 성립할 것이다.

$$[a,b] \subset \bigcup_{n=1}^{\infty} I_n, \quad \sum_{n=1}^{\infty} \ell(I_n) < \varepsilon$$

그런데 닫힌구간 $[a,b]$가 컴팩트 집합이고 $\{I_n\}_{n=1}^{\infty}$가 $[a,b]$의 열린덮개이므로 유한 부분덮개 $\{I_{n_k}\}_{k=1}^{N}$이 존재한다. 이 유한 부분덮개 $\{I_{n_k}\}_{k=1}^{N}$에 대해

$$\sum_{k=1}^{N} \ell(I_{n_k}) \geq b-a$$

이다. 한편, 분명히

$$\sum_{k=1}^{N} \ell(I_{n_k}) \leq \sum_{n=1}^{\infty} \ell(I_n) < \varepsilon = b-a$$

이므로 모순이다. 따라서 $[a,b]$는 측도 0인 집합이 아니다. □

참고 9.3 E가 측도 0인 집합이 아니라고 하자. 그러면 양수 ε_0이 존재하여 E를 덮는 모든

가산개의 열린구간에 대해 길이의 합이 ε_0보다 크거다 같아야 한다.

$$E \subset \bigcup_{n=1}^{\infty} I_n \Rightarrow \sum_{n=1}^{\infty} \ell(I_n) \geq \varepsilon_0 \tag{9.33}$$

어떤 서술 P가 측도 0인 집합을 제외한 모든 점에서 성립하면 **거의 모든 곳에서**(almost everywhere) P가 성립한다고 한다.

다음 정리는 유계함수 f가 적분가능할 필요충분 조건은 f가 거의 모든 곳에서 연속이라는 것을 서술하고 있다.

정리 9.37 (적분가능성 : 불연속점의 집합이 측도 0)

유계함수 $f : [a, b] \to \mathbb{R}$에 대해 불연속점의 집합을 D_f라고 하자. f가 적분가능할 필요충분조건은 D_f가 측도 0인 집합인 것이다.

[증명] ($\Rightarrow$) f가 적분가능하지만 D_f가 측도 0인 집합이 아니라고 하자. 그러면 (9.32)와 보조정리 9.35에 의해, 어떤 자연수 N에 대해 집합

$$E_N := \left\{ x \in [a, b] | \omega_f(x) \geq \frac{1}{N} \right\}$$

이 측도 0인 집합이 아니다. 따라서 참고 9.3을 만족시키는 $\varepsilon_0 > 0$가 존재한다.

$P = \{x_0, x_1, \cdots, x_n\}$가 $[a, b]$의 임의의 분할이라고 하자.

$F := \{(x_{k-1}, x_k) | (x_{k-1}, x_k) \cap E_N \neq \phi\}$은 E_N을 덮으므로 F에 속하는 구간의 길이의 합이 어떤 양수 ε_0보다 크거나 같다. 이 사실로부터 다음이 성립하므로 f는 적분불가능하다.

$$\begin{aligned} U(P, f) - L(P, f) &\geq \sum_{(x_{k-1}, x_k) \in F} (M_k - m_k)(x_k - x_{k-1}) \\ &= \sum_{(x_{k-1}, x_k) \in F} \varphi_f([x_{k-1}, x_k])(x_k - x_{k-1}) \\ &\geq \sum_{(x_{k-1}, x_k) \in F} \frac{(x_k - x_{k-1})}{N} \geq \frac{\varepsilon_0}{N} \end{aligned}$$

($\Leftarrow$) D_f가 측도 0인 집합이고 ε이 임의의 양수라고 하자. 간략한 표현을 위해 $\eta = \frac{\varepsilon}{2(b-a)}$, $M = \sup f(x)$, $m = \inf f(x)$라고 두자.

D_f의 부분집합 $E_\eta := \{x \in [a, b] | \omega_f(x) \geq \eta\}$가 측도 0인 컴팩트집합이므로 (연습문제 8 참조) 길이의 합이 $\frac{\varepsilon}{2(M-m)}$보다 작고 E_η을 덮는 (유한

개의) 열린구간의 모임 $\mathcal{F}$를 찾을 수 있다. $x \notin \bigcup_{F\in\mathcal{F}} F$이면 $x \notin E_\eta$이므로 $\omega_f(x) < \eta = \frac{\varepsilon}{2(b-a)}$이다.

한편, $[a,b]\setminus \bigcup_{F\in\mathcal{F}} F$는 유한개의 닫힌구간과 유한 개의 점집합으로 이루어져 있다. 이런 닫힌구간의 끝점과 점집합으로 만들어진 $[a,b]$의 분할 P에 의해 만들어진 닫힌 소구간은 2가지 타입이다. $\mathcal{F}$에서 만들어진 구간의 각 점에서는 진동이 $\eta = \frac{\varepsilon}{2(b-a)}$보다 작거나 (보조정리 9.34 (iii) 참조) 그렇지 않으면 길이의 합이 $\frac{\varepsilon}{2(M-m)}$보다 작다.

따라서 다음이 성립한다.

$$U(P,f) - L(P,f) < (M-m)\frac{\varepsilon}{2(M-m)} + (b-a)\frac{\varepsilon}{2(b-a)} = \varepsilon$$

그러므로 f는 적분가능하다. □

다음 예제의 함수는 적분가능하다. (예제 9.4) 이 함수의 적분가능성을 불연속점의 관점에서 다시 설명해보자.

예제 9.17 다음과 같이 정의된 함수 $f:[0,1]\to\mathbb{R}$은 적분가능하다.

$$f(x) = \begin{cases} \frac{1}{q}, & x = \frac{p}{q}\ (p, q\text{는 서로소인 자연수}) \\ 0, & x\text{는 무리수} \end{cases}$$

[풀이] 6장의 예제 6.5를 참고하면 f는 유리수에서만 불연속이다. 불연속인 점들의 집합 $D_f = \mathbb{Q}\cap[0,1]$는 가산집합이므로 측도 0인 집합이므로 f는 적분가능하다. □

참고 9.4 f가 연속함수이면 $D_f = \phi$이고, f가 단조함수이면 D_f는 가산집합이다. 두 경우 모두 D_f가 측도 0인 집합이므로, 정리 9.37에 의해, 연속함수와 단조함수는 적분가능하다.

연습문제 9.8

1. 보조정리 9.34에서 (i), (ii)를 증명하여라.
2. 다음 함수에 대해 $\varphi_f([1-\delta, 1+\delta])$와 $\omega_f(1)$을 구하여라.
   (a) $f(x) = x^2$
   (b) $f(x) = 2x - 1$
   (c) $f(x) = \begin{cases} x, & x\in\mathbb{Q} \\ 0, & x\in\mathbb{Q}^c \end{cases}$
   (d) $f(x) = \begin{cases} 1, & x\ge 1 \\ -1, & x<1 \end{cases}$
3. 함수 $f(x) = \sin\frac{1}{x}\,(x\neq 0)$에 대해 $\omega_f(0) = 2$임을 보여라.

4. $f : [a,b] \to \mathbb{R}$가 유계이고 $P = \{x_0, x_1, \ldots, x_n\}$가 $[a,b]$의 분할일 때

$$\sup_{x,y \in I_k} |f(x) - f(y)| = M_k - m_k$$

임을 증명하여라. 단, $I_k = [x_{k-1}, x_k]$이다.

5. 유계함수 $f : [a,b] \to \mathbb{R}$에 대해 $M = \sup f(x)$, $m = \inf f(x)$라고 두자. 임의의 $x \in (a,b)$에 대해 $\omega_f(x) \leq M - m$임을 보여라.

6. 유리수의 집합 $\mathbb{Q}$는 측도 0 (measure zero) 임을 설명하여라.

7. E가 측도 0인 집합이라고 하자. 부분집합 $A \subset E$가 측도 0인 집합임을 증명하여라.

8. $f : [a,b] \to \mathbb{R}$이 유계함수이고 $\delta > 0$이라고 하자. $E = \{x \in [a,b] | \omega_f(x) \geq \delta\}$가 컴팩트 집합을 증명하여 보자. E가 컴팩트 집합이 아니라고 가정하면 $x \notin E$로 수렴하는 수열 $\{x_n\}_{n=1}^{\infty} \subset E$이 존재한다.
   (a) 실수 $\delta_0 > 0$가 존재하여 $\varphi_f([x - \delta_0, x + \delta_0]) < \delta$임을 보여라.
   (b) 어떤 자연수 N에 대해 $[x_N - \delta_0/2, x_N + \delta_0/2] \subset [x - \delta_0, x + \delta_0]$임을 보여라.
   (c) $\varphi_f(x_N) < \delta$임을 보여라.

9. $f : [a,b] \to \mathbb{R}$가 연속함수이고 $E \subset [a,b]$가 측도 0인 집합이라고 하자. $x \in E^c$에 대해 $g(x) = f(x)$일 때 $g : [a,b] \to \mathbb{R}$가 적분가능한 함수임을 증명하여라.

10. 다음과 같이 정의된 함수 $f : [0,1] \to \mathbb{R}$가 적분가능함을 보여라.

$$f(x) = \begin{cases} 0, & x = 0 \\ 2^{1-n}, & 2^{-n} < x \leq 2^{1-n} \ (n \in \mathbb{N}) \end{cases}$$

CHAPTER 10

함수열과 극한함수

각 자연수 n에 대해 정의구역이 같은 함수 $f_n : D \subset \mathbb{R} \to \mathbb{R}$이 주어질 때 $\{f_n\}_{n=1}^{\infty}$를 (D에서 정의된) 함수열(sequence of functions)이라고 한다. 함수열은 미분방정식론이나 미지함수의 근사에서 자주 등장한다. 미분방정식 이론에서는 초기치 문제를 적분 방정식으로 변환하고 함수열을 구성하여 해의 존재성을 증명한다. 이때 극한함수 $f(x) := \lim_{n\to\infty} f_n(x)$ $(x \in D)$의 연속성, 미분가능성은 필수적이다.

이 장에서는 함수열의 수렴에 대해 알아보고 극한함수의 연속성, 미분가능성 및 적분가능성에 대해 알아본다. 또한 매개변수를 포함하는 적분의 연속성, 미분가능성, 적분가능성에 대한 몇 가지 결과를 서술한다.

10.1 점별수렴과 고른수렴

이 절에서는 함수열에 대한 두 가지 수렴성(점별수렴과 고른수렴)에 대해 알아본다.

10.1.1 함수열의 점별수렴

먼저 점별수렴에 대해 알아보자.

정의 10.1 (함수열의 점별수렴)

함수 $f_n : D \to \mathbb{R} \quad (n \in \mathbb{N})$을 생각하자.

모든 $x \in D$에 대해 수열 $\{f_n(x)\}_{n=1}^{\infty}$이 수렴하면 함수열 $\{f_n\}_{n=1}^{\infty}$이 (D에서) 점별수렴(pointwise convergent)한다고 한다. 이때 다음 함수 $f : D \to \mathbb{R}$를 $\{f_n\}_{n=1}^{\infty}$의 (점별) 극한함수(limit function)라고 부른다.

$$f(x) := \lim_{n\to\infty} f_n(x) \quad x \in D$$

극한함수가 알려진 경우 $\{f_n\}_{n=1}^{\infty}$이 (D에서) f로 점별수렴한다고 한다.

예제를 통해 극한함수를 구해보자.

예제 10.1 함수열 $\{x^n\}_{n=1}^{\infty}$ 이 $[0,1]$에서 점별수렴함을 보여라.

[풀이] $f_n(x) = x^n$ 이라고 두고 모든 $x \in [0,1]$에 대해 수열 $\{f_n(x)\}_{n=1}^{\infty}$ 이 수렴함을 보이자. $x \neq 1$이면 $\lim_{n\to\infty} x^n = 0$이고, $x = 1$이면 $\lim_{n\to\infty} f_n(1) = 1$이므로 주어진 함수열이 점별수렴한다. □

예제 10.2 $f_n(x) = \frac{x}{n}$ 일 때 함수열 $\{f_n\}_{n=1}^{\infty}$ 이 $\mathbb{R}$에서 점별수렴함을 보여라.

[풀이] 모든 실수 x에 대해

$$\lim_{n\to\infty} f_n(x) = \lim_{n\to\infty} \frac{x}{n} = x \lim_{n\to\infty} \frac{1}{n} = 0$$

이므로 주어진 함수열은 $\mathbb{R}$에서 점별수렴한다. 극한함수는 $f \equiv 0$이다. □

예제 10.3 $f_n(x) = \frac{n \sin x}{n+1}$ 일 때 함수열 $\{f_n\}_{n=1}^{\infty}$ 이 $\mathbb{R}$에서 점별수렴함을 보여라.

[풀이] 모든 $x \in \mathbb{R}$에 대해 수열 $\{f_n(x)\}_{n=1}^{\infty}$ 이 수렴함을 보이면 된다. 각 실수 x에 대해

$$\lim_{n\to\infty} f_n(x) = \lim_{n\to\infty} \frac{n \sin x}{n+1} = \sin x \lim_{n\to\infty} \frac{n}{n+1} = \sin x$$

이므로 함수열 $\{f_n\}_{n=1}^{\infty}$ 은 극한함수 $f(x) = \sin x$로 점별수렴한다. □

D에서 정의된 함수열 $\{f_n\}_{n=1}^{\infty}$ 이 극한함수 f로 점별수렴하면 (고정된) 각 $x \in D$에 대해 수열 $\{f_n(x)\}$이 $f(x)$로 수렴한다. 따라서 임의의 양수 ε이 주어지면 자연수 N이 존재하여 모든 $n \geq N$에 대해 $|f_n(x) - f(x)| < \varepsilon$ 임을 알 수 있는데 다음과 같이 표현할 수 있다.

$$^{\forall}x \in D\ ^{\forall}\varepsilon > 0, \exists N \in \mathbb{N} \text{ s.t } n \geq N \implies |f_n(x) - f(x)| < \varepsilon \tag{10.1}$$

여기서, 자연수 N은 x와 ε에 따라서 달라지는 자연수라는 점에 주목할 필요가 있다. 이런 점을 강조하기위해 $N_{x,\varepsilon}$ 이라고 쓰기도 한다.

참고 10.1 함수열 $\{f_n\}_{n=1}^{\infty}$ 이 $f : D \to \mathbb{R}$로 점별수렴한다고 하자.

(a) 예제 10.1에서 $\varepsilon = 0.01$이라고 두자. $x = 0.5$일 때는 $n \geq 7$이어야 $|f_n(0.5) - f(0.5)| < 0.01$이 성립한다. $x = 0.8$이면 $n \geq 20$이어야 $|f_n(0.8) - f(0.8)| < 0.01$이 성립한다. 이것은 수렴속도가 점마다 균일하지 않음을 의미한다.

(b) 임의의 $\varepsilon > 0$에 대응하는 자연수 N을 찾았을 때 $n \geq N$이라고 하자. 모든 $x \in D$에 대해 $f_n(x)$이 구간 $(f(x)-\varepsilon, f(x)+\varepsilon)$에 속할 필요는 없으므로 $y = f_n(x)$의 그래프가 $y = f(x) \pm \varepsilon$의 그래프 사이에 놓이지 않을 수도 있다.

10.1.2 함수열의 고른수렴

함수열에 대한 수렴의 개념이 명확하지 않았던 19세기 초반에 코시는 '함수항 급수가 (점별)수렴할 때 함수항 급수의 각 함수가 연속이면 급수의 합도 연속'이라고 주장하였다. 코시의 주장을 함수열에 대한 서술로 바꾸면 다음과 같다.

코시의 주장

모든 $n \in \mathbb{N}$에 대해 $f_n : D \to \mathbb{R}$이 연속이라고 하자. $\{f_n\}_{n=1}^{\infty}$이 $f : D \to \mathbb{R}$로 (점별)수렴하면 f는 연속함수이다.

예제 11.15에서 아벨(Abel)은 코시의 주장을 반박한 반례를 제시하였다.

이제 f가 임의의 $x \in D$에서 연속이 될 조건을 찾아보기로 하자. ε이 주어진 양수일 때 어떤 $\delta > 0$에 대해 $|y| < \delta$이면 $|f(x+y) - f(x)| < \varepsilon$임을 보이면 된다.

(a) f_n이 연속함수이므로 $\delta > 0$가 존재하여 다음이 성립한다.

$$|y| < \delta \implies |f_n(x+y) - f_n(x)| < \frac{\varepsilon}{3}$$

(b) 수열 $\{f_n(x+y)\}_{n=1}^{\infty}$이 $f(x+y)$로 수렴하므로 자연수 N이 존재하여 모든 자연수 $n \geq N$에 대해 $|f_n(x+y) - f(x+y)| < \frac{\varepsilon}{3}$이다.

(c) $\{f_n\}_{n=1}^{\infty}$이 x에서 수렴하므로 자연수 N이 존재하여 모든 자연수 $n \geq N$에 대해 $|f_n(x) - f(x)| < \frac{\varepsilon}{3}$이다.

(a), (b), (c)가 동시에 성립하면 모든 자연수 $n \geq N$에 대해 다음 부등식이 성립한다.

$$\begin{aligned}|f(x+y) - f(x)| &= |f(x+y) - f_n(x+y) + f_n(x+y) - f_n(x) + f_n(x) - f(x)| \\ &\leq |f_n(x+y) - f(x+y)| + |f_n(x+y) - f_n(x)| + |f_n(x) - f(x)| \\ &< \frac{\varepsilon}{3} + \frac{\varepsilon}{3} + \frac{\varepsilon}{3} = \varepsilon\end{aligned}$$

그러므로 f는 연속이다.

(a), (b), (c)가 동시에 성립하려면 (b)와 (c)에서 찾은 자연수 N이 x 및 임의의 $y \in (x-\delta, x+\delta)$와 관계없이 동일해야 함을 의미한다. 극한함수의 연속성을 보장하기 위해 함수열 $\{f_n\}_{n=1}^{\infty}$가 만족시켜야 될 조건을 다음과 같이 서술할 수 있다. 이 조건을 고른수

렴 (평등수렴, uniform convergence) 이라고 부른다. 고른수렴의 개념은 바이스트라스에 의해 처음으로 인식되었고 1860년 이후에는 수학자 사이에 널리 알려졌다.

정의 10.2 (함수열의 고른수렴 : 바이어슈트라스 1841)

D에서 정의된 함수열 $\{f_n\}_{n=1}^{\infty}$과 함수 $f : D \to \mathbb{R}$을 생각하자.

임의의 고정된 양수 ε에 대해 자연수 N이 존재하여 모든 $x \in D$와 모든 $n \geq N$에 대해 $|f_n(x) - f(x)| < \varepsilon$이면 '함수열 $\{f_n\}_{n=1}^{\infty}$이 (D에서) f로 고르게 수렴한다 (uniformly convergent)' 고 한다. 다음과 같이 나타낼 수 있다.

$$^{\forall}\varepsilon > 0, \exists N \in \mathbb{N} \text{ s.t } n \geq N \implies {}^{\forall}x \in D, |f_n(x) - f(x)| < \varepsilon \tag{10.2}$$

고른수렴의 정의로부터 다음을 쉽게 알 수 있다.

- $\{f_n\}_{n=1}^{\infty}$이 f로 고르게 수렴하면 f는 점별 극한함수이다.
- (**고른수렴의 기하학적 해석**) D에서 $\{f_n\}_{n=1}^{\infty}$이 f로 고르게 수렴하면 모든 $n \geq N$에 대해 $y = f_n(x)$의 그래프가 $y = f(x) \pm \varepsilon$의 그래프 사이에 놓인다.

그림 10.1을 통해 점별수렴과 고른수렴의 차이를 설명하였다.

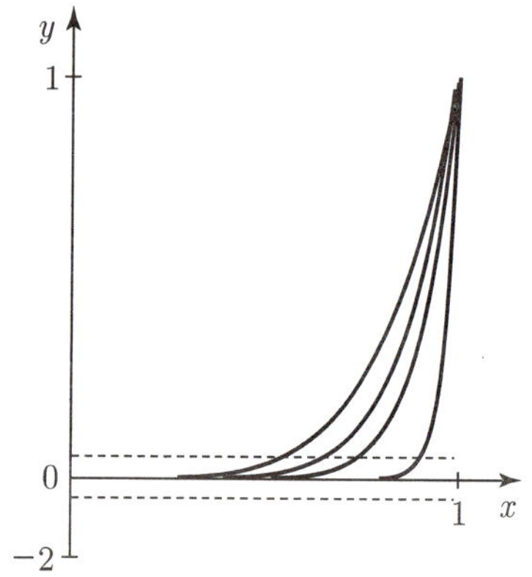

$y=x^n(n=5, 7, 10, 30)$과 $y=\pm 0.05$

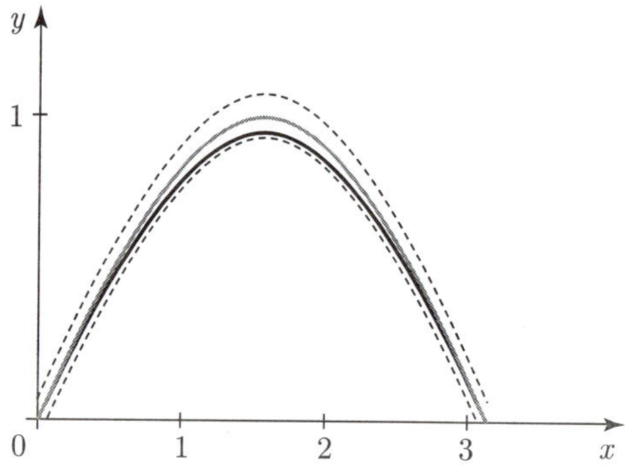

$y=\frac{n}{n+1}\sin x\ (n=16, 99)$와 $y=\sin x \pm 0.07$

그림 10.1: 점별수렴과 고른수렴

참고 10.2 고른수렴의 정의에서 자연수 N은 ε에만 의존하는 자연수이다. 반면에, 점별수렴의 경우 N은 ε 및 $x \in D$에 의해 결정되는 자연수이다. 작은 차이처럼 보이지만 극한함수의 연속성, 미분가능성, 적분가능성과 관련하여 큰 차이를 보여준다는 것을 알게 될 것이다. (10.3절)

함수열이 주어질 때 고른수렴성을 증명하는 일반적인 과정은 다음과 같다.
(i) $\{f_n\}_{n=1}^{\infty}$의 점별 극한함수 f를 찾는다.
(ii) 주어진 임의의 $\varepsilon > 0$에 대해 (10.2)가 성립하는 자연수 N을 찾는다.

예제 10.4 $f_n : \mathbb{R} \to \mathbb{R}$이 다음과 같이 정의될 때 함수열 $\{f_n\}_{n=1}^{\infty}$이 $\mathbb{R}$에서 고르게 수렴함을 보여라.

$$f_n(x) = \frac{\sin(nx+n)}{n}$$

[풀이] 먼저 점별 극한함수는 $f(x) \equiv 0$이고, $|f_n(x) - f(x)|$는 다음을 만족시킨다.

$$|f_n(x) - 0| = \left|\frac{\sin(nx+n)}{n}\right| = \frac{|\sin(nx+n)|}{n} \leq \frac{1}{n}$$

이제 임의의 고정된 양수 ε에 대해 자연수 N을 $\frac{1}{N} < \varepsilon$이 성립하도록 택한다. 그러면 $n \geq N$일 때 모든 $x \in \mathbb{R}$에 대해 $|f_n(x) - 0| < \frac{1}{n} \leq \frac{1}{N} < \varepsilon$이다.

따라서 $\{f_n\}_{n=1}^{\infty}$이 $\mathbb{R}$에서 $f \equiv 0$으로 고르게 수렴한다. □

주어진 함수열 $\{f_n\}_{n=1}^{\infty}$이 f로 점별수렴할 때 고르게 수렴하는지 조사해야 되는 경우가 있다. 다음 정리 10.1은 고르게 수렴하지 않음을 보일 때 유용하다.

정리 10.1 (고르게 수렴하지 않는 함수열)

함수열 $\{f_n\}_{n=1}^{\infty}$이 D에서 f로 점별수렴한다고 하자. $\{f_n\}_{n=1}^{\infty}$이 f로 고르게 수렴하지 않을 필요충분조건은 양수 ε_0, 부분함수열 $\{f_{n_k}\}_{k=1}^{\infty}$ 및 수열 $\{x_k\}_{k=1}^{\infty}$가 존재하여 다음을 만족하는 것이다.

$$|f_{n_k}(x_k) - f(x_k)| \geq \varepsilon_0 \quad {}^{\forall}k \in \mathbb{N} \tag{10.3}$$

[증명] 고른수렴의 정의 (10.2)를 부정하면 증명이 끝난다. □

예제 10.5 함수열 $f_n(x) = x^n\ (0 \leq x \leq 1)$은 고르게 수렴하지 않는다.

[풀이] 주어진 함수열은 점별수렴한다(예제 10.1). $\varepsilon_0 = \frac{1}{3}$로 택하고 $n_k = k$, $x_k = \frac{1}{3^k}$이라고 두자. 그러면 모든 자연수 k에 대해 $|f_{n_k}(x_k) - f(x_k)| = \frac{1}{3} = \varepsilon_0$이다.
정리 10.1에 의해 $\{f_n\}_{n=1}^{\infty}$은 $[0,1]$에서 고르게 수렴하지 않는다. □

함수열이 고르게 수렴하는지 판단하는 것은 쉽지않다. 다음에 도입할 상한 노름을 이용하면 고른수렴 여부를 비교적 쉽게 판단할 수 있다.

함수 $f : D \to \mathbb{R}$에 대해 상한 노름(supremum norm, uniform norm) $\|f\|$는 다음과 같이 정의된다.

$$\|f\| := \sup_{x \in D} |f(x)| = \sup\{|f(x)| \mid x \in D\}$$

참고 10.3 상한 노름과 관련하여 몇 가지를 관찰해보자.

(i) f가 유계함수이면 $\|f\|$는 유한한 값이고 f가 비유계함수이면 $\|f\| = \infty$이다.

(ii) $|f|$의 최대값이 M이면 $M = \|f\|$이다. 따라서 f가 연속함수인 경우에는 $|f|$의 최대값을 구하면 된다.

다음 정리는 상한 노름을 이용하여 함수열의 고른수렴을 판정하는 방법을 설명한다.

정리 10.2 (상한 노름과 고른수렴)

함수열 $f_n : D \to \mathbb{R} \quad (n \in \mathbb{N})$이 f로 고르게 수렴할 필요충분 조건은 다음과 같다.

$$\lim_{n \to \infty} M_n = 0 \quad \text{단, } M_n := \sup_{x \in D} |f_n(x) - f(x)| \tag{10.4}$$

[증명] ($\Rightarrow$) $\{f_n\}_{n=1}^{\infty}$이 f로 고르게 수렴하면, 정의에 의해, 임의의 양수 ε에 대해 자연수 N이 존재하여 $n \geq N$일 때 다음이 성립한다.

$$|f_n(x) - f(x)| < \frac{\varepsilon}{2} \quad {}^{\forall}x \in D$$

$M_n = \sup_{x \in D} |f_n(x) - f(x)| \leq \frac{\varepsilon}{2} < \varepsilon$이므로 $\lim_{n \to \infty} M_n = 0$임을 알 수 있다.

($\Leftarrow$) ε이 임의의 양수라고 하자. $\lim_{n \to \infty} M_n = 0$이므로 자연수 N이 존재하여 $n \geq N$일 때 $|M_n - 0| = M_n < \varepsilon$이다. M_n의 정의에 의해 $n \geq N$일 때 모든 $x \in D$에 대해

$$|f_n(x) - f(x)| \leq M_n < \varepsilon$$

이다. 그러므로 $\{f_n\}_{n=1}^{\infty}$은 f로 고르게 수렴한다. □

아래 예제는 정리 10.2를 이용하여 함수열의 고른수렴 여부를 판정하는 과정을 설명한다.

예제 10.6 다음 함수열이 $\mathbb{R}$에서 고르게 수렴하는지 조사하여라.

(a) $f_n(x) = \frac{\cos nx}{n+1}$ (b) $g_n(x) = \frac{nx}{1+n^2x^2}$ (c) $h_n(x) = \frac{x}{1+n^2x^2}$

[풀이] (a) 극한 함수는 $f \equiv 0$이고, $M_n = \frac{1}{n+1}\sup_{x\in\mathbb{R}}|\cos nx| = \frac{1}{n+1}$임을 알 수 있다. 또한 $\lim_{n\to\infty} M_n = 0$이므로 주어진 함수열은 고르게 수렴한다.

(b) 극한함수는 $g \equiv 0$이다. 그런데 g_n이 기함수이고 $x \geq 0$일 때 $g_n(x) \geq 0$이므로 $|g_n|$의 최대값은 $x \geq 0$일 때 g_n의 최대값과 같다. g_n은 $x = \frac{1}{n}$에서 최대값 $g_n(1/n) = \frac{1}{2}$를 갖는다. 따라서 $M_n = \sup_{x\in\mathbb{R}}|g_n(x) - g(x)| = \frac{1}{2}$이고, $\lim_{n\to\infty} M_n = \frac{1}{2}$이다. 그러므로 함수열은 고르게 수렴하지 않는다.

(c) 극한함수는 $h \equiv 0$이다. (b)와 비슷한 이유로 $x \geq 0$일 때 h_n의 최대값을 구하면 된다. 그런데 $h_n(x)$는 $x = \frac{1}{n}$에서 최대값 $h_n(1/n) = \frac{1}{2n}$를 갖는다. $M_n = \sup_{x\in\mathbb{R}} = \frac{1}{2n}$이고 $\lim_{n\to\infty} M_n = 0$이므로 주어진 함수열은 고르게 수렴한다. □

정리 10.2를 이용하여 특정한 함수열의 고른수렴성을 증명하고자 할 때 M_n의 계산이 어려운 경우가 있다. 이 경우에는 다음 따름정리를 이용하면 좋다.

따름정리 10.3 (부등식과 고른수렴)

함수열 $\{f_n\}_{n=1}^{\infty}$이 f로 점별수렴한다고 하자. 다음을 만족시키는 수열 $\{C_n\}_{n=1}^{\infty}$이 존재하면 $\{f_n\}_{n=1}^{\infty}$는 f로 고르게 수렴한다.

$$|f_n(x) - f(x)| \leq C_n, \qquad \lim_{n\to\infty} C_n = 0 \tag{10.5}$$

[증명] 증명은 생략한다. □

예제 10.7 $f_n(x) = \dfrac{\sin nx}{n^2 + x + e^{-nx}}$일 때 $[0, \infty)$에서 $\{f_n\}_{n=1}^{\infty}$이 고르게 수렴함을 보여라.

[풀이] 먼저 극한함수를 구해보면 다음과 같다.

$$f(x) = \lim_{n\to\infty} f_n(x) = \lim_{n\to\infty} \frac{\sin nx}{n^2 + x + e^{-nx}} = 0.$$

M_n의 계산이 쉽지않으므로 (10.5)를 만족시키는 C_n을 구하기로 한다. 부등식

$$|f_n(x) - f(x)| = \left|\frac{\sin nx}{n^2 + x + e^{-nx}}\right| \leq \frac{1}{n^2 + x + e^{-nx}} < \frac{1}{n^2}$$

에 의해 $C_n = \frac{1}{n^2}$을 택한다. $\lim_{n\to\infty} C_n = 0$이므로 $\{f_n\}_{n=1}^{\infty}$는 고르게 수렴한다. □

위 예제에서는 모두 극한함수를 구할 수 있는 경우 고른수렴 여부를 조사하였다. 극한함수를 구하기 어려운 경우에 다음 정리를 이용하여 함수열이 고르게 수렴하는지 알아낼 수 있다.

정리 10.4 (고른수렴에 대한 코시 판정법)

$D \subseteq \mathbb{R}$에서 정의된 함수열 $\{f_n\}_{n=1}^{\infty}$에 대해 다음 명제는 모두 동치이다.

(i) $\{f_n\}_{n=1}^{\infty}$이 D에서 고르게 수렴한다.

(ii) 임의의 $\varepsilon > 0$에 대해 자연수 N이 존재하여 모든 자연수 $m, n \geq N$ 및 모든 $x \in D$에 대해 $|f_n(x) - f_m(x)| < \varepsilon$이다.

(iii) 임의의 $\varepsilon > 0$에 대해 자연수 N이 존재하여 모든 $m, n \geq N$에 대해 $\|f_n - f_m\| < \varepsilon$이다.

[증명] (i)⇒(ii) 극한함수를 f라고 하자. ε이 임의의 고정된 양수이면 자연수 N이 존재하여 $n \geq N$일 때 모든 $x \in D$에 대해 $|f_n(x) - f(x)| < \frac{\varepsilon}{2}$이다. 이제 $m, n \geq N$이면 모든 $x \in D$에 대해

$$\begin{aligned} |f_n(x) - f_m(x)| &\leq |f_n(x) - f(x)| + |f_m(x) - f(x)| \\ &< \frac{\varepsilon}{2} + \frac{\varepsilon}{2} = \varepsilon \end{aligned}$$

이므로 (ii)가 증명된다.

(ii)⇒(i) 각 $x \in D$에 대해 $\{f_n(x)\}_{n=1}^{\infty}$가 코시수열이므로 수렴한다. 따라서 다음과 같이 함수 $f : D \to \mathbb{R}$를 정의할 수 있다.

$$f(x) := \lim_{n\to\infty} f_n(x), \quad x \in D$$

이제 $\{f_n\}_{n=1}^{\infty}$이 f로 고르게 수렴한다는 것을 보이자. ε이 임의의 고정된 양수이면 자연수 N이 존재하여 $m, n \geq N$일 때 모든 $x \in D$에 대해 $|f_n(x) - f_m(x)| < \frac{\varepsilon}{2}$이다.

한편, $n \geq N$을 고정시키면 수열에 관한 정리에 의해 다음이 성립한다.

$$\begin{aligned} \lim_{m\to\infty} |f_n(x) - f_m(x)| &= |f_n(x) - \lim_{m\to\infty} f_m(x)| \\ &= |f_n(x) - f(x)| \leq \frac{\varepsilon}{2} < \varepsilon \end{aligned}$$

$n \geq N$일 때 모든 $x \in D$에 대해 $|f_n(x) - f(x)| < \varepsilon$이므로 $\{f_n\}_{n=1}^{\infty}$이 고르게 수렴한다.

(ii) $\Longleftrightarrow$ (iii) sup 노름의 정의에 의해 분명하다. □

연습문제 10.1

1. $x > 0$ 일 때 다음 극한함수를 구하여라.

(a) $\lim_{n\to\infty} (\sin \pi x)^{2n}$ (b) $\lim_{n\to\infty} \dfrac{\sin(nx+n)}{n^2}$ (c) $\lim_{n\to\infty} \dfrac{x^3 - nx}{n^2}$

(d) $\lim_{n\to\infty} x^2 e^{-nx}$ (e) $\lim_{n\to\infty} \dfrac{e^{-nx}}{n^2+1}$ (f) $\lim_{n\to\infty} \dfrac{1-e^{-nx}}{1-e^{-x}}$

2. 함수 $f_i : [0,\infty) \to \mathbb{R}(0 \le i \le 2)$ 에 대해 다음 극한을 구하여라. 단 $x \ge 0$ 이다.

(a) $\lim_{n\to\infty} \frac{x^n f_1(x) + f_0(x)}{x^n+1}$ (b) $\lim_{n\to\infty} \frac{x^n f_1(x) + \left(\frac{x^2}{2!}\right)^n f_2(x) + f_0(x)}{x^n + \left(\frac{x^2}{2!}\right)^n + 1}$

3. 함수열 $\{\tan^{-1} nx\}_{n=1}^{\infty}$ 의 극한함수를 구하고 고르게 수렴하는지 조사하여라.

4. 자연수 n 에 대해 $S_n(x) = \dfrac{1-x^n}{1-x}$ 이라고 하자.

(a) $0 < a < 1$ 일 때 $\{S_n\}_{n=1}^{\infty}$ 이 $[-a, a]$ 에서 고르게 수렴함을 증명하여라.

(b) $\{S_n\}_{n=1}^{\infty}$ 이 $(-1, 1)$ 에서 점별수렴함을 증명하라.

5. 다음 함수열 $\{f_n\}_{n=1}^{\infty}$ 의 극한함수를 구하고 고르게 수렴하는지 조사하여라.

(a) $f_n(x) = \begin{cases} n^2 x, & 0 \le x \le \frac{1}{n} \\ 2n - n^2 x, & \frac{1}{n} < x \le \frac{2}{n} \\ 0, & \frac{2}{n} < x \le 1 \end{cases}$ (b) $f_n(x) = \begin{cases} \frac{1}{2n}, & |x| \le n \\ 0, & |x| > n \end{cases}$

6. $f, g : D \subset \mathbb{R} \to \mathbb{R}$ 이 유계일 때 상한노름에 대한 다음 성질을 증명하여라.

(a) $\|f\| = 0 \iff f \equiv 0$ (b) $\|kf\| = |k|\,\|f\| \ \ \forall k \in \mathbb{R}$

(c) $\|f+g\| \le \|f\| + \|g\|$

7. $f_n(x) = \min\{n, e^x\}(x > 0)$ 일 때 $\{f_n\}_{n=1}^{\infty}$ 이 고르게 수렴하는지 조사하여라.

8. $\mathbb{R}$ 에서 정의된 함수열 $\left\{\frac{e^{x/n}}{n}\right\}_{n=1}^{\infty}$ 의 극한함수를 구하고 고르게 수렴하는지 조사하여라.

9. $[a, b]$ 에서 정의된 함수열 $\{f_n\}_{n=1}^{\infty}$ 과 $\{g_n\}_{n=1}^{\infty}$ 이 각각 f 와 g 로 고르게 수렴한다고 하자. 함수열 $\{h_n\}_{n=1}^{\infty}$ 에 대해 다음을 만족시키는 상수 $A, B > 0$ 가 존재하면 $\{h_n\}_{n=1}^{\infty}$ 이 $h \equiv 0$ 로 고르게 수렴함을 보여라.

$$|h_n(x)| \le A\,|f_n(x) - f(x)| + B\,|g_n(x) - g(x)| \quad \forall x \in [a, b],\ \forall n \in \mathbb{N}$$

10. 함수열 $\{g_n\}_{n=1}^{\infty}$ 이 $D \subseteq \mathbb{R}$ 에서 $g \equiv 0$ 로 고르게 수렴한다고 하자. 함수 $f : D \to \mathbb{R}$ 와 함수열 $\{f_n\}_{n=1}^{\infty}$ 에 대해 부등식

$$|f_n(x) - f(x)| \le g_n(x) \quad \forall x \in D,\ \forall n \in \mathbb{N}$$

이 성립하면 $\{f_n\}_{n=1}^{\infty}$ 이 f 로 고르게 수렴한다는 것을 보여라.

11. $D \subseteq \mathbb{R}$ 에서 정의된 함수열 $\{g_n\}_{n=1}^{\infty}$, $\{f_n\}_{n=1}^{\infty}$ 과 $\{h_n\}_{n=1}^{\infty}$ 를 생각하자. $\{g_n\}_{n=1}^{\infty}$ 과 $\{h_n\}_{n=1}^{\infty}$ 이 $f : D \to \mathbb{R}$ 로 고르게 수렴하고 모든 $n \in \mathbb{N}$ 과 $x \in [a, b]$ 에 대해

$$g_n(x) < f_n(x) < h_n(x)$$

이라고 하자. $\{f_n\}_{n=1}^{\infty}$ 이 f 로 고르게 수렴함을 증명하여라.

10.2 다항함수열에 의한 연속함수의 근사

성질을 잘 알고 있는 함수를 이용하여 연속함수를 근사(approximation)시키는 상황은 많은 응용문제에서 발생한다. 곡선이나 곡면을 연속함수로 근사시키거나 미분방정식의 수치해를 구하는 문제는 대표적이라고 할 수 있다. 다항식, 삼각함수 등은 함수를 근사시킬 때 자주 사용되는 함수들이다. 이 절에서는 연속함수를 다항식에 의하여 근사시키는 방법에 대하여 알아본다.

바이어슈트라스가 70세인 1855년에 증명한 근사정리는 연속함수의 근사에 관한 가장 중요한 정리의 하나이다. 바이어슈트라스의 증명은 여러 가지가 알려져 있지만 이 책에서는 번스타인(S. N. Bernstein) 다항식을 이용한 증명을 소개하기로 한다.

$f : [0, 1] \to \mathbb{R}$이 주어질 때 번스타인 다항식 $B_n(f; x)$는 다음과 같이 정의된다.

$$B_n(f;x) := \sum_{k=0}^{n} f\left(\frac{k}{n}\right)\binom{n}{k} x^k(1-x)^{n-k}, \quad 0 \le x \le 1$$

번스타인 다항식에 포함된 항 $b_{n,k}(x) := \binom{n}{k}x^k(1-x)^{n-k}$는 확률이 x인 독립사건을 n번 시행할 때 k번 발생할 확률이다. 다음 보조정리는 이항분포(binomial distribution)에서 평균과 분산을 구하는 식과 관련하여 나타난다.

보조정리 10.5 (이항분포의 성질)

$0 \le x \le 1$일 때 번스타인 다항식 기저 $\{b_{n,k}(x)\}_{k=0}^{n}$에 대해 다음이 성립한다.

$$\sum_{k=0}^{n} b_{n,k}(x) = 1, \quad \sum_{k=0}^{n} k b_{n,k}(x) = nx, \quad \sum_{k=0}^{n} k(k-1)b_{n,k}(x) = n(n-1)x^2 \quad (10.6)$$

[증명] 증명은 생략한다. □

이제 다항식을 이용하여 연속함수를 균일하게 근사시킬 수 있음을 증명한다.

정리 10.6 (Bernstein 근사 정리, 1912)

$f : [0, 1] \to \mathbb{R}$이 연속함수이면 함수열 $\{B_n(f; x)\}_{n=1}^{\infty}$는 f로 고르게 수렴한다.

[증명] f가 연속이므로 상수 $M > 0$이 존재하여 모든 $x \in [0, 1]$에 대해 $|f(x)| \le M$이다. ε이 주어진 양수라고 하자. 그러면 f의 고른연속성에 의해 $\delta > 0$가 존재하여 $|x - y| < \delta$이면 $|f(x) - f(y)| < \frac{\varepsilon}{2}$이다.

그런데 (10.6)에 의해 $f(x) - B_n(f; x) = \sum_{k=0}^{n}[f(x) - f\left(\frac{k}{n}\right)]b_{n,k}(x)$이므로 $|x - \frac{k}{n}| < \delta$일 때와 $|x - \frac{k}{n}| \ge \delta$인 경우로 나누어 생각한다. $|x - \frac{k}{n}| < \delta$일 때는

f의 고른연속성을 이용하고 $|x - \frac{k}{n}| < \delta$일 때는 $|nx - k| \geq n\delta$를 이용하면 다음 부등식을 얻을 수 있다.

$$|f(x) - f(k/n)| \begin{cases} < \frac{\varepsilon}{2}, & |x - \frac{k}{n}| < \delta \\ \leq 2M \leq 2M\frac{(nx-k)^2}{n^2\delta^2}, & |x - \frac{k}{n}| \geq \delta \end{cases}$$

한편, $b_k(x)$의 성질과 위 부등식에 의해 모든 $x \in [0,1]$에 대해 다음이 성립한다.

$$\begin{aligned} |f(x) - B_n(f;x)| &\leq \sum_{k=0}^{n} |f(x) - f(k/n)|\, b_{n,k}(x) \\ &< \sum_{k=0}^{n} \left(\frac{\varepsilon}{2} + 2M\frac{(nx-k)^2}{n^2\delta^2} \right) b_{n,k}(x) \\ &= \frac{\varepsilon}{2}\sum_{k=0}^{n} b_{n,k}(x) + \frac{2M}{n^2\delta^2}\sum_{k=0}^{n}(nx-k)^2 b_{n,k}(x) \\ &= \frac{\varepsilon}{2} + \frac{2M}{n\delta^2}x(1-x) < \frac{\varepsilon}{2} + \frac{2M}{n\delta^2} \end{aligned}$$

(위 식에서 사용한 등식 $\sum_{k=0}^{n}(nx-k)^2 b_{n,k}(x) = nx(1-x)$은 (10.6)에 의해 쉽게 증명된다.)

아르키데스의 원리에 의해 자연수 N이 존재하여 $\frac{2M}{N\delta^2} < \frac{\varepsilon}{2}$이므로 모든 자연수 $n \geq N$에 대해 $|f(x) - B_n(f;x)| < \frac{\varepsilon}{2} + \frac{\varepsilon}{2} = \varepsilon$임을 알 수 있따. 따라서 $\{B_n(f;x)\}_{n=1}^{\infty}$는 f로 고르게 수렴한다. □

1960-1970년 대에 컴퓨터를 이용한 자동차 디자인에서 베지에(P. Bézier) 등에 의해 소개된 베지에 곡선은 번스타인 다항식 기저와 깊은 관련이 있다. 번스타인 다항함수열 $\{B_n(f;x)\}_{n=1}^{\infty}$가 f로 고르게 수렴하지만 수렴속도가 느리다. 번스타인 다항식의 수렴 속도와 관련하여 다음 사실이 알려져 있다.

$$\lim_{n\to\infty} n(f(x) - B_n(f;x)) = \frac{1}{2}(1-x)xf''(x), \quad f''(x) \neq 0$$

이런 단점 때문에 잘 사용되지 않았지만 수치적 계산과정에서의 안정성이 밝혀지고 컴퓨터의 속도가 빨라지면서 곡선이나 곡면(surface)을 근사시킬 때 자주 사용된다.

정리 10.7 (Weierstrass 근사 정리, 1855)

$f : [a,b] \to \mathbb{R}$이 연속함수이면 임의의 양수 ε에 대해 다항식 P_ε이 존재하여 모든 $x \in [a,b]$에 대해 $|f(x) - P_\varepsilon(x)| < \varepsilon$이다.

[증명] 구간 $[0,1]$에서 $F(x) = f(a+(b-a)x)$라고 정의하면 F는 연속함수이다. 번스타인 정리를 적용하면 증명이 끝난다. □

연습문제 10.2

1. 번스타인 다항식 기저 $\{b_{n,k}(x)\}_{k=0}^{n}$에 대해 다음을 증명하여라.
   (a) $b_{n,k}(x) = \sum_{i=k}^{n}(-1)^{i-k}\binom{n}{i}\binom{i}{k}x^i$
   (b) $\sum_{k=0}^{n} c_k b_{n,k}(x) \equiv 0 \implies c_0 = c_1 = \cdots = c_n = 0$
   ((b)는 $\{b_{n,k}(x)\}_{k=0}^{n}$가 n차 이하의 다항식 공간에 대한 기저(basis)가 됨을 보여준다.)
2. 번스타인 다항식 기저 $b_{n,k}(x)$에 대해 다음을 증명하여라. (단, $k<0$ 또는 $k>n$일 때 $b_{n,k} \equiv 0$이고 $b_{0,0} \equiv 0$이다.)
   (a) $b_{n,n-k}(1-x) = b_{n,k}(x)$
   (b) $b_{n+1,k}(x) = xb_{n,k-1}(x) + (1-x)b_{n,k}(x)$
   (c) $\frac{d}{dx}b_{n,k}(x) = n\big(b_{n-1,k-1}(x) - b_{n-1,k}(x)\big)$
   (d) $\int_0^1 b_{n,k}(x)dx = \frac{1}{n+1}\ (0 \le k \le n)$
3. 임의의 $f, g : [0,1] \to \mathbb{R}$에 대해 다음이 성립함을 보여라.
   (a) $\deg B_n(f;\cdot) \le n$
   (b) $B_n(\alpha f; x) = \alpha B_n(f;x)\ \forall\alpha \in \mathbb{R}$
   (c) $B_n(f+g;x) = B_n(f;x) + B_n(g;x)$
   (d) $f(x) \le g(x)\ \forall x \in [0,1] \implies B_n(f;x) \le B_n(g;x)\ \forall x \in [0,1]$
4. 다음은 $f : [0,1] \to \mathbb{R}$가 연속함수일 때 정리 10.6의 다른 증명이다.
   (a) 모든 $n \in \mathbb{N}$에 대해 $B_n(1;x) = 1$, $B_n(x;x) = x$임을 보여라.
   (b) $B_n(x - 1/n); x) = \left(1 - \frac{1}{n}\right)x^2$임을 보여라. 이 사실을 이용하여 $B_n(x^2;x) = x^2 + \frac{1}{n}x(1-x)$임을 유도하여라.
   (c) $M := \sup_{x\in[0,1]} |f(x)|$일 때 임의의 $\varepsilon > 0$에 대해 다음을 만족시키는 $\delta > 0$가 존재함을 보여라.
   $$|f(x) - f(y)| < \frac{\varepsilon}{2} + \frac{2M}{\delta^2}(x-y)^2 \quad \forall x, y \in [0,1]$$
   또는
   $$-\frac{\varepsilon}{2} - \frac{2M}{\delta^2}(x-y)^2 < f(x) - f(y) < \frac{\varepsilon}{2} + \frac{2M}{\delta^2}(x-y)^2 \quad \forall x, y \in [0,1]$$
   (d) (a), (b) 및 연습문제 1을 참조하여 다음을 유도하여라.
   $$-\frac{\varepsilon}{2} - \frac{2M}{\delta^2}B_n\big((x-y)^2; y\big) < B_n(f;y) - f(y) < \frac{\varepsilon}{2} + \frac{2M}{\delta^2}B_n\big((x-y)^2; y\big)\ \forall x, y \in [0,1]$$

(힌트 : (c) 에서 y를 고정시킨 후 번스타인 다항식의 성질을 이용한다.)

(e) $B_n\big((x-y)^2; y\big)$ 을 구체적으로 계산하여 다음 부등식을 유도하여라.

$$|B_n(f;y) - f(y)| < \frac{\varepsilon}{2} + \frac{M}{2\delta^2}$$

(f) 자연수 N이 존재하여 모든 자연수 $n \geq N$과 모든 $y \in [0,1]$에 대해 $|B_n(f;y) - f(y)| < \varepsilon$ 임을 보여라.

5. 함수열 $\{\frac{x}{n} + \left(1 - \frac{1}{n}\right) x^2\}_{n=1}^{\infty}$ 이 $[0,1]$ 에서 고르게 수렴함을 보여라.

6. $B_n(x^3; x)$ 를 구하여라.

10.3 극한함수의 성질

수렴 및 연속성이 엄밀하게 정의되지않은 19세기 이전에는 함수열의 성질이 극한함수에서도 그대로 유지된다고 생각하였다. 극한을 포함하는 함수도 유한번의 대수적 연산에 얻어지는 함수와 같은 성질을 갖는다고 생각하여 항별미분이나 항별적분을 자유롭게 사용하였다. 아벨아 코시의 주장에 대해 반례를 제시하였임을 앞에서 언급하였다.

$\{f_n\}_{n=1}^{\infty}$ 이 f 로 점별수렴할 때 다음 질문은 매우 중요하다.

(a) $f_n(x)$ 가 연속함수일 때 $f(x)$ 도 연속함수인가?
(b) $f_n(x)$ 가 미분가능한 함수일 때 $f(x)$ 도 미분가능한 함수인가?
(c) $f_n(x)$ 가 적분가능한 함수일 때 $f(x)$ 도 적분가능한 함수인가?

질문에 대한 대답은 모두 '**아니오**'이다. 함수열이 수렴할 때 f 의 연속성, 미분가능성 및 적분 가능성은 "서로 다른 극한의 순서를 바꿀 수 있다"는 주장과 동일한 것이다. 이것은 일반적으로 가능하지 않다. 다음 예제를 살펴보자.

예제 10.8 $[a,b]$ 에서 정의된 함수열 $\{f_n\}_{n=1}^{\infty}$ 을 생각하자.

(a) $[0,1]$ 에서 연속인 함수열 $f_n(x) = x^n$ 에 대해 다음을 확인할 수 있다.

$$\lim_{n\to\infty}\lim_{x\to 1^-} f_n(x) \neq \lim_{x\to 1^-}\lim_{n\to\infty} f_n(x)$$

(b) $[-1,1]$ 에서 정의된 미분가능한 함수열 $f_n(x) = |x|^{1+\frac{1}{n}}$ 는 $f(x) = |x|$ 로 점별수렴한다. 한편, 함수열 $\{f_n'\}_{n=1}^{\infty}$ 의 극한함수 g 는 $x = 0$ 에서 미분불가능하다. 일반적으로 다음이 성립한다.

$$\frac{d}{dx}\lim_{n\to\infty} f_n(x) \neq \lim_{n\to\infty}\frac{d}{dx} f_n(x)$$

(c) $[0,1]$ 에서 정의된 적분가능한 함수열 $\{f_n\}_{n=1}^{\infty}$ 을 생각하자.

$$f_n(x) = \begin{cases} n - n^2x & (0 \le x \le \frac{1}{n})) \\ 0 & (\frac{1}{n} < x \le 1) \end{cases}$$

$\int_0^1 f_n(x)dx = \frac{1}{2}$, $\int_0^1 f(x)dx = 0$ 이므로

$$\int_0^1 \lim_{n\to\infty} f_n(x)dx \neq \lim_{n\to\infty}\int_0^1 f_n(x)dx$$

임을 확인할 수 있다.

"$f_n(x)$ 에 대한 어떤 조건을 줄 때 질문 (a), (b), (c) 의 결론이 성립하는가"에 답은 매우 중요한데 이 절에서는 이러한 문제에 대한 답을 찾아본다. 고른수렴이라는 조건이

추가되면 함수열에 대한 극한과정의 순서교환에 관한 문제가 어느 정도 해결된다.

10.3.1 극한함수의 연속성

다음 정리는 연속인 함수열이 고르게 수렴할 때 극한함수가 연속임을 보여준다.

정리 10.8 (고른수렴과 극한함수의 연속성, Weierstrass 1861)

$I \subset \mathbb{R}$가 (유계 또는 비유계) 구간이고 각 자연수 n에 대해 $f_n : I \to \mathbb{R}$이 연속함수라고 하자.

함수열 $\{f_n\}_{n=1}^{\infty}$이 I에서 f로 고르게 수렴하면 극한함수 f는 I에서 연속이다.

[증명] 함수열 $\{f_n\}_{n=1}^{\infty}$이 I에서 f로 고르게 수렴하므로 주어진 양수 ε에 대해 다음이 성립하는 자연수 N이 존재한다.

$$n \geq N \to |f_n(x) - f(x)| < \frac{\varepsilon}{3} \quad {}^{\forall}x \in I$$

한편, $f_n(n \geq N)$이 x_0에서 연속이므로 양수 δ가 존재하여 $x \in I$이고 $|x - x_0| < \delta$이면 $|f_n(x) - f_n(x_0)| < \frac{\varepsilon}{3}$이 성립한다.

이러한 사실을 이용하여 $x \in I$, $|x - x_0| < \delta$일 때 다음과 같은 부등식을 유도할 수 있다.

$$\begin{aligned}|f(x) - f(x_0)| &= |f(x) - f_n(x) + f_n(x) - f_n(x_0) + f_n(x_0) - f(x_0)| \\ &\leq |f_n(x) - f(x)| + |f_n(x) - f_n(x_0)| + |f_n(x_0) - f(x_0)| \\ &< \frac{\varepsilon}{3} + \frac{\varepsilon}{3} + \frac{\varepsilon}{3} = \varepsilon\end{aligned}$$

극한함수 f가 임의의 $x_0 \in I$에서 연속이므로 f는 연속함수이다. □

다음 예제는 극한함수가 연속이 아닌 경우 함수열은 고르게 수렴하지 않음을 확인시켜준다.

예제 10.9 닫힌구간 $[0, 1]$에서 정의된 함수열 $\{x^n\}_{n=1}^{\infty}$은 점별수렴하지만 고르게 수렴하지 않는다. 이 함수열의 극한 함수 f는 $x = 1$에서 (좌) 연속이 아니다.

정리 10.8에서 고른수렴은 생략할 수 없다. 고른수렴은 극한함수가 연속이 될 충분조건에 불과하다.

예제 10.10 다음 함수열 $\{f_n\}_{n=1}^{\infty}$은 고르게 수렴하지 않지만 극한함수 $f \equiv 0$는 연속이다.

$$f_n(x) = \begin{cases} (n+1)x, & 0 \le x < \frac{1}{n+1} \\ (1+1/n)(1-x), & \frac{1}{n+1} \le x \le 1 \end{cases}$$

[풀이] 함수열은 점별수렴하지만 $\|f_n - f\| = 1$이므로 고르게 수렴하지 않는다. □

정리 10.8의 역은 일반적으로 성립하지 않지만 함수열과 정의구역에 제한을 두면 다음과 같은 고른수렴 판정법을 얻을 수 있다.

정리 10.9 (Dini 고른수렴 정리)

$f_n : [a,b] \to \mathbb{R}$이 연속함수이고 모든 $x \in [a,b]$와 모든 자연수 n에 대해 $f_n(x) \ge f_{n+1}(x)$라고 하자. (이런 함수열을 단조(감소) 함수열이라고 부른다)

함수열 $\{f_n\}_{n=1}^{\infty}$이 $f : [a,b] \to \mathbb{R}$로 점별수렴하고 f가 연속이면 $\{f_n\}_{n=1}^{\infty}$는 f로 고르게 수렴한다.

[증명] $g_n := f_n - f$라고 두면 각 $x \in [a,b]$에 대해 $g_n(x) \ge 0$이고 $\{g_n(x)\}_{n=1}^{\infty}$는 0으로 수렴하는 단조감소 수열이다.

임의의 $\varepsilon > 0$과 $x \in [a,b]$에 대해 자연수 $N_{x,\varepsilon}$이 존재하여 모든 $n \ge N_{x,\varepsilon}$에 대해 $0 \le g_n(x) < \varepsilon$이다. 또한 $g_{N_{x,\varepsilon}}$이 연속이므로 각 $x \in [a,b]$에 대해 $\delta_x > 0$가 존재하여 임의의 $y \in N(x,\delta_x)$에 대해

$$g_{N_{x,\varepsilon}}(y) \le |g_{N_{x,\varepsilon}}(y) - g_{N_{x,\varepsilon}}(x)| + g_{N_{x,\varepsilon}}(x) < 2\varepsilon$$

이다. 이 사실과 $\{g_n(x)\}_{n=1}^{\infty}$가 단조감소 수열이라는 사실로부터 x의 근방 $N(x,\delta_x)$에서 $\{g_n\}_{n=1}^{\infty}$가 0으로 고르게 수렴함을 알 수 있다.

한편 이러한 근방의 모임은 컴팩트 집합 $[a,b]$의 열린덮개이므로 유한 열린덮개를 갖는다. 이 유한 열린덮개 $\{N(x_k,\delta_{x_k})\}_{k=1}^{K}$에 대해 $M = \max_{1\le k\le K} N_{x_k,\varepsilon}$이라고 두자. 그러면 임의의 $y \in [a,b]$에 대해 k가 존재하여 $y \in N(x_k,\delta_{x_k})$이다. 모든 $y \in [a,b]$와 모든 $n \ge M$에 대해 $g_n(y) < 2\varepsilon$이므로 함수열 $\{g_n\}_{n=1}^{\infty}$는 $g \equiv 0$으로 고르게 수렴한다. □

정리 10.9의 증명은 함수열의 정의구역 $[a,b]$가 컴팩트라는 사실을 이용하고 있다. 따라서 정리 10.9는 컴팩트 집합에서 정의된 함수열에 대해서도 성립한다.

10.3.2 극한함수의 도함수

극한함수의 미분은 극한함수를 구한 후 도함수를 구하므로 서로 다른 극한과정을 포함한다. 다음 정리는 극한과 미분의 순서 교환이 가능함을 보여준다.

정리 10.10 (극한함수의 도함수)

유계구간 I에서 정의된 함수열 $\{f_n\}_{n=1}^{\infty}$의 각 함수가 미분가능할 때, 어떤 $x_0 \in I$에 대해 $\{f_n(x_0)\}_{n=1}^{\infty}$이 수렴하고 함수열 $\{f_n'\}_{n=1}^{\infty}$이 g로 고르게 수렴한다고 하자. 그러면 $\{f_n\}_{n=1}^{\infty}$이 미분가능한 함수 $f : I \to \mathbb{R}$로 고르게 수렴하고 $f' = g$이다. 즉, 다음이 성립한다.

$$\frac{d}{dx}f(x) = \frac{d}{dx}\lim_{n\to\infty} f_n(x) = \lim_{n\to\infty}\frac{d}{dx}f_n(x) \tag{10.7}$$

[증명] 먼저 $\{f_n\}_{n=1}^{\infty}$이 고르게 수렴하는 것을 증명하기 위해 임의의 양수 ε이 주어질 때 자연수 N이 존재하여 $n \ge N$일 때 $\|f_n - f_m\| < \varepsilon$임을 보이겠다.

함수 $f_n - f_m$에 평균값정리를 적용하면 x_0와 x 사이에 η가 존재하여 다음을 만족시킨다.

$$f_n(x) - f_m(x) = f_n(x_0) - f_m(x_0) + (x - x_0)[f_n'(\eta) - f_m'(\eta)]$$

이 부등식으로부터, 삼각부등식과 상한노름의 정의에 의해, 부등식

$$\|f_n - f_m\| \le |f_n(x_0) - f_m(x_0)| + (b-a)\,\|f_n' - f_m'\|$$

이 성립한다. 또한 $\{f_n(x_0)\}_{n=1}^{\infty}$이 수렴하고 $\{f_n'\}_{n=1}^{\infty}$이 고르게 수렴하므로 자연수 N이 존재하여 $m, n \ge N$일 때 $|f_n(x_0) - f_m(x_0)| < \frac{\varepsilon}{2}$, $\|f_n' - f_m'\| < \frac{\varepsilon}{b-a}$이다. 따라서 $m, n \ge N$일 때 $\|f_n - f_m\| < \varepsilon$임을 알 수 있다. 그러므로 $\{f_n\}_{n=1}^{\infty}$이 고르게 수렴한다.

다음으로 극한함수 f가 임의의 $c \in I$에서 미분가능하다는 것을 보이자. 평균값 정리에 의해 x와 c사이에 ξ가 존재하여 다음 등식이 성립한다.

$$[f_n(x) - f_m(x)] - [f_n(c) - f_m(c)] = (x - c)[f_n'(\xi) - f_m'(\xi)]$$

또한 위 식으로부터 다음을 알 수 있다.

$$\left|\frac{f_n(x) - f_n(c)}{x - c} - \frac{f_m(x) - f_m(c)}{x - c}\right| \le \|f_n' - f_m'\|$$

그런데 $\{f_n'\}_{n=1}^{\infty}$이 고르게 수렴하므로 자연수 K가 존재하여 $m, n \ge K$일 때

$$\left|\frac{f_n(x) - f_n(c)}{x - c} - \frac{f_m(x) - f_m(c)}{x - c}\right| < \frac{\varepsilon}{3}$$

임을 알 수 있다. 위 식에서 n을 고정시키고 $m \to \infty$인 극한을 취하면 $n \geq K$일 때 다음이 성립한다.

$$\left| \frac{f_n(x) - f_n(c)}{x - c} - \frac{f(x) - f(c)}{x - c} \right| \leq \frac{\varepsilon}{3}$$

한편, $\lim_{n\to\infty} f_n'(c) = g(c)$이므로 자연수 L이 존재하여 모든 자연수 $n \geq L$에 대해 $|f_n'(c) - g(c)| < \frac{\varepsilon}{3}$이다. 그런데 f_n이 $x = c$에서 미분가능하므로 양수 δ가 존재하여 $0 < |x - c| < \delta$일 때 $\left| \frac{f_n(x) - f_n(c)}{x - c} - f_n'(c) \right| < \frac{\varepsilon}{3}$이다. $\max\{K, L\}$보다 큰 (임의의) 자연수 n_0를 택하면 $0 < |x - c| < \delta$일 때 다음 부등식이 성립하므로 $f'(c) = g(c)$임을 알 수 있다.

$$\begin{aligned} \left| \frac{f(x) - f(c)}{x - c} - g(c) \right| &\leq \left| \frac{f(x) - f(c)}{x - c} - \frac{f_{n_0}(x) - f_{n_0}(c)}{x - c} \right| \\ &\quad + \left| \frac{f_{n_0}(x) - f_{n_0}(c)}{x - c} - f_{n_0}'(c) \right| + |f_{n_0}'(c) - g(c)| \\ &< \frac{\varepsilon}{3} + \frac{\varepsilon}{3} + \frac{\varepsilon}{3} = \varepsilon \end{aligned}$$

임의의 $c \in I$에 대해 $f'(c) = g(c)$이므로 $f' = g$이다. □

정리 10.10의 가정에서 주목할 점은 함수열 $\{f_n\}_{n=1}^{\infty}$이 한 점에서만 수렴하고 각 f_n'이 연속일 필요가 없다는 점이다. $\{f_n\}_{n=1}^{\infty}$이 $[a, b]$에서 점별수렴하고 각 f_n'이 연속이라는 가정을 추가하면 증명이 쉬워진다. 연습문제 6번을 참조하기 바란다.

예제 10.11 $f_n(x) = \frac{x}{1+nx^2}$ $(-1 \leq x \leq 1)$일 때 함수열 $\{f_n\}_{n=1}^{\infty}$은 $f \equiv 0$으로 점별수렴한다. 그러나 $\{f_n'\}_{n=1}^{\infty}$는 f'으로 수렴하지 않는다.

[풀이] 모든 $x \in [-1, 1]$에 대해 $\lim_{n\to\infty} f_n(x) = 0$이므로 $\{f_n\}_{n=1}^{\infty}$은 $f \equiv 0$으로 점별수렴한다. 한편, $f_n'(x) = \frac{1-nx^2}{(1+nx^2)^2}$이고 $\{f_n'\}_{n=1}^{\infty}$의 극한함수 g는 다음과 같다.

$$g(x) = \lim_{n\to\infty} f_n'(x) = \begin{cases} 0 & (x \neq 0) \\ 1 & (x = 0) \end{cases}$$

$f' \neq g$이지만 정리 10.10과 상충되지 않는다. $M_n := \|f_n' - g\| = \frac{1}{16} - \frac{3}{16n}$이고 $\lim_{n\to\infty} M_n \neq 0$이므로 $\{f_n'\}_{n=1}^{\infty}$이 고르게 수렴하지 않기 때문이다. □

다음 예제는 정리 10.10을 적용할 수 있는 예제이다.

예제 10.12 열린구간 $(1, \infty)$에서 정의된 함수열 $f_n(x) = \frac{nx^2}{1+nx}$의 극한함수를 f라 하자. 정리 10.10을 적용하여 f'을 구하여라.

[풀이] 임의의 유계구간 $(1,b]$를 택할 때 수열 $\{f_n(b/2)\}_{n=1}^{\infty}$이 $\frac{b}{2}$로 수렴한다. 한편, $f_n'(x) = \frac{n^2x^2+2nx}{(1+nx)^2}$이고 $m \geq n$일 때 다음을 만족시킨다.

$$|f_n'(x) - f_m'(x)| = \left|\frac{1}{(1+nx)^2} - \frac{1}{(1+mx)^2}\right| \leq \frac{1}{(1+nx)^2} < \frac{1}{(1+n)^2}$$

주어진 임의의 양수 ε에 대해 자연수 N을 $\frac{1}{(1+N)^2} < \varepsilon$이 되게 택할 수 있으므로 $\{f_n'\}_{n=1}^{\infty}$이, 코시 고른수렴 판정법에 의해, $(1,b]$에서 고르게 수렴한다. 따라서 $\{f_n\}_{n=1}^{\infty}$이 임의의 유계구간 $(1,b]$에서 미분가능한 함수 f로 고르게 수렴하고 f'은 다음과 같다 (정리 10.10).

$$f'(x) = \lim_{n\to\infty} f_n'(x) = \lim_{n\to\infty} \frac{n^2x^2+2nx}{(1+nx)^2} = 1, \quad 1 < x \leq b$$

임의의 유계구간 $(1,b]$에서 $f' \equiv 1$이므로 $f' \equiv 1(1 < x < \infty)$이다. □

10.3.3 극한함수의 적분

이제 극한함수의 적분가능성과 관련된 내용을 공부해보자.

다음 정리는 적분가능한 함수열이 고르게 수렴할 때 극한함수가 적분가능함을 말해준다.

정리 10.11 (항별 적분 : 극한함수의 적분가능성)

각 자연수 n에 대해 $f_n : [a,b] \to \mathbb{R}$이 적분가능할 때 함수열 $\{f_n\}_{n=1}^{\infty}$이 $[a,b]$에서 f로 고르게 수렴하면 극한함수 f는 적분가능하고 다음이 성립한다.

$$\int_a^b f(x)dx = \int_a^b \lim_{n\to\infty} f_n(x)dx = \lim_{n\to\infty} \int_a^b f_n(x)dx \tag{10.8}$$

[증명] 임의의 양수 ε이 주어질 때 상합과 하합의 차이가 ε보다 작은 분할 P, 즉 $U(P,f) - L(P,f) < \varepsilon$이 성립하는 분할 P를 찾으면 된다. $\{f_n\}_{n=1}^{\infty}$이 $[a,b]$에서 f로 고르게 수렴하므로 모든 $x \in [a,b]$에 대해 다음 부등식이 성립하도록 자연수 N을 찾을 수 있다.

$$|f_n(x) - f(x)| < \frac{\varepsilon}{3(b-a)} \tag{10.9}$$

한편 f_n이 적분가능하므로 분할 P를 $U(P,f_n) - L(P,f_n) < \frac{\varepsilon}{3}$이 성립하도록 택할 수 있다. 이제 이 분할 P에 의해 결정되는 각 소구간 $[x_{i-1}, x_i](1 \leq i \leq M)$에서 f의 상한과 하한을 M_i, m_i, f_n의 상한과 하한을 $\overline{M}_i, \overline{m}_i$이라고 하자. (10.9)

에 의해 다음과 같은 부등식이 성립함을 알 수 있다.

$$\overline{m}_i - \frac{\varepsilon}{3(b-a)} < m_i \le M_i < \overline{M}_i + \frac{\varepsilon}{3(b-a)}$$

또한 f의 상합 $U(P,f)$과 하합 $L(P,f)$는 다음을 만족시킨다.

$$\begin{aligned} U(P,f) - L(P,f) &= \sum_{i=1}^{M} M_i(x_i - x_{i-1}) - \sum_{i=1}^{M} m_i(x_i - x_{i-1}) \\ &< \sum_{i=1}^{M} \overline{M}_i(x_i - x_{i-1}) - \sum_{i=1}^{M} \overline{m}_i(x_i - x_{i-1}) + \frac{2\varepsilon}{3} \\ &= U(P,f_n) - L(P,f_n) + \frac{2\varepsilon}{3} \\ &< \frac{\varepsilon}{3} + \frac{2\varepsilon}{3} = \varepsilon \end{aligned}$$

그러므로 f는 $[a,b]$에서 적분가능하다. □

정리 10.11에서 고른수렴은 (10.8)이 성립할 충분조건이다. 함수열이 고르게 수렴하지 않는 경우에도 (10.8)이 성립할 수 있다.

예제 10.13

(a) 함수열 $\{xe^{-nx}\}_{n=1}^{\infty}$는 $[0,1]$에서 $f \equiv 0$으로 고르게 수렴한다. 또한 다음을 확인할 수 있다.

$$\lim_{n\to\infty} \int_0^1 f_n(x)dx = \lim_{n\to\infty} \left(\frac{1}{n^2} - \frac{1}{ne} - \frac{1}{n^2 e} \right) = 0 = \int_0^1 f(x)dx$$

(b) 함수열 $\{x^n\}_{n=1}^{\infty}$은 $[0,1]$에서 고르게 수렴하지 않지만 (10.8)이 성립한다.

예제 10.14 $[0,\infty)$에서 함수열 $\{f_n\}_{n=1}^{\infty}$이 다음과 같이 정의된다고 하자.

$$f_n(x) = \begin{cases} \frac{x}{n^2} & , 0 \le x \le n \\ 0 & , x > n \end{cases}$$

$\lim\limits_{n\to\infty} \int_0^\infty f_n(x)dx$와 극한함수의 적분 $\int_0^\infty f(x)dx$를 계산하여 비교하고 이 결과가 정리 10.11과 모순되는지 설명하여라.

[풀이] $\{f_n\}_{n=1}^{\infty}$은 $f \equiv 0$로 고르게 수렴한다. 한편 $\int_0^\infty f_n(x)dx = \frac{1}{2}$이고 $\int_0^\infty f(x)dx = 0$이다. 이 결과는 무한구간에서 고르게 수렴하는 함수열에 대해서는 정리 10.11이 성립하지 않을 수 있음을 보여준다. □

정리 10.11이 성립할 조건을 일반화하여 다음 정리를 증명할 수 있다. 이 정리는 보통 르베그적분 이론을 이용하여 증명하는데 증명이 매우 어렵기 때문에 소개하지 않는 것이 보통이다. 참고문헌 [11]에서는 초보적인 증명과 응용을 다루고 있다.

정리 10.12 (Bounded convergence theorem(유계수렴 정리))

$f_n : [a,b] \to \mathbb{R}$이 적분가능한 함수라고 하자. 상수 $M > 0$이 존재하여 모든 $x \in [a,b]$와 $n \in \mathbb{N}$에 대해 $|f_n(x)| \le M$이고 $\{f_n\}_{n=1}^{\infty}$이 $f : [a,b] \to \mathbb{R}$로 점별수렴하면, $\{\int_a^b f_n(x)dx\}_{n=1}^{\infty}$이 수렴한다. 특히, f가 적분가능하면 다음이 성립한다.

$$\lim_{n\to\infty} \int_a^b f_n(x)dx = \int_a^b f(x)dx \tag{10.10}$$

10.3.4 매개변수를 포함한 적분

직사각형 영역 $[a,b] \times S \subset \mathbb{R}^2$에서 정의된 함수 $f(x,t)$에 대해 다음 함수 $F(t)$를 생각하자.

$$F(y) = \int_a^b f(x,y)dx \tag{10.11}$$

정리 10.12를 이용하면 F의 연속성, 미분가능성, 적분가능성을 증명할 수 있다.

정리 10.13 (적분에 의해 정의된 함수의 연속성)

$y_0 \in S$가 S의 극한점(limit point)일 때 모든 $y \in S$에 대해 $F(y)$가 존재한다고 하자. f가 $[a,b] \times S$에서 유계이면 F는 $y = y_0$에서 연속이다.

[증명] $\lim_{n\to\infty} y_n = y_0$이고 $\phi_n(x) = f(x, y_n)$이라고 하자. 그러면 $\phi_n : [a,b] \to \mathbb{R}$은 적분가능하고 $\{\phi_n\}_{n=1}^{\infty}$가 적분가능한 함수 $\phi(x) = f(x, y_0)$로 수렴한다. 정리 10.12에 의해

$$\lim_{n\to\infty} \int_a^b \phi_n(x)dx = \lim_{n\to\infty} \int_a^b f(x,y_n)dx = \int_a^b \phi(x)dx$$

이다. 임의의 $\{y_n\}_{n=1}^{\infty}$에 대해 $\lim_{n\to\infty} F(y_n) = F(y_0)$이므로 F가 $y = y_0$에서 연속이다. □

정리 10.14 (적분에 의해 정의된 함수의 미분가능성)

$y_0 \in S$가 S의 극한점일 때 모든 $y \in S$에 대해 $F(y)$가 존재한다고 하자. f가 다음 조건을 만족시킨다고 하자.

(i) 상수 $K > 0$가 존재하여 모든 $x \in [a, b]$와 $y \in S$에 대해 $\left|\frac{f(x,y)-f(x,y_0)}{y-y_0}\right| \leq K$ 이다.

(ii) $\frac{\partial}{\partial y} f(x, y_0)$와 $\int_a^b \frac{\partial}{\partial y} f(x, y_0)dx$가 존재한다.

그러면 F가 y_0에서 미분가능하고 $F'(y_0)$는 다음과 같다.

$$F'(y_0) = \int_a^b \frac{\partial f}{\partial y}(x, y_0)dx \tag{10.12}$$

[증명] $\{y_n\}_{n=1}^{\infty}$이 y_0로 수렴하는 (임의의) 수열일 때 함수열 $\{g_n\}_{n=1}^{\infty}$를 다음과 같이 정의하자.

$$g_n(x) = \frac{f(x, y_n) - f(x, y_0)}{y_n - y_0}, \quad x \in [a, b]$$

모든 g_n이 $[a, b]$에서 적분가능하고 $\{g_n\}_{n=1}^{\infty}$이 $\frac{\partial}{\partial y} f(x, y_0)$로 수렴하므로, 정리 10.12에 의해,

$$\begin{aligned} \lim_{n\to\infty} \frac{F(y_n) - F(y_0)}{y_n - y_0} &= \lim_{n\to\infty} \int_a^b \frac{f(x, y_n) - f(x, y_0)}{y_n - y_0} dx \\ &= \int_a^b \frac{\partial}{\partial y} f(x, y_0)dx \end{aligned} \tag{10.13}$$

임을 알 수 있다. y_0로 수렴하는 임의의 수열 $\{y_n\}_{n=1}^{\infty}$에 대해 (10.13)이 성립하므로 증명이 끝난다. □

$S = [c, d]$라고 하자. 2변수 함수 f가 $[a, b] \times [c, d]$에서 연속이면 정리 10.13의 조건이 만족된다. 비슷하게, 모든 $(x, y) \in [a, b] \times [c, d]$에서 $\frac{\partial f}{\partial y}$가 존재하고 $\frac{\partial f}{\partial y}$이 연속이면 정리 10.13의 조건이 만족된다.

정리 10.15 (Fichtenholz 정리, 1913)

$f : [a, b] \times [c, d] \to \mathbb{R}$이 유계함수일 때 반복적분

$$\int_a^b \int_c^d f(x)dydx, \quad \int_c^d \int_a^b f(x, y)dxdy$$

이 모두 존재하면 다음이 성립한다.

$$\int_c^d \int_a^b f(x, y)dxdy = \int_a^b \int_c^d f(x, y)dydx \tag{10.14}$$

[증명] 연습문제 7번을 참조하기 바란다. □

정리 10.15에서는 2변수함수 f가 적분가능하다는 것을 요구하지 않고 있다. f가 $D = [a,b] \times [c,d]$에서 연속이면 f가 (이중) 적분가능하다. 푸비니(Fubini) 정리는 (10.14)에 의해 이중적분 $\int\int_D f(x,y)dxdy$의 값을 계산한다.

연습문제 10.3

1. $f_n(x) = x\tan^{-1}(nx)$일 때 함수열 $\{f_n\}_{n=1}^{\infty}$의 극한함수를 f라고 하자.
   (a) $\{f_n'\}_{n=1}^{\infty}$의 극한함수 g를 구하고 고르게 수렴하는지 조사하여라.
   (b) $f' = g$인지 조사하여라.

2. 다음 함수열에 대해 정리 10.11이 성립하는지 조사하여라.
   (a) $f_n(x) = n^2xe^{-nx}$, $0 \le x \le 1$ (b) $f_n(x) = n^3xe^{-nx}$, $0 \le x \le 1$
   (c) $f_n(x) = \begin{cases} \frac{x^2}{n^3} & (|x| \le n) \\ 0 & (|x| > n) \end{cases}$

3. $\lim\limits_{n\to\infty} \int_0^1 \frac{nx+\cos nx^2}{n}dx = \frac{1}{2}$임을 보여라.

4. 연속함수 $f : [a,b] \to \mathbb{R}$에 대해 $f_n(x) = \min\{n, f(x)\}$ $(x \in [a,b])$라고 두자.
   (a) 모든 $x \in [a,b]$와 $n \in \mathbb{N}$에 대해 $f_n(x) \le f_{n+1}(x)$임을 보여라.
   (b) f_n이 연속함수인지 조사하여라.
   (c) 정리 10.11이 성립하는지 조사하여라.

5. 유계함수 $f : [a,b] \to \mathbb{R}$가 적분가능할 때 $f_n(x) = \min\{n, f(x)\}$이라고 두자.
   (a) 모든 $x \in [a,b]$와 $n \in \mathbb{N}$에 대해 $f_n(x) \le f_{n+1}(x)$임을 보여라.
   (b) f_n이 적분가능한지 조사하여라.
   (c) $\{f_n\}_{n=1}^{\infty}$이 f로 고르게 수렴함을 증명하여라.
   (d) 정리 10.11이 성립하는지 조사하여라.

6. $f : [a,b] \to \mathbb{R}$이 연속적으로 미분가능할 때 $\{f_n\}_{n=1}^{\infty}$이 f로 점별수렴하고 $\{f_n'\}_{n=1}^{\infty}$이 g로 고르게 수렴한다고 하자.
   (a) $f(x) = f(a) + \lim\limits_{n\to\infty} \int_a^x f_n'(t)dt$임을 보여라.
   (b) g가 적분가능하고 $f(x) = f(a) + \int_a^x g(t)dt$임을 보여라.
   (c) $f' = g$임을 보여라.

7. (**Fichtenholz 정리**의 증명) $[c,d]$를 n등분한 분할 $P_n = \{y_{n,0}, y_{n,1}, \cdots, y_{n,n}\}$에 대해 구간 $[a,b]$에서 함수열 $\{\phi_n\}_{n=1}^{\infty}$를 다음과 같이 정의하자.

$$\phi_n(x) = \sum_{k=1}^{n} f(x, y_{n,k})(y_{n,k} - y_{n,k-1}), \quad y_{n,k} = c + \frac{d-c}{n}k$$

$\phi(x) = \int_c^d f(x,y)dy$, $\psi(y) = \int_a^b f(x,y)dx$ 라고 할 때 다음을 증명하여라.

(a) $\lim_{n\to\infty} \phi_n(x) = \phi(x)$

(b) $\lim_{n\to\infty} \int_a^b \phi_n(x)dx = \int_a^b \phi(x)dx = \int_a^b \int_c^d f(x,y)dydx$

(c) $\int_a^b \phi_n(x)dx = \sum_{k=1}^{n} \psi(y_{n,k})(y_{n,k} - y_{n,k-1})$

(d) $\lim_{n\to\infty} \int_a^b \phi_n(x)dx = \int_c^d \psi(y)dy$

8. 다항함수열 $\{p_n\}_{n=0}^{\infty}$ 를 다음과 같이 정의하자.

$$p_{n+1}(x) = p_n(x) + \big(x - p_n^2(x)\big)/2, \quad p_0(x) = 0$$

(a) 각 $x \in [0,1]$ 에 대해 $0 \le p_n(x) \le p_{n+1}(x) \le \sqrt{x}$ 임을 보여라.

(b) $\{p_n\}_{n=0}^{\infty}$ 이 $\sqrt{x}$ 로 고르게 수렴함을 증명하여라.

(c) $|x|$ 로 고르게 수렴하는 함수열을 구성하여라.

9. (정리 10.7의 증명) 연속함수 $f : [-1,1] \to \mathbb{R}$ 에 대해 다항함수열 $\{p_n\}_{n=1}^{\infty}$ 를 다음과 같이 정의하자.

$$p_n(x) = c_n \int_{-1}^{1} f(x+t)(1-t^2)dt, \quad c_n \int_{-1}^{1} (1-t^2)^n dt = 1$$

(a) $\deg p_n \le n$ 임을 보여라. (힌트 : 적분변수 변환)

(b) $c_n < \sqrt{n}$ 임을 보여라. (힌트 : $(1-t^2)^n \ge 1 - nt^2$)

(c) 주어진 양수 ε 에 적당한 $\delta > 0$ 를 택하여 $|x-y| \le \delta$ 일 때 $|f(x) - f(y)| < \varepsilon/2$ 이 성립한다고 하자. $\delta < 1$ 일 때 다음 부등식을 증명하여라.

$$c_n \int_{\delta}^{1} (1-t^2)^n dt < \sqrt{n}(1-\delta^2)^n$$

(d) n 이 충분히 클 때 다음 부등식을 유도하여라. (힌트 : $[-1,1] = [-1,-\delta] \cup [-\delta,\delta] \cup [\delta,1]$)

$$\begin{aligned} |p_n(x) - f(x)| &\le c_n \left| \int_{-1}^{1} \big(f(x+t) - f(x)\big)(1-t^2)^n dt \right| \\ &\le \frac{\varepsilon}{2} + 4\,\|f\|\,\sqrt{n}(1-\delta^2)^n \end{aligned}$$

단, $\|f\| = \left(\int_{-1}^{1} f^2(t)dt\right)^{1/2}$ 이다.

(e) $\{p_n\}_{n=1}^{\infty}$ 이 $[-1,1]$ 에서 f 로 고르게 수렴함을 보여라.

10.4 새로운 적분의 등장

우리가 공부한 리만적분은 함수의 정의구역을 분할한 후 구간의 길이와 (구간에서의) 함수값을 곱한 값의 합에 대한 극한이다. 대학과정에서 다루어지는 수학 내용의 대부분은 리만적분에 바탕을 두고 있고 응용에서 리만적분의 한계를 느끼는 경우는 많지 않다.

이 절에서는 리만적분의 몇 가지 약점을 살펴보고 이를 해소하는 과정과 새로운 적분에 대해 간단히 소개하고자 한다.

(i) 항별 적분이 성립하는가?

리만 이전 또는 당대의 수학자들은 $u_i : [a,b] \to \mathbb{R}$ 가 적분가능하고 $\sum_{i=1}^{\infty} u_i(x)$ 가 수렴하는 급수일 때 다음 등식(항별 적분)이 성립한다고 생각하였다.

$$\int_a^b \sum_{i=1}^{\infty} u_i(x)\,dx = \sum_{i=1}^{\infty} \int_a^b u_i(x)\,dx$$

부분합 $s_n(x) := \sum_{i=1}^{n} u_i(x)$ 를 도입하여 이 식을 다음과 같이 다시 쓸 수 있다.

$$\int_a^b \lim_{n\to\infty} s_n(x)\,dx = \lim_{n\to\infty} \int_a^b s_n(x)\,dx$$

2절에서 적분과 극한의 순서 교환이 항상 가능하지는 않다는 것을 살펴보았다. 함수열 $\{s_n(x)\}_{n=1}^{\infty}$ 가 고르게 수렴하면 순서교환이 가능하다.

(ii) 미적분학의 기본정리에서의 질문 : 미분과 적분이 역관계인가?

이제 '주어진 함수 f 에 대해 $F' = f$ 인 함수 F, 즉, 부정적분을 구하는 문제를 생각해보자. f 가 (리만) 적분가능하다면 미적분학의 기본정리에 의해 $F(x) = \int_a^x f(t)dt$ 임은 확실하다.

$f : [a,b] \to \mathbb{R}$ 가 유계함수라고 하자. 도함수 f' 가 유계이지만 불연속점들이 $[a,b]$ 에서 조밀하면 f' 는 리만적분가능하지 않다. 이런 함수가 존재하면 미분과 리만적분은 서로의 역이 아니다. 볼테라(Volterra, 1881년)는 부정적분을 갖지만 적분불가능한 유계함수를 제시하였다. 따라서 '미분과 리만적분은 서로의 역이 아니다'라는 결론에 이르게 된다.

10.4.1 르베그의 아이디어

르베그(H. Lebesgue) 적분의 출발점은 다음 문제에 대한 해결하고자 하는 것이었다.

(i) 리만 적분을 포함할 것
(ii) 일변수 함수와 다변수함수에 차이가 없을 것
(iii) 미적분학의 기본문제를 해결할 것

연속함수 f에 대하여 구간 $[a, b]$의 분할을 작게 할수록 상합과 하합의 차이는 작아져서 각각 공통의 값으로 수렴한다는 것은 논리적으로 당연해 보인다. 그러나 f가 모든 곳에서 불연속함수이면 각 소구간에서 상한과 하한의 차이가 작아질거라고 보장할 수는 없다. 르베그는 함수의 정의역 $[a, b]$를 분할하는 대신에 치역을 분할하여 이 소구간의 역상(preimage, inverse image)을 생각하는 새로운 시도를 하였다.

유계함수 f에 대하여 $m = \inf\{f(x) \mid x \in [a, b]\}$, $M = \sup\{f(x) \mid x \in [a, b]\}$ 라 두고 치역 (m, M)에 대한 임의의 분할 $Q := \{m = \alpha_0 < \alpha_1 < \cdots < \alpha_n = M\}$을 생각하자. 이제 소구간의 역상을 다음과 같이 정의한다.

$$e_i := \{x \in [a, b] \mid \alpha_i \leq f(x) < \alpha_{i+1}\} = f^{-1}([\alpha_i, \alpha_{i+1}))$$

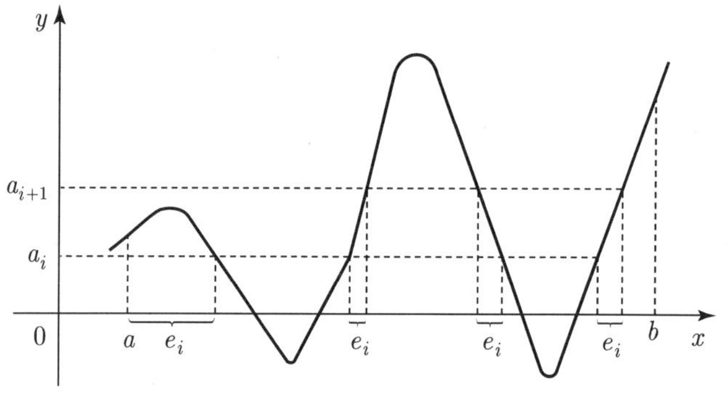

리만적분의 기본 아이디어는 $[a, b]$의 분할 P에 대응하는 소구간의 길이와 함수값을 곱한 값을 합하고 $\|P\| \to 0$일 때 극한을 구하는 것이었다. 르베그의 아이디어는 e_i의 크기와 치역 (m, M)의 분할점을 곱한 값을 합하여 $\|Q\| \to 0$일 때 극한을 구하는 것이다.

르베그의 아이디어에서 집합의 크기(측도, measure)를 실수로 대응시키는 작업은 필수적인 과정이다. 간단해보이는 함수의 경우에도 역상 e_i는 매우 복잡한 구조를 가질 수 있다.

임의의 분할 Q에 대해 각 집합 e_i의 크기 $m(e_i)$가 결정되었을 때 분할 Q에 대응하는 합을 다음과 같이 정의한다. 이 합은 리만적분의 상합 및 하합에 해당한다.

$$\sigma(Q,f) := \sum_{i=0}^{n-1} \alpha_i m(e_i), \quad \Sigma(Q,f) := \sum_{i=0}^{n-1} \alpha_{i+1} m(e_i) \tag{10.15}$$

합 $\sigma(P,f)$ 및 $\Sigma(P,f)$의 수렴에 대해 간단히 살펴보자. 위 식으로부터

$$\Sigma(Q,f) - \sigma(Q,f) = \sum_{i=0}^{n-1} (\alpha_{i+1} - \alpha_i) m(e_i) \le \|Q\|(M-m)$$

이므로 $\|Q\| \to 0$ 이면 $\sigma(Q,f)$와 $\Sigma(Q,f)$는 같은 값으로 수렴할 것이다. 이 공통값을 f의 르베그 적분값이라 하고 $\int_{[a,b]} f(x)\,dx$로 나타낸다.

10.4.2 집합의 측도

불연속점을 갖는 함수가 적분가능한 경우가 있지만 '너무 많은' 불연속점을 가지면 적분가능하지 않다. '너무 많다'는 모호한 의미를 분명하게 할 정량화할 필요가 생겨났는데 구간의 길이 개념의 확장에서 출발한다.

집합 $S \subset \mathbb{R}$의 크기를 수로 나타낼 때 이 수를 집합의 측도(measure)라고 부르는데 개념이 형성되던 초창기에는 용량(content)이라고 불렀다. 기본적인 아이디어는 집합 S를 덮는 구간의 길이의 합에 대한 극한이다.

조르단(Camille Jordan)은 집합 $S \subset \mathbb{R}^n$에 대해 외량(outer content) $c_e(S)$와 내량(inner content) $c(S)_i$를 정의하였는데 $n=1$일 때는 다음과 같다.

$$c_e(S) = \inf\left\{\sum_{k=1}^{n} \ell(I_k) \middle| S \subset \bigcup_{k=1}^{n} I_k\right\}, \quad c_i(S) = \sup\left\{\sum_{k=1}^{n} \ell(I_k) \middle| \bigcup_{k=1}^{n} I_k \subset S\right\}$$

단, I_k는 닫힌구간이고 $I_i \cap I_j = \varnothing (i \ne j)$이다.

$c_e(S) = c_i(S)$이면 S가 조르단 측도가능하다(Jordan measuable)고 한다. 조르단 측도가능한 집합의 조르단 측도는 $c(S) := c_e(S) = c_i(S)$이다.

페아노는 조르단 측도를 평면의 영역으로 확장하고 $f : [a,b] \to \mathbb{R}$이 리만적분가능할 필요충분 조건을 얻었다. f의 그래프로 둘러쌓인 영역을 E라고 하면 다음을 알 수 있다. $E^{\pm}$은 각각 그래프와 x축 위에 있는 영역과 아래쪽에 있는 영역이다.

(i) f가 리만적분가능하다 $\iff$ E가 조르단 측도가능하다.
(ii) $\int_a^b |f(x)|dx = c(E)$, $\int_a^b f(x)dx = c(E^+) - c(E^-)$.

프랑스의 수학자 보렐(Emile Borel)[1]은 함수항 급수의 수렴을 연구하는 과정에서 측도(measure)라는 개념을 도입하게 된다. 유한개의 열린구간을 이용여 정의한 기존의 용량(content)이 극한과정을 설명할 때 부족한 점이 있으므로 그의 연구에 적합하지 않다는 것을 발견하고 가산개의 열린구간을 이용하여 측도를 정의하였다. 보렐은 차집합의 측도는 개별집합에 대한 측도의 차, 합집합의 측도는 개별 집합에 대한 측도의 합으로 정의하고 있다. 이러한 아이디어는 르베그 측도에 대한 요구조건에 수용된다.

르베그는 측도 $m(\cdot)$이 다음 조건을 만족시켜야 한다고 생각하였다.

(i) 모든 구간 I에 대해 $m(I) = \ell(I)$이다.

(ii) $A \subseteq B \subset \mathbb{R}$이면 $0 \le m(A) \le m(B) \le \infty$이다.

(iii) (translation invariant) 임의의 $A \subset \mathbb{R}$와 $x_0 \in \mathbb{R}$에 대해 $m(A + x_0) = m(A)$이다. 단, $A + x_0 := \{x_0 + x \,|\, x \in A\}$이다.

(iv) (countably additivity) $A \cap B = \varnothing$이면 $m(A \cup B) = m(A) + m(B)$이다. 또한 $\{A_i\}_{i=1}^{\infty}$가 서로소인 집합이면 다음 등식이 성립한다.

$$m\left(\bigcup_{i=1}^{\infty} A_i\right) = \sum_{i=1}^{\infty} m(A_i)$$

위 조건을 만족하는 르베그 측도는 다음과 같이 정의된다.

정의 10.3 (르베그 측도)

$E \subset \mathbb{R}$라고 하자.

(a) 르베그 외측도(outer measure) $m^*(E)$는 다음과 같이 정의된다.

$$m^*(E) := \inf\left\{\sum_{k=1}^{\infty} \ell(I_k) \middle| E \subset \bigcup_{i=1}^{\infty} I_k,\ I_k\text{는 열린구간}\right\}$$

(b) E가 가측(measurable) 집합 $\Longleftrightarrow$ 모든 $A \subset \mathbb{R}$에 대해 $m^*(A) = m^*(A \cap E) + m^*(A \cap E^c)$

(c) E가 가측집합일 때 르베그 측도는 $m(E) := m^*(E)$로 정의한다.

참고 10.4 르베그의 요구사항은 다음 사실의 발견으로 수정되었다.

(i) $\mathbb{R}^n (n \ge 1)$에 등장사상(isometry)에 불변인 측도를 모든 부분집합에 부여할 수 없다.

[1]확률론과 복소해석학에 많은 업적을 남긴 프랑스 수학자로 공리적 확률론의 확립에 영향을 주었다. 르베그는 보레의 제자이다.

(Hausdorff, 1914)

(ii) 외측도는 모든 집합의 크기를 측정할 수 있지만 조건 (iv)를 충족시키지 못한다.

(iii) 조건 (iv)를 만족하도록 모든 부분집합에 측도를 부여할 수는 없다. 가측집합만을 생각하면 조건 (iv)를 충족시킬 수 있다. 가측집합은 열린집합, 닫힌집합과 같은 중요한 집합을 거의 포함한다.

르베그 측도가 너무 추상적으로 보이지만 임의의 공간에 적용할 수 있다는 장점이 있다. 특히, 확률론의 주요 개념을 측도론을 이용하여 설명할 수 있다.

$f:[a,b]\to\mathbb{R}$가 주어진 함수일 때 임의의 $c,d\in\mathbb{R}$에 대해 $f^{-1}([c,d))$가 가측집합이면 f를 가측함수(measurable function)라고 한다. 가측함수 f에 대해 (10.15)의 σ와 Σ가 수렴하는 공통값을 르베그적분이라고 한다.

마지막으로 르베그 측도를 이용한 르베그적분의 주요 결과를 소개한다.

정리 10.16 (리만 적분의 확장)

$f:[a,b]\to\mathbb{R}$이 리만 적분가능한 함수라고 하자. 그러면 f가 르베그적분가능하고 리만적분값과 르베그적분값은 같다.

정리 10.17 (미적분학의 기본정리의 확장 : 르베그 (1902))

$f:[a,b]\to\mathbb{R}$의 도함수 f'이 유계함수이면 f'은 르베그 적분가능하다. 또 다음이 성립한다.

$$\int_{[a,b]} f'(x)\,dx = f(b)-f(a)$$

정리 10.18 (극한과 적분의 순서교환 : 르베그 (1902))

$[a,b]$에서 정의된 (르베그) 적분가능한 함수열 $\{f_n\}_{n=1}^{\infty}$에 대해 (i) 상수 $M\geq 0$이 존재하여 모든 $x\in[a,b]$와 모든 $n\in\mathbb{N}$에 대해 $|f_n(x)|\leq M$이고, (ii) $\{f_n\}_{n=1}^{\infty}$이 점별수렴하면 다음이 성립한다.

$$\lim_{n\to\infty}\int_{[a,b]} f_n(x)\,dx = \int_{[a,b]}\lim_{n\to\infty} f_n(x)\,dx$$

CHAPTER 11

급수와 함수항 급수

1800년 이전에는 무한대에 대한 이해가 별로 없었음에도 불구하고 엄밀한 증명없이 무한을 비교적 자유롭게 사용하였다. 유한개의 함수에 대해 성립하는 미분과 적분이 함수항 급수에도 성립하는 것을 당연하게 받아들였다. 증명되지 않은 항별 미분과 항별 적분을 이용하여 올바른 수많은 수학적 결과가 얻어졌지만 엉뚱한 결과를 받아들이기도 했다.

이런 과정에서 엄밀한 증명없는 수학적 사고에 대한 반성이 생기고 미적분학에 대한 엄밀한 기초를 만들어야 된다는 공감이 생기기 시작했다. 급수의 수렴에 대한 엄밀한 정의와 (항수항 급수와 관련하여) 고른수렴이라는 개념이 도입되었다. 또한 함수의 극한, 연속, 미분을 엄밀하게 정의하고 항별 적분과 항별미분의 타당성에 대한 연구가 이루어진다.

이 장에서는 이러한 노력의 결과로 확립된 급수의 수렴성, 여러가지 수렴판정법, 항수항 급수의 연속성, 항별 미분 및 항별 적분에 대해 공부한다.

11.1 급수의 수렴과 발산

먼저 급수의 수렴과 발산이라는 개념이 형성되는 과정을 살펴보자. 수학 역사에서 급수의 합을 구한 최초의 인물은 아르키메데스(BC 2세기)로 알려져 있다. 그는 "포물선의 구적"에서 이중귀류법[1]을 이용하여 다음 기하급수의 합을 구하였다.

$$1 + \frac{1}{4} + \frac{1}{4^2} + \cdots = \frac{4}{3}$$

급수의 합에 대한 현대적 정의는 아주 오래전에 도입되었다. 매클로린 급수로 잘 알려진 매클로린(Maclaurin)은 부분합의 극한으로 급수의 합을 정의하였다. 기존의 수학지식을 집대성한 1742년 저서에서 라크로와(Lacroix)는 급수의 합을 부분합의 극한으

[1]double reductio ad absurdum. 합을 S라고 할 때 $S < \frac{4}{3}$이거나 $S > \frac{4}{3}$이면 모순임을 증명하였다.

로 서술하였는데 함수를 급수로 전개하는 것이 쓸모가 있으려면 "급수와 참값의 차이를 아무리 작게 하더라도 임의의 양보다 작게 해야 한다"고 서술하였다.

한편, 코시(1821년)도 부분합의 극한으로 급수의 합을 정의하였다. 코시는 급수가 수렴하는 것을 증명하는 과정에서 (부분합) 수열의 극한이 존재한다는 것을 보일 필요를 느꼈는데 (실수의 완비성을 가정하고) 코시수열의 수렴성을 보임으로써 급수가 수렴한다는 것을 증명하였다. 그는 11.2절에서 소개할 급수의 판정법인 비교판정법, 비판정법, 근 판정법을 서술하고 증명하였다.

이런 판정법 외에 쿠머(Kummer), 라브(Raabe), 가우스(Gauss), 아벨(Abel), 디리클레(Dirichlet) 등에 의해 보다 정밀한 판정법이 소개되었다.

이제 급수의 수렴과 발산의 정의 및 간단한 판정법에 대해 알아보자.

정의 11.1 (급수의 수렴과 발산)

주어진 수열 $\{a_n\}_{n=1}^{\infty}$ 에 대해

$$\sum_{n=1}^{\infty} a_n := a_1 + a_2 + \cdots + a_n + \cdots \tag{11.1}$$

을 무한급수(infinite series) 또는 급수(series)라고 하고 a_n 을 급수의 일반항이라고 한다. 각 자연수 n에 대해 $S_n = \sum\limits_{k=1}^{n} a_k$ 을 급수 (11.1)의 n번째 부분합(partial sum)이라고 부른다.

수열 $\{S_n\}_{n=1}^{\infty}$ 이 수렴하면 급수 (11.1)이 수렴한다고 한다. 한편, $\{S_n\}_{n=1}^{\infty}$ 이 수렴하지 않으면 급수가 발산한다고 한다.

특히 $\lim\limits_{n\to\infty} S_n = S$ 이면 S를 급수의 합(sum)이라고 부르고 $\sum_{n=1}^{\infty} a_n = S$ 로 나타낸다.

급수와 관련된 문제에서는 급수의 수렴여부와 (수렴할 때) 합을 구하는 것이 가장 중요하다. 급수의 합을 구하려면 부분합을 구한 후 극한을 구해야 한다. 예제를 통해 이 과정을 살펴보자.

예제 11.1 급수 $\sum\limits_{n=1}^{\infty} \frac{1}{n(n+1)}$ 의 합을 구하라.

[풀이] 일반항을 부분분수로 쓴 후 부분합을 구하면 $S_n = \sum\limits_{k=1}^{n} \left(\frac{1}{k} - \frac{1}{k+1}\right) = 1 - \frac{1}{n+1}$ 이고 $\{S_n\}_{n=1}^{\infty}$ 이 수렴한다. 따라서 주어진 급수는 수렴한다. 한편 합은 $S = \lim\limits_{n\to\infty} S_n = \lim\limits_{n\to\infty} \left(1 - \frac{1}{n+1}\right) = 1$ 이다. □

급수의 수렴여부를 판단하고자 할 때 부분합을 구해야 되지만 이 과정이 쉽지는 않

다. 예제11.1에서는 서로 상쇄되도록 급수의 항을 변형하여 부분합을 구하고 있다. 이런 급수는 단축급수(telescoping series)의 예이다. 라이프니츠는 단축급수를 연구하면서 미적분학의 기본정리에 대한 아이디어를 얻었다고 한다.

정리 11.1 (단축급수의 수렴)

모든 자연수 n에 대해 $b_n = a_n - a_{n+1}$일 때 $\{a_n\}_{n=1}^{\infty}$이 수렴하면 급수 $\sum_{n=1}^{\infty} b_n$이 수렴하고 합은 $S = a_1 - \lim_{n\to\infty} a_n$이다.

[풀이] $\sum_{n=1}^{\infty} b_n$에서 n번째 부분합 S_n은 다음과 같다.

$$S_n = \sum_{k=1}^{n} b_k = (a_1 - a_2) + (a_2 - a_3) + \cdots + (a_n - a_{n+1}) = a_1 - a_{n+1}$$

$\{a_n\}_{n=1}^{\infty}$이 수렴하므로 $\{S_n\}_{n=1}^{\infty}$이 수렴한다. 한편 합은 $S = \lim_{n\to\infty} S_n = a - \lim_{n\to\infty} a_{n+1} = a_1 - \lim_{n\to\infty} a_n$이다. □

다음 정리는 수렴하는 급수에 대해 일반항의 성질을 설명하고 있다.

정리 11.2 (수렴하는 급수의 일반항)

$\sum_{n=1}^{\infty} a_n$이 수렴하면 $\lim_{n\to\infty} a_n = 0$이다.

[증명] $\lim_{n\to\infty} S_n = S$라고 하자. 그러면 $\lim_{n\to\infty} a_n = \lim_{n\to\infty} S_n - \lim_{n\to\infty} S_{n-1} = 0$이다. □

급수의 수렴여부를 판단하는 것은 쉽지않지만 정리 11.2의 대우를 이용하여 어떤 급수가 발산한다는 것을 알아낼 수 있는 경우가 있다. 수열 $\{a_n\}_{n=1}^{\infty}$가 발산하거나, 수렴할 때 극한이 0이 아니면 급수 $\sum_{n=1}^{\infty} a_n$는 발산한다.

예제 11.2 기하급수 $\sum_{n=1}^{\infty} r^{n-1}$는 $|r| < 1$일 때 수렴하고 $|r| \geq 1$일 때 발산한다.

[풀이] 부분합을 구하면 다음과 같다.

$$S_n = 1 + r + r^2 + \cdots + r^{n-1} = \frac{1 - r^n}{1 - r}$$

그런데 $|r| < 1$일 때 $\lim_{n\to\infty} r^n = 0$이므로 합은 $S = \lim_{n\to\infty} \frac{1-r^n}{1-r} = \frac{1}{1-r}$이다.

$|r| > 1$이면 $\{r^{n-1}\}_{n=1}^{\infty}$은 유계수열이 아니므로 발산한다. 따라서 정리 11.2에 의해 기하급수 $\sum_{n=1}^{\infty} r^{n-1}$는 발산한다. $r = 1$이면 $\lim_{n\to\infty} r^{n-1}$은 수렴하지만

극한이 1이므로 이 경우도 발산한다. 또한 $r = -1$일 때에도 $\{(-1)^n\}_{n=1}^{\infty}$이 발산한다.

그러므로 $|r| \geq 1$이면 $\sum_{n=1}^{\infty} r^{n-1}$는 발산한다. □

급수의 합을 추측할 수 없는 경우에도 수렴 여부를 조사할 수 있는 방법이 있다. 다음 정리는 부분합 수열$\{S_n\}_{n=1}^{\infty}$이 코시수열인지 조사하여 급수의 수렴 여부를 판단할 수 있게 해준다.

정리 11.3 (코시 판정법)

급수 $\sum_{n=1}^{\infty} a_n$이 수렴한다 $\Longleftrightarrow$ 임의의 양수 ε에 대해 자연수 N이 존재하여 $m, n \geq N$이면 $\left|\sum_{k=m}^{n} a_k\right| < \varepsilon$이 성립한다.

[증명] 수열 $\{S_n\}_{n=1}^{\infty}$에 코시 판정법을 적용한다. □

급수에서 처음에 나타나는 유한개의 항은 수렴 및 발산에 영향을 주지 않는다. 정리 11.3을 이용하면 다음 따름정리를 쉽게 증명할 수 있다.

따름정리 11.4 (유한개의 항이 수렴발산에 미치는 영향)

급수 $\sum_{n=1}^{\infty} a_n$에서 처음 $(n_0 - 1)$ 개의 항을 제외한 급수 $\sum_{n=n_0}^{\infty} a_n$을 생각하자. 두 급수 $\sum_{n=1}^{\infty} a_n$과 $\sum_{n=n_0}^{\infty} a_n$은 동시에 수렴하거나 발산한다.

코시 판정법은 이론적으로 매우 중요하지만 실제 적용은 쉽지 않은 경우가 많다. 다음에 소개할 판정법은 자주 이용될 뿐 아니라 11.2절에서 소개할 급수판정법의 출발점이라고 할 수 있다. 이 판정법은 모든 항이 음아닌 실수인 급수(양항급수라고 함)의 수렴여부를 다루고 있는데 증가수열의 수렴판정을 이용한다.

정리 11.5 (양항급수의 수렴판정)

$\sum_{n=1}^{\infty} a_n$이 양항급수일 때 $S_n = \sum_{k=1}^{n} a_k$라고 두자.

(i) $\sum_{n=1}^{\infty} a_n$이 수렴할 필요충분 조건은 수열 $\{S_n\}_{n=1}^{\infty}$이 위로 유계인 것이다.

(ii) $\sum_{n=1}^{\infty} a_n$이 수렴하면 합은 $\{S_n\}_{n=1}^{\infty}$의 상한과 같다. 즉, $S = \sup_{n\geq 1} S_n$이다.

[증명] 먼저 $\{S_n\}_{n=1}^{\infty}$ 이 단조증가 수열이라는 것을 관찰할 필요가 있다.

$\sum_{n=1}^{\infty} a_n$ 이 수렴한다고 가정하면 $\{S_n\}_{n=1}^{\infty}$ 이 수렴하므로 $\{S_n\}_{n=1}^{\infty}$ 은 당연히 유계이다.

역으로 $\{S_n\}_{n=1}^{\infty}$ 이 위로 유계라고 가정하면 상한 u가 존재한다. 임의의 고정된 양수 ε에 대해 $u-\varepsilon$은 상계가 될 수 없으므로 어떤 자연수 N이 존재하여 $u-\varepsilon < S_N$ 임을 알 수 있다. 그런데 $\{S_n\}_{n=1}^{\infty}$ 이 증가수열이므로 모든 $n \geq N$에 대해 $S_N \leq S_n \leq u$이다. 따라서 $n \geq N$일 때 $u-\varepsilon < S_n \leq u < u+\varepsilon$이 성립하므로 $\lim_{n\to\infty} S_n = u$이다.

따라서 (i)과 (ii)가 증명되었다. □

참고 11.1 $\sum_{n=1}^{\infty} a_n$ 이 양항급수라고 하자. $\sum_{n=1}^{\infty} a_n = S$이면 모든 자연수 n에 대하여 $S_n \leq S$이다. 한편, $\{S_n\}_{n=1}^{\infty}$ 이 비유계 수열이면 $\sum_{n=1}^{\infty} a_n$은 발산한다.

양항급수의 수렴 여부를 알고자 할 때 정리 11.5는 매우 유용하다. 판정법 자체가 부등식을 포함하므로 풀이 과정에서는 알려진 부등식이나 독자가 유도해야 하는 여러가지 부등식을 사용하게 된다.

예제 11.3 (조화급수, harmonic series) 조화급수 $\sum_{n=1}^{\infty} \frac{1}{n}$는 발산한다.

[풀이] $\{S_n\}_{n=1}^{\infty}$ 이 유계가 아님을 보이기로 한다. 먼저 $n = 2^k$(k는 자연수)인 경우를 생각해보자.

$$\begin{aligned} S_{2^k} &= 1 + \frac{1}{2} + \left(\frac{1}{3} + \frac{1}{4}\right) + \cdots + \left(\frac{1}{2^{k-1}+1} + \frac{1}{2^{k-1}+2} + \cdots + \frac{1}{2^k}\right) \\ &\geq 1 + \frac{1}{2} + 2 \cdot \frac{1}{2^2} + 2^2 \cdot \frac{1}{2^3} + \cdots + 2^{k-1} \cdot \frac{1}{2^k} \\ &= 1 + \frac{k}{2} \end{aligned}$$

임의의 양수 M이 주어지면 $1+\frac{k}{2} > M$인 자연수 k를 항상 찾을 수 있다. 따라서 $\{S_n\}_{n=1}^{\infty}$ 는 유계가 될 수 없다. 그러므로 조화급수는 발산한다. □

예제 11.4 급수 $\sum_{n=0}^{\infty} \frac{1}{n!}$는 수렴한다.

[풀이] 모든 자연수 $k \geq 1$에 대해 $k! \geq 2^{k-1}$ 임은 분명하므로 S_n은 다음 부등식을 만족시킨다.

$$S_n = \sum_{k=0}^{n} \frac{1}{k!} = 1 + \sum_{k=1}^{n} \frac{1}{k!} \leq 1 + \sum_{k=1}^{n} \frac{1}{2^{k-1}} \leq 1 + 2(1-2^{-n}) < 3$$

$\{S_n\}_{n=1}^{\infty}$ 이 증가수열 이고 위로 유계이므로 $\{S_n\}_{n=1}^{\infty}$ 이 수렴한다. 따라서 주어진 급수 $\sum_{n=0}^{\infty} \frac{1}{n!}$ 도 수렴한다. □

이 절을 끝내면서 수렴하는 급수의 성질을 요약한다.

정리 11.6 (수렴하는 급수의 성질)

급수 $\sum_{n=1}^{\infty} a_n$, $\sum_{n=1}^{\infty} b_n$ 이 수렴한다고 하자.

(i) $\sum_{n=1}^{\infty} (a_n + b_n)$ 도 수렴하고 $\sum_{n=1}^{\infty} (a_n + b_n) = \sum_{n=1}^{\infty} a_n + \sum_{n=1}^{\infty} b_n$ 이다.

(ii) k 가 실수일 때 $\sum_{n=1}^{\infty} ka_n$ 이 수렴하고 $\sum_{n=1}^{\infty} ka_n = k\sum_{n=1}^{\infty} a_n$ 이다.

[증명] $S_n = \sum_{k=1}^{n} a_k$, $T_n = \sum_{k=1}^{n} b_k$ 라고 두면 $\{S_n\}_{n=1}^{\infty}$ 과 $\{T_n\}_{n=1}^{\infty}$ 은 수렴하는 수열이다. 따라서 수렴하는 수열의 성질에 의해 (i), (ii)가 성립한다. □

연습문제 11.1

1. 급수 $\sum_{n=1}^{\infty} \ln\left(\frac{n}{n+1}\right)$ 에 대해 부분합 S_n 을 구하여라. 이 급수가 수렴하는가?

2. 다음 급수가 수렴하는지 조사하고 합을 구하여라. 단, $a > 0$, $b > 1$ 이다.
   (a) $1 + r^{1+a} + r^{2+2a} + r^{3+3a} + \cdots$ (b) $1 + r^{1-b} + r^{2-2b} + r^{3-3b} + \cdots$

3. 다음 급수의 합을 구하여라.
   (a) $\sum_{n=1}^{\infty} \frac{1}{n(n+2)}$ (b) $\sum_{n=1}^{\infty} \frac{n}{(n+1)!}$ (c) $\sum_{n=1}^{\infty} \frac{1}{n(n+1)(n+2)}$
   (d) $\sum_{n=1}^{\infty} \frac{2n+1}{n^2(n+1)^2}$ (e) $\sum_{n=1}^{\infty} \frac{3}{n^2+4n+3}$ (f) $\sum_{n=1}^{\infty} \frac{2}{4n^2-1}$

4. $\sum_{n=1}^{\infty} a_n$ 의 부분합 수열 $\{S_n\}_{n=1}^{\infty}$ 이 아래로 유계인 감소수열이라고 하자. $\sum_{n=1}^{\infty} a_n$ 이 수렴하는가?

5. 급수 $\sum_{n=1}^{\infty} a_n$ 이 수렴하면 $\lim_{N\to\infty} \sum_{n=N}^{\infty} a_n = 0$ 임을 증명하여라.

6. 다음 급수가 수렴하는지 발산하는지 조사하여라.
   (a) $\sum_{n=1}^{\infty} e^{-\frac{1}{n^2}}$ (b) $\sum_{n=1}^{\infty} \tan^{-1} n$ (c) $\sum_{n=1}^{\infty} \left(1 - \frac{1}{n}\right)^n$

7. 모든 $n \in \mathbb{N}$ 에 대해 $a_n \geq 0$ 이고 $\sum_{n=1}^{\infty} a_n$ 가 수렴한다고 하자. 수열 $\{b_n\}_{n=1}^{\infty}$ 이 유계이면 $\sum_{n=1}^{\infty} a_n b_n$ 이 수렴함을 보여라.

8. $\sum_{n=1}^{\infty} a_n^2$과 $\sum_{n=1}^{\infty} b_n^2$가 수렴하면 $\sum_{n=1}^{\infty} a_n b_n$이 수렴하는가?

9. $0 < r < 1$일 때 모든 $n \in \mathbb{N}$에 대해 $|a_n| \leq r^n$이라고 하자. 코시 판정법을 이용하여 $\sum_{n=1}^{\infty} a_n$가 수렴함을 증명하여라.

10. 급수 $\sum_{n=1}^{\infty} \frac{1}{\sqrt{n}}$의 n번 째 부분합을 S_n이라고 하자. $\{S_n\}_{n=1}^{\infty}$가 비유계임을 보여라.

11. $0 < h < 1$일 때 부등식 $\ln(1-x)+x < 0$을 이용하여 $\lim_{n\to\infty} \prod_{k=1}^{n} \left(1 - \frac{h}{k}\right) = 0$임을 보여라.

12. 모든 $n \in \mathbb{N}$에 대해 $a_n \geq 0$이라고 하자. $\sum_{n=1}^{\infty} a_n$이 수렴하면 $\sum_{n=1}^{\infty} a_n^2$이 수렴함을 증명하여라.

13. 모든 $n \in \mathbb{N}$에 대해 $a_n \in \{0, 1, 2, \ldots, 9\}$일 때 급수 $\sum_{n=1}^{\infty} \frac{a_n}{10^n}$를 생각하자.

    (a) n번째 부분합이 S_n이고 $m \geq n$일 때 $|S_m - S_n| \leq \frac{1}{10^n}$임을 보여라.

    (b) $\{S_n\}_{n=1}^{\infty}$가 코시수열임을 보여라.

    (c) 급수의 합을 a라고 할 때 $0 \leq a \leq 1$임을 보여라.

14. 모든 $n \in \mathbb{N}$에 대해 $a_n \in \{0, 1, 2, \ldots, d-1\}$일 때 급수 $\sum_{n=1}^{\infty} \frac{a_n}{d^n}$이 수렴함을 증명하여라.

11.2 급수의 수렴판정

11.1절에서는 급수의 수렴 여부를 판정하는 간단한 방법에 대해 알아보았다. 이러한 방법은 일반적인 급수에는 적용하기 힘들다. 이 절에서는 일반적인 급수의 수렴을 판정하는 방법을 알아보고 예제를 통해 적용하는 과정을 익히기로 한다.

수렴 여부를 판단하는 첫 번째 단계는 수렴여부를 알고 있는 급수와 비교하는 것이다. 이런 방법을 비교판정(comparison test)이라고 하는데 기하급수와 p-급수(예제 11.7 참조)는 비교의 기준이 되는 경우가 많다.

정리 11.7 (비교 판정)

모든 $n \geq n_0\ (n_0 \in \mathbb{N})$에 대해 $0 \leq a_n \leq b_n$이라고 하자.

(i) $\sum\limits_{n=1}^{\infty} b_n$이 수렴하면 $\sum\limits_{n=1}^{\infty} a_n$도 수렴한다.

(ii) $\sum\limits_{n=1}^{\infty} a_n$이 발산하면 $\sum\limits_{n=1}^{\infty} b_n$도 발산한다.

[증명] (i) $\sum\limits_{n=1}^{\infty} b_n$이 수렴하므로, 정리 11.3 (코시 판정법)에 의해, 임의의 양수 ε에 대해 n_0보다 큰 자연수 N이 존재하여 모든 $m, n \geq N$에 대해 $|\sum_{k=m}^{n} b_k| < \varepsilon$이다. 모든 $m, n \geq N$에 대해 $|\sum_{k=m}^{n} a_k| \leq \sum_{k=m}^{n} b_k < \varepsilon$이므로 코시 판정법(정리 11.3)에 의해 $\sum\limits_{n=1}^{\infty} a_n$은 수렴한다.

(ii) $\sum\limits_{n=1}^{\infty} b_n$이 수렴한다고 가정하면 (i)에 의해 $\sum\limits_{n=1}^{\infty} a_n$도 수렴해야 한다. 이것은 모순이다. 따라서 $\sum\limits_{n=1}^{\infty} a_n$은 발산한다. □

예제 11.5 급수 $\sum_{n=1}^{\infty} \frac{1}{n^2}$이 수렴하는지 조사하여라.

[풀이] $b_n = \frac{1}{n(n+1)}$이라고 두자. 예제 11.1에 의해 $\sum_{n=1}^{\infty} b_n$이 수렴하므로 비교판정에 의해 $\sum_{n=1}^{\infty} \frac{1}{n^2}$이 수렴한다. □

예제 11.6 $0 < r < 1$일 때 급수 $\sum\limits_{n=1}^{\infty} \frac{r^n}{2n+1}$이 수렴하는지 조사하여라.

[풀이] $2n+1 > 1$이므로 $\frac{r^n}{2n+1} < r^n$이다. 따라서 $b_n = r^n$을 택한다. $0 < r < 1$일 때 기하급수 $\sum\limits_{n=1}^{\infty} r^n$이 수렴하므로 비교판정법에 의해 주어진 급수는 수렴한다. □

적당한 조건을 만족시키는 함수 f에 대해 $a_n = f(n)$이라고 하자. 구간 $[1, \infty)$에서 f의 특이적분을 쉽게 계산할 수 있다면 특이적분을 이용하여 급수 $\sum_{n=1}^{\infty} a_n$의 수렴여부를 알아낼 수 있다.

정리 11.8 (적분판정, Maclaurin 1742)

함수 $f : [1, \infty) \to (0, \infty)$이 연속이고 감소함수일 때 $f(n) = a_n$이라고 두자. 그러면 급수 $\sum_{n=1}^{\infty} a_n$과 특이적분 $\int_1^{\infty} f(x)dx$는 동시에 수렴하거나 동시에 발산한다.

[증명] 동시에 수렴한다는 것만 증명한다.

함수 f의 성질과 a_n의 정의로부터 다음 부등식이 성립하는 것은 분명하다.

$$a_{n+1} \leq \int_n^{n+1} f(x)dx \leq a_n$$

한편, 부분합 S_n은 다음 부등식을 만족시킨다.

$$\int_1^{n+1} f(x)dx \leq S_n \leq a_1 + \int_1^n f(x)dx \tag{11.2}$$

$\int_1^{\infty} f(x)dx$이 수렴한다고 가정하면 (11.2)에 의해 증가수열 $\{S_n\}_{n=1}^{\infty}$이 유계이다. 따라서 급수 $\sum_{n=1}^{\infty} a_n$이 수렴한다. (정리 11.5 참조)

급수 $\sum_{n=1}^{\infty} a_n$이 수렴한다고 가정하고 $\sum_{n=1}^{\infty} a_n = S$라고 두자. $S_n \leq S$이므로 (11.2)로부터 $\int_1^{n+1} f(x)dx \leq S_n \leq S$임을 알 수 있다. 또한 $f \geq 0$이므로 $\{\int_1^{n+1} f(x)dx\}_{n=1}^{\infty}$은 위로 유계인 증가수열이다. 따라서 특이적분 $\int_1^{\infty} f(x)dx$이 수렴한다.

그러므로 급수와 특이적분은 동시에 수렴한다. □

예제 11.7 (p-급수의 수렴과 발산) p-급수 $\sum_{n=1}^{\infty} \frac{1}{n^p}$는 $p > 1$일 때 수렴하고, $p \leq 1$이면 발산한다.

[풀이] $f(x) = \frac{1}{x^p}$일 때 적분판정법(정리 11.8)의 가정이 모두 만족된다. 특이적분 $\int_1^{\infty} \frac{1}{x^p}dx$는 $p > 1$일 때 수렴하고, $p \leq 1$이면 발산한다. 따라서 적분 판정법에 의해 급수는 $p > 1$일 때 수렴하고, $p \leq 1$이면 발산한다. □

급수의 항에 음수항이 포함되어 있는 경우에는 수렴여부를 알아내는 것이 쉽지 않다. 먼저 음수 항과 양수 항이 교대로 나타나는 특별한 급수의 수렴판정에 대하여 살펴보기로 한다. 이런 급수를 교대급수(alternating series)라고 한다.

정리 11.9 (교대급수의 수렴판정, Leibniz 1682)

모든 자연수 n에 대하여 $a_n \geq 0$, $a_n \geq a_{n+1}$, $\lim_{n\to\infty} a_n = 0$이라고 하자. 그러면 교대급수 $\sum_{n=1}^{\infty}(-1)^{n-1}a_n$는 수렴한다.

[증명] 다음 식에 의해 $\{S_{2n}\}_{n=1}^{\infty}$은 위로 유계인 단조증가 수열이다.

$$S_{2n} = (a_1 - a_2) + (a_3 - a_4) + \cdots + (a_{2n-1} - a_{2n}), \quad a_k - a_{k+1} \geq 0$$

$$S_{2n} = a_1 - (a_2 - a_3) - (a_4 - a_5) - \cdots - (a_{2n-2} - a_{2n-1}) - a_{2n} \leq a_1$$

따라서 $\{s_{2n}\}_{n=1}^{\infty}$는 수렴한다. 한편, $S_{2n-1} = S_{2n} - a_{2n}$이므로

$$\lim_{n\to\infty} S_{2n-1} = \lim_{n\to\infty} S_{2n} + \lim_{n\to\infty} a_{2n} = \lim_{n\to\infty} S_{2n}$$

임을 알 수 있다.

이제 $\lim_{n\to\infty} S_{2n-1} = S_{2n} = S$라고 하자. 임의의 양수 ε에 대해, 수열에 대한 극한의 정의에 의해, 자연수 N_1과 N_2가 존재하여 다음이 성립한다.

$$|S_{2n-1} - S| < \varepsilon \ \forall n \geq N_1, \quad |S_{2n} - S| < \varepsilon \ \forall n \geq N_2$$

$N = \max\{N_1, N_2\}$라고 두면 모든 자연수 $n \geq N$에 대해 $|S_n - S| < \varepsilon$이므로 증명이 끝난다. □

예제 11.8 급수 $\sum_{n=1}^{\infty}\frac{\cos n\pi}{\sqrt{n}}$은 수렴한다.

[풀이] $\cos n\pi = (-1)^n$이므로 $a_n = \frac{1}{\sqrt{n}}$이라고 두자. 정리 11.9의 가정이 모두 만족되므로 급수는 수렴한다. □

음수항이 무작위로 나타나는 급수의 경우에는 수렴 여부를 판정하는 것이 쉽지 않다. 절대수렴이라는 개념을 이용하면 수렴판정에 도움이 된다.

정의 11.2 (절대수렴과 조건수렴)

$\sum_{n=1}^{\infty} a_n$이 주어진 급수라고 하자.

(i) $\sum_{n=1}^{\infty}|a_n|$이 수렴하면 $\sum_{n=1}^{\infty} a_n$이 절대수렴(absolutely convergent)한다고 한다.

(ii) $\sum_{n=1}^{\infty} a_n$은 수렴하지만 $\sum_{n=1}^{\infty}|a_n|$은 발산할 때 $\sum_{n=1}^{\infty} a_n$는 조건수렴(conditionally convergent)한다고 한다.

조건수렴하는 급수의 성질에 대해서는 연습문제 9번을 참조하기 바란다.

예제 11.9 급수 $\sum_{n=1}^{\infty} \frac{(-1)^{n-1}}{n^2}$ 은 절대수렴하고, $\sum_{n=1}^{\infty} \frac{(-1)^{n-1}}{n}$ 은 조건수렴한다.

[풀이] $\sum_{n=1}^{\infty} \left| \frac{(-1)^{n-1}}{n^2} \right| = \sum_{n=1}^{\infty} \frac{1}{n^2}$ 이 $p=2$ 인 p-급수이므로 $\sum_{n=1}^{\infty} \frac{(-1)^{n-1}}{n^2}$ 은 절대수렴한다.

한편 교대급수 판정법에 의해 $\sum_{n=1}^{\infty} \frac{(-1)^{n-1}}{n}$ 은 수렴한다. 그러나 $\sum_{n=1}^{\infty} \left| \frac{(-1)^{n-1}}{n} \right|$ 은 조화급수이므로 발산한다. 따라서 $\sum_{n=1}^{\infty} \frac{(-1)^{n-1}}{n}$ 은 조건수렴한다. □

급수의 절대수렴은 급수의 수렴을 보장한다.

정리 11.10 (절대수렴하면 수렴한다)

$\sum_{n=1}^{\infty} |a_n|$ 이 수렴하면 $\sum_{n=1}^{\infty} a_n$ 도 수렴한다.

[증명] ε 이 임의의 고정된 양수라고 하자. $\sum_{n=1}^{\infty} |a_n|$ 이 수렴하므로 자연수 N 이 존재하여 모든 $m, n \geq N$ 에 대해 $\sum_{k=m}^{n} |a_k| < \varepsilon$ 이다. 삼각부등식에 의해

$$\left| \sum_{k=m}^{n} a_k \right| \leq \sum_{k=m}^{n} |a_k| < \varepsilon$$

임을 알 수 있다. 따라서 코시 판정법에 의해, 급수 $\sum_{n=1}^{\infty} a_n$ 은 수렴한다. □

유한개의 항을 더하는 경우에는 항의 순서를 바꾸어 더하여도 합은 항상 같지만 무한개의 항을 더하는 급수의 경우 더하는 순서를 바꾸면 합이 달라질 수 있다. 예를 들어, 조건수렴하는 급수 $S := \sum_{n=1}^{\infty} (-1)^{n+1}/n$ 에서 무한히 많은 항의 순서를 바꾸어 더해도 값이 달라지지 않는다고 가정하자. 그러면 다음과 같은 결론을 얻을 수 있다.

$$\begin{aligned} S &= 1 - \frac{1}{2} + \frac{1}{3} - \frac{1}{4} + \frac{1}{5} - \frac{1}{6} + \frac{1}{7} - \frac{1}{8} + \cdots \\ &= \left(1 - \frac{1}{2}\right) - \frac{1}{4} + \left(\frac{1}{3} - \frac{1}{6}\right) - \frac{1}{8} + \left(\frac{1}{5} - \frac{1}{10}\right) + \cdots = \frac{1}{2}S \end{aligned}$$

또한, 조건수렴하는 급수에서는 합이 임의의 실수가 될 수 있도록 무한개의 항의 순서를 바꿀 수 있다. 간단히 설명하면 다음과 같다.

$\sum_{n=1}^{\infty} a_n$ 이 조건수렴하는 급수일 때 실수 $L > 0$ 을 임의로 택하자. 다음 과정은 연습문제 9번 (b)와 (c)에 의해 항상 가능하다.

(i) 양수인 항을 계속 합하여 L보다 커지면 음수항을 더하기 시작한다.
(ii) 어느 순간에 합이 L보다 작아지면 다시 양수항을 더하기 시작한다.
(iii) 다시 합이 L보다 커지면 (i)과 (ii)를 반복한다.

급수에서 항의 순서를 바꾸는 것을 재배치(rearrangement)한다고 한다. 급수의 재배치를 수학적으로 표현하면 다음과 같다.

정의 11.3 (급수의 재배치)

$\varphi : \mathbb{N} \to \mathbb{N}$이 일대일 대응이라고 하자. 주어진 급수 $\sum_{n=1}^{\infty} a_n$에 대해 급수 $\sum_{n=1}^{\infty} a_{\varphi(n)}$을 원래 급수의 재배치라고 하고 $\sum_{n=1}^{\infty} a'_n$으로 나타낸다.

절대수렴하는 급수의 경우 항의 순서를 바꾸어 재배치해도 합은 달라지지 않는다.

정리 11.11 (절대수렴과 급수의 재배치, Dirichlet 1837)

$\sum_{n=1}^{\infty} a_n$이 절대수렴하면, 재배치한 급수 $\sum_{n=1}^{\infty} a'_n$도 수렴하고 합이 같다. 즉, $\sum_{n=1}^{\infty} a_n = S$이면 $\sum_{n=1}^{\infty} a'_n = S$이다.

[증명] 가정에 의해 $\sum_{n=1}^{\infty} |a_n|$이 수렴하므로 주어진 양수 ε에 대해 자연수 N이 존재하여 $\sum_{n=N+1}^{\infty} |a_n| < \frac{\varepsilon}{2}$이다. 또한 $\sum_{n=1}^{\infty} a_n = S$이라는 사실로부터 다음 식이 성립한다는 것을 알 수 있다.

$$|S - S_N| = \left| \sum_{n=N+1}^{\infty} a_n \right| \leq \sum_{n=N+1}^{\infty} |a_n| < \frac{\varepsilon}{2}$$

한편 $\sum_{n=1}^{\infty} a'_n$이 재배치한 급수이므로 일대일 대응 $\varphi : \mathbb{N} \to \mathbb{N}$이 존재하여 모든 자연수 n에 대해 $a'_n = a_{\varphi(n)}$이다. 여기서 자연수 K를 다음 조건이 충족되도록 택하자.

$$\{1, 2, \cdots, N\} \subset \{\varphi(1), \varphi(2), \cdots, \varphi(K)\}$$

$n \geq K$ 이면 $S'_n - S_N$ 에서 $a_1, a_2, \ldots, a_N$ 은 상쇄되고 다음 부등식이 성립한다.

$$\left|\sum_{k=1}^{N} a_k - \sum_{k=1}^{n} a'_k\right| \leq \sum_{n=N+1}^{\infty} |a_n| < \frac{\varepsilon}{2}$$

이 부등식을 이용하면 $n \geq K$ 일 때 다음 부등식에 의해 $\sum_{n=1}^{\infty} a'_n = \sum_{n=1}^{\infty} a_n$ 임을 알 수 있다.

$$\left|S - \sum_{k=1}^{n} a'_k\right| \leq \left|S - \sum_{k=1}^{N} a_k\right| + \left|\sum_{k=1}^{N} a_k - \sum_{k=1}^{n} a'_k\right| < \frac{\varepsilon}{2} + \frac{\varepsilon}{2} = \varepsilon \qquad \square$$

정리 11.12 (코시 곱)

급수 $\sum_{n=0}^{\infty} a_n$ 이 수렴하고 $\sum_{n=0}^{\infty} b_n$ 이 절대수렴할 때 합을 각각 A, B 라고 하자. 그러면 $\sum_{n=0}^{\infty} c_n$ 이 AB 로 수렴한다. 단, $c_n = \sum_{k=0}^{n} a_k b_{n-k}$ 이다.

[증명] 급수 $\sum_{n=0}^{\infty} a_n$ 과 $\sum_{n=0}^{\infty} c_n$ 의 부분합이 각각 A_n, C_n 이면 C_n 을 다음과 같이 쓸 수 있다.

$$C_n = \sum_{k=0}^{n} A_{n-k} b_k = A \sum_{k=0}^{n} b_k + \sum_{k=0}^{n} (A_{n-k} - A) b_k$$

$\lim_{n\to\infty} \sum_{k=0}^{n} b_k = B$ 이므로 $\sum_{k=0}^{n} (A_{n-k} - A) b_k \to 0$ 임을 보이면 증명이 끝난다.

먼저, 상수 $M > 0$ 을 모든 정수 n 에 대해 $|A_n - A| \leq M$ 이 되도록 택할 수 있다. 또한 $\sum_{n=0}^{\infty} b_n$ 의 절대수렴성을 이용하여 $\sum_{n=0}^{\infty} |b_n| = \tilde{B}$ 라고 두자. 양수 ε 이 주어질 때 자연수 N 을 다음이 성립하도록 택할 수 있다.

$$\sum_{k=N+1}^{\infty} |b_k| < \frac{\varepsilon}{2M}, \quad |A_n - A| < \frac{\varepsilon}{2\tilde{B}}, \quad \forall n \geq N$$

$n \geq 2N$ 이면 다음 부등식에 의해 $\lim_{n\to\infty} \sum_{k=0}^{n} (A_{n-k} - A) b_k = 0$ 임을 알 수 있다.

$$\left|\sum_{k=0}^{N} (A_{n-k} - A) b_k\right| \leq \sum_{k=0}^{N} |A_{n-k} - A|\,|b_k| < \frac{\varepsilon}{2\tilde{B}} \sum_{k=0}^{N} |b_k| < \frac{\varepsilon}{2\tilde{B}} \tilde{B} < \frac{\varepsilon}{2}$$

$$\left|\sum_{k=N+1}^{n} (A_{n-k} - A) b_k\right| \leq \sum_{k=N+1}^{n} M|b_k| \leq M \sum_{k=N+1}^{n} |b_k| < \frac{\varepsilon}{2} \qquad \square$$

이 절에서 공부할 마지막 내용으로 급수의 수렴여부를 조사할 때 가장 많이 사용하는 판정법 세 가지를 소개한다.

정리 11.13 (극한 비교판정 (limit comparison test))

모든 자연수 n에 대해 $b_n \neq 0$일 때 $0 < \lim_{n\to\infty} \left|\frac{a_n}{b_n}\right| < \infty$이라고 하자. 급수 $\sum_{n=1}^{\infty} b_n$이 절대수렴하면 $\sum_{n=1}^{\infty} a_n$도 절대수렴한다.

[증명] $\lim_{n\to\infty} \left|\frac{a_n}{b_n}\right| = r$라고 두면 자연수 N이 존재하여 모든 $n \geq N$에 대해 다음이 성립한다.

$$\left|\frac{|a_n|}{|b_n|} - r\right| < \frac{r}{2} \iff \frac{r}{2} < \frac{|a_n|}{|b_n|} < \frac{3r}{2} \iff \frac{r}{2}|b_n| < |a_n| < \frac{3r}{2}|b_n|$$

정리 11.7(비교판정법)에 의해 $\sum_{n=1}^{\infty} b_n$이 절대수렴하면 $\sum_{n=1}^{\infty} a_n$도 절대수렴한다. □

예제 11.10 급수 $\sum_{n=1}^{\infty} \frac{2n-3}{7n^3+2n\sqrt{2n-1}+3}$의 수렴여부를 판정하여라.

[풀이] $b_n = \frac{1}{n^2}$이라고 두면 $\sum_{n=1}^{\infty} \frac{1}{n^2}$은 수렴한다. $\lim_{n\to\infty} \left|\frac{a_n}{b_n}\right| = \frac{2}{7}$이므로 정리 11.13에 의해 급수는 수렴한다. □

$\sum_{n=1}^{\infty} a_n$의 일반항 $|a_n|$이 점점 작아지면 수렴할 것이라고 기대할 수 있다. 일반항이 작아지는 정도를 $\frac{|a_{n+1}|}{|a_n|}$로 측정할 수 있다. 조화급수 $\sum_{n=1}^{\infty} \frac{1}{n}$에서는 일반항이 점점 작아져도 합은 무한히 커지는데 작아지도 비율 $\frac{|a_{n+1}|}{|a_n|}$이 1에 가깝다. 다음 정리는 작아지는 비율이 충분히 크면 수렴한다는 것을 보여준다.

정리 11.14 (비판정 (ratio test), Cauchy 1821)

급수 $\sum_{n=1}^{\infty} a_n$에 대해 극한 $\lim_{n\to\infty} \frac{|a_{n+1}|}{|a_n|}$이 존재할 때 극한값을 r이라고 두자.

(i) $0 \leq r < 1$이면 $\sum_{n=1}^{\infty} a_n$은 절대수렴한다.

(ii) $r > 1$이면 $\sum_{n=1}^{\infty} a_n$은 발산한다.

[증명] (i) $0 \le r < 1$ 이므로 $r < r_1 < 1$ 인 실수 r_1 을 택할 수 있다. $\varepsilon = r_1 - r$ 이라고 두면 자연수 N 이 존재하여 모든 $n \ge N$ 에 대하여 다음 부등식이 성립한다.

$$\left| \frac{|a_{n+1}|}{|a_n|} - r \right| < \varepsilon = r_1 - r$$

따라서 $n \ge N$ 일 때 $\frac{|a_{n+1}|}{|a_n|} < r + \varepsilon = r_1$, 즉, $|a_{n+1}| < r_1|a_n|$ 임을 알 수 있다. 또한 $n = N, N+1, N+2, \ldots$ 을 대입하면 모든 자연수 k 에 대해 $|a_{N+k}| < r_1^k|a_N|$ 이다. 그런데 기하급수 $\sum_{k=1}^{\infty} r_1^k$ 이 수렴하므로 비교 판정법에 의해 $\sum_{n=1}^{\infty} |a_n|$ 은 수렴한다.

(ii) $r > 1$ 이므로 $1 < r_2 < r$ 인 실수 r_2 를 찾을 수 있다. 이제 $\varepsilon = r - r_2$ 라고 두면 자연수 N 이 존재하여 $n \ge N$ 이면 다음이 성립한다.

$$\left| \frac{|a_{n+1}|}{|a_n|} - r \right| < \varepsilon = r - r_2$$

따라서 $n \ge N$ 일 때 $\frac{|a_{n+1}|}{|a_n|} > r - \varepsilon = r_2$ 이 성립하고 $|a_{n+1}| > r_2|a_n|$ 임을 알 수 있다. (i)의 증명과정과 비슷하게 모든 자연수 k 에 대해 $|a_{N+k}| > r_2^k|a_N|$ 이 성립함을 보일 수 있는데 $r_2 > 1$ 이므로 수열 $\{a_n\}_{n=1}^{\infty}$ 는 0으로 수렴할 수 없다. 그러므로 $\sum_{n=1}^{\infty} a_n$ 은 발산한다. □

예제 11.11 임의의 실수 a 에 대해 급수 $\sum_{n=0}^{\infty} \frac{a^n}{n!}$ 이 수렴함을 증명하여라.

[풀이] 비 판정법을 적용하면

$$r := \lim_{n\to\infty} \frac{|a_{n+1}|}{|a_n|} = \lim_{n\to\infty} \frac{|a|}{n+1} = 0$$

이므로 급수는 수렴한다. □

예제 11.11에서 생각한 급수의 합이 실제로 e^a 임을 증명할 수 있는데 자세한 설명은 함수의 멱급수 전개를 다룬 예제 12.8을 참조하기 바란다.

정리 11.15 (근 판정법 root test, Cauchy 1821)

급수 $\sum_{n=1}^{\infty} a_n$ 에 대해 극한 $\lim_{n\to\infty} \sqrt[n]{|a_n|}$ 이 존재할 때 극한값을 r 이라고 하자.

(i) $0 \le r < 1$ 이면 $\sum_{n=1}^{\infty} a_n$ 은 절대수렴한다.

(ii) $r > 1$ 이면 $\sum_{n=1}^{\infty} a_n$ 은 발산한다.

[증명] (i) $0 \le r < 1$이므로 $r < r_1 < 1$인 실수 r_1을 택할 수 있다. 이제 $\varepsilon = r_1 - r$이라고 두면 자연수 N이 존재하여 모든 $n \ge N$에 대하여 다음 부등식이 성립한다.

$$\left|\sqrt[n]{|a_n|} - r\right| < \varepsilon = r_1 - r$$

따라서 $n \ge N$일 때 $\sqrt[n]{|a_n|} < r + \varepsilon = r_1$, 즉, $|a_n| < r_1^n$임을 알 수 있다. 그런데 기하급수 $\sum_{n=N}^{\infty} r_1^n$이 수렴하므로 비교 판정법에 의해 $\sum_{n=1}^{\infty} a_n$은 절대 수렴한다.

(ii) $r > 1$이므로 $1 < r_2 < r$인 실수 r_2를 찾을 수 있다. 이제 $\varepsilon = r - r_2$라고 두면 자연수 N이 존재하여 $n \ge N$일 때 다음이 성립한다.

$$\left|\sqrt[n]{|a_n|} - r\right| < \varepsilon = r - r_2$$

따라서 $n \ge N$일 때 $\sqrt[n]{|a_n|} > r - \varepsilon = r_2$, 즉, $|a_n| > r_2^n$임을 알 수 있다. 그런데 $r_2 > 1$이므로 수열 $\{a_n\}_{n=1}^{\infty}$은 0으로 수렴할 수 없다. 그러므로 $\sum_{n=1}^{\infty} a_n$은 발산한다. □

예제 11.12 $|r| < 1$일 때 급수 $\sum_{n=1}^{\infty} r^n(2n^2 - 3)$은 수렴한다.

[풀이] $a_n = r^n(2n^2 - 3)$이라고 두자. $\lim_{n\to\infty} \sqrt[n]{|a_n|} = |r| \lim_{n\to\infty} \sqrt[n]{2n^2 - 3} = |r|$이므로 급수는 수렴한다. □

비판정법이나 근판정법은 급수의 수렴 여부를 판정하는 강력한 판정법이지만 $r = 1$인 경우에는 수렴 여부를 알려주지 않는다. 수렴하는 급수인 $\sum_{n=1}^{\infty} \frac{(-1)^n}{n}$나 발산하는 급수인 $\sum_{n=1}^{\infty} \frac{1}{n}$에 대해서 모두 $r = 1$이다. 다음 정리는 $r = 1$일 때 급수의 수렴 여부를 판정하는데 매우 유용하다.

정리 11.16 (라브 (Raabe) 판정법)

모든 자연수 n에 대해 $a_n > 0$일 때 $r := \lim_{n\to\infty} n\left(1 - \frac{a_{n+1}}{a_n}\right)$이라고 두자.

(i) $r > 1$이면 $\sum_{n=1}^{\infty} a_n$이 수렴한다.

(ii) $r < 1$이면 $\sum_{n=1}^{\infty} a_n$이 발산한다.

[증명] (i) $1 < \rho < r$인 상수 ρ를 택하고 $\varepsilon = r - \rho$를 택하자. 그러면 자연수 N이 존재하여 모든 $n \geq N$에 대해 $n\left(1 - \frac{a_{n+1}}{a_n}\right) > r - \varepsilon = \rho$이다. 베르누이 부등식을 이용하여 다시 쓰면 다음과 같다.

$$\frac{a_{n+1}}{a_n} < 1 - \frac{\rho}{n} < \left(1 - \frac{1}{n}\right)^\rho = \frac{1/n^\rho}{1/(n-1)^\rho}, \quad \forall n \geq N$$

$b_n := 1/(n-1)^\rho$이라고 두면 위 부등식에 의해 $\{\frac{a_n}{b_n}\}_{n=N}^\infty$이 아래로 유계인 단조감소 수열이다. 따라서 상수 $M > 0$이 존재하여 모든 $n \geq N$에 대해 $a_n < Mb_n$이다. 급수 $\sum\limits_{n=N}^\infty b_n$이 수렴하므로, 비교판정법에 의해, $\sum\limits_{n=1}^\infty a_n$이 수렴한다.

(ii) $\varepsilon = 1 - r$이라고 두자. 그러면 자연수 N이 존재하여 모든 $n \geq N$에 대해 $n\left(1 - \frac{a_{n+1}}{a_n}\right) < r + \varepsilon = 1$이다. $b_n = 1/(n-1)$이라고 두면 (i)에서와 비슷하게 상수 L이 존재하여 모든 $n \geq N$에 대해 $a_n > \frac{L}{n-1}$이다. 그러면, 비교판정에 의해, $\sum\limits_{n=1}^\infty a_n$이 발산한다. □

예제 11.13 $a \neq 0, 1, 2, \ldots$일 때 급수 $\sum\limits_{n=0}^\infty \frac{(-1)^n a(a-1)\cdots(a-n+1)}{n!}$의 수렴 여부를 조사하여라.

[풀이] $a_n := \frac{(-1)^n a(a-1)\cdots(a-n+1)}{n!}$이라고 두자. 비판정법을 적용하면 $r = 1$이므로 수렴 여부를 판단할 수 없다. n이 충분히 크면 a의 부호에 관계없이 $a_n > 0$이므로 라브 판정법을 적용할 수 있다. $\lim\limits_{n\to\infty} n\left(1 - \frac{a+1}{a_n}\right) = \lim\limits_{n\to\infty} n\frac{1+a}{n+1} = 1 + a$이므로 $a > 0$이면 수렴하고, $a < 0$이면 발산한다. □

연습문제 11.2

1. 함수 $f:[1,\infty)\to(0,\infty)$이 연속이고 감소함수일 때 $f(n)=a_n$이라고 두자. 적분 $\int_1^\infty f(x)dx$이 발산하면 급수가 발산함을 보여라.

2. 다음 급수가 수렴하는지 발산하는지 조사하여라.
   (a) $\sum_{n=2}^{\infty}\frac{2}{n\sqrt{\ln n}}$ (b) $\sum_{n=1}^{\infty}\frac{\sqrt{n}}{n^3+1}$ (c) $\sum_{n=1}^{\infty}\frac{1}{\sqrt{n(n^2+1)}}$
   (d) $\sum_{n=1}^{\infty}\frac{(-1)^{n-1}}{\sqrt{2n-1}}$ (e) $\sum_{n=1}^{\infty}\frac{\sin n}{n^2+n+1}$ (f) $\sum_{n=1}^{\infty}\frac{1}{2n^2+5}$

3. 다음 급수가 수렴하는지 발산하는지 조사하여라.
   (a) $\sum_{n=1}^{\infty}\frac{2n-5}{3^n}$ (b) $\sum_{n=1}^{\infty}ne^{-n^2}$ (c) $\sum_{n=1}^{\infty}\frac{n2^n}{1-3^n}$
   (d) $\sum_{n=1}^{\infty}\frac{(-1)^{n-1}5^n}{(2n-1)!}$ (e) $\sum_{n=1}^{\infty}\frac{(-1)^{n-1}\pi^n}{(2n)!}$ (f) $\sum_{n=1}^{\infty}\frac{(-1)^n10^n}{n^10}$

4. 모든 n에 대해 $a_n>0$, $b_n>0$이라고 하자. $\sum_{n=1}^{\infty}a_n$이 수렴하고 모든 n에 대해 $\frac{a_{n+1}}{a_n}\geq\frac{b_{n+1}}{b_n}$이면 $\sum_{n=1}^{\infty}b_n$이 수렴함을 증명하여라.

5. 모든 n에 대해 $a_n>0$이고 $\sum_{n=1}^{\infty}a_n$이 수렴한다고 하자. $\sum_{n=1}^{\infty}\frac{\sqrt{a_n}}{n}$이 수렴함을 보여라.

6. 급수 $\sum_{n=1}^{\infty}\frac{(-1)^{n+1}}{n^p}$은 $p>1$이면 절대수렴하고, $0<p\leq1$이면 조건수렴함을 보여라.

7. 교대급수 $\sum_{n=1}^{\infty}(-1)^{n-1}a_n$의 합이 S일 때 $|S-S_n|\leq a_{n+1}$임을 보여라.

8. $a_n=(-1)^n\int_{n\pi}^{(n+1)\pi}\frac{\sin x}{x}dx$이라고 둘 때 $\sum_{n=0}^{\infty}(-1)^na_n$이 수렴하는 것을 증명하여라.

9. **(조건수렴하는 급수의 성질)** 조건수렴하는 급수 $\sum_{n=1}^{\infty}a_n$에 대해 급수 $\sum_{n=1}^{\infty}a_n^+$와 $\sum_{n=1}^{\infty}a_n^-$를 다음과 같이 정의하자.

$$a_n^+=\max\{a,0\},\quad a_n^-=\max\{-a_n,0\}$$

   (a) $a_n=a_n^+-a_n^-$, $|a_n|=a_n^++a_n^-$임을 설명하여라.
   (b) $\lim_{n\to\infty}a_n^+=\lim_{n\to\infty}a_n^-=0$임을 보여라.
   (c) $\sum_{n=1}^{\infty}a_n^+=\sum_{n=1}^{\infty}a_n^-=\infty$임을 보여라.

10. $\sum_{n=1}^{\infty}\frac{1}{n^2}=\frac{\pi^2}{6}$일 때 $\sum_{n=1}^{\infty}\frac{1}{(2n-1)^2}=\frac{\pi^2}{8}$임을 보여라.

11. **(코시 곱)** 절대수렴하는 급수 $\sum_{n=0}^{\infty}a_n$과 수렴하는 급수 $\sum_{n=0}^{\infty}b_n$에 대해 코시 곱 $\sum_{n=0}^{\infty}c_n$을 생각하자. 단, $c_n=\sum_{k=0}^{n}a_kb_{n-k}$이다.

a) $A_n = \sum_{k=0}^{n} a_k$, $B_n = \sum_{k=0}^{n} b_k$, $C_n = \sum_{k=0}^{n} c_k$ 일 때 다음을 증명하여라.

$$C_{2n} - A_n B_n = \sum_{k=0}^{n-1} b_k \sum_{i=n+1}^{2n-k} a_i + \sum_{k=n+1}^{2n} b_k \sum_{i=0}^{2n-k} a_i$$

b) 실수 A, B가 존재하여 모든 자연수 n에 대해 $\sum_{k=0}^{n} |a_k| < A$, $|\sum_{k=0}^{n} b_k| < B$임을 보여라.

c) 임의의 양수 ε이 주어질 때 자연수 N이 존재하여 모든 $n \geq N$과 $m \geq 1$에 대해 다음이 성립함을 설명하여라.

$$\sum_{k=n+1}^{n+m} |a_k| < \frac{\varepsilon}{A+B}, \quad \left|\sum_{k=n+1}^{n+m}\right| < \frac{\varepsilon}{A+B}$$

d) (a)-(c)를 이용하여 $\lim_{n\to\infty}(C_{2n} - A_n B_n) = 0$임을 증명하여라.

e) $\lim_{n\to\infty}(C_{2n+1} - A_{n+1}B_n) = 0$임을 증명하여라.

12. (**Kummer 판정법**) 양항급수 $\sum_{n=1}^{\infty} a_n$과 $\sum_{n=1}^{\infty} c_n$에 대해 다음이 성립한다고 하자.

$$K_n := c_n - c_{n+1}\frac{a_{n+1}}{a_n} \geq h > 0 \quad \forall n \geq N$$

(a) 수열 $\{c_n a_n\}_{n=N}^{\infty}$가 감소수열임을보여라.

(b) 급수 $\sum_{n=1}^{\infty}(c_n a_n - c_{n+1}a_{n+1})$이 수렴함을 증명하여라.

(c) $\sum_{n=1}^{\infty} a_n$이 수렴함을 증명하여라.

(d) 모든 $n \geq N$에 대해 $K_n \leq 0$이고 $\sum_{n=1}^{\infty} \frac{1}{c_n}$이 발산하면 $\sum_{n=1}^{\infty} c_n$도 발산함을 증명하여라.

13. (**극한형의 Kummer 판정법**) 양항급수 $\sum_{n=1}^{\infty} a_n$과 $\sum_{n=1}^{\infty} c_n$에 대해 $K_n = c_n - c_{n+1}\frac{a_{n+1}}{a_n}$이라고 둘 때 다음을 증명하여라.

(a) $\lim_{n\to\infty} K_n > 0$이면 $\sum_{n=1}^{\infty} a_n$이 수렴한다.

(b) $\lim_{n\to\infty} K_n < 0$일 때 $\sum_{n=1}^{\infty} \frac{1}{c_n}$이 발산하면 $\sum_{n=1}^{\infty} a_n$도 발산한다.

14. 급수 $\sum_{n=0}^{\infty} \frac{(\alpha)_n(\beta)_n}{n!(\gamma)_n}$이 수렴할 조건을 구하여라. 단, $(a)_n = a(a+1)(a+2)\cdots(a+n-1)$이다. (힌트: 라브 판정법)

11.3 함수항 급수

$D \subset \mathbb{R}$에서 정의된 함수열 $\{f_n\}_{n=0}^{\infty}$에 대해 다음 무한급수를 함수항 급수(series of functions)라고 한다.

$$\sum_{n=0}^{\infty} f_n(x)$$

함수항 급수를 접하는 대표적인 상황은 (미지의) 함수를 알려진 함수 f_n를 이용하여 표현하거나 함수의 근사값을 구하는 경우이다. 특히, 미분방정식의 해를 닫힌 꼴(closed form)로 구하기 어려운 경우 해 y가 다음과 같은 형태의 (함수항) 급수로 표현될 수 있다고 가정한다.

$$y = \sum_{n=0}^{\infty} a_n f_n(x) \tag{11.3}$$

(11.3)에서 $f_n(x) = (x-a)^n$이면 멱급수라고 부르고, $f_n(x) = (x-a)^{r+n}$ (r이 실수)이면 프로베니우스(Frobenius) 급수, $f_n(x) = \cos nx$ 또는 $\sin nx$이면 푸리에(Fourier) 급수(또는 삼각급수)라고 부른다.

한편 직교 조건

$$\int_a^b f_m(x) f_n(x) w(x) dx = 0 \quad (m \neq n)$$

을 만족시키는 함수열 $\{f_n\}_{n=0}^{\infty}$을 이용한 급수표현도 편미분방정식의 경계치 문제나 함수의 근사(approximation)에서 자주 나타난다.

이런 주제는 곡선이나 곡면의 근사식을 구하는 문제를 비롯하여 수치기법이 필요한 분야에서 응용성이 높기 때문에 연구도 활발하다. 특히, 삼각함수와 관련된 푸리에 급수는 신호 처리, 영상처리를 비롯한 공학의 전 분야에서 필수적인 수학적 도구이다.

멱급수와 삼각급수는 수학에서 다루는 대표적인 함수항 급수이다. 멱급수에 대해서는 간단히 설명하고 푸리에 급수와 관련된 내용에 초점을 맞추겠다.

함수 f를 $f(x) = \sum_{n=0}^{\infty} f_n(x)$로 나타냈을 때 다음은 매우 의미있는 질문이다.

(a) 급수 $\sum_{n=0}^{\infty} f_n(x)$가 수렴하는 x의 값을 결정할 수 있는가?
(b) f_n이 연속일 때 f가 연속인가?
(c) f_n이 미분가능할 때 $f'(x) = \sum_{n=0}^{\infty} f_n'(x)$인가? - 항별미분
(d) f_n이 적분가능할 때 $\int_a^b f_n(x) dx = \sum_{n=0}^{\infty} \int_a^b f_n(x) dx$인가? -항별 적분

이런 질문을 해결하는 과정에서 고른수렴이라는 개념이 발견되었는데 해석학의 기초를 확립하는 문제와 깊은 관련이 있다.

11.3.1 함수항 급수의 역사

멱급수와 삼각급수는 수학에서 다루는 대표적인 함수항 급수이다. 이 절에서는 함수항 급수가 등장하는 과정 및 급수의 합과 관련된 여러가지 개념이 형성되는 과정에 대해 간단하게 살펴보겠다.

함수항 급수는 라이프니츠, 뉴턴, 오일러 등에 의해 미분방정식의 해를 구하는 과정이나 곡선의 구적문제에서 등장한다. 오일러는 함수항 급수를 이용하여 미분방정식의 일반해를 구하고 있는데 프로베니우스(Frobenius) 해에 해당한다. 당시의 함수항 급수는 정확한(exact) 해가 아니라 근사값(approximation)으로 간주되었다.

멱급수 다음 형태의 멱급수(power series)가 문헌에 나타난 시기는 1600년대로 올라간다.

$$a_0 + a_1(x - x_0) + a_2(x - x_0)^2 + \cdots, \quad a_i \in \mathbb{R}$$

이 시기에 등장한 중요 멱급수는 뉴턴이 발견한 $(1 + x)^a$의 멱급수 표현과 관련이 있다. 뉴턴을 비롯한 많은 사람들이 (타당성의 증명없이) 항별 적분을 이용하여 $\ln(1+x)$, $\sin^{-1} x$, $\tan^{-1} x$를 멱급수로 나타내었다.

한편, 테일러와 매클로린에 의해 미분을 이용하여 함수를 멱급수로 표현하는 방법이 제안되었고 18세기를 통해 널리 사용되었다. 이러한 과정에서 수렴이나 항별 적분의 가능성에 대한 고려는 거의 없었다. 코시 및 아벨은 수렴에 관한 문제를 연구하였다. 이항급수의 수렴에 대한 연구를 포함한 멱급수의 역사, 수렴, 항별미분, 항별 적분에 대한 내용은 12.1절을 읽어보기 바란다.

삼각급수(trigonometric series) 베르누이(Daniel Bernoulli)는 파동방정식 $u_{tt} = c^2 u_{xx}$, $(t > 0,\ 0 < x < L)$의 초기조건 $u(x, 0)$, $u_t(x, 0)$를 삼각급수

$$\sum_{n=1}^{\infty} a_n \sin \frac{n\pi x}{L}$$

로 나타낼 수 있다고 주장하고 다음과 같의 형태의 급수해를 제시하였다.

$$u(x, t) = \sum_{n=1}^{\infty} a_n \sin \frac{n\pi x}{L} \sin \frac{n\pi ct}{L}$$

한편, 푸리에(Fourier, 1807)는 열전도 문제를 다룬 논문에서 구간 $(-\pi, \pi)$에서 정의된 임의의 함수 f를 삼각급수(푸리에 급수라고 부름)로 타나낼 수 있다고 주장하였다.

$$f(x) \sim \frac{a_0}{2} + \sum_{n=1}^{\infty}(a_n \cos nx + b_n \sin nx)$$
$$a_n = \frac{1}{\pi}\int_{-\pi}^{\pi} f(x)\cos nx dx, \quad b_n = \frac{1}{\pi}\int_{-\pi}^{\pi} f(x)\sin nx dx$$

푸리에는 모든 함수에 대해 삼각급수가 수렴한다고 주장했으나 논거는 매우 엉성했다. 푸리에의 주장은 많은 반론을 일으켰지만 수학이 발전하는 계기를 제공하였다. 특히, 칸토어(Cantor)의 집합론, 적분이론, 급수의 합과 관련된 여러 가지 개념(연속성, 항별미분, 항별 적분)을 발전시키는 연구를 촉진시켰다.

함수항 급수의 수렴과 관련된 논의 가우스는 비판정법을 이용하여 초기하 급수가 수렴한다는 것을 증명하였다. 코시는 그 당시 잘 알려져있던 비판정법이나 근판정법을 엄밀하게 증명하고 급수 및 함수항 급수의 수렴에 대한 여러가지 결과를 발표하였다. (이 과정에서 코시는 실수의 코시수열의 수렴성을 증명하였다). 아벨도 이항급수를 다룬 논문에서 이항급수가 수렴한다는 것을 증명하고 합을 구하였다. 한편, 푸리에 급수의 수렴성은 사람은 독일의 수학자인 디리클레(1829)에 의해 엄밀하게 증명되었다. 그는 f에 대한 조건을 부여하고 조건만을 사용하여 푸리에 급수가 f로 수렴한다는 사실을 증명하였다.

아벨은 당대의 수학이 엄밀성이 부족하다고 지적하였다. 예를 들어, 함수항 급수의 합에 대한 정의, 고등수학의 초석으로 여겼던 테일러 급수 전개, 무한 함수항 급수에 대한 (증명없는) (연속성, 항별미분, 항별 적분을 포함한) 갖가지 연산 등에 대한 기초가 부실하다고 생각하였다. 아벨은 함수항 급수의 수렴에 대한 코시의 정의를 검토한 후 점별수렴을 의미한다고 생각하여 "함수항 급수의 합이 연속"이라는 코시의 주장이 옳지 않다고 생각하고 반례를 제시하였다. 아벨은 특정 함수항 급수가 연속임을 (최초로?) 엄밀하게 증명(11장 아벨 정리)하였다.

스토크스(Stokes)와 자이델(Seidel)은 함수항 급수의 합이 연속이 아닌 이유로 불연속점 근처에서 수렴이 임의로 (또는 무한히) 느려지기 때문이라고 생각하였는데 명확하게 설명하지 못한 것 같다. 바이어슈트라스는 고른수렴과 점별수렴의 차이를 구분하여 정의하였고 고르게 수렴할 때 항별 적분이 가능하다는 것을 보였다. 또한 항별 적분에 대한 아벨의 질문을 해결하였다. ([6], 181–186쪽)

11.3.2 함수항 급수의 수렴과 발산

3.1절에서는 멱급수와 푸리에 급수의 배경 및 관련 이슈에 대해 알아보았다. 이제 앞에서 제기한 질문에 답할 차례이다.

우선 함수항 급수의 수렴에 대해 알아보자.

정의 11.4 (점별수렴과 고른수렴)

$D \subset \mathbb{R}$ 에서 정의된 함수열 $\{f_n\}_{n=1}^{\infty}$ 에 대해 $\sum\limits_{n=1}^{\infty} f_n$ 를 함수항 급수(series of functions)라고 하고, $S_n = \sum\limits_{k=1}^{n} f_k$ 을 함수항 급수의 n 번째 부분합이라고 부른다.

(i) 함수열 $\{S_n\}_{n=1}^{\infty}$ 가 D 에서 f 로 점별수렴하면 함수항 급수 $\sum\limits_{n=1}^{\infty} f_n$ 가 f 로 (점별) 수렴한다고 한다. 이 때 f 를 함수항 급수 $\sum\limits_{n=1}^{\infty} f_n$ 의 합이라고 부르고 $\sum\limits_{n=1}^{\infty} f_n = f$ 로 나타낸다.

(ii) 함수열 $\{S_n\}_{n=1}^{\infty}$ 가 D 에서 f 로 고르게 수렴하면 급수 $\sum\limits_{n=1}^{\infty} f_n$ 이 f 로 고르게 수렴한다고 한다.

예제 11.14 함수열 $f_n(x) = x^n$ 을 생각하자.

(a) $|x| \le r\,(0 < r < 1)$ 이면 함수항 급수 $\sum\limits_{n=0}^{\infty} x^n$ 는 고르게 수렴한다.

(b) $|x| < 1$ 일 때 함수항 급수 $\sum\limits_{n=0}^{\infty} x^n$ 은 점별수렴한다.

[풀이] 부분합 $S_n(x)$ 은 $S_n(x) = \sum_{k=0}^{n-1} x^k = \frac{1-x^n}{1-x}$ 이다.

(a) ε 이 임의의 고정된 양수라고 하자. $|S_n(x) - f(x)|$ 는 모든 $x \in [-r, r]$ 에 대해 다음 부등식을 만족시킨다.

$$|S_n(x) - f(x)| = \left|\frac{x^n}{1-x}\right| \le \frac{r^n}{1-r}$$

이제 자연수 N 을 $\frac{r^N}{1-r} < \varepsilon$ 이 성립하도록 택하면 모든 자연수 $n \ge N$ 과 모든 $x \in [-r, r]$ 에 대해 부등식

$$|S_n(x) - f(x)| \le \frac{r^n}{1-r} \le \frac{r^N}{1-r} < \varepsilon$$

이 성립한다. 따라서 $\sum\limits_{n=0}^{\infty} x^n$ 는 $\frac{1}{1-x}$ 로 고르게 수렴한다.

(b) 모든 $x \in (-1, 1)$ 에 대하여 $\lim\limits_{n\to\infty} S_n(x) = \frac{1}{1-x}$ 이므로 급수는 점별수렴한다. 또한 합은 $\sum_{n=0}^{\infty} x^n = \frac{1}{1-x}$ 이다. □

푸리에 급수의 수렴에 대하여 알아보자.

f가 주기 2π인 주기함수이고 구간연속(piecewise continuous)이라고 하자. 그러면 다음과 같은 푸리에 계수 a_n, b_n의 적분이 잘 정의된다.

$$a_n = \frac{1}{\pi}\int_{-\pi}^{\pi} f(x)\cos nx dx, \quad b_n = \frac{1}{\pi}\int_{-\pi}^{\pi} f(x)\sin nx dx \tag{11.4}$$

함수항 급수

$$\frac{a_0}{2} + \sum_{n=1}^{\infty}(a_n \cos nx + b_n \sin nx) \tag{11.5}$$

를 f의 푸리에 급수라고 부른다. 디리클레는 (11.4)의 부분합

$$D_n(x) = \frac{1}{2}a_0 + \sum_{k=1}^{n}(a_k \cos kx + b_k \sin kx)$$

를 다음과 같이 나타낼 수 있다는 것을 보였다.

$$S_n(x) = \frac{1}{\pi}\int_{-\pi}^{\pi} f(t)\frac{\sin(n+1/2)(t-x)}{\sin(t-x)/2}dt$$

디리클레는 f가 최대값 (또는 최소값)을 갖거나 기껏해야 유한개의 점에서 (코시) 연속이 아니라고 가정하고 푸리에 급수가 $[f(x^+)+f(x^-)]/2$로 수렴한다는 것을 증명하였다(1829년, [8] 13쪽). f의 적분 및 a_n, b_n의 존재성을 확보하기 위해 연속성에 대한 가정이 필요했던 것으로 보인다. 또한 증명과정을 검토해보면 디리클레의 결론은 x의 근방에서 f가 단조함수라는 것에 기초를 두고 있다.

푸리에 급수의 수렴을 다룬 다음 정리는 신호처리, 영상 처리를 비롯한 많은 응용분야에서 자주 이용된다.

정리 11.17 (푸리에 급수의 수렴)

f가 주기 2π인 주기함수라고 하자.

(a) (점별수렴) $f'(x^+)$와 $f'(x^-)$이 존재하면 푸리에 급수는 $[f(x^+)+f(x^-)]/2$로 수렴한다. 다음과 같이 쓸 수 있다.

$$\frac{a_0}{2} + \sum_{n=1}^{\infty}(a_n \cos nx + b_n \sin nx) = \frac{1}{2}\left(f(x^+)+f(x^-)\right)$$

(b) (고른수렴) f가 연속이고 f'이 구간연속이면 푸리에 급수는 f로 고르게 수렴한다.

[증명] 참고문헌 [1] 335–337쪽의 증명을 참조하기 바란다. □

예제 11.15 주기 2π 인 함수 $f(x) = \frac{x}{2}\,(-\pi < x \le \pi)$ 의 푸리에 급수는 다음과 같다.

$$\sin x - \frac{\sin 2x}{2} + \frac{\sin 3x}{3} - \frac{\sin 4x}{4} + \cdots \tag{11.6}$$

아벨은 이 급수를 제시하여 "각 함수가 연속인 함수항 급수의 합이 연속"이라는 코시의 주장을 반박하였다. 함수항 급수의 각 항이 연속함수지만 극한함수는 불연속함수이다.

[풀이] f 가 기함수이므로 $a_n = 0$ 이고 b_n 은 다음과 같다.

$$b_n = \frac{2}{\pi}\int_0^\pi x \sin nx dx = \frac{(-1)^{n+1}}{n}$$

$n = 5, 10, 20, 50, 100$ 일 때 (11.6)의 부분합을 아래 그림에 도시하였다.

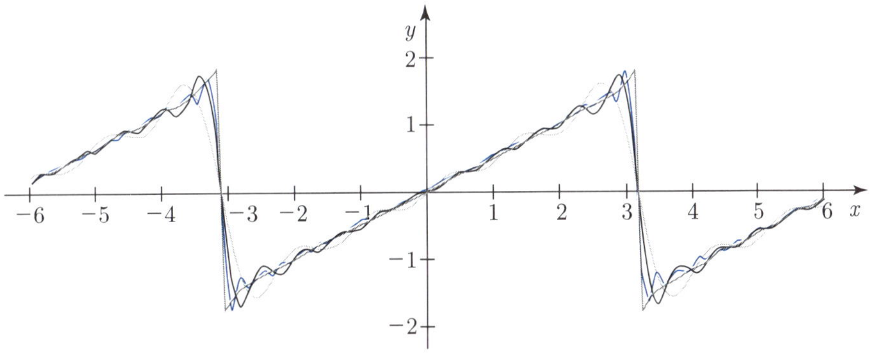

f 가 $x = (2n+1)\pi$ 에서 불연속이지만 푸리에 급수는 좌극한과 우극한의 평균값인 0 으로 수렴한다. □

멱급수와 같은 특별한 경우에는 비판정이나 n-제곱근 판정법을 이용하여 비판정이나 n-제곱근 판정법을 이용하여 수렴하는 x 의 범위를 찾을 수 있다(12.2절 수렴반경). 일반적인 함수항 급수의 경우에는 다음 판정법을 이용한다.

정리 11.18 (고른수렴 판정 : 코시 판정법)

D 에서 정의된 함수항 급수 $\sum_{n=1}^{\infty} f_n$ 이 f 로 고르게 수렴할 필요충분 조건은 임의의 $\varepsilon > 0$ 에 대해 자연수 N 이 존재하여 $m, n \ge N$ 일 때 모든 $x \in D$ 에 대해 다음 부등식이 성립하는 것이다.

$$|S_m(x) - S_n(x)| < \varepsilon$$

[증명] 함수열 $\{S_n\}_{n=1}^{\infty}$ 에 대해 코시 고른수렴 판정법을 적용하면 된다. □

정리 11.19 (고른수렴 판정, Weierstrass M-test)

각 자연수 n에 대해 다음을 만족시키는 상수 $M_n > 0$이 존재한다고 하자.

$$|f_n(x)| \le M_n \quad {}^\forall x \in D$$

$\sum_{n=1}^{\infty} M_n$이 수렴하면 함수항 급수 $\sum_{n=1}^{\infty} f_n$은 D에서 고르게 수렴한다.

[증명] ε이 임의의 고정된 양수라고 하자. $\sum_{n=1}^{\infty} M_n$이 수렴하므로 자연수 N이 존재하여 $m, n \ge N$일 때 $\sum_{k=m}^{n} M_k < \varepsilon$이다. 삼각부등식을 사용하면 모든 $x \in D$에 대해

$$\left|\sum_{k=m}^{n} f_k(x)\right| \le \sum_{k=m}^{n} |f_k(x)| \le \sum_{k=m}^{n} M_k < \varepsilon$$

임을 알 수 있다. 그러므로 $\sum_{n=1}^{\infty} f_n$이 D에서 고르게 수렴한다. □

예제를 통해 바이어슈트라스 판정법을 적용하는 과정을 살펴보자.

예제 11.16 함수항 급수 $\sum_{n=1}^{\infty} \frac{x^n}{n^2}$ $(-1 \le x \le 1)$는 고르게 수렴한다.

[풀이] 모든 $x \in [-1, 1]$에 대해 $\left|\frac{x^n}{n^2}\right| \le \frac{1}{n^2}$이므로 $M_n = \frac{1}{n^2}$을 택한다. 급수 $\sum_{n=1}^{\infty} \frac{1}{n^2}$이 수렴하므로, 정리 11.19에 의해, 주어진 함수항 급수는 고르게 수렴한다. □

예제 11.17 실수 전체에서 정의된 다음 함수항 급수가 고르게 수렴함을 보여라.

$$\sum_{n=1}^{\infty} \frac{\sin(nx)}{n\sqrt{n}}$$

[풀이] 임의의 $x \in \mathbb{R}$에 대해 $\left|\frac{\sin(nx)}{n\sqrt{n}}\right| \le \frac{1}{n\sqrt{n}}$이므로 $M_n = \frac{1}{n\sqrt{n}}$이라고 하자. 급수 $\sum_{n=1}^{\infty} M_n$이 수렴하므로, 정리 11.19에 의해, 주어진 함수항 급수는 실수 전체에서 고르게 수렴한다. □

$D \subset \mathbb{R}$에서 정의된 함수열 $\{f_n\}_{n=1}^{\infty}$과 $\{g_n\}_{n=1}^{\infty}$에 대해 $F_{m,n} = \sum_{k=m}^{n} f_k$이라고 두면 다음이 성립한다. 이 식을 '아벨 공식'이라고 부른다.

$$\sum_{k=m}^{n} f_k g_k = F_{m,n} g_n + \sum_{k=m}^{n-1} F_{m,k}[g_k - g_{k+1}] \tag{11.7}$$

정리 11.20 (수렴 판정 : 디리클레 판정법)

$\{f_n\}_{n=1}^{\infty}$과 $\{g_n\}_{n=1}^{\infty}$이 $D \subset \mathbb{R}$에서 정의된 함수열이고 $\{g_n\}_{n=1}^{\infty}$이 다음 조건을 만족시킨다고 가정하자.

$$0 \le g_{n+1}(x) \le g_n(x), \quad \forall x \in D, \forall n \in \mathbb{N}$$

(i) 함수 $M : D \to (0, \infty)$이 존재하여 모든 $n \in \mathbb{N}$과 $x \in D$에 대해 $\left|\sum_{k=1}^{n} f_k(x)\right| \le M(x)$이고 $\{g_n\}_{n=1}^{\infty}$이 $g \equiv 0$으로 점별수렴하면 $\sum_{n=1}^{\infty} f_n g_n$이 점별수렴한다.

(ii) 상수 M_0가 존재하여 모든 $n \in \mathbb{N}$과 모든 $x \in D$에 대해 $\left|\sum_{k=1}^{n} f_k(x)\right| \le M_0$이고 $\{g_n\}_{n=1}^{\infty}$이 $g \equiv 0$으로 고르게 수렴하면 $\sum_{n=1}^{\infty} f_n g_n$이 고르게 수렴한다.

[증명] (a) 임의의 자연수 $n > m$에 대해 $F_{m,n} = \sum_{k=m}^{n} f_k$이라고 두자. 그러면 가정에 의해 모든 $x \in D$에 대해 $|F_{m,n}(x)| < 2M(x)$이다. 한편, 아벨 공식과 삼각부등식에 의해 다음을 확인할 수 있다.

$$\begin{aligned} &\left|\sum_{k=m}^{n} f_k(x) g_k(x)\right| \\ &\le |F_{m,n}(x)||g_n(x)| + \sum_{k=m}^{n-1} |F_{m,k}(x)||g_k(x) - g_{k+1}(x)| \\ &= 2M(x)g_n(x) + 2M(x)\sum_{k=m}^{n-1} [g_k(x) - g_{k+1}(x)| \\ &= 2M(x)g_m(x) \end{aligned} \tag{11.8}$$

임의의 양수 ε에 대해 자연수 N_x가 존재하여 모든 $n \ge N$에 대해 $|g_n(x)| < \frac{\varepsilon}{2M(x)}$이므로 모든 x에 대해 $\sum_{n=1}^{\infty} f_n(x) g_n(x)$가 수렴한다.

그러므로 $\sum_{n=1}^{\infty} f_n g_n$은 (점별)수렴한다.

(b) (11.8)에서 $M(x)$를 M_0로 바꿀 수 있다. 가정에 의해 $\{g_n\}_{n=1}^{\infty}$이 0으로 고르게 수렴하므로 임의의 양수 ε이 주어지면 자연수 N이 존재하여 모든 $n \ge N$과 모든 $x \in D$에 대해 $g_n(x) < \frac{\varepsilon}{2M_0}$이다.

또한 $m, n \ge N$이면 모든 $x \in D$에 대해 $|\sum_{k=m}^{n} f_k(x) g_k(x)| < \varepsilon$이므로, 코시의 고른수렴 판정법(정리 11.18)에 의해, $\sum_{n=1}^{\infty} f_n g_n$이 고르게 수렴한다. □

예제 11.18 삼각급수 $\sum_{n=1}^{\infty} \frac{\sin nx}{\sqrt{n}}$ 은 모든 x에 대해 수렴한다.

[풀이] $f_k(x) = \sin kx$, $g_k(x) = \frac{1}{\sqrt{k}}$ 이라고 두자. 등식 $\sin kx \sin \frac{x}{2} = \frac{1}{2}[\cos(k-\frac{1}{2})x - \cos(k+\frac{1}{2})x$ 을 이용하면 $\sum_{k=1}^{n} f_k(x)$를 다음과 같이 쓸 수 있다.

$$\begin{aligned} |\sin x + \sin 2x + \cdots + \sin nx| &= \left| \frac{\cos\frac{x}{2} - \cos(n+\frac{1}{2})x}{2\sin(x/2)} \right| \\ &\le \begin{cases} \frac{1}{|\sin(x/2)|} & x \ne 2m\pi \\ 0 & x = 2m\pi \end{cases} \end{aligned}$$

가정에 의해 $0 \le g_{n+1} \le g_n$ 이므로 디리클레 판정법을 적용하면 주어진 삼각급수는 모든 x에 대해 수렴한다. 또한 $x \in [a,b] \subsetneq [0,2\pi]$에 대해 $\sin\frac{x}{2} \ge \sin\frac{c}{2}$ 이므로 삼각급수는 $[a,b]$에서 고르게 수렴한다. 단, $c = \min\{a, 2\pi - b\}$ 이다.

한편 연습문제 5번 (c)에 의해 이 급수를 푸리에 급수로 갖는 구간연속인 주기함수는 존재하지 않는다. □

정리 11.21 (고른수렴 판정 : 아벨 판정법)

$D \subset \mathbb{R}$에서 정의된 함수열 $\{g_n\}_{n=1}^{\infty}$가 다음 조건을 만족시킨다고 가정하자.

$$g_{n+1}(x) \le g_n(x),\ |g_n(x)| \le M < \infty \quad \forall x \in D, \forall n \in \mathbb{N}$$

$\{f_n\}_{n=1}^{\infty}$ 이 고르게 수렴하면 $\sum_{n=1}^{\infty} f_n g_n$ 이 고르게 수렴한다.

[증명] $\{f_n\}_{n=1}^{\infty}$ 이 고르게 수렴하므로 임의의 양수 ε이 주어지면 다음이 성립하도록 자연수 N을 택할 수 있다.

$$|F_{m,n}(x)| = \left| \sum_{k=m}^{n} f_k(x) \right| < \frac{\varepsilon}{3M} \quad \forall x \in D,\ \forall n > m \ge N,$$

g_n에 대한 가정, 아벨 공식과 삼각부등식에 의해 다음을 확인할 수 있다.

$$\begin{aligned} \left| \sum_{k=m}^{n} f_k(x) g_k(x) \right| &\le |F_{m,n}(x)||g_n(x)| + \sum_{k=m}^{n-1} |F_{m,k}(x)||g_k(x) - g_{k+1}(x)| \\ &< \frac{\varepsilon}{3M} M + \frac{\varepsilon}{3M} \sum_{k=m}^{n-1} |g_k(x) - g_{k+1}(x)| \\ &= \frac{\varepsilon}{3M} M + \frac{\varepsilon}{3M} [g_m(x) - g_n(x)] \\ &\le \frac{\varepsilon}{3M} M + \frac{\varepsilon}{3M} [|g_m(x)| + |g_n(x)|] < \varepsilon \end{aligned}$$

그러므로 코시의 고른수렴판정법(정리 11.18)에 의해 $\sum_{n=1}^{\infty} f_n g_n$ 이 고르게 수렴한다. □

11.3.3 함수항 급수에 대한 극한 과정 : 연속, 항별미분 및 항별 적분

함수항 급수 $\sum_{n=1}^{\infty} f_n$ 가 f 로 (점별)수렴할 때 $S_n = \sum_{k=1}^{n} f_k$ 라고 두자. 합 f 의 연속성, 미분가능성 및 적분 가능성은 함수열 $\{S_n\}_{n=1}^{\infty}$ 에 대해 "서로 다른 극한의 순서를 바꿀 수 있다"는 주장과 같다. 일반적으로 극한 순서의 교환이 가능하지 않다는 것을 10.3절에서 확인하였다.

이제 함수항 급수에서 극한과정의 순서 교환에 대하여 알아보자.

정리 11.22 (함수항 급수의 고른수렴과 연속성)

모든 자연수 n 에 대해 함수 $f_n : D \to \mathbb{R}$ 이 연속함수라고 하자. $\sum_{n=1}^{\infty} f_n$ 이 $f : D \to \mathbb{R}$ 로 고르게 수렴하면 f 는 연속함수이다.

[증명] $S_n = \sum_{k=1}^{n} f_k$ 라고 두면 S_n 이 연속이다. 따라서 정리 10.8에 의해 함수열 $\{S_n\}_{n=1}^{\infty}$ 의 극한함수인 f 는 연속함수이다. □

예제 11.19 함수항 급수 $\sum_{n=1}^{\infty} \frac{\sin(n^2 x)}{n^2}$ 는 연속함수 f 로 고르게 수렴한다.

[풀이] $M_n = \frac{1}{n^2}$ 이라고 두자. 급수 $\sum_{n=1}^{\infty} M_n$ 이 수렴하므로 바이어슈트라스 판정법(정리 11.19)에 의해 급수는 고르게 수렴한다. 그러므로 f 는 연속함수이다. □

리만과 바이어슈트라스 이전에는 연속함수는 (고립된 유한개의 점을 제외한 점에서는) 미분가능하다는 일반적 믿음이 있었다. 이런 주장에 대하여 함수항 급수를 이용한 많은 반례가 제시되었는데 바이어슈트라스(1872년)는 모든 점에서 미분불가능한(nowhere differentiable) 다음 함수를 제시하였다.

$$f(x) = \sum_{n=1}^{\infty} a^n \cos(b^n x), \quad a, b > 0$$

바이어슈트라스는 $a < 1$ 이면 f 가 연속이지만, $ab > 1 + \frac{2\pi}{3}$ 이면 f 가 모든 점에서 미분불가능하다는 것을 증명하였다.

정리 11.23 (함수항 급수의 미분가능성 : 항별 적분)

유계 구간 $[a,b]$에서 정의된 함수 f_n이 미분가능하다고 하자.

어떤 점 $x_0 \in [a,b]$에서 $\sum_{n=1}^{\infty} f_n$이 수렴하고 $\sum_{n=1}^{\infty} f_n'$이 고르게 수렴하면 $\sum_{n=1}^{\infty} f_n$은 미분가능한 함수 $f:[a,b] \to \mathbb{R}$로 수렴한다. 또한 f'은 다음과 같이 주어진다.

$$f'(x) = \frac{d}{dx}\sum_{n=1}^{\infty} f_n(x) = \sum_{n=1}^{\infty} \frac{d}{dx} f_n(x)$$

[증명] $S_n = \sum_{k=1}^{n} f_k$라고 두면 S_n은 미분가능한 함수이다.

가정에 의해 수열 $\{S_n(x_0)\}_{n=1}^{\infty}$이 수렴하고 함수열 $\{S_n'\}_{n=1}^{\infty}$은 어떤 함수 g로 고르게 수렴한다.

정리 10.10에 의해, $\{S_n\}_{n=1}^{\infty}$은 미분가능한 함수 f로 수렴하고 $f' = g$이다. $f' = g$를 다시 쓰면 다음과 같다.

$$\begin{aligned}\frac{d}{dx}\sum_{n=1}^{\infty} f_n(x) &= \frac{d}{dx}\lim_{n\to\infty} S_n(x) \\ &= \lim_{n\to\infty}\frac{d}{dx}S_n(x) = \sum_{n=1}^{\infty}\frac{d}{dx}f_n(x), \quad x \in [a,b]\end{aligned}$$

그러므로 증명이 끝난다. □

예제 11.20 $|x| < 1$일 때 $\sum_{n=1}^{\infty} nx^{2n-1} = \frac{x}{(1-x^2)^2}$임을 증명하여라.

[풀이] $0 < r < 1$일 때 급수 $\sum_{n=1}^{\infty} nr^{2n-1}$이 수렴한다.

한편 $|x| \le r$이면 $nx^{2n-1} \le nr^{2n-1}$이므로 함수항 급수 $\sum_{n=1}^{\infty} nx^{2n-1}$가 고르게 수렴한다. 또한 $\sum_{n=0}^{\infty} x^{2n} = \frac{1}{1-x^2}$이므로 정리 11.23에 의해 항별미분하여 다음을 유도할 수 있다.

$$\sum_{n=1}^{\infty} nx^{2n-1} = \frac{x}{(1-x^2)^2}, \quad |x| \le r$$

임의의 $0 < r < 1$에 대해 위 등식이 성립하므로 $|x| < 1$일 때에도 성립한다. □

푸리에 급수 (11.5)에서 계수 (11.4)를 구하는 문제는 다음 정리에서 설명하는 항별 적분의 원리를 이용하고 있다. 고른수렴은 항별 적분이 가능할 충분조건이다.

정리 11.24 (함수항 급수의 적분가능성 : 항별 적분)

각 자연수 n에 대해 함수 $f_n : [a,b] \to \mathbb{R}$이 적분가능하다고 하자. 함수항 급수 $\sum_{n=1}^{\infty} f_n$가 f로 고르게 수렴하면 $f : [a,b] \to \mathbb{R}$는 $[a,b]$에서 적분가능하다. 또한 $\int_a^b f(x)dx$는 다음과 같다.

$$\int_a^b f(x)dx = \int_a^b \sum_{n=1}^{\infty} f_n(x)dx = \sum_{n=1}^{\infty} \int_a^b f_n(x)dx$$

[증명] $S_n = \sum_{k=1}^{n} f_k$라고 두면 S_n은 적분가능한 함수이다. 함수열 $\{S_n\}_{n=1}^{\infty}$이 f로 고르게 수렴하므로 정리 10.11에 의해 다음 등식이 성립한다.

$$\int_a^b \lim_{n\to\infty} S_n(x)dx = \lim_{n\to\infty} \int_a^b S_n(x)dx$$

위 식을 다시 쓰면 다음과 같다.

$$\int_a^b \sum_{n=1}^{\infty} f_n(x)dx = \lim_{n\to\infty} \int_a^b S_n(x)dx = \sum_{n=1}^{\infty} \int_a^b f_n(x)dx$$

그러므로 증명이 끝난다. □

예제 11.21 $a > 1$일 때 $\int_0^{\pi} \sum_{n=1}^{\infty} \frac{n^2 \sin nx}{a^n} dx = \frac{2a(a^2+1)}{(a^2-1)^2}$임을 보여라.

[풀이] $\frac{n^2 \sin nx}{a^n} \le \frac{n^2}{a^n}$이므로 $M_n = \frac{n^2}{a^n}$이라고 두자. $\lim_{n\to\infty} \frac{M_{n+1}}{M_n} = \frac{1}{a} < 1$이므로 비판정법에 의해 급수 $\sum_{n=1}^{\infty} M_n$이 수렴한다. 바이어슈트라스 M-판정법에 의해 급수 $\sum_{n=1}^{\infty} \frac{n^2 \sin nx}{a^n}$가 고르게 수렴하므로 항별 적분이 가능하다. 항별 적분한 후 예제 11.20을 이용하면 다음을 확인할 수 있다.

$$\begin{aligned}\int_0^{\pi} \sum_{n=1}^{\infty} \frac{n^2 \sin nx}{a^n} dx &= \sum_{n=1}^{\infty} n[1-(-1)^n]a^{-n} \\ &= 2\sum_{n=1}^{\infty} (2n-1)a^{-2n+1} = \frac{2a(a^2+1)}{(a^2-1)^2}\end{aligned}$$

□

연습문제 11.3

1. $\alpha > 1$ 일 때 모든 자연수 n 에 대해 $|a_n| < \frac{1}{n^\alpha}$, $|b_n| < \frac{1}{n^\alpha}$ 이면 삼각급수 (11.5)가 수렴함을 증명하여라.

2. 다음 함수항 급수가 고르게 수렴함을 보여라.
   (a) $\sum_{n=1}^{\infty} x^n e^{-nx^2}$ (b) $\sum_{n=1}^{\infty} \frac{x}{n(1+nx^2)}$
   (c) $\sum_{n=1}^{\infty} \frac{\sin nx}{n^3}$ (d) $\sum_{n=1}^{\infty} \frac{1}{x^2+n^2}$

3. 다음 함수항 급수가 (점별)수렴하는 x 의 집합 D 를 구하여라. 주어진 급수가 D 에 포함되는 임의의 유계 닫힌구간에서 고르게 수렴하는가?
   (a) $\sum_{n=1}^{\infty} \frac{1}{x^n+2}$ (b) $\sum_{n=1}^{\infty} \sin \frac{x}{n\sqrt{n}}$ (c) $\sum_{n=0}^{\infty} x^n$

4. $f_n(x) = \frac{x^n}{1+x^{2n}}$ 이라고 두자.
   (a) f_n 의 최대값을 구하여라.
   (b) 함수항 급수 $\sum_{n=1}^{\infty} \frac{f_n(x)}{n^\alpha}$ 가 고르게 수렴할 α 에 대한 조건을 구하여라.

5. 함수항 급수 $\sum_{n=1}^{\infty} e^{-nx^2} \sin n^2 x$ 이 모든 $x \in \mathbb{R}$ 에 대해 수렴함을 보여라.

6. 다음 급수가 고르게 수렴함을 보여라.
   (a) $\sum_{n=1}^{\infty} \frac{(-1)^n}{\sqrt{n+x^2}}$, $x \in \mathbb{R}$ (b) $\sum_{n=1}^{\infty} \frac{(-1)^n}{n+x}$, $x \in [0, \infty)$,

7. $\sum_{n=1}^{\infty} a_n$ 이 절대수렴한다고 하자. $\sum_{n=1}^{\infty} a_n \sin nx$ 가 절대수렴함을 보여라. 이 급수가 고르게 수렴하는가?

8. $\sum_{n=1}^{\infty} \frac{\sin nx}{3^n}$ 의 합이 연속이고 미분가능함을 증명하여라.

9. 다음 등식이 성립하는지 조사하고 이유를 설명하여라.
   (a) $\frac{d}{dx} \sum_{n=1}^{\infty} \frac{e^{-nx}}{n^3} = -\sum_{n=1}^{\infty} \frac{e^{-nx}}{n^2}$ $(x > 0)$ (b) $\frac{d}{dx} \sum_{n=0}^{\infty} x^n = \sum_{n=0}^{\infty} nx^{n-1}$, $|x| < 1$
   (c) $\frac{d}{dx} \sum_{n=1}^{\infty} e^{-nx} = -\sum_{n=0}^{\infty} ne^{-nx}$ $(x > 0)$ (d) $\sum_{n=0}^{\infty} nx^n = \frac{x}{(1-x)^2}$, $|x| < 1$

10. $f_n(x) = x^{n-1}(1 - 2x^n)$ $(0 \le x \le 1)$ 일 때 함수항 급수 $\sum_{n=1}^{\infty} f_n$ 을 생각하자.
    (a) 함수항 급수의 합 $f(x)$ 을 구하여라.
    (b) $\sum_{n=1}^{\infty} \int_0^1 f_n(x)dx = \int_0^1 f(x)$ 인지 조사하여라.
    (c) $\sum_{n=1}^{\infty} f_n$ 가 고르게 수렴하는가?

11. 예제 11.15를 이용하여 다음을 유도하여라.
    (a) $\frac{\pi}{4} = \sum_{n=1}^{\infty} \frac{(-1)^{n+1}}{2n+1}$ (b) $\frac{x^2}{4} = \frac{\pi^2}{12} - \sum_{n=1}^{\infty} \frac{(-1)^{n+1} \cos nx}{n^2}$, $|x| < \pi$
    (c) $\frac{\pi^2}{12} = \sum_{n=1}^{\infty} \frac{(-1)^{n+1}}{n^2}$ (d) $\frac{\pi^2}{6} = \sum_{n=1}^{\infty} \frac{1}{n^2}$

12. $[a,b]$ 에서 정의된 함수열 $\{f_n\}_{n=1}^{\infty}$ 과 함수 $f:[a,b]\to\mathbb{R}$ 에 대해 다음을 가정하자.

$$(f_m, f_n) := \int_a^b f_m(x)f_n(x)dx = \delta_{m,n}, \quad c_n := \int_a^b f(x)f_n(x)dx < \infty$$

(a) (**Bessel 부등식**) $S_n(x) = \sum\limits_{k=1}^{n} c_k f_k(x)$ 에 대해 다음을 증명하여라.

$$\int_a^b [f(x) - S_n(x)]^2 dx = (f,f) - \sum_{k=1}^{n} c_k^2, \quad \sum_{k=1}^{n} c_k^2 \le (f,f)$$

(b) $\int_a^b [f(x)]^2 dx < \infty$ 이면 $\lim\limits_{n\to\infty} c_n = 0$ 임을 보여라.

(c) (**Parseval 등식**) $\lim\limits_{n\to\infty} \int_a^b [f(x) - S_n(x)]^2 dx = 0$ 일 필요충분 조건이

$$\int_a^b [f(x)]^2 dx = \sum_{n=1}^{\infty} c_n^2$$

임을 증명하여라.

(d) 함수항 급수 $\sum\limits_{n=1}^{\infty} a_n f_n(x)$ 가 f 로 고르게 수렴하면 $(f,f) = \sum\limits_{n=1}^{\infty} a_n^2$ 임을 증명하여라.

13. $f_0(x) = \frac{1}{2\sqrt{\pi}}$, $f_n(x) = \frac{\cos nx}{\sqrt{\pi}}$, $g_n(x) = \frac{\sin nx}{\sqrt{\pi}}$ 에 대해 다음을 증명하여라.

$$(f_m, f_n) = \delta_{m,n}, \quad (g_m, g_n) = \delta_{m,n}, \quad (f_m, g_n) = 0$$

14. a_n, b_n 이 주기가 2π 이고 구간연속인 주기함수 f 의 푸리에 계수일 때

$$F_n(x) = \frac{a_0}{2} + \sum_{k=1}^{n} (a_k \cos kx + b_k \sin kx)$$

라고 두자. 다음을 증명하여라.

(a) $\int_{-\pi}^{\pi} \big(f(x) - F_n(x)\big)^2 dx = \int_{-\pi}^{\pi} \big(f(x)\big)^2 dx - \pi\big(\frac{1}{2}a_0^2 + \sum\limits_{k=1}^{n} (a_k^2 + b_k^2)\big)$

(b) $\frac{1}{2}a_0^2 + \sum\limits_{k=1}^{n} (a_k^2 + b_k^2) \le \frac{1}{\pi} \int_{-\pi}^{\pi} \big(f(x)\big)^2 dx$

(c) $\frac{1}{2}a_0^2 + \sum\limits_{n=1}^{\infty} (a_n^2 + b_n^2) = \frac{1}{\pi} \int_{-\pi}^{\pi} \big(f(x)\big)^2 dx$

(d) $\lim\limits_{n\to\infty} \int_{-\pi}^{\pi} f(x) \cos nx dx = 0$, $\lim\limits_{n\to\infty} \int_{-\pi}^{\pi} f(x) \sin nx dx = 0$

CHAPTER 12

멱급수

이 장에서는 공부할 멱급수는 다음과 같은 형태의 함수항 급수이다.

$$\sum_{n=0}^{\infty} a_n(x - x_0)^n$$

멱급수는 곡선과 x축 사이의 넓이를 구하는 과정에서 17세기 말에 나타난 함수항 급수이다. 넓이를 구할 때 항별 적분을 사용하였는데 항별 적분의 타당성을 규명하는 것은 미적분학의 기초를 엄밀하게 구축하는 과정에서 중요한 목표 중의 하나였다.

먼저 멱급수의 역사에 대해 간단히 알아본 후 멱급수에 의해 정의된 함수의 정의구역, 연속성, 미분가능성, 적분 가능성에 대해 공부한다. 따라서 수렴반경, 항별미분, 항별 적분, 함수의 멱급수 표현에 관한 논의에 초점을 맞추겠다. 멱급수도 함수항 급수의 일종이므로 11장에서 증명된 결과가 적용된다.

12.1 멱급수의 역사

함수를 멱급수로 표현하는 초기 과정은 $(1+x)^a$의 멱급수 표현 및 항별 적분과 관련이 있다.

(a) 이항급수(binomial series)와 항별 적분을 이용한 멱급수 전개

파스칼은 1654년 n이 자연수일 때 이항정리(binomial theorem)

$$(1+t)^n = 1 + nt + \frac{n(n-1)}{2!}t^2 + \frac{n(n-1)(n-2)}{3!}t^3 + \cdots + t^n \tag{12.1}$$

를 소개하였다. 뉴턴은 곡선 $y = (1-t^2)^a$(a는 유리수)의 면적을 연구했던 왈리스(Wallis)의 결과에 영감을 얻어 (12.1)을 보간(interpolation)하는 이항급수(binomial series)

$$\phi_a(t) := 1 + \frac{a}{1}t + \frac{a(a-1)}{2!}t^2 + \frac{a(a-1)(a-2)}{3!}t^3 + \cdots$$

를 발견하였고 다음 등식이 성립할 것이라고 추측하였다.

$$(1+t)^a = 1 + \frac{a}{1}t + \frac{a(a-1)}{2!}t^2 + \frac{a(a-1)(a-2)}{3!}t^3 + \cdots, \quad |t| < 1 \tag{12.2}$$

(12.2)와 항별 적분의 타당성을 가정하고 (12.2)의 양변을 적분하면 다음 식을 얻을 수 있다.

$$\int_0^x (1+t)^a dt = \sum_{n=0}^{\infty} \frac{a(a-1)\cdots(a-n+1)}{(n+1)!} x^{n+1} \tag{12.3}$$

로그가 발견된 후(Napier, 1614년) 뉴턴과 머케이터(Mercator, 1668년)는 $a = -1$일 때 (12.2)를 항별 적분하여 $\ln(1+x)$에 대한 다음 표현식을 얻었다.

$$\ln(1+x) = x - \frac{x^2}{2} + \frac{x^3}{3} + \cdots \tag{12.4}$$

또한 1669년 뉴턴은 기하학적 관찰과 적분학을 이용하여 $\arcsin x = \int_0^x \frac{1}{\sqrt{1-t^2}}dt$를 유도하였다. $a = -\frac{1}{2}$일 때 (12.2)와 항별 적분에 의해 $\arcsin x$에 대한 다음 공식이 나온다.

$$\arcsin x = \int_0^x \left[1 + \sum_{n=1}^{\infty} \frac{1\cdot 3\cdot (2n-1)}{2^n n!} t^{2n}\right] dt = x + \sum_{n=1}^{\infty} \frac{1\cdot 3\cdot (2n-1)}{2^n(2n+1)n!} x^{2n+1}$$

(멱급수에 대한 항별 적분의 타당성에 대해서는 12.2절에서 자세하게 공부할 것이다.)

(b) 미분을 이용한 함수의 형식적 전개–테일러 급수

미적분학이 소개된 후 테일러(Taylor)는 1715년 《증분법》이라는 소책자에서 함수 f를 다음과 같은 형태의 멱급수로 전개하였다.

$$f(x) = f(a) + f'(a)(x-a) + \frac{f''(a)}{2!}(x-a)^2 + \cdots$$

이 표현식을 테일러 급수 전개라 한다. 당연히 오른쪽의 급수에 대한 수렴성을 고려하지 않은 형식적 급수 전개(formal series expansion)이다. 테일러 급수 전개는 함수를 멱급수로 표현하는 강력한 방법으로 각광을 받았다. 미분을 이용하여 함수를 (12.2)이나 (12.4)와 같은 멱급수로 표현하는 과정에 대한 내용은 12.3절에서 다루어진다.

(c) 수렴성에 대한 고찰

가우스(Gauss, 1813)는 초기하 급수(hypergeometric series)

$$1 + \frac{ab}{1c} + \frac{a(a+1)b(b+1)}{2!c(c+1)}x^2 + \frac{a(a+1)(a+2)b(b+1)(b+2)}{3!c(c+1)(c+2)}x^3 + \cdots$$

에 대해 비판정법을 적용하여 이 급수가 $|x| < 1$일 때 수렴하다는 것을 증명하였다. 그는 완성된 결과만을 출판하려고 했기 때문에 해석학의 기초를 발전시키는데 영향을 주지

못하였다. ([6], 174쪽)

코시는 $(-1, 1)$에서 (절대)수렴하는 이항급수 ϕ_a가 다음 함수 방정식을 만족시킨다는 것을 보였다. 이 과정에서 코시곱이 이용되었다.

$$\phi_a(x)\phi_b(x) = \phi_{a+b}(x)$$

함수 방정식으로부터 유리수 r에 대해 $\phi_r(x) = \phi_1(x)^r$임은 분명하다. 코시는 "실수가 유리수의 극한"이라는 사실과 $\phi_a(x)$를 a의 함수로 볼 때 연속이라는 것을 이용하여 임의의 실수 a에 대해 (12.2)가 성립한다는 것을 증명하였다. ([6], 172–173쪽)

한편 노르웨이의 수학자 아벨(Abel, 1826년)은 복소수 변수의 이항급수를 연구한 논문에서 이항급수의 수렴과 합의 연속성을 엄밀하게 증명하였다. 이 결과는 아벨정리로 알려져 있다.

12.2 멱급수의 수렴반경과 성질

다음과 같은 형태의 함수항 급수를 중심이 x_0 인 멱급수 (power series) 라고 한다.

$$\sum_{n=0}^{\infty} a_n(x-x_0)^n, \quad a_n \in \mathbb{R}\,(n=0,1,2,\ldots) \tag{12.5}$$

멱급수 (12.5)에서 x 대신에 특정값을 대입하면 수렴할 수도 있고 발산할 수도 있다. 예를 들어 중심이 0 인 멱급수 $\sum\limits_{n=0}^{\infty} x^n$ 는 $x = \frac{1}{2}$ 이면 수렴하지만 $x = -1$ 일 때는 발산한다. 멱급수가 주어질 때 "어떤 x 에 대해 멱급수가 수렴하는가" 라는 질문은 매우 중요한데 정의 12.1에서 도입할 수렴반경은 이 질문에 대답해 준다.

이 절에서는 멱급수가 수렴하는 x 의 범위를 구해본다. 또한 수렴하는 멱급수에 의해 정의되는 함수의 연속성, 미분가능성 및 적분 가능성에 대해 알아본다.

12.2.1 수렴반경

수렴반경은멱급수가 수렴하는 영역을 구할 때 핵심적인 개념이다. 다음 보조정리는 한 점에서의 수렴성을 이용하여 수렴영역을 결정하는 방법에 대한 설명이다.

보조정리 12.1 (한 점에서 수렴할 때 예상되는 결과)

멱급수 (12.5)가 $x = x_0 + \xi$ 에서 수렴한다고 하자. 그러면 $|x - x_0| < |\xi|$ 인 모든 x 에 대해 멱급수 (12.5)가 (절대)수렴한다. 더 나아가 $0 < r < |\xi|$ 이면 멱급수 (12.5)가 닫힌구간 $[x_0 - r, x_0 + r]$ 에서 고르게 수렴한다.

[증명] $\sum\limits_{n=0}^{\infty} a_n\xi^n$ 이 수렴하므로 $\lim\limits_{n\to\infty} a_n\xi^n = 0$ 이다. 그러면 $\{a_n\xi^n\}_{n=0}^{\infty}$ 이 유계이므로 상수 $M > 0$ 이 존재하여 모든 정수 $n \geq 0$ 에 대해 $|a_n\xi^n| \leq M$ 이다. $|x - x_0| < |\xi|$ 이면 다음 부등식이 성립하므로 비교판정법에 의해 멱급수 (12.5)는 $|x - x_0| < |\xi|$ 일 때 절대수렴한다.

$$|a_n(x-x_0)^n| = |a_n\xi^n|\left(\frac{|x-x_0|}{|\xi|}\right)^n \leq Mu^n, \quad u := \frac{|x-x_0|}{|\xi|} < 1$$

한편 $0 < r < |\xi|$ 이면 모든 $x \in [x_0 - r, x_0 + r]$ 에 대해 다음 부등식이 성립한다.

$$|a_n(x-x_0)^n| \leq |a_n|r^n = |a_n\xi^n|\left(\frac{r}{|\xi|}\right)^n \leq Mv^n, \quad v := \frac{r}{|\xi|} < 1$$

그러므로 멱급수 (12.5)는 바이어슈트라스 M 판정법에 의해 닫힌구간 $[x_0 - r, x_0 + r]$ 에서 고르게 수렴한다. □

정의 12.1 (멱급수의 수렴반경)

S가 멱급수 (12.5)가 수렴하는 모든 x의 집합이라고 하자. 멱급수 (12.5)의 수렴반경(radius of convergence) R은 다음과 같이 정의된다.

$$R := \sup_{x \in S} |x - x_0| \tag{12.6}$$

멱급수 (12.5)가 적어도 한점 $x = x_0$에서 수렴하므로 R은 잘 정의될 뿐만 아니라 $R \geq 0$이다.

예제 12.1 멱급수 $\sum_{n=0}^{\infty} x^n$은 $|x| < 1$일 때 수렴하고 $|x| > 1$이면 발산한다. 따라서 멱급수가 수렴하는 x의 집합 S는 다음 중의 하나와 같다.

$$(-1, 1) \quad [-1, 1) \quad (-1, 1] \quad [-1, 1]$$

모든 경우에 $R := \sup_{x \in S} |x| = 1$이다.

멱급수의 수렴반경은 "어떤 x에 대해 멱급수가 수렴하는가"라는 질문에 대해 많은 정보를 준다. 수렴반경의 정의로부터 다음을 알 수 있다.

정리 12.2 (수렴반경과 수렴판정)

$R(\neq 0)$이 멱급수 (12.5)의 수렴반경이라고 하자.

(i) $R = \infty$이면 멱급수 (12.5)는 모든 $x \in \mathbb{R}$에 대해 수렴한다. 또한 임의의 양수 r에 대해 멱급수 (12.5)는 닫힌구간 $[r - x_0, r + x_0]$에서 고르게 수렴한다.

(ii) $0 < R < \infty$라고 하자. 멱급수 (12.5)는 $|x - x_0| < R$일 때 수렴하고 $|x - x_0| > R$일 때 발산한다. 특히, $0 < r < R$이면 멱급수 (12.5)가 닫힌구간 $[x_0 - r, x_0 + r]$에서 고르게 수렴한다.

(iii) $R = 0$이면 멱급수 (12.5)는 $x = x_0$일 때만 수렴한다.

[증명] R이 S의 상한이라는 사실을 이용하여 증명해보기로 하자.

(i) $R = \infty$이면 임의의 양수 r이 주어질 때 $x_r \in S$가 존재하여 $r < |x_r - x_0|$이다. 멱급수 (12.5)가 $x = x_r$에서 수렴하므로 $|x - x_0| < r$인 모든 x에 대해 멱급수가 고르게 수렴한다. (보조정리 12.1) r이 임의의 양수이므로 멱급수는 모든 실수 x에 대해 수렴한다.

(ii) 어떤 $\xi \in S$가 존재하여 $|\xi - x_0| > R$이면 R이 상한이라는 사실에 모순이다. 따라서 $|x - x_0| > R$인 모든 x에 대하여 멱급수는 발산한다.

$|\xi - x_0| < R$이면 상한의 정의에 의해 다음을 만족시키는 $x_\xi \in S$가 존재한다.

$$|\xi - x_0| < |x_\xi - x_0| \le R$$

멱급수 (12.5)가 x_ξ에서 수렴하므로 보조정리 12.1에 의해 ξ에서도 멱급수가 수렴한다. 따라서 $|x - x_0| < R$일 때 멱급수는 수렴한다.

한편 $0 < r < R$이면 $x_r \in S$가 존재하여 $r < |x_r - x_0| < R$를 만족시킨다. 멱급수 (12.5)가 x_r에서 수렴하므로, 보조정리 12.1에 의해, 멱급수가 닫힌구간 $[x_0 - r, x_0 + r]$에서 고르게 수렴한다.

(iii) 멱급수 (12.5)가 $x_1 (\neq x_0)$에서 수렴한다고 가정하자. 그러면 $R \ge |x_1 - x_0| > 0$이므로 모순이다. 그러므로 멱급수는 x_0에서만 수렴한다. □

수렴반경은 멱급수의 수렴에 대한 대부분의 정보를 제공하지만 수렴반경을 구하는 것은 쉽지 않다. 먼저 정리 12.2의 역이 성립한다는 것을 설명해보자.

- 모든 x에 대해 멱급수가 수렴하면 $R = \infty$이다.
- R이 실수라고 하자. 멱급수가 $|x - x_0| < R$일 때 수렴하고 $|x - x_0| > R$일 때 발산하면 R이 멱급수의 수렴반경이다.
- 멱급수가 x_0에서만 수렴하면 $R = 0$이다.

이러한 관찰로부터 수렴반경을 찾는 수단을 발견할 수 있다. 다음 정리는 이 사실을 이용하여 수렴반경을 구하는 효과적인 방법을 제공한다.

정리 12.3 (수렴반경 구하기)

극한 $\lim_{n\to\infty} \frac{|a_{n+1}|}{|a_n|}$ 또는 $\lim_{n\to\infty} \sqrt[n]{|a_n|}$이 $\overline{\mathbb{R}}$에서 존재한다고 하자. 그러면 멱급수 $\sum_{n=0}^{\infty} a_n (x - x_0)^n$의 수렴반경 R은 다음과 같이 주어진다.

$$R = \frac{1}{\lim_{n\to\infty} \frac{|a_{n+1}|}{|a_n|}} = \frac{1}{\lim_{n\to\infty} \sqrt[n]{|a_n|}} \tag{12.7}$$

[증명] $\rho = \lim_{n\to\infty} \frac{|a_{n+1}|}{|a_n|}$라고 두자. 멱급수 $\sum_{n=0}^{\infty} a_n (x - x_0)^n$에 대해 비판정법을 적용하면 다음과 같다.

$$\lim_{n\to\infty} \left| \frac{a_{n+1}(x - x_0)^{n+1}}{a_n (x - x_0)^n} \right| = \rho |x - x_0|$$

$\sum_{n=0}^{\infty} a_n (x - x_0)^n$이 $\rho|x - x_0| < 1$일 때 (절대)수렴하고, $\rho|x - x_0| > 1$일 때 발산하므로 수렴반경은 $R = 1/\rho$이다.

근판정법을 적용하여 수렴반경을 구하는 방법을 증명하는 것은 연습문제로 남긴다. □

예제 12.2 다음 멱급수의 수렴반경을 구하여라.

(a) $\sum_{n=0}^{\infty} \frac{x^n}{n!}$　　(b) $\sum_{n=1}^{\infty} \frac{(-1)^{n-1}x^n}{n}$

[풀이] (a) $a_n = \frac{1}{n!}$ 이므로 $\lim_{n\to\infty} \left|\frac{a_{n+1}}{a_n}\right| = 0$ 이다. (12.7)에 의해 $R = \infty$ 이다.

(b) $a_n = \frac{(-1)^{n-1}}{n}$ 이므로 $\lim_{n\to\infty} \sqrt[n]{|a_n|} = 1$ 은 다음과 같다. (12.7)에 의해 $R = 1$ 이다. □

정리 12.3에서 어떤 n 에 대해 $a_n = 0$ 이거나 극한이 존재하지 않을 경우에는 비판정법을 이용하여 수렴반경을 구할 수 없다. 이런 경우에 다음 정리를 이용하여 수렴반경을 구할 수도 있다.

정리 12.4 (Hadamard 공식)

멱급수 (12.5)에 대해 수렴반경 R 은 다음과 같다.

$$R = \frac{1}{\limsup_{n\to\infty} \sqrt[n]{|a_n|}} \tag{12.8}$$

R 이 실수일 때 정리 12.2는 $|x - x_0| \neq R$ 일 때 멱급수의 수렴 및 발산에 대해 많은 정보를 주고 있지만 $|x - x_0| = R$ 인 경우에는 아무것도 말해주지 않는다. 실제로 $|x - x_0| = R$ 일 때 멱급수는 수렴할 수도 있고 발산할 수도 있다.

수렴반경이 0이 아닌 멱급수가 수렴하는 모든 x 의 집합 S 를 구해보면 항상 구간이다. 이런 구간을 멱급수의 수렴구간(interval of convergence)이라고 부른다.

예제 12.3 다음 멱급수의 수렴구간을 구하여라.

(a) $\sum_{n=1}^{\infty} \frac{x^n}{n}$　　(b) $\sum_{n=0}^{\infty} \frac{x^n}{n!}$

[풀이] (a) $\lim_{n\to\infty} \frac{|a_{n+1}|}{|a_n|} = 1$ 이므로 $R = 1$ 이고 멱급수는 $|x| < 1$ 일 때 수렴하고 $|x| > 1$ 일 때 발산한다. 한편, $x = 1$ 일 때 $\sum_{n=1}^{\infty} \frac{1}{n}$ 이 발산하고 $x = -1$ 일 때 교대급수 $\sum_{n=1}^{\infty} \frac{(-1)^n}{n}$ 이 수렴하므로 멱급수의 수렴구간은 $[-1, 1)$ 이다.

(b) $\lim_{n\to\infty} \frac{|a_{n+1}|}{|a_n|} = 0$ 이므로 $R = \infty$ 이다. 그러므로 수렴구간은 $(-\infty, \infty)$ 이다. □

12.2.2 멱급수의 연속성, 항별미분, 항별 적분

멱급수 (12.5)의 수렴반경이 $R\,(\neq 0)$일 때 다음과 같이 함수 f를 정의할 수 있다.

$$f(x) := \sum_{n=0}^{\infty} a_n(x-x_0)^n \qquad |x-x_0| < R \tag{12.9}$$

(12.9)에서 멱급수의 부분합 S_n을 다음과 같이 정의하자.

$$S_n(x) = \sum_{k=0}^{n} a_k(x-x_0)^k, \quad n = 0, 1, 2, \ldots$$

S_n은 임의의 닫힌구간에서 연속이고 미분가능할 뿐만 아니라 적분가능하다. 또한 정리 12.2에 의해, $|x-x_0| \leq r < R$일 때 $\{S_n\}_{n=0}^{\infty}$이 고르게 수렴한다.

이제부터는 멱급수에 의해 정의된 함수 f의 연속성, 미분가능성, 적분가능성에 대해 자세히 살펴보기로 한다.

멱급수의 고른수렴 (정리 12.2)를 이용하면 (12.9)에서 정의된 함수 f가 연속함수임을 보일 수 있다.

정리 12.5 (멱급수에 의해 정의된 함수의 연속성)

함수 f가 멱급수 (12.9)에 의해 정의된다고 하자. 그러면 f가 열린구간 (x_0-R, x_0+R)에서 연속이다.

[증명] 두 가지 경우로 나누어 증명한다.

(a) $0 < R < \infty$이라고 하자. 임의의 $0 < r < R$에 대해 부분합 S_n이 닫힌구간 $[x_0-r, x_0+r]$에서 연속이고 함수열 $\{S_n\}_{n=0}^{\infty}$이, 정리 12.2에 의해, f로 고르게 수렴한다. 따라서 f가 $[x_0-r, x_0+r]$에서 연속이다. (정리 11.22) f가 임의의 $r < R$에 대해 $[x_0-r, x_0+r]$에서 연속이므로 열린구간 (x_0-R, x_0+R)에서 연속이다.

(b) $R = \infty$이라고 하자. 임의의 $r > 0$에 대해 부분합 S_n이 닫힌구간 $[x_0-r, x_0+r]$에서 연속이고 함수열 $\{S_n\}_{n=0}^{\infty}$이, 정리 12.2에 의해, f로 고르게 수렴하므로 f가 $[x_0-r, x_0+r]$에서 연속이다. (정리 11.22) 그러므로 f는 실수전체에서 연속이다. □

$R < \infty$일 때 구간의 끝점 $x_0 \pm R$에서 f가 정의되더라도 $x = x_0 \pm R$에서 f가 연속이라고 말할 수는 없다. 노르웨이 수학자 아벨은 $x = x_0 \pm R$에서 f의 연속성을 증명하였다.

정리 12.6 (Abel 정리 1826년)

멱급수 (12.9)의 수렴반경이 $R \in \mathbb{R}\,(R \neq 0)$이라고 하자.

(i) (12.9)의 멱급수가 $x = x_0 + R$에서 수렴하면 멱급수는 $[x_0, x_0 + R]$에서 고르게 수렴한다.

(ii) (12.9)의 멱급수가 $x = x_0 + R$에서 수렴하면 f는 $x = x_0 + R$에서 우연속이다.

(멱급수가 $x = x_0 - R$에서 수렴하면 구간이 $[x_0 - R, x_0]$로 바뀌고 우연속은 좌연속으로 바뀐다)

[증명] (i) 코시 판정법을 적용하기로 하자. $\sum_{n=0}^{\infty} a_n R^n$이 수렴하므로 임의의 양수 ε에 대해 자연수 N이 존재하여 다음을 만족시킨다.

$$\left|\sum_{i=m}^{n} a_i R^i\right| < \varepsilon \quad {}^{\forall} m, n \geq N$$

여기서 $b_i = a_i R^i$, $c_i = \frac{(x-x_0)^i}{R^i}$라고 두고 340쪽 아벨 공식 (11.7)과 삼각부등식을 적용하면 임의의 $x \in [x_0, x_0 + R]$에 대해 다음이 성립하는 것을 볼 수 있다.

$$\begin{aligned}\left|\sum_{i=m}^{n} a_i (x - x_0)^i\right| = \left|\sum_{i=m}^{n} b_i c_i\right| &= \left|c_n \sum_{i=m}^{n} b_i + \sum_{i=m}^{n-1} (c_i - c_{i+1}) \sum_{j=m}^{i} b_i\right| \\ &\leq c_n \varepsilon + (c_m - c_n)\varepsilon = c_m \varepsilon < \varepsilon\end{aligned}$$

따라서 멱급수는 $[x_0, x_0 + R]$에서 고르게 수렴한다.

(ii) S_n이 $[x_0, x_0 + R]$에서 연속이고 함수열 $\{S_n\}_{n=0}^{\infty}$이 고르게 수렴하므로 f가 $[x_0, x_0 + R]$에서 연속이다. (정리 11.22) □

아벨 정리는 멱급수에 의해 정의된 함수가 수렴구간에서 연속임을 보장한다. 이 점은 일반적인 함수와 다른 특징이라고 할 수 있다.

이제 아벨 정리를 이항급수에 적용시켜 보자.

$$\phi_a(x) := \sum_{n=0}^{\infty} \binom{a}{n} x^n, \quad \binom{a}{n} := \frac{a(a-1)\cdots(a-n+1)}{n!} (a \neq 0) \qquad (12.10)$$

a가 자연수이고 $n > a$일 때 이항계수는 모두 0이고 임의의 x에 대해 $\phi_a(x) = (1+x)^a$이다. 한편, a가 자연수가 아닐 때 이항급수 (12.10)의 수렴반경이 1이라는 것은 쉽게

확인할 수 있다.

예제 12.4 (이항급수의 수렴구간) $a \neq 0$일 때 이항급수 (12.10)의 수렴구간은 다음과 같다.

(a) $a > 0$이면 수렴구간은 $[-1, 1]$이다.
(b) $-1 < a < 0$이면 수렴구간은 $(-1, 1]$이다.
(c) $a \leq -1$이면 수렴구간은 $(-1, 1)$이다.

[풀이] $x = \pm 1$에서 이항급수의 수렴여부를 조사하면 된다. 이항급수의 계수를 a_n이라고 두자. a의 값에 따라 a_n의 부호가 달라질 수 있다는 것에 유의하여 급수의 판정법을 적용한다.

$x = -1$이면 $n > a$일 때 a_n의 부호가 같으므로 라브 판정법을 적용할 수 있다. 그러면 $\sum_{n=0}^{\infty}(-1)^n a_n$이 $a > 0$일 때 수렴하고 $a < 0$일 때 발산한다는 것을 확인할 수 있다.

$x = 1$이면 $n > a$일 때 a_n의 부호가 교대로 바뀌므로 $\sum_{n=0}^{\infty}|a_n|$를 고려한다.

$a > 0$이면 라브 판정법에 의해 $\sum_{n=0}^{\infty} a_n$이 절대수렴한다. $a \leq -1$이면 $|a_{n+1}| > |a_n|$이므로 $\sum_{n=0}^{\infty} a_n$이 발산한다. 한편, $-1 < a < 0$이면 $|a_{n+1}| < |a_n|$이다. 다음 식에 의해 $\lim_{n\to\infty} a_n = 0$임을 알 수 있다.

$$\ln|a_n| = \sum_{k=1}^{n} \ln(1 - (a+1)/k) \leq -(1+a)\sum_{k=1}^{n}\frac{1}{k}$$

그러므로 교대급수 판정에 의해 $\sum_{n=0}^{\infty} a_n$이 수렴한다. □

이제 멱급수에 의해 주어진 함수의 미분가능성에 대해 알아보자.

다음 보조정리에서 항별 미분한 급수의 수렴반경이 R이라는 사실을 증명하고 이 급수가 도함수라는 것을 증명한다. (정리 12.8)

보조정리 12.7 (항별미분한 멱급수의 수렴반경)

멱급수 $\sum_{n=0}^{\infty} a_n(x-x_0)^n$의 수렴반경이 R이면 (항별미분한) 멱급수 $\sum_{n=0}^{\infty} \frac{d}{dx} a_n(x-x_0)^n$의 수렴반경도 R이다.

[증명] 극한 $\lim_{n\to\infty}\left|\frac{a_{n+1}}{a_n}\right|$이 $\overline{\mathbb{R}}$에서 존재하는 경우만 생각하자. 멱급수 $\sum_{n=0}^{\infty} \frac{d}{dx} a_n(x-x_0)^n$에 비판정법을 적용하면 다음이 성립한다.

$$\lim_{n\to\infty}\left|\frac{(n+1)a_{n+1}}{na_n}\right| = \lim_{n\to\infty}\left|\frac{a_{n+1}}{a_n}\right|$$

따라서 두 멱급수의 수렴반경은 모두 R이다. □

정리 12.8 (멱급수의 항별미분)

(12.9)에 의해 정의된 함수 f는 미분가능하다. 또한 f'는 다음과 같이 주어진다.

$$f'(x) = \frac{d}{dx}\sum_{n=0}^{\infty} a_n(x-x_0)^n = \sum_{n=0}^{\infty} \frac{d}{dx}a_n(x-x_0)^n \quad (|x-x_0|<R) \qquad (12.11)$$

[증명] 보조정리 12.7에 의해 함수 $g(x) := \sum_{n=0}^{\infty} \frac{d}{dx}a_n(x-x_0)^n$가 $|x-x_0| < R$일 때 잘 정의된다.

임의의 양수 $r < R$에 대해 함수열 $\{S_n\}_{n=0}^{\infty}$이 $[x_0-r, x_0+r]$에서 f로 (고르게) 수렴한다. 또한, S_n'도 $[x_0-r, x_0+r]$에서 g로 고르게 수렴한다. 따라서 11장의 정리 11.23에 의해 모든 $x \in [x_0-r, x_0+r]$에 대해 $f'(x) = g(x)$이다.

임의의 양수 $r < R$에 대해 닫힌구간 $[x_0-r, x_0+r]$에서 $f' = g$가 성립하므로 모든 $|x-x_0| < R$에 대해 $f'(x) = g(x)$이다. 이 사실을 다시 쓰면 (12.11)을 얻는다. □

멱급수에 의해 정의된 함수 f는 (x_0-R, x_0+R)에서 미분가능하고 도함수 f'이 (12.11)에 의해 주어진다. 이러한 과정을 반복하면 모든 자연수 n에 대해 n계 도함수 $f^{(n)}$가 같은 수렴반경을 갖는 멱급수로 표현된다는 것을 알 수 있다. 이 사실은 멱급수에 의해 정의된 함수가 무한히 미분가능함을 의미한다.

정리 12.9 (멱급수에 의해 정의된 함수의 미분계수)

(12.9)에 의해 정의되는 함수 f는 $x = x_0$에서 무한번 미분가능하고 계수 a_n은 다음과 같이 주어진다.

$$a_n = \frac{f^{(n)}(x_0)}{n!} \quad n = 0, 1, 2, \ldots$$

[증명] (12.9)의 양변에 $x = x_0$를 대입하면 $a_0 = f(x_0)$이다.

k가 임의의 자연수일 때 (12.9)의 양변을 k 번 미분하면, 정리 12.8에 의해, $f^{(k)}$가 다음과 같이 주어진다.

$$f^{(k)}(x) = \sum_{n=k}^{\infty} n(n-1)(n-2)\cdots(n-k+1)a_n(x-x_0)^{n-k}, \quad |x-x_0| < R$$

양변에 $x = x_0$를 대입하면 $f^{(k)}(x_0) = k!a_k$이므로 증명이 끝난다. □

정리 12.10 (멱급수의 항별 적분)

함수 f가 (12.9)에 의해 정의된다고 하자. $a < b$일 때 f가 $x = a, b$에서 수렴하면 f는 $[a, b]$에서 적분가능하고 정적분 $\int_a^b f(t)dt$는 다음과 같다.

$$\int_a^b f(t)dt = \sum_{n=0}^{\infty} a_n \int_a^b (t - x_0)^n dt \tag{12.12}$$

[증명] 멱급수가 $x = a, b$에서 수렴하므로 멱급수는 $[a, b]$를 포함한 닫힌구간 $[x_0 - r, x_0 + r]$에서 고르게 수렴한다. 단, $r = \max\{|x_0 - a|, |x_0 - b|\}$이다. S_n이 $[x_0 - r, x_0 + r]$에서 연속이므로 적분가능한 함수이다. 또한 함수열 $\{S_n\}_{n=0}^{\infty}$의 극한함수인 f도 $[x_0 - r, x_0 + r]$에서 적분가능하다. 구간 $[a, b]$에서 11장의 정리 11.24를 적용하여 (항별) 적분하면 (12.12)를 얻는다. □

아래의 예제는 항별 적분을 이용하여 함수를 멱급수로 표현하는 과정을 보여준다.

예제 12.5 $|x| \leq 1$일 때 다음이 성립함을 보여라.

$$\tan^{-1} x = \sum_{n=0}^{\infty} \frac{(-1)^n}{2n+1} x^{2n+1} \qquad |x| \leq 1 \tag{12.13}$$

[풀이] $|t| < 1$일 때 $\frac{1}{1+t^2} = \sum_{n=0}^{\infty} (-1)^n t^{2n}$임을 이용하여 $[0, x]$에서 적분하면 다음을 얻을 수 있다.

$$\tan^{-1} x = \sum_{n=0}^{\infty} \frac{(-1)^n}{2n+1} x^{2n+1} \qquad |x| < 1$$

$x = 1$이면 급수 $\sum\limits_{n=0}^{\infty} \frac{(-1)^n}{2n+1}$이 수렴한다. 또한 $x = -1$에서도 급수 $\sum\limits_{n=0}^{\infty} \frac{(-1)^{n+1}}{2n+1}$이 수렴한다. 멱급수 $\sum\limits_{n=0}^{\infty} \frac{(-1)^n}{2n+1} x^{2n+1}$가, 아벨 정리 12.6에 의해, $[-1, 1]$에서 고르게 수렴하고 연속이므로 (12.13)이 성립한다. □

그레고리(James Gregory, 1671)와 라이프니츠(1674)에 의해 발견된 멱급수 (12.13)은 π의 근사값을 구하는 문제와 관련되어 있다.

라이프니츠는 $x = 1$을 대입하여 원주율 π를 다음과 나타낼 수 있었다.

$$\pi = 4\left(1 - \frac{1}{3} + \frac{1}{5} - \frac{1}{7} + \cdots\right)$$

이 급수의 늦은 수렴속도를 개선하여 π의 근사값을 구하는 여러 시도가 있었는데 상세한 내용은 [2]를 참조하기 바란다.

예제 12.6 $-1 < x \le 1$일 때 $\ln(1+x) = \sum_{n=1}^{\infty} \frac{(-1)^{n-1}x^n}{n}$임을 보여라. 또 급수 $\sum_{n=1}^{\infty} \frac{(-1)^n}{n}$의 합을 구하여라.

[풀이] $|t| < 1$일 때 기하급수의 합 $\sum_{n=1}^{\infty}(-1)^{n-1}t^{n-1} = 1/(1+t)$을 이용해보자. $-1 < x < 1$이면 항별 적분에 의해 등식

$$\int_0^x \frac{1}{1+t}dt = \int_0^x \sum_{n=1}^{\infty}(-1)^{n-1}t^{n-1}dt = \sum_{n=1}^{\infty}(-1)^{n-1}\int_0^x t^{n-1}dt$$

이 성립하므로 $\ln(1+x) = \sum_{n=1}^{\infty} \frac{(-1)^{n-1}x^n}{n}$이다. 그런데 멱급수 $\sum_{n=1}^{\infty} \frac{(-1)^{n-1}x^n}{n}$가 $x = 1$에서 수렴하므로, 아벨 정리 12.6에 의해, 이 멱급수는 $[0,1]$에서 고르게 수렴한다. 따라서 $-1 < x \le 1$일 때 $\ln(1+x) = \sum_{n=1}^{\infty} \frac{(-1)^{n-1}x^n}{n}$이다.

한편, 멱급수에 의해 정의된 함수 $f(x) := \sum_{n=1}^{\infty} \frac{(-1)^{n-1}x^n}{n}$가 $x = -1$에서 (우) 연속이므로 급수의 합은 $\sum_{n=1}^{\infty} \frac{(-1)^n}{n} = \lim_{x\to 1^-} \ln(1+x) = \ln 2$이다. □

연습문제 12.2

1. 멱급수 (12.5)가 $|x - x_0| <$일 때 수렴하고 $|x - x_0| > R$일 때 발산하면 R이 수렴반경임을 설명하여라.

2. 멱급수 $\sum_{n=1}^{\infty} a^n x^n$ $(a_0 \ne 1)$의 계수 a_n이 다음 점화식을 만족시킨다고 하자. a_n을 구하고 멱급수의 수렴반경을 구하여라.
   (a) $(n+1)a_{n+1} = a_n$ (b) $(n+2)a_{n+1} = na_{n-1}, a_1 = 0$

3. 다음 멱급수의 수렴반경과 수렴구간을 구하여라.
   (a) $\sum_{n=1}^{\infty} \frac{(-1)^n}{2n+1}x^n$ (b) $\sum_{n=0}^{\infty} \frac{(-1)^n}{(2n)!}x^{2n}$ (c) $\sum_{n=1}^{\infty} \frac{2^n(x-1)^n}{\sqrt{n}}$
   (d) $\sum_{n=1}^{\infty} \frac{(-1)^n n}{10^n}x^n$ (e) $\sum_{n=1}^{\infty} \frac{n}{\sqrt[3]{3n^2-2}}x^n$ (f) $\sum_{n=1}^{\infty} \frac{(-1)^n}{2n+1}x^{2n}$
   (g) $\sum_{n=1}^{\infty} \frac{x^n}{2n+1}$ (h) $\sum_{n=1}^{\infty} \frac{x^n}{n^2}$ (i) $\sum_{n=1}^{\infty} n^n x^n$

4. 멱급수 $\sum_{n=0}^{\infty} \frac{x^n}{n^\alpha}$에 대해 다음 물음에 답하여라.
   (a) $\alpha > 1$일 때 수렴반경과 수렴구간을 구하여라.
   (b) $0 < \alpha \le 1$일 때 수렴반경과 수렴구간을 구하여라.

5. $f(x) = \sin\frac{1}{x}$ $(0 < x \le 1)$, $f(0) = 0$이라고 하자.

(a) $f(x) > 0$ 인 구간을 모두 구하여라.

(b) (a)에서 구한 구간의 길이의 합을 구하여라.

6. 멱급수 $\sum_{n=0}^{\infty} a_n x^n$ 에 대해 $\rho := \lim_{n\to\infty} \sqrt[n]{|a_n|}$ 라고 하자. 수렴반경이 $R = \frac{1}{\rho}$ 임을 보여라.

7. 멱급수 $\sum_{n=0}^{\infty} a_n x^n$ 에서 a_n 이 n 에 대한 유리함수라고 한다. 수렴반경이 1임을 보여라.

8. 상수 $r > 0$ 과 $s > 0$ 가 존재하여 모든 $n \in= \mathbb{N}$ 에 대해 $r \leq |a_n| \leq q$ 라고 하자. 멱급수 $\sum_{n=0}^{\infty} a_n x^n$ 의 수렴반경을 구하여라.

9. 다음 초기하 급수(hypergeometric series)의 수렴반경 R 을 구하여라.

$$1 + \frac{ab}{1c} + \frac{a(a+1)b(b+1)}{2!c(c+1)}x^2 + \frac{a(a+1)(a+2)b(b+1)(b+2)}{3!c(c+1)(c+2)}x^3 + \cdots$$

초기하 급수의 합을 y 라고 할 때 y 가 다음 미분방정식을 만족시킨다는 것을 증명하여라.

$$x(1-x)y'' + [c - (a+b+1)x]y' - aby = 0$$

10. 이항급수 $\phi_a(x) := \sum_{n=0}^{\infty} \binom{n}{a} x^n$ 가 다음 미분 방정식을 만족시킴을 보여라.

$$(1+x)\phi_a'(x) = a\phi_a(x), \quad \phi_a(0) = 1$$

이 초기치 문제를 풀어 $\phi_a(x) = (1+x)^a$ 임을 보여라.

11. **(멱급수의 유일성)** $\sum_{n=0}^{\infty} a_n x^n$ 과 $\sum_{n=0}^{\infty} b_n x^n$ 의 수렴반경이 $R(\neq 0)$ 이라고 하자. $|x| < R$ 일 때 $\sum_{n=0}^{\infty} a_n x^n = \sum_{n=0}^{\infty} b_n x^n$ 이면 모든 정수 $n \geq 0$ 에 대해 $a_n = b_n$ 임을 증명하여라.

12.3 함수의 멱급수 전개

멱급수에 대한 항별 적분은 12.1절에서 언급한 $\ln(1+x)$나 $\sin^{-1}x$에 대한 멱급수 표현이 사실은 타당하다는 것을 보여준다. 이 절에서는 이러한 멱급수 표현이 미분을 통해 일괄적으로 수행될 수 있음을 설명한다.

함수 f가 x_0에서 무한번 미분가능하면 다음과 같은 멱급수를 만들 수 있다.

$$f(x) \sim \sum_{n=0}^{\infty} \frac{f^{(n)}(x_0)}{n!}(x-x_0)^n \tag{12.14}$$

(12.14)와 동등한 공식이 뉴턴, 라이프니츠, 제임스 그레고리, 요한 베르누이, 드 무아브르 등에 발견되었지만 테일러의 이름을 따서 'x_0에서 f의 테일러 급수(Taylor series)'로 알려져 있다. 테일러는 1712년 이 정리를 발견하고 1715년 소책자로 출판하였다.

테일러 급수와 관련하여 가장 중요한 질문은 "x_0의 근방에서 테일러 급수가 f로 수렴하는가"이다. 다음 예제에서 보는 바와 같이 f의 테일러 급수가 수렴하더라도 합이 f와 같다고 보장할 수는 없다.

예제 12.7 함수 f를 다음과 같이 정의하자.

$$f(x) = \begin{cases} e^{-\frac{1}{x}} & (x > 0) \\ 0 & (x \le 0) \end{cases}$$

$x=0$에서 f의 테일러 급수의 합이 f와 같지 않음을 보여라.

[풀이] 모든 정수 $n \ge 0$에 대해 $f^{(n)}(0) = 0$이므로 테일러 급수는 항등적으로 0이다. $x \le 0$이면 테일러 급수가 f와 일치하지만 $x > 0$일 때는 f와 같지 않다. 즉, $x=0$을 포함하는 어떤 열린구간에서도 테일러 급수는 f로 수렴하지 않는다. □

따라서 "f에 대응하는 테일러 급수 (12.14)가 수렴할 때 합이 f와 같은가"라는 질문은 중요한 의미를 갖는다. 이 질문에 답하기위해 테일러 급수의 다음 부분합 $P_n(x)$을 생각하자.

$$P_n(x) := \sum_{k=0}^{n} \frac{f^{(k)}(x_0)}{k!}(x-x_0)^k \tag{12.15}$$

x에서 테일러 급수의 합이 f와 같을 필요충분 조건은 다음과 같다.

$$\lim_{n\to\infty} [f(x) - P_n(x)] = 0$$

고정된 x에 대해 테일러 급수의 합이 f와 같은지 조사할 때 $R_{n+1}(x) := f(x) - P_n(x)$은 중요한 역할을 한다. $R_{n+1}(x)$를 나머지 항(remainder term)이라고 부르는데 $R_{n+1}(x)$

에 대한 두 개의 표현식이 알려져 있다.

정리 12.11 (테일러 나머지 정리)

함수 $f : [a, b] \to \mathbb{R}$ 가 $x = x_0 \in (a, b)$ 에서 $(n+1)$ 번 미분가능하고 $f^{(n+1)}$ 이 연속이라고 하자. 그러면 나머지 $R_{n+1}(x) := f(x) - P_n(x)$ 를 다음과 같이 쓸 수 있다.

$$R_{n+1}(x) = \frac{f^{(n+1)}(c_x)}{(n+1)!}(x - x_0)^{n+1} \tag{12.16}$$

$$R_{n+1}(x) = \frac{1}{n!}\int_{x_0}^{x}(x-t)^n f^{(n+1)}(t)dt \tag{12.16$'$}$$

단, c_x 는 x_0 와 x 사이에 있는 미지의 실수이다.

예제 12.7은 $x = 0$ 에서의 테일러 급수가 모든 점에서 수렴하지만 테일러 급수의 합이 f 와 같지는 않은 예를 보여준다. 함수 f 의 테일러 급수와 f 가 일치하는 (아무리 작더라도) x_0 를 포함한 구간이 존재하는 경우에만 테일러 급수가 의미를 갖는다.

정의 12.2 (테일러 급수전개)

f 가 x_0 에서 무한번 미분가능할 때 f 의 테일러 급수의 수렴반경이 $R (\neq 0)$ 이라고 하자.

$|x - x_0| < R$ 일 때 테일러 급수가 f 로 수렴하면 "f 가 $x = x_0$ 에서 해석적(analytic at x_0)" 또는 "f 가 $x = x_0$ 에서 (테일러) 급수전개 가능"하다고 한다. 특별히, $x_0 = 0$ 일 때는 매클로린(Maclaurin) 급수전개 가능하다고 한다.

x_0 에서 무한번 미분가능한 함수 f 를 항상 테일러 급수로 전개할 수 있는 것은 아니다. (예제 12.7) x_0 에서 f 를 테일러 급수로 전개하는 과정은 다음을 포함해야 한다.

(i) 테일러 급수의 수렴반경이 0이 아님을 확인

(ii) $\lim_{n\to\infty} R_n(x) = 0$ 의 증명

도함수 $f^{(n)}$ 이 유계이면 쉽게 나머지의 크기에 대한 식을 얻을 수 있다. 상수 $M_n > 0$ 이 존재하여 모든 $x \in [a, b]$ 에 대해 $\left|f^{(n)}(x)\right| \leq M_n$ 이면 나머지는 다음 부등식을 만족시킨다.

$$|R_n(x)| \leq \frac{M_n\,|x - x_0|^n}{n!}$$

다음 보조정리는 $\lim_{n\to\infty} R_n(x) = 0$ 임을 보이는 과정에서 자주 사용된다.

보조정리 12.12

임의의 실수 $r > 0$ 에 대해 다음이 성립한다.

$$\lim_{n\to\infty} \frac{r^n}{n!} = 0 \tag{12.17}$$

[증명] 자연수 N 을 $2r < N$ 이 되도록 선택하자. 그러면 $n > N$ 일 때

$$\frac{r^n}{n!} = \frac{r^N}{N!} \frac{rr\cdots r}{(N+1)(N+2)\cdots n} < \frac{r^N}{N!} \frac{1}{2} \frac{1}{2} \cdots \frac{1}{2} = \frac{r^N}{N!} \frac{1}{2^{n-N}}$$

임을 알 수 있다. $n \to \infty$ 이면 $\frac{r^n}{n!} \to 0$ 이므로 증명이 끝난다. □

예제 12.8 $x = 0$ 에서 e^x 를 테일러 급수로 전개하여라.

[풀이] $f(x) = e^x$ 라고 두면 $f^{(n)}(x) = e^x$ 이므로 다음과 같이 쓸 수 있다.

$$e^x = \sum_{k=0}^{n-1} \frac{x^k}{k!} + R_n(x)$$

이제 고정된 (임의의) 실수 x 에 대해 $\lim_{n\to\infty} R_n(x) = 0$ 임을 보이자. 정리 12.11에 의해 나머지는 $R_n(x) = \frac{e^c}{n!} x^n$ 이다. 여기서 c 는 0과 x 사이에 있는 실수이다.

한편 $e^c \le e^{|x|}$ 임을 이용하면 (12.17)에 의해

$$0 \le \lim_{n\to\infty} |R_n(x)| \le \lim_{n\to\infty} \frac{e^{|x|}}{n!} |x|^n = 0$$

이므로 $\lim_{n\to\infty} R_n(x) = 0$ 이다. 모든 x 에 대해 테일러 급수가 e^x 로 수렴하므로 다음과 같이 쓸 수 있다.

$$e^x = \sum_{n=0}^{\infty} \frac{x^n}{n!}$$

실제로 이 멱급수의 수렴반경이 $R = \infty$ 임을 쉽게 확인할 수 있다. □

예제 12.9 $\sin x$ 와 $\cos x$ 의 매클로린 급수를 구하여라.

[풀이] $f(x) = \sin x$ 라 두면 모든 정수 n 에 대해 $\left|f^{(n)}(x)\right| \le 1$ 이다. 따라서

$$|R_n(x)| = \left| \frac{f^{(n)}(c)}{n!} x^n \right| \le \frac{|x|^n}{n!}$$

임을 알 수 있다. 보조정리 12.12를 적용하면 모든 실수 x에 대해 $\lim_{n\to\infty} R_n(x) = 0$ 이므로 매클로린 급수가 $\sin x$로 수렴한다.

이제 $f(0) = 0$, $f^{(2n)}(0) =$, $f^{(2n-1)}(0) = (-1)^{n-1}$ 임을 이용하면 $\sin x$의 매클로린 급수는 다음과 주어짐을 알 수 있다.

$$\sin x = \sum_{n=1}^{\infty} \frac{(-1)^{n-1}x^{2n-1}}{(2n-1)!}$$

한편 위 식에 항별미분(정리 12.8)을 적용하면 $\cos x$의 매클로린 급수가 얻어진다.

$$\cos x = \sum_{n=0}^{\infty} \frac{(-1)^n x^{2n}}{(2n)!}$$

$\sin x$와 $\cos x$의 매클로린 급수의 수렴반경은 $R = \infty$이다. □

항별 적분을 이용하여 $\ln(1+x)$ 또는 $\sin^{-1} x$를 멱급수로 표현하는 과정은 (12.5)가 성립한다는 것을 가정하고 있다. 뉴턴은 a가 유리수일 때 (12.5)가 성립한다고 유추했을 뿐이다. 따라서 수렴성은 증명되지 않았다. 이제 모든 실수 $a \neq 0$에 대해 (12.5)가 성립한다는 것을 증명하면 항별 적분

$$\int_0^x (1+t)^a dt = \sum_{n=0}^{\infty} \frac{a(a-1)\cdots(a-n+1)}{(n+1)!} x^{n+1}$$

이 정당화되고 뉴턴이나 머케이터가 함수를 멱급수로 표현한 방법이 수학적으로 옳음을 알게 된다.

예제 12.10 $a \neq 0$이라고 하자. $|x| < 1$일 때 다음이 성립함을 증명하여라.

$$(1+x)^a = \sum_{n=0}^{\infty} \binom{a}{n} x^n, \quad \binom{a}{n} = \frac{a(a-1)\cdots(a-n+1)}{n!} \tag{12.18}$$

[풀이] $f(x) = (1+x)^a$에 대해 $f^{(n)}(0) = a(a-1)(a-2)\cdots(a-n+1)$이므로 다음이 성립한다.

$$(1+x)^a = \sum_{k=0}^{n} \frac{f^{(k)}(0)}{k!} x^k + R_{n+1}(x) = \sum_{k=0}^{n} \binom{a}{k} x^k + R_{n+1}(x)$$

위 식에서 나머지 $R_{n+1}(x)$는 다음과 같이 나타낼 수 있다.

$$R_{n+1}(x) = \binom{a}{n}(a-n)\int_0^x (x-t)^n (1+t)^{a-n-1} dt \tag{12.19}$$

$$= \binom{a}{n}(a-n)(1+x)^a \int_0^x \frac{y^n}{(1+y)^{a+1}} dy \tag{12.19$'$}$$

(12.19′)는 (12.19)에서 $y = \frac{x-t}{1+t}$로 치환하여 얻은 식이다. (12.19′)에서 적분항의 상계를 계산할 필요가 있다. $0 < x < 1$이면 $y > 0$이므로 $\int_0^x \frac{y^n}{(1+y)^{a+1}}dy \le \int_0^x y^n dy = \frac{x^{n+1}}{n+1}$이다. 한편, $-1 < x < 0$이면 $0 < 1+x < 1+y$임을 이용하여 다음을 유도할 수 있다.

$$\left|\int_0^x \frac{y^n}{(1+y)^{a+1}}dy\right| \le \int_x^0 \frac{(-y)^n}{(1+x)^{a+1}}dy = \frac{|x|^{n+1}}{(n+1)(1+x)^{a+1}}$$

두 경우에 나타나는 $\binom{a}{n}\frac{a-n}{n+1}$을 $\binom{a}{n+1}$로 다시 쓸 수 있으므로 $\lim_{n\to\infty} R_{n+1}(x) = 0$을 보이기 위해 $\lim_{n\to\infty}\binom{a}{n+1}x^{n+1} = 0$임을 증명하면 충분하다.

비판정법에 의해 멱급수 $\sum_{n=0}^{\infty}\binom{a}{n+1}x^{n+1}$이 $|x| < 1$일 때 수렴하므로

$$\lim_{n\to\infty}\binom{a}{n+1}x^{n+1} = 0$$

이다. 따라서 증명이 끝난다. □

예제 12.11 다음 등식을 유도하여라.

$$\sin^{-1}x = x + \sum_{n=1}^{\infty}\frac{1\cdot 3\cdots(2n-1)}{2^n(2n+1)n!}x^{2n+1}, \quad |x| \le 1 \tag{12.20}$$

[풀이] $a = -\frac{1}{2}$일 때 (12.10)을 이용하면 다음이 성립한다.

$$\frac{1}{\sqrt{1-t^2}} = 1 + \sum_{n=1}^{\infty}\frac{1\cdot 3\cdot 5\ldots(2n-1)}{2^n n!}t^{2n}, \quad |t| < 1$$

이제 $|x| < 1$일 때 정리 12.10을 적용하여 항별 적분하면 뉴턴이 발견한 $\sin^{-1}x$의 매클로린 급수를 얻을 수 있다.

$$\sin^{-1}x = x + \sum_{n=1}^{\infty}\frac{1\cdot 3\cdots(2n-1)}{2^n(2n+1)n!}x^{2n+1}, \quad |x| < 1$$

라브 판정에 의해 이 급수가 $x = \pm 1$에서도 수렴하므로 아벨 정리에 의해 $\sin^{-1}x$의 매클로린 급수전개가 $x = \pm 1$에서 성립한다. 따라서 등식 (12.20)이 성립한다. □

다음 예제는 $x = 0$에서 $\ln(1+x)$의 매클로린 급수전개가 항별 적분을 이용한 급수 표현(예제 12.6)과 같은 결과임을 보여 준다.

예제 12.12 $\ln(1+x)$의 매클로린 급수를 구하여라.

[풀이] $f(x) = \ln(1+x)$ 일 때 $f^{(n)}(x) = \frac{(-1)^{n-1}(n-1)!}{(1+x)^n}$ 이므로, (12.16′)에 의해, 나머지 $R_{n+1}(x)$를 다음과 같이 쓸 수 있다.

$$R_{n+1}(x) = (-1)^n \int_0^x \frac{(x-t)^n}{(1+t)^{n+1}} dt \tag{12.21}$$

(12.21)에 대해 $\lim_{n\to\infty} R_{n+1}(x) = 0$ 임을 보이는 것이 쉽지않으므로 $y = \frac{x-t}{1+t}$ 로 변수변환하여 (12.21)을 다음과 같이 쓰면 분석이 비교적 용이하다.

$$R_{n+1}(x) = (-1)^n \int_0^x \frac{y^n}{1+y} dt \tag{12.22}$$

먼저 $0 < x \le 1$ 이면 $\lim_{n\to\infty} |R_{n+1}(x)| \le \lim_{n\to\infty} \int_0^x y^n dy = \lim_{n\to\infty} \frac{x^{n+1}}{n+1} = 0$ 이다.

반면에, $-1 < x < 0$ 이면 $0 < 1 + x < 1 + y$ 이므로 $\left|\frac{y^n}{1+y}\right| \le \frac{(-y)^n}{1+x}$ 임을 알 수 있다. 따라서 다음 식에 의해 $\lim_{n\to\infty} R_{n+1}(x) = 0$ 임을 알 수 있다.

$$|R_{n+1}(x)| \le \int_x^0 \left|\frac{y^n}{1+y}\right| dy \le \int_x^0 \frac{(-y)^n}{1+x} dy = \frac{(-x)^{n+1}}{n+1} = \frac{|x|^{n+1}}{n+1}$$

그러므로 $\ln(1+x)$는 $x = 0$ 에서 해석적이다.

한편, $f(0) = 0$, $f^{(n)}(0) = (-1)^n(n-1)!$ 이므로 $\ln(1+x)$ 의 매클로린 급수는 다음과 같다.

$$\ln(1+x) = \sum_{n=0}^{\infty} \frac{f^{(n)}(0)}{n!} x^n = \sum_{n=1}^{\infty} \frac{(-1)^{n-1}}{n} x^n, \quad |x| < 1$$

이 결과는 기하급수의 합 $\frac{1}{1+t} = \sum_{n=0}^{\infty} (-1)^n t^n$ 을 $[0, x]$ 에서 항별 적분한 식과 동일하다. □

정리 12.13 (테일러 급수의 유일성)

f 가 $x = x_0$ 에서 급수 전개가능하면 f 의 테일러 급수는 유일하다.

[증명] $f(x) = \sum_{n=0}^{\infty} a_n(x - x_0)^n$, $f(x) = \sum_{n=0}^{\infty} b_n(x - x_0)^n$ 일 때 모든 $n \ge 0$ 에 대해 $a_n = b_n$ 임을 보이면 된다. 따라서 다음을 증명하면 충분하다.

$$g(x) := \sum_{n=0}^{\infty} (a_n - b_n)(x - x_0)^n \equiv 0 \Rightarrow a_n = b_n \quad \forall n \ge 0 \tag{12.23}$$

먼저 x_0 을 대입하면 $a_0 = b_0$ 이다. 한편, 함수 g 가 수렴반경이 $R \ne 0$ 인 멱급수에 의해 정의되므로 무한번 가능하다. 항별미분한 후 x_0 을 대입하면 모든 자연수 $n \ge 1$ 에 대해 $a_n = b_n$ 임을 알 수 있다. □

x_0을 포함하는 어떤 구간에서 f를 다음과 같이 쓸 수 있다고 하자.

$$f(x) = \sum_{n=0}^{\infty} a_n (x - x_0)^n \tag{12.24}$$

테일러 급수의 유일성(정리 12.13)은 (12.24)의 우변이 f의 테일러 급수라는 것을 암시한다. 따라서 알려진 급수전개를 이용하면 $f^{(n)}(x_0)$를 구하지 않고 어떤 함수의 테일러 급수를 구할 수 있다.

예제 12.13 xe^{-2x}의 매클로린 급수를 구하여라.

[풀이] $e^x = \sum_{n=0}^{\infty} \frac{x^n}{n!}$를 이용하면

$$xe^{-2x} = x \sum_{n=0}^{\infty} \frac{(-2x)^n}{n!} = \sum_{n=0}^{\infty} \frac{(-2)^n x^{n+1}}{n!}$$

임을 알 수 있다. □

정리 12.14 (멱급수의 곱)

$|x| < R$일 때 $f(x) = \sum_{n=0}^{\infty} a_n (x - x_0)^n$, $g(x) = \sum_{n=0}^{\infty} b_n (x - x_0)^n$이라고 하자. 그러면 $x = x_0$에서 fg의 테일러 급수는 다음과 같다.

$$f(x)g(x) = \sum_{n=0}^{\infty} c_n (x - x_0)^n, \quad c_n = \sum_{k=0}^{n} a_k b_{n-k}$$

[증명] $|x - x_0| < R$일 때 멱급수가 절대수렴하므로 코시 곱(11장, 정리 11.12)을 사용하면 된다. □

연습문제 12.3

1. 함수 f가 x_0에서 해석적인 함수라고 하자. x_0가 f의 m중근이면 $x = x_0$에서 해석적인 함수 g가 존재하여 $g(x_0) \neq 0$, $f(x) = (x - x_0)^m g(x)$임을 보여라. 또 역이 성립함을 증명하여라.

2. 다음 함수에 대해 매클로린 급수를 구하여라.

   (a) $\sin^2 x$ (b) $x \ln(1 + x)$ (c) xe^{-2x^2}

   (d) $\frac{x^2}{1-x}$ (e) $\frac{e^x}{1-x}$ (f) $\frac{x}{(1-x)^2}$

3. 주어진 점에서 다음 함수의 테일러 급수를 구하여라.

   (a) $x^n, \quad x = 1$ (b) $e^x, \quad x = 1$ (c) $\sin x, \quad x = \pi$

4. 다음 함수가 $x = 0$에서 해석적임을 보이고 매클로린 급수로 전개하여라.

   (a) $\frac{e^x - 1 - x}{x}$ (b) $\frac{1 - \cos x}{x^2}$ (c) $\frac{\ln(x+1) - x}{x}$

5. f가 $x = 0$에서 해석적인 함수라고 하자. 모든 자연수 n에 대해 $f\left(\frac{1}{n}\right) = 0$이면 $f \equiv 0$임을 증명하여라.

6. $|x - x_0 < \delta$일 때 $f(x) = \sum_{n=0}^{\infty} a_n(x - x_0)^n$이라고 하자. 모든 $x \in (x_0 - \delta, x_0]$에 대해 $f(x) = 0$이면 구간 $(x_0 - \delta, x_0 + \delta)$에서 $f \equiv 0$임을 증명하여라.

7. f가 무한히 미분가능한 함수이고 $f'(x) = 2xf(x)$, $f(0) = 1$을 만족시킨다고 한다. $f^{(n)}(0)$을 구하고 $f(x) = \sum_{n=0}^{\infty} \frac{f^{n)}(0)}{n!} x^n = e^{x^2}$ 임을 보여라.

8. 수렴반경이 0이 아닌 멱급수 $y(x) = \sum_{n=0}^{\infty} a_n x^n$ 이 다음을 만족시킨다고 한다.

$$y' = xy, \quad y(0) = 1$$

   (a) a_n과 멱급수의 수렴반경을 구하여라.

   (b) $y = e^{x^2/2}$ 임을 보여라.

9. 2×2 행렬 A에 대해 $e^A = \sum_{n=0}^{\infty} \frac{A^n}{n!}$ $(A^0 = I)$라고 할 때 다음 행렬에 대해 e^A를 계산하여라.

   (a) $A = \begin{pmatrix} a & 0 \\ 0 & b \end{pmatrix}$ (b) $A = \begin{pmatrix} 1 & 1 \\ 0 & 1 \end{pmatrix}$

참고문헌

[1] R. G. Bartle, **The Elements of Real Anlaysis**, John Wiley & Sons, 1976.

[2] P. Beckmann, **A History of π**, St. Martin's Press, 1971. (박영훈 옮김, 《π의 역사》, 경문수학산책 17, 경문사, 2002.)

[3] H. Eves, **An Introduction to The History of Mathematics**, Saunders College Pub., 1990. (이우영 · 신항균 옮김, 《수학사》, 경문수학산책 4, 경문사, 2005.)

[4] C. Goffman, "A Bounded Derivative Which Is not Riemann Integrable," **American Mathematical Monthly**, Vol.84, No.3, 1977, pp.205–206.

[5] J. V. Grabiner, "The Changing Concept of Change: The Derivative from Fermat to Weierstrass," **A Century of Calculus**, 1992, pp.17–29.

[6] H. N. Jahnke (editor), **A History of Analysis**, American Mathematical Society, 2003.

[7] E. Hairer and G. Wanner, **Analysis by its History**, Springer, 2008.

[8] T. Hawkins, **Lebesgue's theory of integration**, Chelsea Publishing Company, 1975.

[9] J. K. Lee, J. S. Choa, M. S. Cho, and D. H. Han, "Partial Fraction Decomposition from a Linear-algebraic Viewpoint," **Journal of the Chungcheong Mathematical Society**, Vol.22, No.4, 2009, pp.718–725.

[10] I. Kleiner, "Evolution of the Function Concept: A Brief Survey," **College Mathematics Journal**, Vol.20, No.4, 1989, pp.282–300.

[11] J. W. Lewin, "A truly Elementary Approach to the Bounded Convergence Theorem," American Mathematical Monthly, Vol.93, No.5, 1986, pp.395–397.

[12] C. Long, **Elementary Introduction to Number Theory**, Third Edition, Waveland Press Inc., 1995.

[13] G. H. Moore, "The Emergence of Open Sets, Closed Sets, and Limit Points in Analysis and Topology", **Historia Mathematica**, Vol.35, Elsevier Inc., 2008, pp.220–241.

[14] R. L. Pouso, " Uniform continuity on unbounded intervals: classroom notes", **International Journal of Mathematical Education in Science and Technology**, Vol. 39 no. 4, 2008, pp.551–517.

[15] O. Toeplitz, **The Calculus: a Genetic Approach**, The University of Chicago Press, 1963.

찾아보기

개정판

역사가 있는
해석학

지은이 이정근
펴낸이 조경희
펴낸곳 경문사
펴낸날 2012년 2월 24일 1판 1쇄
2013년 3월 24일 개정판 1쇄
2022년 2월 28일 개정판 3쇄
등 록 1979년 11월 9일 제313–1979–23호
주 소 04057, 서울특별시 마포구 와우산로 174
전 화 (02)332–2004 팩스 (02)336–5193
이메일 kyungmoon@kyungmoon.com

값 24,000원

ISBN 978–89–6105–684–7